THE PARSIMONIOUS UNIVERSE

Shape and Form in the Natural World

인색한 우주

자연 세계의 형식과 형태

스테판 힐데브란트 · 앤서니 토롬바 지음

이선홍 옮김

KYOWOO

비눗방울을 든 큐피드,
렘브라트의 그림
(파두츠 성, 리히텐슈타인
왕자의 소장품)

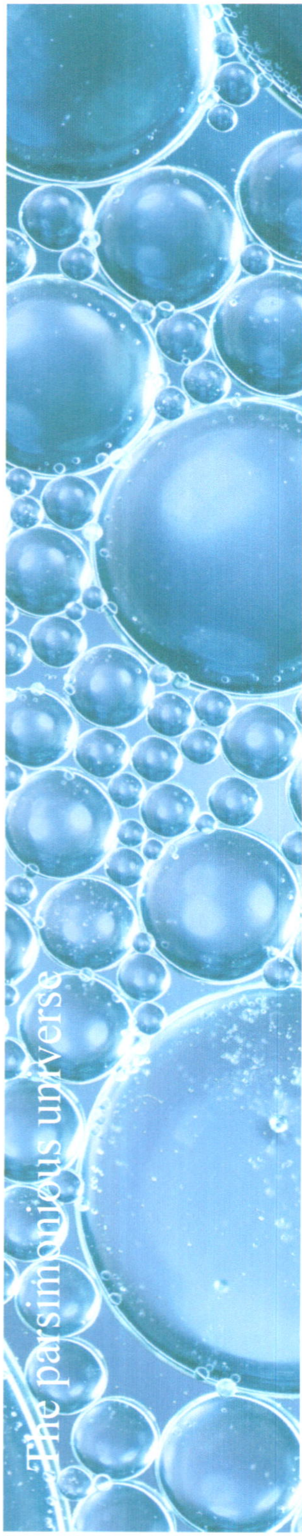

THE BEWITCHMENT

마녀의 마법

욘 코르프는 먼 사촌이
마녀라는 것을 알게 된다.
그녀는 허브 거품으로 행성을 만든다.
그래서 그는 서두른다, 그래,
그 마녀를 보기 위해
오-데-리-데-리즈 그 곳으로 서둘러 간다.

그녀의 집 근처 초원에서 그녀를 찾아내고
그녀에게 묻는다,
혹시 거품에서 행성을 만들어내는
그리고 오-데-리-데-로메에서 온
그 요정이 맞는지?
아, 그래, 정말 그녀야!

그녀는 주전자와 빨대를 건넨다;
코르프는 불고, - 빛의 섬광에서,
보라! 결점 없는 경이로운 구가
우주에서 확장된다,
그것이 단지 거품과 꿈이 아니라,
마치 그가 본 세계인 것처럼 확장된다.

CHRISTIAN MORGENSTERN

크리스티안 모르겐슈테른

줄기에서 떨어져 나가며, 행성은
위로 부드럽게 떠오른다.
그리고 천구의 음악에 섞여
(천상의 합창) 떠오른다 . . .
목동의 피리에서 나온 것 같은 멜로디가 나타난다 . . .
먼 곳에서 울려오는 음들이 떠오른다 . . .

이 세상의 둥근 거울 속에서,
욘 코르프는 열정적으로 바라본다,
마음에 떠오른 모든 행복한 것들 중에서,
최고의 것을.
입을 벌리고, 그의 아름다운 세상을 바라보며,
사로잡힌 욘 코르프.

그는 사촌을 '뮤즈'라고 부른다—소유된 코르프,—
하지만 보라! 오, 다시 보라!
어떤 것이 그의 조끼를 잡아
그를 멀리 끌고 가며,
오-데-라-데-이스트에서 그를 납치해
새로운 영역으로 향해 간다.

머리말 Preface

자연에서는 왜 특정한 형태가 만들어지고, 왜 다른 상상 가능한 형태보다 그것들이 선호 될까? 자연세계에서 발견되는 형식과 형태의 유사성과 다양성은 무엇 때문일까?

이 책에서 우리는 이러한 질문들에 대하여 탐구하고 기하학과 자연에서 최적의 형태를 다루는 수학 분야인 변분법에 대하여 설명한다. 변분법에서는 최댓값과 최솟값 문제가 다루어진다. 서문에 있는 삽화에서 자연의 놀랍도록 규칙적인 형태와 형식의 예가 나온다.

지식, 인지, 이해, 인식을 의미하는 그리스어 단어 *mathema*로 유추하면 약 3,000년 전 세상에 대한 질문을 하면서 수학 연구가 시작되었다는 것을 알 수 있다. 이 책에 나오는 역사적 설명으로부터 수학발전의 큰 부분은 자연을 이해하려는 욕구의 결과였다는 것을 알 수 있다. 그러나 수학은 다른 과학의 시녀 역할을 뛰어넘는다. 칼 프리드리히 가우스가 말했듯이, 이는 수학적 지식을 수론에 적용하든 행성과 같은 물체의 움직임에 적용하든 마찬가지이다.

역사적으로 수학자들은 사회에 관련이 있든 없든 자신의 발상을 추구해 왔으며, 그들 발견의 아름다움과 수학적 문제의 도전을 즐겼다. 1930년에 수학자 C. G.야코비는 과학의 유일한 목적은 인간 정신을 기리는 것이라고 썼다. 과학의 두 얼굴을 고려할 때, 케플러가 그랬듯이 과학의 궁극적인 목적을 "하나님이 세상을 창조하기 위해 그것을 가장 좋고 가장 아름답고, 자신과 가장 닮은 모습으로 설계한" 모형을 인식함으로써 하나님을 찬양하는 것으로 보는 것 외에는 이 진술을 무조건적으로 받아들일 다른 방법은 없는 것 같다. 수학의 목적과 가치를 어떻게 보든지 간에, 우리는 이 과학이 우리 문화의 필수적인 부분이라는 것을 독자들에게 설득하려고 한다.

우리는 현대수학을 매우 효과적이고 강력하게 만드는 수학 공식과 기호를 사용하지 않았다. 수학자에게 필수적인 수학 언어를 숙달하기 위해서는 상당한 훈련이 필요하지만, 일반독자는 이 언어에 낯설어서 소외감을 느낄 수 있다. 조너선 스위프트는 *걸리버 여행기*에서 라퓨타 왕의 궁정을 묘사 하면서 수학자들이 지배하는 사회를 다음과 같이 희화화했다.

> 수학에 대한 지식은 그들의 어법을 습득하는 데 큰 도움이 되었다. 그 어법은 과학과 음악에 크게 의존했으며, 후자에 대해서도 나는 능숙했다. 그들은 항상 선과 도형을 이용하여 생각을 전달한다. 예를 들어, 그들이 여성이나 다른 동물의 아름다움을 칭찬하려면, 그들은 그것을 마름모, 원, 평행사변형, 타원 및 기타 기하학적용어로 설명 하거나, 음악에서 가져온 예술적 용어로 설명한다. 나는 왕의 주방에서 온갖 종류의 수학적 및 음악적 도구를 보았고, 그들은 그 도구들의 형태에 따라 왕의 식탁에 제공될 고기 조각을 잘랐다.

이 책은 1984년에 W. H. 프리먼이 출판한 *수학과 최적의 형태*를 수정하고 확장한 개정판이다. 프랑스어, 독일어, 네덜란드어, 스페 인어 번역본이 그 후에 나왔다. 이 개정판에는 많은 새로운 사진들이 포함되어 있으며, 그림들이 다시 그려졌다.

이 책을 쓰는 데 도움을 준 모든 분들께 감사의 말씀을 드린다: 지속적인 지원과 토론을 해 준 브리기테 힐데브란트에게; 이 프로젝트를 제안하고 진행과정에서 신중한 제안을 해준 피터 렌츠에게; 이 새로운 판을 출판하도록 격려해 주고 귀중한 조언으로 개선하는 데 도움을 준 우리의 편집자 제리 라이언스에게; 우리의 원고나 그 일부를 읽고 비판해 준 많은 친구들, 동료들, 그리고 심사위원들에게; 모겐스턴의 시 *마법*을 친근하게 번역해준 헬렌과 한스 레비에게; 결정체 사진을 제공해준 에그버트 브리스콘과 스티븐 스메일에게; 사진 기록보관소를 사용하도록 관대하게 허락해 주고 도움과 자극이 되는 토론을 제공해 준 베르톨트 부르크하르트, 클라우스 바흐, 프라이 오토, 그리고 슈투트가르트 경량 구조 연구소의 그들의 공동 연구자들과 학생들에게; 친절한 조언과 역사적인 사진을 제공해 준 에밀 A. 펠만에게; 끊임없는 도움과 사진 기록관리소에서 선택할 수 있도록 허락해준 만프레드 카게에게; 데빌스포스트 파일의 사진을 제공해 준 마이클 마이어에게; 그의 쇼 *비누막 마술*의 사진을 제공해 준 노디에게; 자유 경계가 있는 극소곡면의 사진을 준비해 준 에릭 피츠와 클라우스 바흐에게; 구의열 가지 가능한 대원 네트워크에서 극소곡면 체계의 사진을 제공해 준 클라우스 슈테펜과 토마스 도이센에게; 칩 디자인을 제공해 준 B. 코르테에게; 극소곡면 모델의 사진을 찍을 수 있도록 허락해준 앨런쉔에게; 세 개의 잎이 있는 회전하는 물방울의 그림을 제공해 준 T. G. 왕에게; 자유낙하하는 액체의 사진을 제공해 준 폴 콘쿠스와 로버트 핀에게; 웬트의 곡면의 컴퓨터 생성 사진을 제공해 준 데이비드 호프만에게; 역학에 관한 흥미로운 대화와 올레 로머 판화의 존재를 지적해 준 마이클 나우엔버그 에게;바젤, 본, 괴팅겐, 하이델베르크, 라이프치히 대학 도서관에게; 뮌헨의 바이에른 주립 도서관과 고타주립 도서관에게; 버클리의 밴크로프트 도서관에게; 기록저장소 사용 허가와 사진을 제공해 준 리크 천문대, 헤일 천문대, 패서디나의 제트추진 연구소, 베를린의 프러시아 문화유산이 미지 기록 저장소, 바티칸 사도 도서관, 프랑크푸르트/마인의 리비하우스, 사이언티픽 아메리카, 라이프 매거진, 에셔 재단, 뉴욕의 메트로폴리탄 미술관, 런던의 내셔널 초상화 갤러리, 바젤의 공공 미술 컬렉션, 브라운슈바이크의 헤르 조그 안톤 울리히 박물관, 나폴리 국립 고고학 박물관, 함부르크 쿤스트 할레, 쾰른 시립 박물관, 그리고 리히텐슈타인 공작의 소장품, 바두츠 성에게; 마지막으로, 관대하고 지속적인 지원을 해 준 본 대학교의 공동연구센타 72와 256, 그리고 본의막스플랑크 수학 연구소에게 감사드린다.

우리가 정보를 얻은 저작의 모든 저자들에게 공로를 돌리는 것은 불가능하다. 아주 적은 예외를 제외하고, 우리는 현대 과학자들의 이름을 언급하지 않았다. 그러나 수년간 친구들과 동료들과의 토론 없이는 우리는 이 책을 쓸 수 없었을 것이며, 그들의 이타적인 지원에 감사드린다.

스테판 힐데브란트
앤서니 트롬바

옮긴이 머리말 Preface

어느 날, 별이 구형으로 생성되는 과정이나 꿀벌집의 육각형 모양 그리고 비누막 등의 자연 현상을 설명하는 책의 번역을 맡게 되었습니다. 이 책에는 자연의 형태와 형식을 탐구하는 수학과 물리의 흥미로운 역사와 그 기본원리가 담겨 있습니다. 이렇게 좋은 책이 한글로 소개되어 더 많은 사람에게 소개되는 것은 매우 가치 있는 일일 것입니다.

이 번역 작업이 저에게는 매우 즐거운 일이었습니다. 먼저, 저 스스로가 독자로서 이 책을 읽는 것이 좋았습니다. 책 내용이 매우 흥미로웠고, 또한 수많은 자료를 보면서 어렴풋이 알고 있던 수학과 물리의 역사적 사실도 다시한번 확인할 수 있었습니다.

저는 대학부설 과학영재교육원에서 여러 해 동안에 중학생을 대상으로 피타고라스의 음계와 비누막을 이용한 최단연결 경로를 찾는 페르마 점 문제를 수업했습니다. 이 책은 그런 수업에서 최고의 안내서가 될 것입니다.

책을 번역하는데 있어서, 가장 중요하게 생각한 것은 저자가 적어놓은 문장의 의미를 한글로 정확하게 옮기는 일입니다. 영어와 우리말의 어순이 바뀌는 경우에 그 뜻이 달라지지 않도록 노력했습니다. '속력'과 '속도'를 정확히 구별하고, '직선'과 '선분'을 구별하여 번역했습니다.

우리 글은 세계에서 유래를 찾을 수 없는 과학적이고 배우기도 너무 쉬운 글입니다. 이런 글에서 '패턴', '사이클', '크리스탈' 등의 외래어 사용은 자제 했습니다. 그리고 '. . .을 만족시키는', '. . .을 가지는' 등의 국적 불명의 문장은 사용하지 않고 각각 '. . .을 성립시키는', '. . .이 있는'과 같은 우리 글 다운 문장을 쓰려고 노력했습니다.

이런 즐거운 작업을 맡겨주신 교우사 사장님과 남궁양 부장님께 다시 한번 감사드립니다.

이선홍

The parsimonious universe

차례 Contents

The parsimonious universe

발로티니 공

들어가는 말

형식과 형태에 대하여

옛날부터 원과 구는 기하학에서 완벽한 형태로 여겨져 왔다. 그리스인들에게 그것들은 신성의 궁극적인 대칭의 상징이었다. 행성의 불변하고 영원한 운동에 원운동보다 더 적합한 것이 무엇이겠는가? 이러한 이유로, 그리스인들은 하늘의 행성들이 완벽한 원을 따라 움직여야 한다고 믿었으며, 이 원들이 다른 원 위에서 움직일 수도 있다고 생각했다. 그리스 철학자 크세노파네스(B.C. 약 565–470년)는 대중 신앙의 다신교를 폐기하고, 하나의 독특하고 최고인 하나님을 대신 세웠으며, 그 신에게 구의 형태를 부여했다. 아리스토텔레스는 크세노파네스의 사상에 대해 다음과 같이 썼다:

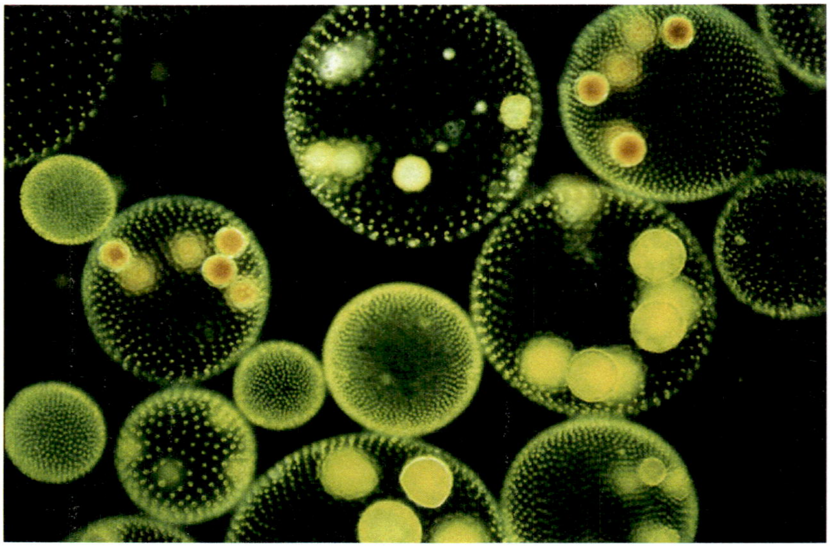

편모충은 하나 이상의 편모(작은 채찍)를 이용해 이동하는 단세포 생물이다. 일부 편모충 종은 단독으로 생활하고, 다른 종은 군체를 형성하기도 한다. 좁쌀공말 조류는 상당히 큰 군체를 형성한다. 각 군체의 구형 표면에는 편모를 가진 최대 20,000개의 단일 세포가 포함될 수 있다. 볼복스 군체는 편모의 움직임을 조정하여 회전할 수 있다. 정말로 멋진 구형은 해양 플랑크톤의 일종인 좁쌀공말 아우레우스 종에 의해 생성된다.

네 개의 위성과 함께한 목성의 몽타주. 이오가 목성에 가장 가깝고, 그 다음이 유로파, 가니메데, 칼리스토이다. 이 위성들은 갈릴레오에 의해 발견되었다. 이 네 개 외에도, 적어도 열 개 이상의 훨씬 작은 위성들이 목성을 돌고 있으며, 희미한 입자 고리도 목성을 둘러싸고 있다.

> 만약 하나님이 모든 것 중에서 최고라면, 오직 하나일 수밖에 없다고 그는 주장한다. 왜냐하면 두 개 또는 그 이상의 신이 있다면, 그 중 하나는 더 이상 모든 것 중에서 가장 뛰어나고 강력한 존재가 될 수 없기 때문이다. 왜냐하면 여러 신들 각각이 이 지위에 대한 동일한 주장을 하기 때문이다. 사실, 신성함과 신의 권능은 우월하다는 것을 의미하며, 모든 것 중에서 최고라는 것을 의미하고, 능가될 수 없다는 것을 의미한다. . . . 따라서 모든 면에서 동일하며, 어디에서나 보고, 듣고, 느낄 수 있는 존재인 하나님은 유일하게 존재한다. 그렇지 않으면 다양한 부분들이 서로 우월하거나 열등하게 될 것인데, 이는 불가능하다. 이러한 보편적인 동질성은 하나님이 구의 형태를 하고 있다는 것을 의미한다. . . . 그리고 하나님은 모든 것에 독특하고 영원히 존재하며 균일하게 동일하고 공처럼 둥글기 때문에, 그는 한정되지도 무한하지도 않으며 정지해 있지도 움직이지도 않는다.

구형은 고대 그리스인들에게 매력적이었던 것만큼이나 오늘날에도 매력적이다. 우리는 아이가 불어낸 떠다니는 비눗방울의 완벽한 둥글음에 감탄한다. 작은 유리 구슬인 발로티니 공도 동일하게 완벽한 구형이다. 그것들은 오랫동안 베네치아 유리 모자이크에 사용되어 왔다. 좁쌀공말 속의 녹색 편모충에 의해 놀라운 구면대칭의 군체가 생성된다. 마찬가지로, 우리 태양계의 행성과 그 위성들도 거의 구형이다.

구를 만들어내는 힘은 또한 동반된 사진에 있는, 현미경으로 자주 보는, (단세포 조류인) 규조류의 형태를 만들어낼 수 있다. 이들은 미세한 기하학적 형태의 규소 갑옷에 둘러싸여 있다.

자연에는 비누막과 거품에 의해 만들어지는 다양하고 놀라운 형태가 존재한다. 나중에 보게 되겠지만, 철사 틀을 가로지르거나 유리판 사이에 있을 때 세 개의 비누막은 (자유롭게 움직일 수 있다면) 항상 서로 120° 각도를 형성한다.

다음 쪽 아래 왼쪽에 있는 사진에서 두 개의 평행한 유리판 사이에 매달린 비누막을 볼 수 있다. 우리는 비누막을 선분으로 보고 있기

규조의 골격은 각각 바닥과 덮개가 있는 상자와 같다.

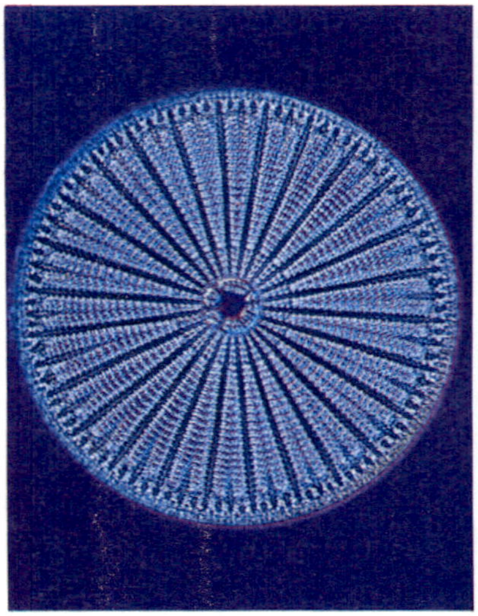

거미원반조류(*Arachnoidiscus*) USA 종은 고딕 창문의 양식으로 사용될 수 있을 만큼 아름다운 원반 껍질을 만든다.

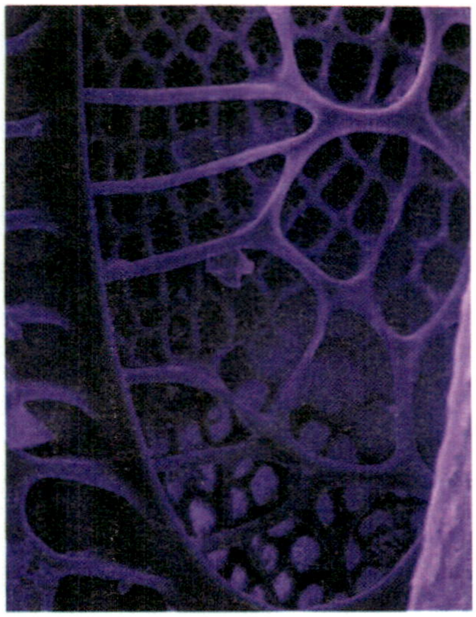

전자 현미경은 살아있는 원형질이 침투하는 규조의 지지대와 반구형의 섬세한 망을 드러낸다.

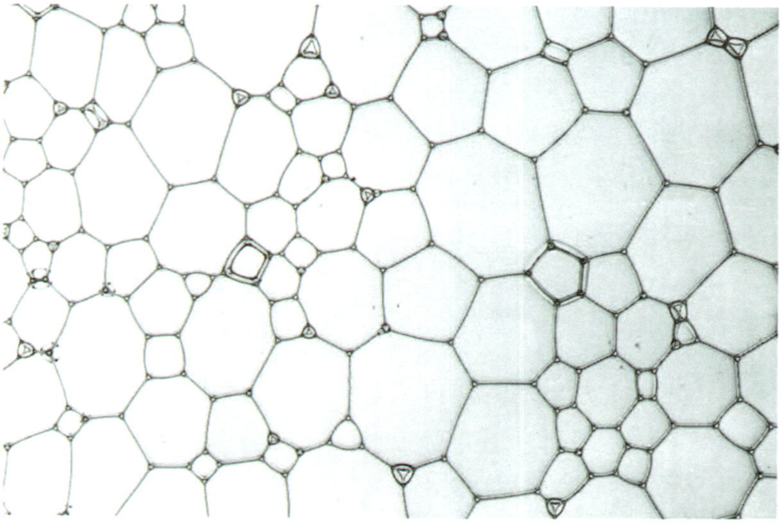

두 개의 평행한 유리판 사이의 비누막. 세 개의 막이 만나는 곳마다 전형적인 Y자 형태임을 주목하라. 일부 방은 곡선형 막에 의해 경계가 지어진다; 이 볼록한 부분은 인접한 세포 간의 압력 차이로 인해 발생한다.

정팔면체의 열두 모서리에 의해 경계가 지어진 비누막 체계.

때문에, 그것의 가장자리를 보고 있다는 것은 분명하다. 이는 비누막이 각 판과 직각으로 만난다는 것을 의미한다. 비누막이 지지 표면에서 자유롭게 경계를 만들 수 있을 때 이러한 직각이 형성된다.

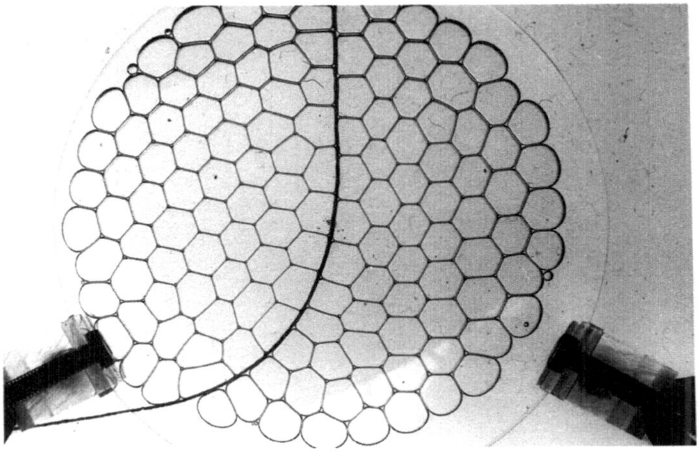

두 개의 평행한 유리판 사이의 비누막은 표면을 따라 90° 각도를 형성한다(어두운 선).

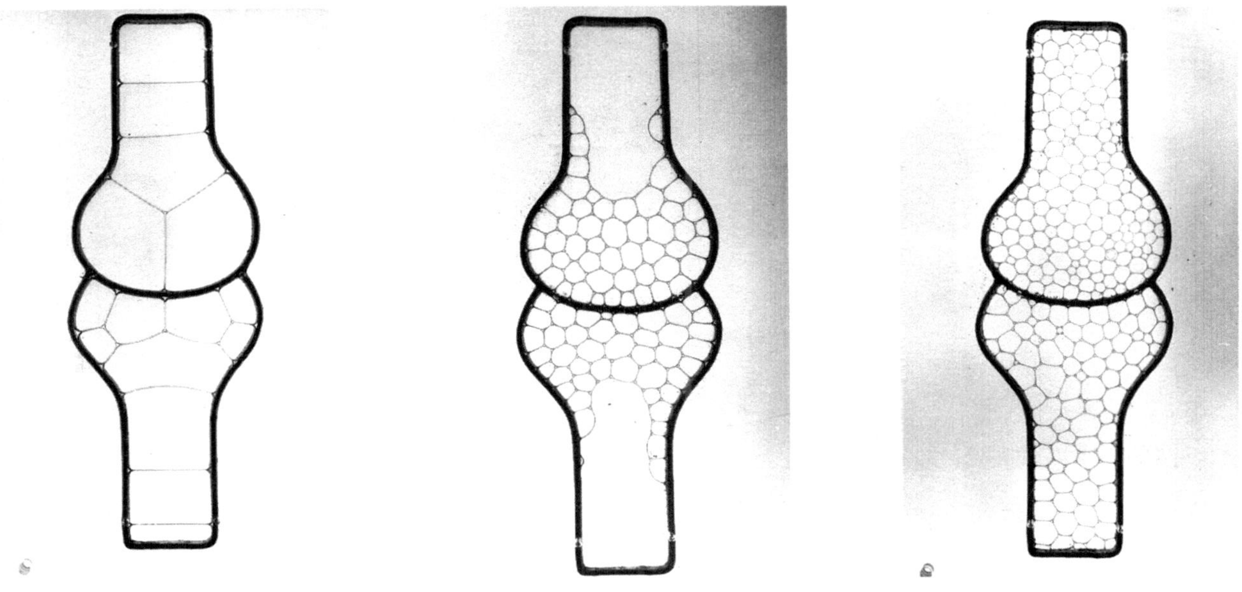

비누막 체계에 의한 뼈 구조의 모방.

예를 들어, 비누막은 아래 사진에서 두꺼운 검은 선으로 보이는 금속 조각줄의 가장자리에서 90° 각도를 형성한다. 그러나 비누막은 자기들끼리는 서로 120° 각도로 만난다.

곤충의 날개와 벌집 세포를 조사해보면 비누막과의 유사성을 알 수 있다. 또한 다면체 틀을 가로지르는 특정 비누막 체계와 방사선조류라고 불리는 일부 단세포 생물 사이의 유사성을 보는 것도 흥미롭다.

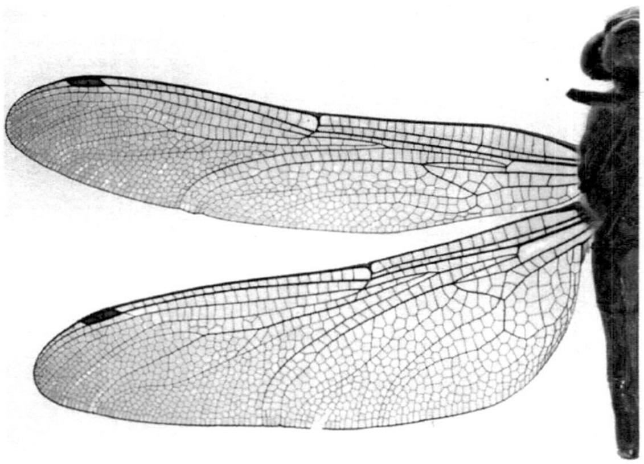

A. 잠자리의 날개.

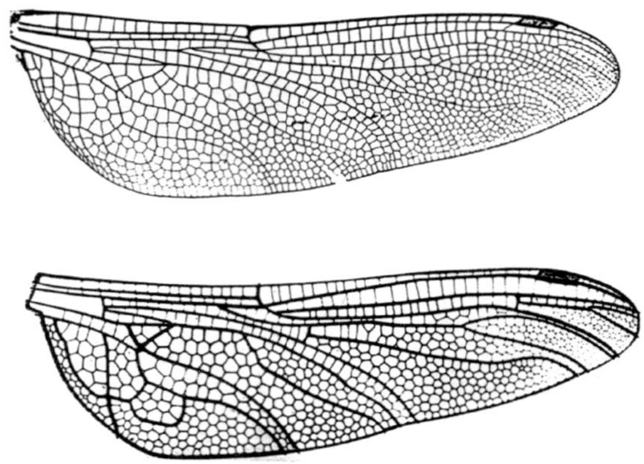

B. 잠자리의 날개(위)는 적절한 틀(굵은 선) 안에 있는 비누막 체계(아래)로 모방할 수 있다.

사면체 틀 안에 매달려 있는 여섯 개의 평평한 비누막과 하나의 비눗방울 체계. 이러한 체계는 다음 쪽에 묘사된 방사선조류 칼리미트라의 구조와 유사하다.

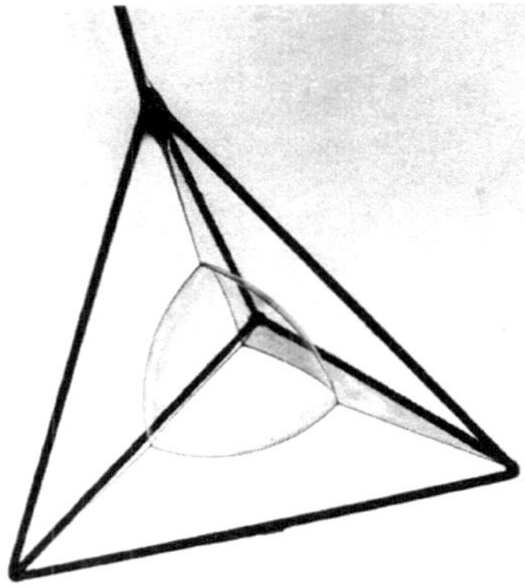

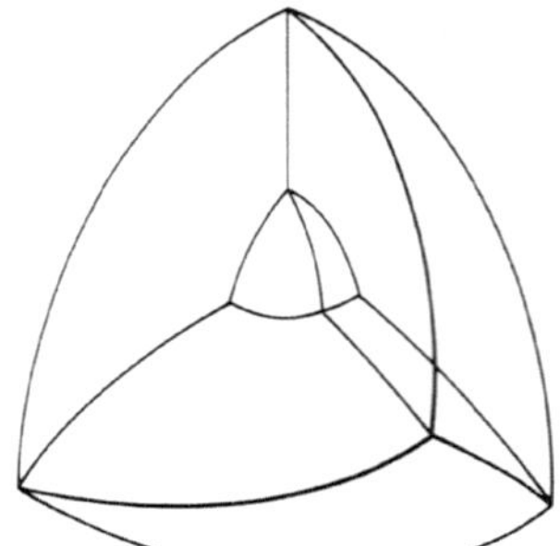

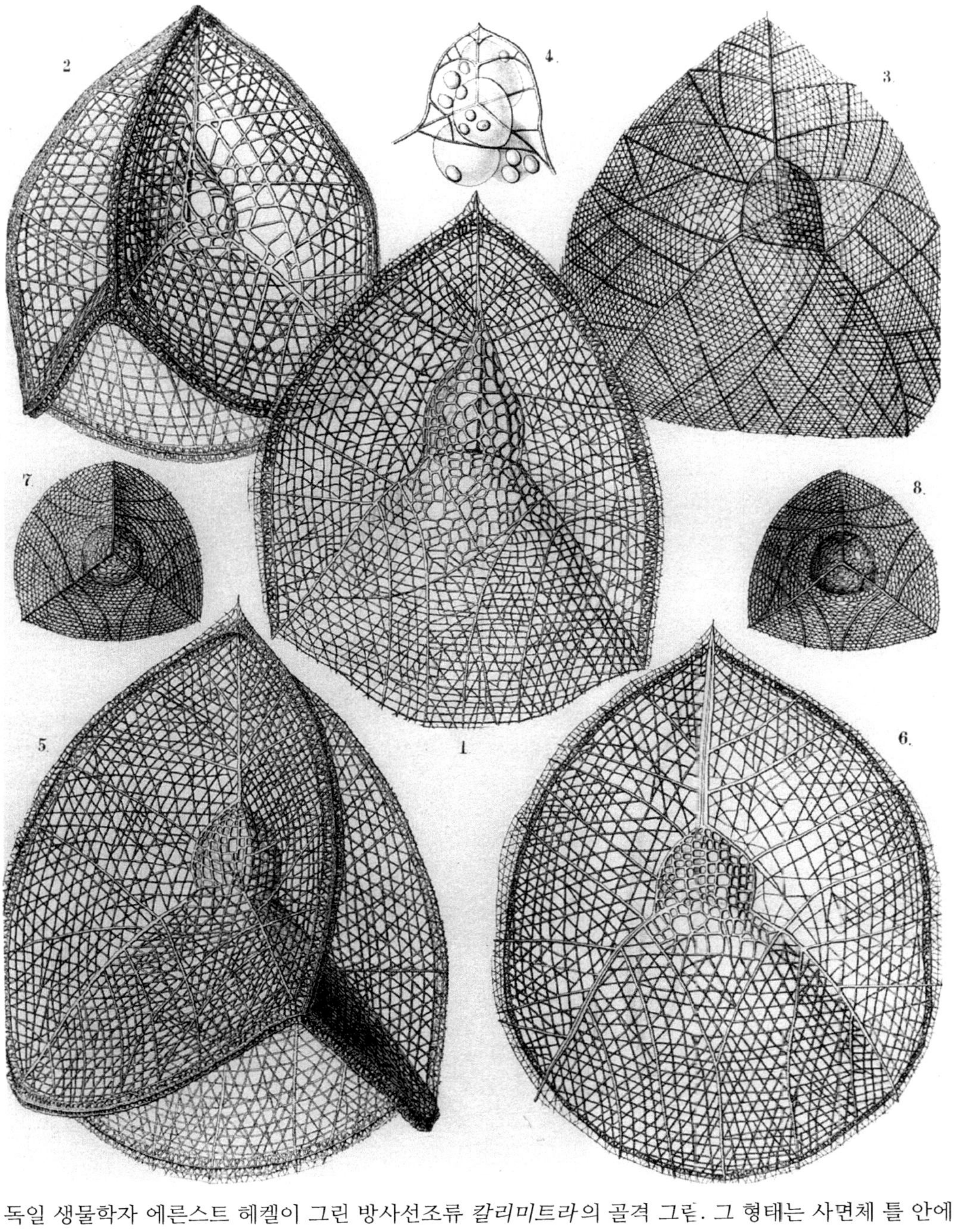

독일 생물학자 에른스트 헤켈이 그린 방사선조류 *칼리미트라*의 골격 그림. 그 형태는 사면체 틀 안에 매달린 여섯 개의 평평한 비누막이 비눗방울을 감싸고 있는 체계와 유사하다(8쪽 상단 참조).

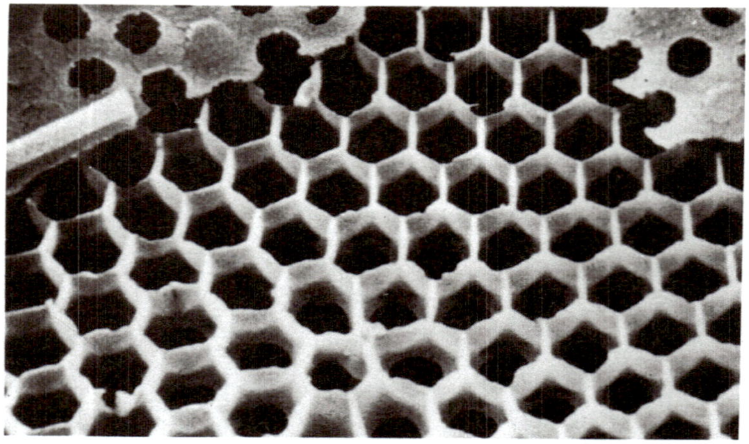

비누막에서 볼 수 있는 Y자형 연결은 자연에서 자주 발견되며, 이러한 벌집 방과 같이 반복되는 육각형 양식을 생성할 수 있다.

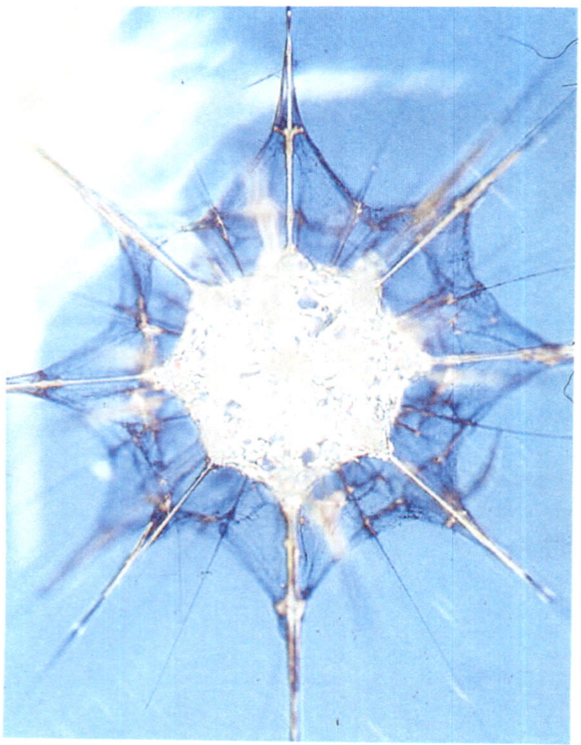

살아있는 방사선조류. 헤켈은 이 미세한 생물들의 4,314종과 739속을 기술하거나 묘사했다.

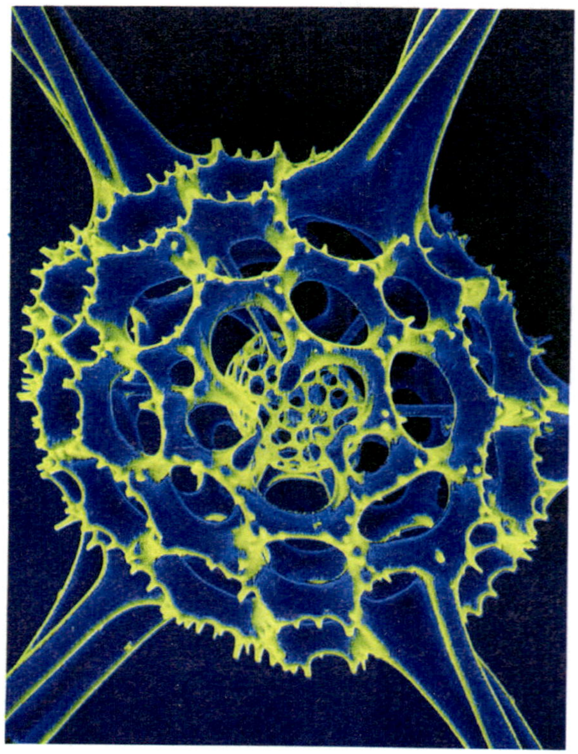

방사선조류의 골격.

굴절 후광이 있는 물방울.

비누막과 비눗방울과 밀접하게 관련된 현상은 물방울의 형성이다. 이는 또한 우리의 상상력을 자극하여 꽃잎 위에 햇빛에 빛나는 이슬의 사랑스러운 이미지를 떠올리게 한다.

> 장미 위의 신선한 아침 이슬방울에게 주는 금빛 태양의 입맞
> 춤도 이토록 달콤하지 않아,

라고 셰익스피어는 *사랑의 수고는 헛되이*에서 썼다.

그러나 얼음이나 마르는 진흙에서의 균열, 틈, 크레바스[1]와 같이 불쾌한 생각과 감정을 일으키는 현상들도 비누막이 만들어내는 양식과 매우 유사한 모습을 보여줄 수 있다. 균열이 만나는 지점에서 각도가 90°인지 120°인지 여부는 재료에 따라 다르다.

1: 옮긴이 주: 빙하 속의 깊이 갈라진 틈

이것은 농경지의 항공 사진일까? 아니다, 이것은 주석 기름의 젤라틴 제제에서 생긴 균열 사진이다.

우리는 또한 끊임없이 변화하는 현상들로 둘러싸여 있다. 매일 우리는 선조들이 그랬던 것처럼 해가 뜨고 지는 것을 본다. 맑은 밤에는 달과 별들이 하늘에 보인다. 바람은 호수의 표면을 부드럽게 잔물결치게 하거나, 바다의 파도를 소란스럽게 뒤흔들 수 있다. 이러한 현상들 중 일부는 단순한 규칙을 따르지만, 다른 것들은 복잡하거나 심지어 임의적이고 혼돈스럽게 발전하는 것처럼 보인다. 누가 먼 미래의 날씨를 예보하거나 회오리바람의 경로를 예견할 수 있을까? 그럼에도 불구하고, 소용돌이는 종종 일정한 규칙성을 보여준다. 위대한 기술자 테오도어 폰 카르만은 *카르만 와류*에 대한 아름다운 수학적 설명을 제시했다. 이는 빠르게 움직이는 액체나 기체에서 때때로 볼 수 있는 일련의 소용돌이 형성을 설명한 것이다. 이러한 와류는 아래에 나오는 일본 예술가 우타가와 히로시게의 목판화에 묘사되어 있다.

폰 카르만 와류.

우타가와 히로시게의 나루토 소용돌이.

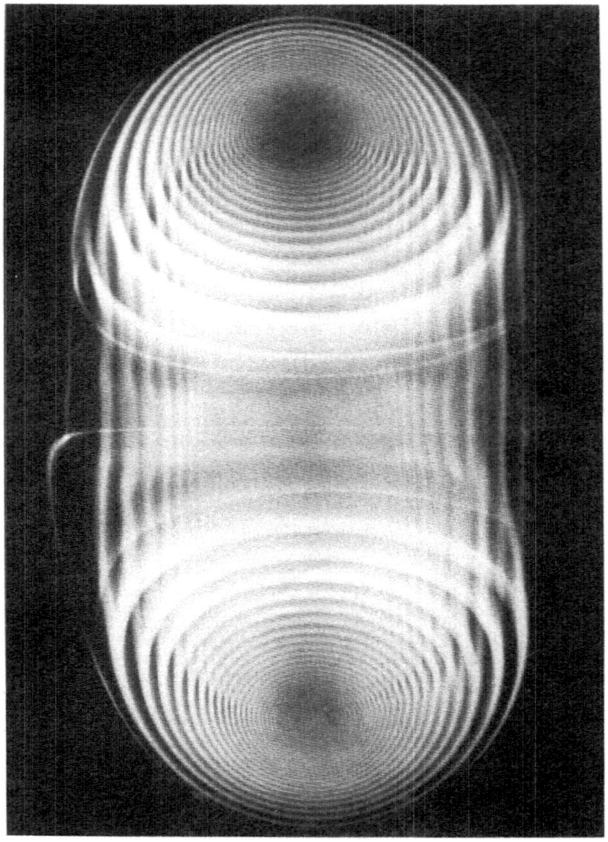

연기 고리.

관에서 방출된 연기 고리에는 놀랍도록 구조화된 양식이 나타난다. 실제로 그 결과는 진정한 고리가 아니라 단단히 감긴 고리 모양의 나선이다. 진정으로 우주적 규모의 소용돌이는 다음 쪽에 보이는 나선 성운과 같은 은하이다.

자연이 만들어낸 몇 가지 놀라운 형태를 본 후, 고대 불교 경전의 이 구절을 생각해 보자:

> ... 보살은 진리에 따라 형태는 구멍과 균열에 불과하며, 실제로는 단단함이나 견고함이 없는 거품 덩어리와 같다는 것을 알고 있다.

악마의 기둥 더미. 현무암 기둥으로 구성된 화산암의 균열 양식.

사냥개자리의 소용돌이 은하

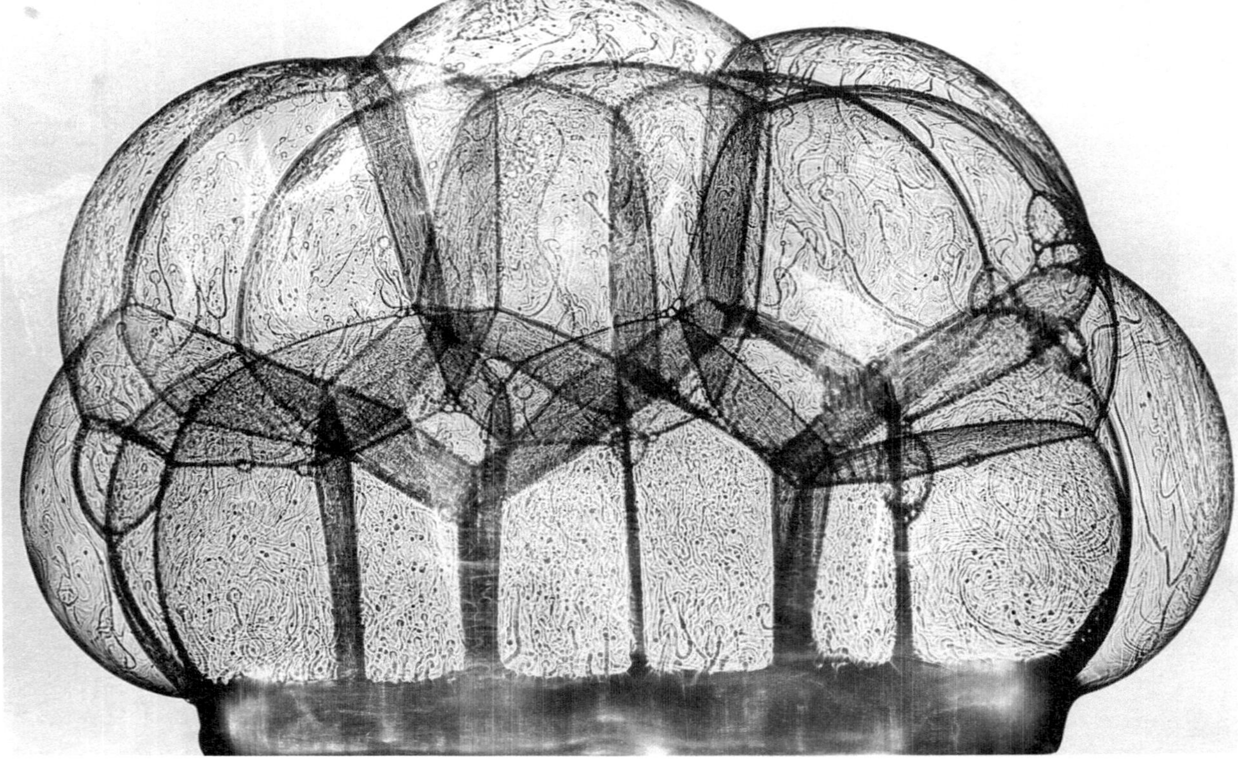

비눗방울의 부유

구멍과 균열, 그리고 거품: 이것이 자연의 설계의 전부일까? 그렇든 아니든, 주변 세상을 바라보면 형태의 대칭성이나 양식의 규칙성을 종종 발견하게 된다: 혼돈 속에도 일정한 질서가 있는 것처럼 보인다. 이 질서는 이러한 형태의 형성 뒤에 있는 몇 가지 간단한 *보편적 법칙*을 찾아야 한다는 것을 암시한다. 왜 자연은 다른 모든 생각할 수 있는 형태보다 특정한 형태를 선호할까? 왜 천체는 공처럼 보이고, 정육면체나 피라미드처럼 보이지 않을까? (자연은 결정 형성에서 알 수 있듯이 정육면체나 피라미드와 같은 다면체 형태를 싫어하지 않는다.) 우리는 또한 왜 국물에 떠 있는 기름 방울이 원형이고, 일부 규조류처럼 삼각형이 아닌지 물을 수 있다.

알루미늄 결정

팔라듐 결정.

우리는 이러한 질문들에 대해 최종적인 답을 찾기를 진정으로 기대하는 것은 아니다: 아마도 그런 답은 없을 것이다. 대부분의 과학자들은 완전한 답, 궁극의 진리를 찾는 희망을 포기했다. 대신에, 그들은 주어진 상황에서 자연이 어떤 형태를 다른 형태보다 선호하는지를 예측할 수 있게 해주는 몇 가지 원리를 풀어내는 것으로 만족한다. 복잡한 문제를 이해하기 위한 이러한 겸손한 접근 방식은 많은 과학적 진보를 이끌어냈다.

역사적으로 사람들은 이러한 원리를 발견하려고 노력해왔고, 이 과정을 통해 우리의 자연에 대한 이해가 어떻게 성장해왔는지 보는 것은 흥미롭다. 자연을 이해하기 위해 수많은 이론이 고안되었다. 알버트 아인슈타인은 과학 이론이 개발되는 두 가지 이유를 다음과 같이 지적했다.

> 우리가 기존 이론으로 *설명*할 수 없는 새로운 사실을 마주할 때 새로운 이론이 우선적으로 필요하다. 그러나 새로운 이론을 세우는 이러한 동기는 말하자면, 외부에서 부과된 사소한 것이다. 또 다른, 덜 중요하지도 않고 더 미묘한 동기가 있다. 이것은 이론의 전제를 전체적으로 통합하고 단순화하려는 노력이다.

단순함을 추구하는 것은 대부분의 예술가, 장인, 기술자, 그리고 과학자들이 가지고 있는 이상에 부합한다: 할 수 있는 일은 단순하게 할 수 있다. 표면적으로는, 이 *수단의 경제성 원리*은 단순히 미학적 개념에 불과하며, 단순하게 행해진 것이 가장 잘 행해진 것이라는 확신에 기초한다. 그러나 이는 또한 자연이 가장 단순하고 효율적인 방식으로 진행된다는 생각으로 이어진다.

자연에 대한 인식을 논리적 사고 체계와 연관시키는 단순하고 매력적인 개념을 통해 자연을 이해하려는 인간의 욕구에 대해 아인슈타인은 다음과 같이 언급했다:

> 음악에 대한 열정이 존재하는 것과 마찬가지로 이해에 대한 열정이 존재한다. 그 열정은 어린이들에게는 보다 흔하지만, 대부분의 사람들에게는 나중에 사라진다. 이 열정이 없었다면, 수학이나 자연 과학도 존재하지 않았을 것이다. 이해에 대한 열정은 순수한 사고로, 경험적 기초 없이 요컨대, 형이상학을 통해서 객관적 세계를 합리적으로 이해할 수 있다는 착각으로 이어지곤 했다. 나는 모든 진정한 이론가가 자신을 얼마나 순수한 *실증주의자*라고 생각하든 간에, 일종의 길들여진 형이상학자라고 믿는다. 형이상학자는 논리적으로 단순한 것이 경험된 현실에 구현되어 있다고 믿지만, 모든 감각 경험의 총체는 매우 단순한 전제에 기초한 개념적 시스템을 통해 *이해될 수 있다*고 믿는다. 회의론자는 이것이 *기적의 신조*라고 말할

> 것이다. 인정하건대 그렇다. 그러나 그것은 과학의 발전에 의해 놀라운 정도로 입증된 기적의 신조이다.

놀랍지 않게도, 수학은 그러한 개념적 체계의 발전에서 중요한 역할을 해왔고 계속해서 중요한 역할을 하고 있다. 수학은 물리적 세계의 현상에 대한 우리의 통찰을 정확하게 형성하고 활용할 수 있게 해주는 유일한 도구로 보인다. 영국 물리학자 P.A.M. 디랙은 이 사실을 다음과 같이 표현했다:

> 기본 물리 법칙이 매우 아름답고 강력한 수학 이론으로 설명된다는 것은 자연의 기본적인 특징 중 하나인 것 같다. 이를 이해하기 위해서는 상당히 높은 수준의 수학이 필요하다. 왜 자연이 이런 방식으로 구성되었는지 궁금할 수 있다. 현재의 지식은 자연이 이렇게 구성되어 있다고 보여줄 뿐이다. 우리는 단순히 그것을 받아들여야 한다. 상황을 설명하자면, 신은 매우 높은 차원의 수학자이며 우주를 구성하는 데 매우 고급 수학을 사용했다고 말할 수 있을 것이다. 우리의 미약한 수학적 시도를 통해 우리는 우주의 일부분을 이해할 수 있으며, 보다 더 높은 수학을 발전시킬수록 우리는 우주를 더 잘 이해하기를 희망할 수 있다.

이 책에서는 우리 세계의 형태와 운동을 설명하려는 몇몇 이론들을 다룰 것이다. 우리는 그것들이 어떻게 생겨났고 수학이 그 발전에 어떤 역할을 했는지 살펴볼 것이다. 특히, 물리적 현상을 이해하는 주요 도구로 사용되어 온 *수단의 경제성 원리*를 강조할 것이다. 우리의 목표는 수학과 물리학 사이의 이해하기 쉬운 연결 고리를 찾는 것이다. 이 연결 고리를 제공하는 수학 이론은 *변분법*이라고 불린다. 변분법의 기초가 세워지고 물리학과의 연결이 구상된 시기는 17세기 말부터 18세기까지의 바로크와 로코코 시대로서 현대 과학의 발전이 시작된 시기이다. 따라서 우리는 그 시기의 수학적 및 철학적 발상을 생각하는 것으로 이야기를 시작할 것이다.

북극권 원정을 기념하여 북극 의상을 입은 피에르-루이 모로 드 모페르튀이(1698–1759).

세계의 거대한 계획 1

넘쳐나는 모든 것에
자연도
하나님도 언짢으리.
하나님과 자연을
화나게 하는 것은 모두
재앙이어라.
(단티 알리기에리,
1300년 경)

역사적으로 사람들은 물리적 세계의 현상을 설명하는 법칙을 찾기 위해 노력해 왔다. 그러나 모든 현상을 포괄하는 일반 원리는 1744년에서야 비로서 제안되었다. 그 해에 프랑스 과학자 피에르-루이 모로 드 모페르튀이가 우주의 거대한 계획을 제시했는데, 이는 *최소 작용의 법칙*으로 알려지게 되었다. 그는 1746년에 *형이상학적 원리로부터 유도된 운동과 정지의 법칙*이라는 제목으로 자신의 발상을 상세히 설명한 논문을 출판했다.

자연에서의 작용과 경제: 모페르튀이의 원리

모페르튀이의 *형이상학적 원리*는 자연이 항상 가능한 한 가장 경제적으로 작용한다는 가정이다. 예를 들어, 균질한 매질에서 빛은 가능한 한 가장 짧은 경로로 이동할 것이다. 이 발상으로부터 그는 *일반 원리*라고 이름 붙인 다음과 같은 결론을 이끌어냈다:

> 자연에서 어떤 변화가 발생하면, 이 변화를 위해 필요한 작용의 양은 가능한 한 최소이다.

자연이 그렇게 절약해서 소비해야 하는 *작용*이란 무엇인가?

길을 걷는 도보 여행자를 생각해보고 그의 작용을 어떻게 설명할지 생각해보라. 만약 그가 1시간에 2킬로미터를 이동한다면, 그는 2시간에 2킬로미터를 이동하는 것보다 두 배의 작용을 수행했다고 말할 수 있다. 그러나 그는 2시간에 2킬로미터를 이동하는 것은 1시간에 1킬로미터를 이동하는 것보다 두 배의 작용을 수행한다고도 말할 수 있다. 따라서, 도보 여행자가 1시간에 2킬로미터를 걷는 것은 1시간에 1킬로미터를 이동하는 것보다 네 배의 작용을 수행하는 것이다.

이 직관적인 발상를 사용하여, 우리는 작용을 거리, 속력, 그리고 질량의 곱

$$\text{작용} = \text{질량} \times \text{거리} \times \text{속력}$$

로 정의할 것이다. 이 정의에는 도보 여행자의 배낭을 고려하여 질량이 포함되어 있다. 또한 라이프니츠에 따르면,

$$E = \frac{1}{2} \times \text{질량} \times (\text{속력})^2$$

이 운동 에너지 E의 공식이고 속력은 거리를 시간으로 나눈 값이기 때문에

$$\text{에너지} \times \text{시간}$$

이 작용의 물리적 차원이다. 이로써 우리는 작용의 양적 정의을 할 수 있다. 만약 우리가 작용 개념을 사용하는 자연 법칙을 수학적 공식

으로 나타내려면 이 공식이 필요하다. 이 공식은 이미 라이프니츠에 의해 언급되었으며, 모페르튀이가 사용한 작용의 공식이기도 하다. 실제로 이 정의를 도출하기 위한 이전의 추론도 라이프니츠의 편지들[1]에서 가져온 것이다. 아마도 모페르튀이는 스위스 수학자 베르누이 가문의 일원으로부터 이에 대해 들었을 가능성이 크다. 이 가문은 1690년 이후로 바젤[1]을 세계 수학의 중심으로 만들었다. 라이프니츠는 아마도 모페르튀이의 위대한 형이상학적 원리를 처음으로 공식화한 사람이다. 이제 우리는 이를 다음과 같이 요약할 수 있다:

1: 옮긴이 주: 스위스의 도시

> 자연은 항상 작용을 최소화한다.

이 원리에서 모페르튀이는 최상의 존재인 하나님의 지혜를 나타내는 표현을 보았다. 이 원리에 따르면 자연에서 모든 것은 가장 경제적인 방식으로 이루어진다. 그는 다음과 같이 썼다:

> 우주의 모든 물체에 대한 운동과 정지의 원리를 담은 이 법칙들을 고려할 때, 세계를 지배하는 하나님 존재의 증거를 찾은 것이 인간의 정신에 어떤 만족감이 있을까?

이후에 우리는 서문에서 만난 아름다운 형식과 형태를 이해하는 데 작용 원리가 어떻게 활용될 수 있는지 설명하겠다. 그러나 이 순간에는 그 시기에 최소 작용의 법칙으로 이어진 철학적 및 과학적 발상을 탐구하고 싶다. 모페르튀이는 어떻게 자연이 최소한의 작용으로 작동한다는 개념에 이르게 되었을까? 이것은 정확한 과학의 기초보다는 창조주의 좋은 관리 원리가 아닐까? 이 도덕적 원리가 물리학에 어떻게 도입되었는지 보는 것은 정말 흥미롭다. 이를 위해, 우리가 이 책에 쓰고 있는 근본적인 수학적 및 물리적 발상이 시작된 후기 바로크 시대로 돌아가 보겠다. 그 시기에 철학적, 수학적, 물리적 개념들이 어떻게 발전하고 융합되어 최소 작용의 법칙으로 요약되는 우주의 거대한 계획으로 발전했는지 살펴볼 것이다. 동시에, 우리는 역사의 매혹적인 시기를 엿볼 수 있을 것이다.

---

[1] 1696년 3월, 요한 베르누이에게 보내는 편지들

고트프리트 빌헬름 라이프니츠 (1646–1716). 프랑케가 그린 그림, 헤르조그 안톤 울리히 박물관, 브라운슈바이크.

예정조화: 라이프니츠의 철학

외교관, 철학자, 수학자, 과학자, 그리고 만능 학자인 고트프리트 빌헬름 라이프니츠는 바로크 시대의 가장 영향력 있는 인물 중 하나였다. 그의 철학적 발상은 1710년에 출판된 *신의 선함, 인간의 자유, 그리고 악의 기원에 대한 신정론 에세이*(*Essais de Théodicee sur la Bonté de Dieu, la Liberté de l'Homme et l'Origine du Mal*)에서 제시되었다. 여기서 그는 우리의 세계가 *모든 가능한 세계의 최선*으로 조직되어 있다는 철학적 발상을 발전시켰다. 이 철학은 18세기 전반기에 교육받은 계층 사이에서 잘 알려져 있었으며, 많은 이들의 지지를 받았다. 그 중 가장 영향력 있는 인물은 아마도 독일 철학자 크리스티안 볼프(1679–1754)였을 것이다. 모페르튀이의 기본 철학적 견해는 라이프니츠와 상당히 달랐지만, 모페르튀이가 위대한 학자인 라이프니츠의 영향을 받았다는 것은 분명하다.

라이프니츠의 몇 가지 발상을 살펴보자. 그는 *신정론*에서 전능하고, 전지하며, 무한히 선한 창조주가 어떻게 자신의 창조물의 불완전성과 양립할 수 있는지를 고민했다.

매우 단순화하여 라이프니츠의 이론을 다음과 같이 설명할 수 있다. 하나님은 어설픈 시계공처럼 자신의 시계의 시침을 조절하기 위하여 때때로 이 세계의 일에 간섭하는 일은 하지 않는다. 그와는 반대로, 신은 자신의 세계를 예정조화된 상태로 창조했다. 숙련된 시계공이 시계의 기계장치를 돌보듯이, 하나님은 자신의 세계의 각 부분의 성질을 모든 다른 부분의 성질과 영원히 일치하도록 만들었다. 따라서 모든 부분은 영원히 서로 완벽한 조화를 이루고 있다. 이것만이 가장 지혜롭고 전능한 존재인 하나님에게 어울리는 일이다.

그리고 라이프니츠에 따르면, 하나님은 다음과 같은 이유로 존재한다: 하나님은 모든 속성을 최고도로 가지고 있는 존재이다. 여기서 말하는 속성들은 서로 공존할 수 있는 한에서만 해당된다. 이 조건이 필요한 이유는, 거룩함과 전능함 같은 몇몇 속성들은 완전히 공존할 수 있는 것은 아니기 때문이다. 하나님의 거룩함은 그의 전능함을 제한한다.

왜냐하면 하나님이 전능함을 통해 할 수 있는 악한 일을 하는 것은 그의 거룩함과 양립할 수 없기 때문이다. 따라서 하나님은 모든 가능한 세계를 생각할 수 있지만, 오직 그 중에서 가장 좋은 세계인 최고의 세계만을 원하고 따라서 창조할 수 있다.

볼테르 (1694–1778).

따라서 가능한 모든 세계 중에서 가장 좋은 세계로서의 이 세계의 존재는 하나님의 존재의 결과이다. 이에 따라 다른 어떤 세계도 반드시 우리 세계보다 덜 완전할 수밖에 없다; 그러나 많은 악과 불평등의 존재를 부정하지는 않는다: 죄와 악은 존재한다. 더욱이, 라이프니츠는 죄와 악이 없는 세계는 불가능하다는 것을 증명한다.

최선의 세계는 자유와 필연성 사이에 그리고 하나님의 은총과 자연의 영역 사이에 예정된 조화가 존재하도록 창조되었다. 세계의 건축가로서의 하나님과 우주의 주님으로서의 하나님은 완벽한 일치를 이루고 있다. 라이프니츠는 이 세계가 단지 가능한 것들 중에서 가장 좋은 선택일 뿐이며, 우리가 희망하는 것보다 훨씬 나쁠 수도 있다는 것을 완벽히 이해했다. 그러나 라이프니츠의 견해에 대한 대중의 오해는 그의 생각을 지나치게 단순화하여 *존재하는 모든 것이 선하다*라는 주장으로 축소했다.

만약 당신이 우리 세계가 아주 좋은 상태에 있지 않다고 느낀다면, 당신은 라이프니츠의 여러 동시대인들, 그리고 확실히 1758년에 라이프니츠의 철학을 풍자한 악의적인 풍자 작품 *캉디드 또는 낙관주의*를 쓴 프랑스 철학자 볼테르와 같은 의견을 공유하고 있다. 이 작품은 유럽에서 즉각적이고 선풍적인 성공을 거두었고, 그 후 20년이 되기 전에 42개의 판본이 출간되었다. 이 책의 주요 등장인물은 베스트팔리아의 바론 썬더-텐-트론크[2]의 성에 있는 젊은 남작 부인 쿤네군드의 가정교사인 철학자 팡글로스, 그리고 그의 충실한 제자이자 이 귀족 가문의 서자인 캉디드이다. 이 세 사람은 꽤 놀라운 모험을 경험한다. 이제 볼테르로 돌아가 보겠다:

2: 옮긴이 주: 독일 베스트팔리아에 있는 허구의 도시

> 팡글로스는 형이상학-신학-우주론학을 가르쳤다. 그는 원인 없는 결과는 없으며, 가능한 모든 세계 중에서 가장 좋은 이

세계에서 그의 주군의 저택이 가장 아름다운 저택이고, 그 부인이 최선의 부인이라는 것을 논박할 수 없게 증명했다.

그는 다음과 같이 말하곤 했다. "사물은 있는 그대로의 자신이 아닌 다른 것이 될 수 없다는 것이 증명된다. 왜냐하면 사물은 그 본래의 목적을 위해 만들어졌기 때문에, 모든 것은 최고의 목적을 위해 만들어지기 때문이다. 주시하라: 우리의 코는 안경을 쓰기 위해 만들어졌다; 그래서 우리는 안경을 쓴다. 다리는 분명히 반바지를 입기 위해 만들어졌으니, 우리는 반바지를 입는다. 돌은 조각하고 집을 짓기 위해 만들어졌고, 그래서 나의 주군은 가장 아름다운 집을 가지고 있다; 베스트팔리아의 가장 위대한 남작은 가장 고귀한 거처를 가져야 하기 때문이다. 돼지는 먹히기 위해 만들어졌으니, 우리는 1년 내내 돼지고기를 먹는다. 따라서 모든 것이 옳다고 주장하는 사람들은 허튼소리를 하는 것이다; 그들은 *모든 것은 최선이다*라고 말해야 한다."

썬더-텐트론크 성에서 원인과 결과의 상호작용을 조사하기.

그 후에 일어나는 사건들은 예상대로 팡글로스의 이러한 주장에 대한 우리의 신뢰를 강화하지 않는다. 쿠네군드가 캉디드와 함께 원인과 결과의 상호작용을 경험해보고 싶어할 때 캉디드는 성에서 쫓겨나고 이어서 불가리아 군대에 입대하게 되며, 그곳에서 (프로이센인과 프랑스를 상징인) 불가르와 아바르의 전투의 공포에서 살아남는다.

> 전투를 준비하는 잘 훈련된 두 군대를 본 적이 없는 사람들은 그 장면의 아름다움과 화려함을 상상할 수 없다. 나팔, 피리, 오보에, 드럼, 그리고 포병의 일제 사격은 지옥조차도 맞먹을 수 없는 조화를 만들어냈다. 초기 포격은 각 측에서 약 6,000명의 병사를 죽였다. 그 뒤를 이은 소총 사격은 이 최선의 세계에서 그 땅을 오염시킨 약 9,000명에서 10,000명의 악당을 제거했다. 마지막으로, 총검은 추가적으로 몇 천 명의 죽음을 위한 *충분한 이유*를 제공했다. 총 사상자는 약 30,000명에 달했다. 캉디드는 철학자처럼 떨며 이 영웅적인 학살 동안 최선을 다해 숨었다.
>
> 모든 것이 끝나고, 경쟁자 왕들이 각자의 진영에서 테데움[3]으로 승리를 축하하고 있을 때, 캉디드는 원인과 결과에 대한 자신의 논리를 추구하기 위해 다른 곳을 찾기로 결심했다. 그는 죽은 자와 죽어가는 자들의 시체 더미를 넘어서 국경의 아바르 측에 있는 인접 마을에 도착했다. 국제법의 조항에 따라 불가르군이 완전히 불태웠기 때문에,그 마을은 이제 연기만 피어오르는 폐허가 되어 있었다.

3: 옮긴이 주: 라틴어로 감사와 찬미의 노래

재앙 후에는 다른 재앙이 발생한다: 썬더-텐-트론크 성은 파괴되고, 주민들은 살해되거나 쫓겨났다. 쿠네군드는 결국 리스본에서 아무하고나 잠자리를 하는 여인이 된다. 난파 위기를 경험한 후에 리스본에 도착한 캉디드와 팡글로스는 1755년 10월 1일의 끔찍한 지진을 경험한다. 이 재난으로 3만 명의 남녀노소가 잔해에 깔려 죽는다.

> 다음 날, 캉디드와 팡글로스는 잔해를 기어다니다가 먹을 것을 찾았다. . . . 그들이 도왔던 몇몇 시민들은 그런 재앙 후에 할 수 있는 한에서 최선의 저녁 식사를 제공해 주었다. 그 식사는

> 확실히 슬픈 일이었고, 손님들은 먹으면서 눈물을 흘렸다; 그러나 팡글로스는 사물은 달리 될 수 없다는 확신으로 그들을 위로했다:
>
> "이 모든 것은," 그가 말했다, "사물의 올바름을 나타내는 것입니다. 왜냐하면 리스본에 화산이 있다면 그것은 다른 곳에 있을 수 없기 때문입니다. 사물이 그 자리에 있지 않을 수 없기 때문에 모든 것은 최선입니다."

첫 출간 후 3년 만인 1762년에 *캉디드*는 교황청의 금서 목록에 올랐다. 그러나 볼테르는 신중하게 가명을 사용하여 출판했기 때문에, 유럽 전역이 웃음을 터트리는 동안 그는 자신이 저자라는 것을 격렬하게 부인했다.

놀라운 점은, 적어도 초기에는 최소 작용의 원리가 그 철학적 선구자와 같은 운명을 겪었다는 것이다. 유럽의 큰 즐거움 속에서 볼테르가 이번에는 직접적으로, 그 결과가 참담했던, 모페르튀이를 대상으로 언어적인 비난을 퍼붓으면서, 그 도입 이후의 기간은 완전한 비극적 희극과도 같았다. 그러나 이 이야기의 이 부분으로 넘어가기 전에, 우리는 최소 작용의 원리가 구축될 수학을 아주 일반적으로 설명하고자 한다.

변분법의 시작

17세기 후반부에 수학에서 중요한 발전이 있었다. 뉴턴과 라이프니츠는 각각 독립적으로 미적분학을 만들었다. 이는 평면 도형의 넓이나 와인 통의 부피와 같은 물체의 부피를 계산할 수 있게 해주는 수학 이론이다. 이 이론은 또한 움직이는 물체의 순간 속도와 가속도를 정의하는 정확한 개념을 제공한다. 미적분학은 물체의 속도나 가속도로부터 그것의 궤적을 결정하는 계산 기법을 제공한다. 넓이나 부피를 계산하는 것과 움직임 및 그 속도나 가속도를 결정하는 것은 매우 다른 문제처럼 보이지만, 놀랍게도 이 두 문제는 상당히 밀접하게 연결되어 있다. 옛 과학자들도 이미 이러한 문제를 해결하려고 시도했으나, 몇 가지 특수한 경우를 제외하고는 실패했다. 특히,

야코프 베르누이 (1654–1705). 니클라우스 베르누이가 1694년에 그린 그림.

요한 베르누이 (1667–1748). J. R. 후버의 그림을 바탕으로 J. J. 하이드가 1740년에 만든 판화.

그들은 움직이는 물체의 순간 속도를 정량적으로 정의하는 방법을 전혀 몰랐다. 그러나 이는 투사체나 심지어 행성의 움직임을 예측하려면 반드시 필요한 것이다. 뉴턴과 라이프니츠의 미분학과 적분학이 공간과 시간과 관련된 복잡한 문제를 해결하기 위한 강력한 수학적 방법을 제공함에 따라, 이 이론은 현대 과학과 기술의 수학적 기초가 되었다. 예를 들어, 미적분학의 기초 위에 구축된 지난 세기의 위대한 수학적 성취가 없었다면, 통제된 우주 비행은 불가능했을 것이다.

그러나 고대 과학에 공정하기 위해, 그리스인들이 달이나 행성의 궤도와 그 움직임을 설명하기 위해 상당히 정교하고 효율적인 방법인 소위 주전원 이론을 발명했다는 점을 언급해야 한다. 이것은 궤도의 형태와 궤도를 따라 움직이는 행성의 운동을 설명하는 순수한 기하학적 이론이었다. 불행히도 이 이론은 더 나은 관측을 통해 발견된 추가적인 이상 현상을 설명하기 위해 때때로 수정되어야 했다.

미적분학이 발견된 직후, 나중에 *변분법*으로 알려지게 된 또 다른 새로운 학문 분야가 개발되었다. 이 새로운 분야의 창시자들은 모두 바젤 출신의 세계적으로 유명한 세 명의 스위스 과학자들이다: 요한

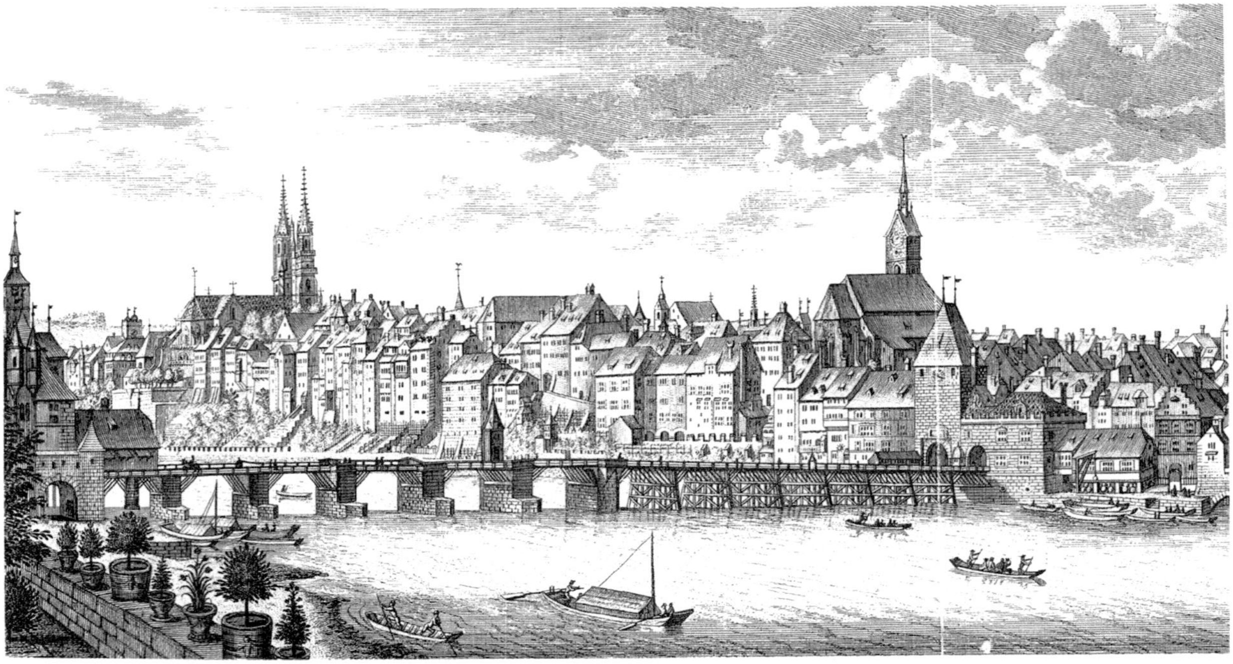

베르누이 시대의 바젤 시의 모습, 전경에는 라인강 다리가 있다.
E. 보헬의 그림을 바탕으로 W. 헤를리버거가 1761년에 만든 동판화.

베르누이와 야코프 베르누이 형제, 그리고 요한의 학생인 레온하르트 오일러이다. 레온하르트 오일러는 18세기에 가장 유명한 수학자가 되었다. 이 새로운 수학적 학문의 목표는 앞서 설명한 철학적 발상과 밀접하게 관련되어 있다. 그것은 최적의 대상을 수학적으로 기술하고, 그것을 결정하는 데 필요한 수학적 기법을 개발하는 것이다.

누구나 그렇듯이 수학자들 역시 이러한 문제들에 매우 관심이 있다. 일상 생활에서 우리는 *최고* 또는 *최악*의 상황이 무엇인지, 어떤 물체에게 어떤 속성이 *가장* 높은 또는 *가장 낮은* 정도로 있는지, 행복, 성공, 이익을 극대화하거나 불편함, 실패, 손실을 최소화하기 위한 *최적*의 전략이 무엇인지와 같은 문제를 정기적으로 해결해야 한다. 내부 부피가 정해진 조건에서 공기 저항을 최소화하는 자동차의 형태는 무엇일까? 가장 빠른 배를 만드는 선체의 형태는 무엇일까? 내부 부피가 정해진 조건에서 외부로의 열 손실을 최소화하기 위해 표면적이 가장 적은 집의 형태는 무엇일까? (이 마지막 질문에 대한 답은 당신의 난방비를 줄이는 데 도움이 될 수 있다. 에스키모인들은 오래 전에 이를 발견했다: 최적의 집 형태는 이글루, 즉 반구형이다.)

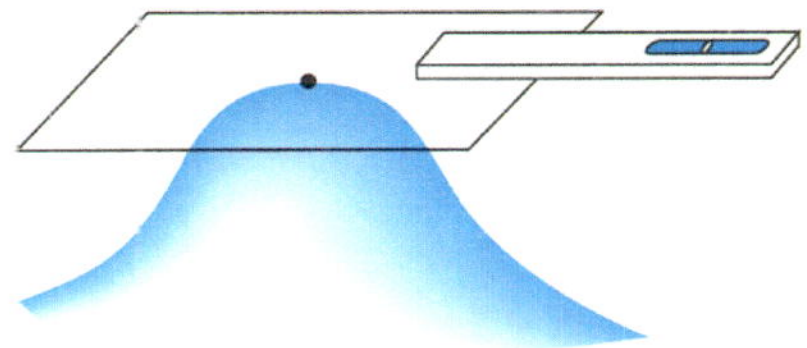
수평계를 사용하여 정상 찾기.

변분법은 베르누이 형제, 오일러, 그리고 위대한 프랑스 수학자 J. L. 라그랑주에 의해 체계적으로 이러한 문제를 해결하기 위해 개발되었다. 이 수학 이론의 기본 발상은 이해하기 쉽지만, 특정 문제에 적용하는 것은 보통 매우 복잡하다.

당신이 어두운 산악 지역에 있다고 가정해 보자. 산정상 위치를 찾고 싶지만, 당신은 작은 손전등과 수평계만 가지고 있다. 당신은 어떻게 진행하겠는가? 먼저 정상에서는 산맥의 접평면이 수평이라는 점을 떠올릴 수 있다(동봉된 그림 참조). 같은 원리는 계곡의 가장 낮은 지점이나 안장점에도 적용된다. 수평계를 사용하여 지면이 수평인 장소, 즉 접평면이 수평인 모든 곳을 찾기 위해 걸어 다닐 수 있다. 지질학적으로 매우 오래된 산맥이라 지면이 매끄럽고 바위와 봉우리로 가득 차 있지 않다면, 원칙적으로 이 방법으로 모든 정상을 찾을 수 있다. 그러나 접평면이 수평인 다른 지점도 찾을 수 있다. 예를 들어, 산길이나 산구덩이 등도 정상으로 가는 길에 마주칠 수 있다. *실제로는* 아무도 이렇게 하지 않겠지만, 이러한 고려 사항은 수평 접평면의 발상을 사용하여 이 문제를 *이론적으로* 해결할 수 있는 방법을 보여준다. 이것이 바로 수학자가 최댓값과 최솟값을 찾는 방법인데, 그들은 먼저 최선 또는 최악, *최대* 또는 *최소*에 대한 질문을 수학적으로 구성된 산맥에서 정상이나 구덩이를 찾는 기하학적 질문으로 전환한다. 그러나 이러한 산맥은 보통 3차원 세계의 산이 아니라 *고차원* 공간에 있다. 이 말은 상당히 신비롭게 들리는데, 아무도 7차원 공간을 상상할 수 없으며, 무한 차원 공간은 더욱 그렇다. 그러나 이러한 인공적인 공간은 수학자들이 겉보기에는 다양한 문제들을 통일된 방법론으로 접근하려고 할 때 강제로 사용해야 하는 기술적 구성물이다. 수학자들은 일반적으로 산을 3차원 공간에서만 시각화할 수 있지만, 일반적인 공간을 기술적으로 다루는 방법을 배웠다. 수학자는 (위에서 설명한 것과 같은) 그런 전략을 사용하여 최댓값

조제프 루이 라그랑주 (1736–1813).

ELÉMENS
DE LA
PHILOSOPHIE
DE NEUTON,
Mis à la portée de tout le monde.
Par Mr. DE VOLTAIRE.
A AMSTERDAM,
Chez ETIENNE LEDET & Compagnie.
M. DCC. XXXVIII.

볼테르의 뉴턴 물리학에 관한 책의 속표지 (1738).

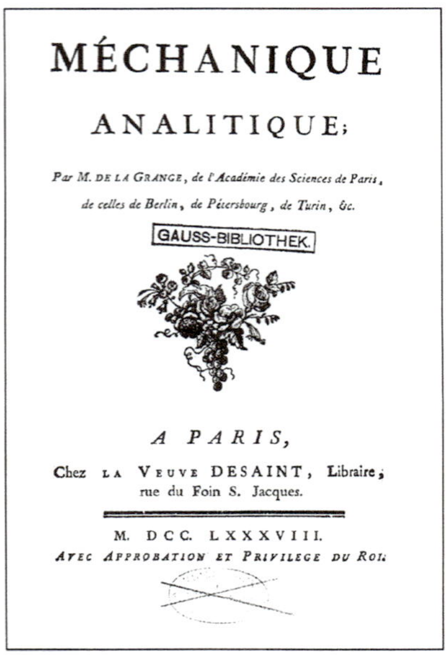
MÉCHANIQUE
ANALITIQUE;
Par M. DE LA GRANGE, de l'Académie des Sciences de Paris, de celles de Berlin, de Pétersbourg, de Turin, &c.
GAUSS-BIBLIOTHEK.
A PARIS,
Chez LA VEUVE DESAINT, Libraire, rue du Foin S. Jacques.
M. DCC. LXXXVIII.
AVEC APPROBATION ET PRIVILEGE DU ROI.

라그랑주의 *해석 역학*의 속표지 (1788).

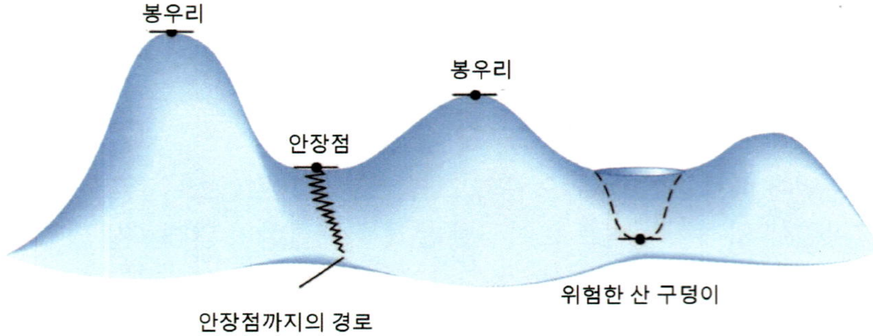

봉우리, 구덩이 그리고 안장점.

(봉우리)이나 최솟값(구덩이)일 것으로 의심되는 소수의 지점에 주의를 집중한다. 이 절차는 형사가 범죄를 저질렀을 가능성이 있는 용의자의 수를 줄이기 위해 모든 이용 가능한 정황 증거를 사용하는 절차와 유사하다.

*수평 접평면 원리*에서 수학자는 최적의 대상을 찾기 위해 성립해야 하는 (오일러-라그랑주 방정식이라고 불리는) 연립미분방정식을 세운 다음, 이를 해결하려고 한다. 이러한 방정식의 해를 찾는 것은 보통 어렵고 많은 수학적 지식이 필요하기 때문에, 우리는 기술적인 세부 사항에 대해서는 다루지 않겠다.

뉴턴의 역학

지금까지 우리는 최소 작용의 원리가 유래한 철학적 및 수학적 발상만 설명했다. 그러나 모페르튀이가 제안한 형태의 원리는 너무 모호하게 정식화되어 어려운 문제에 적용하기 어려웠다. 오일러와 라그랑주는 이를 정교화하고 완성하여 물리학에 필수적인 강력한 도구로 만들었다. 우아하고 일반적인 형식은 많은 찬사를 받은 라그랑주의 걸작 *해석 역학*(*Méchnique analitique*)에서 등장했으며, 이 책은 프랑스 혁명이 발발하기 1년 전인 1788년에 출판되었다.

그러나 이러한 모든 발전은 1687년에 뉴턴의 획기적인 저서 *자연 철학의 수학적 원리*(*Philosophiae Naturalis Pricipia Mathemaica*)가

모페르튀이의 라피 지역 원정 보고서에서 발췌한 판화. 이 보고서는 1738년에 *지구의 형태*라는 제목으로 출판되었다.

등장하면서 물리학에서 일어난 혁명에 기반을 두고 있었다. 인류의 지성 중 가장 영향력 있는 창작물 중 하나이고 현대 물리학의 기초인 이 논문은 최소 작용 원리가 안전하게 기초를 두고 있는 견고한 기둥이다.

르네 데카르트 (1596–1650). 프란스 할스가 1648년에 그린 그림을 바탕으로 한 판화.

그러나 뉴턴의 혁명적인 발상은 유럽 대륙, 특히 당시 유럽의 문화 중심지였던 프랑스에서 쉽게 받아들여지지 않았다. 17세기 동안과 약 1730년까지 유럽 대륙은 르네 데카르트의 물리 이론이 지배하고 있었다. 그러나 뉴턴 물리학의 승리 이후 그의 이론은 거의 완전히 잊혀졌다. 프랑스 과학 아카데미가 토론이 아닌 사실에 기초하여 논쟁의 진의를 결정하기로 동의할 때까지, 데카르트를 따르는 사람들로부터 데카르트주의자라고 불린 이들은 뉴턴주의자와 격렬하게 싸웠다. 측지선 측정을 통해 지구가 뉴턴의 만유인력 이론에서 예측한 대로 극지점에서 평평한지 아니면 데카르트주의자들이 주장한 대로 적도에서 평평한지를 결정하기 위해, 프랑스 과학 아카데미는 한 원정대는 스웨덴의 북극권으로 다른 원정대는 적도로 두 차례의 원정을 보냈다.

1736–37년에 북쪽으로의 원정은 뉴턴의 발상을 일찍부터 지지했던 모페르튀이에 의해 수행되었다. 라피 지역[2]에서 수행된 측지선 측정을 통해 지구가 극지점에서 평평하다는 것을 증명할 수 있었고, 뉴턴이

[2] 옮긴이 주: 핀란드 북부에 위치한 지역

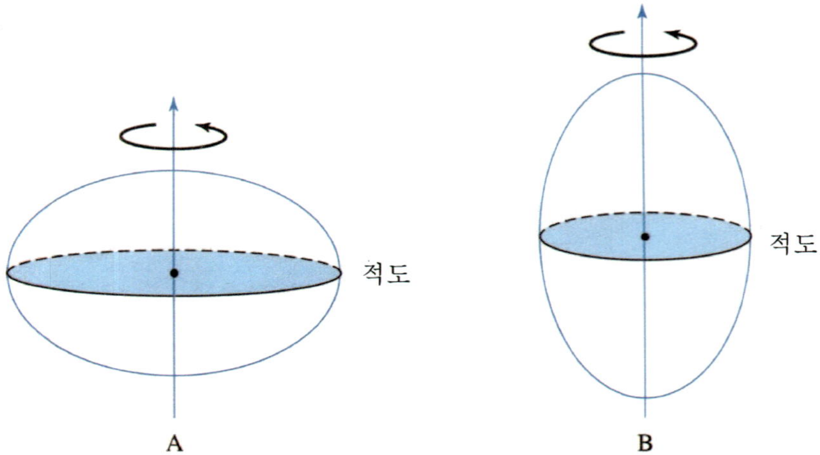

(A) 뉴턴의 지구에 대한 견해; (B) 데카르트의 지구에 대한 견해를 과장하여 그린 그림.

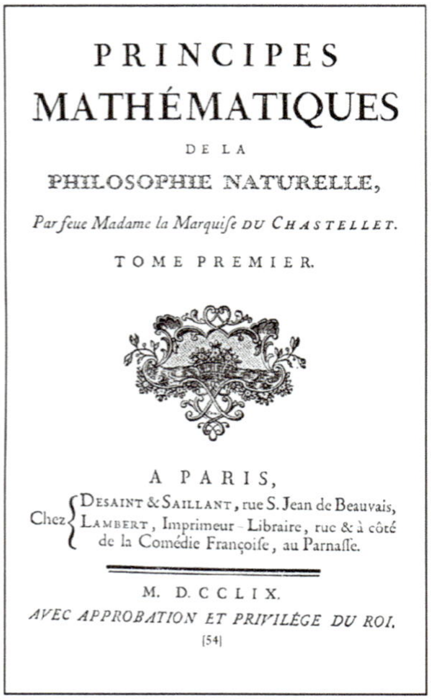

PRINCIPES
MATHÉMATIQUES
DE LA
PHILOSOPHIE NATURELLE,
Par feue Madame la Marquise DU CHASTELLET.
TOME PREMIER.

A PARIS,
Chez { DESAINT & SAILLANT, rue S. Jean de Beauvais, LAMBERT, Imprimeur - Libraire, rue & à côté de la Comédie Françoise, au Parnasse.

M. DCCLIX.
AVEC APPROBATION ET PRIVILÈGE DU ROI.
[54]

뉴턴의 *프린키피아* 프랑스어 번역본의 속표지. 가브리엘-에밀리 르 토넬리에 드 브레퇴유, 샤틀레 후작부인 번역. 초판, 두 번째 발행본, 파리, 1759년. (1756년으로 표기된 첫 번째 발행본은 공식적으로 출판되지 않았으며 매우 희귀하다.)

옳다는 것이 입증되었다. 이 결과는 1745년에 라 콩다민[3]에 의한 또 다른 원정에 의해 확신되었다.

원정의 큰 성공은 모페르튀이에게 즉각적인 명성을 안겨주었고, 파리로 데려온 두 명의 젊은 라피 지역 소녀들에 의해 그의 명성이 더욱 빛났다. 분명히 이 소녀들은 파리 시민들에게 상당한 인상을 남겼다.

볼테르는 그의 엄청난 필력과 빠른 지성으로 뉴턴의 위대한 승리를 널리 알리는 데 도움을 주었다. 그는 지구와 카시니 학파(파리에서 잘 알려진 천문학자들이자 지구 형태에 대한 데카르트주의자의 견해를 강력히 옹호한 사람들)를 동시에 평평하게 만든 모페르튀이의 성공을 축하했다. 18쪽의 그림에서 모페르튀이의 제스처를 다시 한 번 보면, 그가 성공을 얼마나 자랑스럽게 표시하고 있는지를 알 수 있다.

이로써 뉴턴 물리학과 변분(최적) 원리에 따른 우아한 공식화의 길이 열렸다. 새로운 역학 과학의 시대가 시작되었고, 이 과학은 나중에 라그랑주의 걸작을 참조하여 *해석 역학*이라고 불리게 되었다. 결국 이러한 일이 일어났다.

[3] 옮긴이 주: 샤를 마리 드 라 콩다민((1701–1774)은 프랑스의 탐험가, 지리학자, 수학자였다.

모페르튀이 원리에 대한 베를린 논쟁

1740년 프리드리히 2세는 베를린을 수도로 하는 독일 북동부의 프로이센 왕국의 왕이 되었다. 그는 베를린 과학 아카데미를 부활시키고자 했고, 볼테르를 그 아카데미의 총장직으로 초청했다. 볼테르는 기뻐지만 그의 연인인 샤틀레 후작부인[4]의 거처에 머물기를 선호하여 초대를 거절했다. 따라서 프리드리히는 북극권 원정을 조직한 것으로 유명한 모페르튀이에게 프로이센 아카데미의 총장직을 제안했다. 모페르튀이는 이를 수락했지만, 1746년이 되어서야 그 직책을 맡게 되었다.

A MADAME

LA

MARQUISE DU CH.**

TU m'appelles à toi vaſte & puiſſant Génie,
Minerve de la France, immortelle Emilie,
Diſciple de Neuton, & de la Vérité,
Tu pénétres mes ſens des feux de ta clarté,
A 2 Je

샤틀레 후작부인을 위한 볼테르 시의 시작 부분.

한편, 오일러는 1741년에 러시아 상트페테르부르크에서 베를린으로 와서 아카데미의 수학-물리학 학부의 학부장이 되었다. 목사의 아들로 태어난 레온하르트 오일러(1707–1783)는 13세라는 어린 나이에 고향 바젤의 대학교에 입학했다. 이는 당시에는 그리 드문 일이 아니었다. 당시 학교 교육은 기본적으로 종교와 가장 중요한 라틴어로 제한되었다. 게다가 대학교에서의 교육도 종종 상당히 낮은 수준이었다. 예를 들어, 라이프니츠는 14세에 고향인 라이프치히 대학교에서 학업을 시작했으며, 그가 들었던 강의의 부끄러울 정도로 낮은 수준을 신랄하게 비판했다. 실제로 그는 나중에 파스칼처럼 파리에서 청소년기를 보냈다면 훨씬 일찍 과학에 기여할 수 있었을 것이라고 말했다. 어린 오일러는 훨씬 더 운이 좋았다. 요한 베르누이는 일찍이 소년의 재능을 발견하고 매주 토요일마다 그에게 개인 수업을 해주기로 결정했다. 당시 요한은 유럽에서 가장 저명한 수학자였기 때문에, 그의 제자인 오일러는 20세에 바젤 대학교의 물리학 교수직에 지원할 때 이미 상당한 학식을 가지고 있었을 것이다. 그러나 오일러는 합격하지 못했고, 새로 설립된 상트페테르부르크 아카데미에서 연구직을 수락했다. 그곳에는 이미 요한 베르누이의 두 아들을 포함한 스위스 과학자 집단이 모여 있었다. 오일러는 그곳에서 1783년 사망할 대까지

---

[4] 이 놀라운 여성은 J. S. 쾨니히와 A. C. 클레로를 포함한 당대의 뛰어난 과학자들에게 교육을 받았다. 그녀는 클레로의 도움을 받아 뉴턴의 *프린키피아*의 최초이자 유일한 프랑스어 번역본을 준비했으며, 볼테르는 그녀가 1749년에 사망하자 역사적 서문과 *뉴턴의 물리학에 대하여*라는 시를 추가했다.

과학적 연구를 계속했다. 놀랍게도, 1771년에 시력을 잃은 후에도 그는 여러 권의 책과 300편 이상의 논문을 출판했다. 그의 생애 동안 그는 약 900편의 논문과 20권의 책을 저술했으며, 수학의 모든 분야뿐만 아니라 역학, 광학, 천문학, 심지어 음악학에도 근본적인 기여를 했다. 현재 그의 *전집*은 70권 이상이 출판되었지만, 편집 작업은 아직 완료되지 않았다.

1741년 베를린으로 떠날 때까지 오일러는 100편 이상의 논문과 함께 *역학*(*Mechanica*, 1736년 출판)을 저술했다. 이 책은 분석적 방법과 미적분학을 사용하여 뉴턴 역학을 처음으로 제시한 것이다 (라이프니츠 앞의 선구자들과 뉴턴은 미적분학을 피하고 더 기하학적이고 종합적인 방식으로 글을 썼다). 이 작업에서 오일러는 역학 분야를 혁신했으며, 그의 1765년의 두 번째 역학 논문 *운동 이론*(*Theoria Motus*)을 작성하며 라그랑주의 위대한 기여를 위한 토대를 마련했다.

1741년까지 러시아의 정치 상황은 상당히 불안했고, 따라서 오일러는 프리드리히 왕의 초대를 받아 베를린으로 갔다. 오일러는 약 25년 동안 베를린에 머물렀지만, 왕과의 관계는 결코 만족스럽지 않았으며 결국 견디기 힘들어졌다. 그래서 1766년 여제 예카테리나 2세의 초청을 받아 다시 상트페테르부르크로 돌아가, 다시 한 번 러시아 제국 아카데미의 회원이 되었다. 오일러는 러시아 수학의 아버지로 여겨진다.

1744년까지 오일러는 최소 작용 원리가 태양 주위의 행성의 운동과 같은 보존력장 내에서의 점질량의 운동을 설명하는 데 사용될 수 있다는 것을 엄밀하게 증명했으며, 우리 우주의 모든 현상 뒤에는 최대 또는 최소 규칙이 존재한다고 확신했다. 이 결과는 그의 저서 *최대 또는 최소 특성이 있는 곡선을 찾는 방법*(*Methodus Inveniendi Lineas Curvas Maximi Minimive Proprietate Gaudentes*)의 부록에 나타났다. 이 책은 변분법에 관한 첫 번째 교과서이자 수학 역사상 가장 유명한 책 중 하나이다. 오일러가 1743년에 이 책의 부록을 쓸 때 모페르튀이의 원리에 대해 아무것도 몰랐다는 것은 확실하다. 게다가 오일러가 다룬 문제들은 모페르튀이가 1746년 논문에서 다룬 문제들보다 훨씬 더 어려웠다.

1746년에 모페르튀이가 최소 작용 원리에 관한 논문을 발표했을 때, 그는 오일러의 업적을 잘 알고 있었으며, 출판물의 서문에서 이를 간략히 설명했다. 그러나 그는 "이 언급은... 내 원리를 행성의 운동에 아름답게 적용한 것이다"라는 말을 추가하며, 자신에게 우선권을 있다는 것을 주장했다.

오일러는 자신의 경제 원리가 단지 *사후적 통찰*에 불과한 반면, 모페르튀이의 법칙은 *선험적 세계관*이라며 우선권 전체를 모페르튀이에게 돌리며 반응했다. 오일러는 이 행동으로 인해 강하게 비판받았다. 일부 역사학자들은 이를 아카데미 회장에 대한 관대함과 충성심으로 돌렸고, 다른 사람들은 이를 도덕적 약함의 비참한 예로 보았다. 또 다른 평론가들은 이러한 판단이 너무 단순하다고 느끼며, 오일러의 행동의 진정한 이유는 그의 철학적 태도와 종교적 신념에 있다고 본다. 이는 확실성이 가능한 문제가 아니다.

그러나 모페르튀이의 논리에는 몇 가지 결함이 있었다. 첫째, 그는 자신의 원리를 몇 가지 예로만 뒷받침했으며; 둘째, 더 나쁜 것은 그 원리가 항상 옳은 것은 아니라는 점이다.

모페르튀이의 예 중 하나인 빛의 반사를 살펴보자. 여기서 최소 작용의 법칙은 빛이 광선에 따라 전파되는 방식이 빛이 발광지에서 관찰자까지 도달하는 데 필요한 시간이 다른 모든 가능한 경로를 따라가는 데 필요한 시간보다 적다는 규칙과 동등한 것으로 나타난다. (이 빛의 전파에 대한 규칙은 이미 1662년에 페르마에 의해 공식화되었다.) 만약 빛이 물이나 같은 밀도의 공기와 같은 균질한 등방성 매질에서 이동한다면, 이 최소 원리는 빛의 경로가 발광지와 관찰자까지의 가장 짧은 가능한 연결이라는 더 간단한 규칙과 같으며, 이 규칙은 이미 고대 그리스인들에게 알려져 있었다.

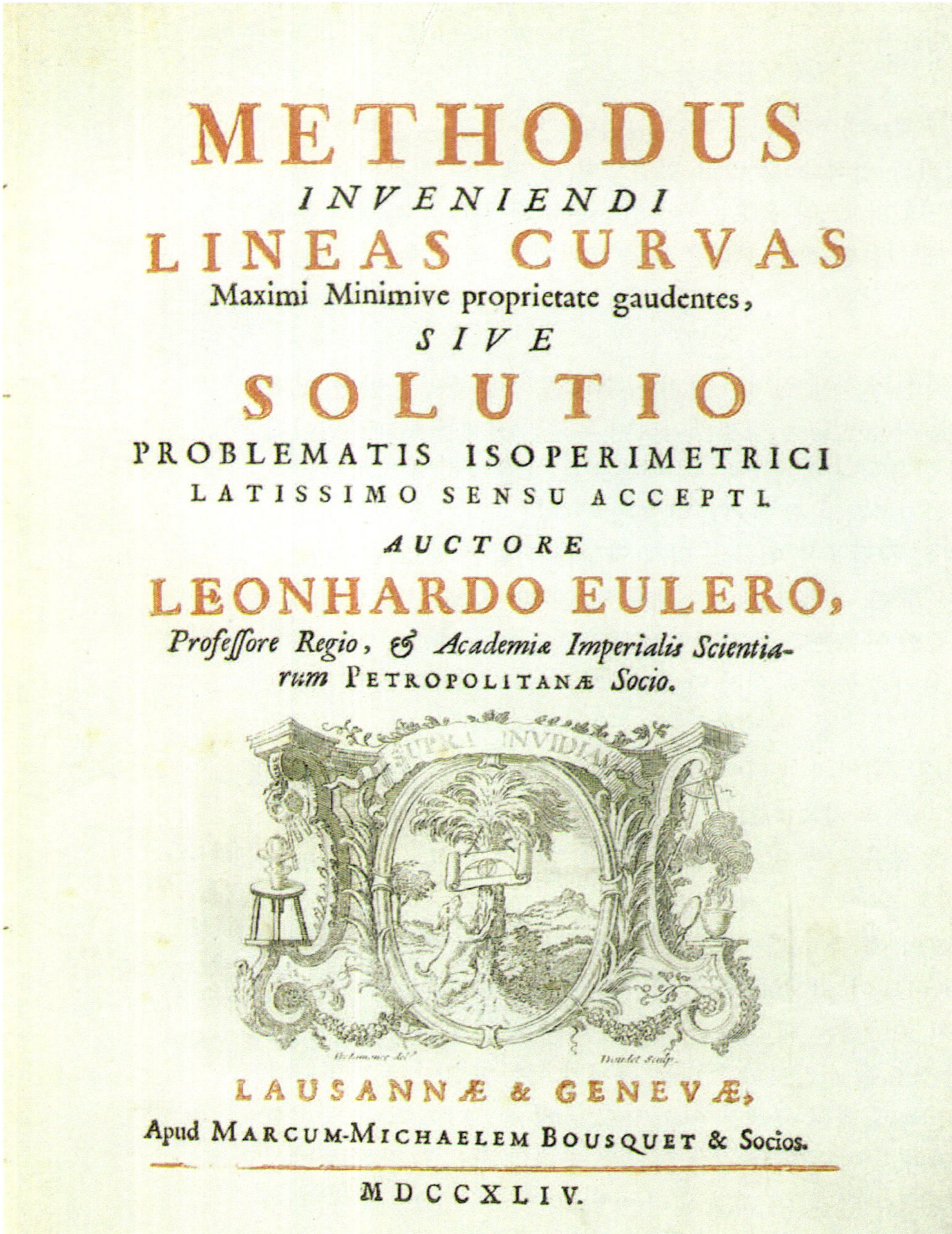

METHODUS
INVENIENDI
LINEAS CURVAS
Maximi Minimive proprietate gaudentes,
SIVE
SOLUTIO
PROBLEMATIS ISOPERIMETRICI
LATISSIMO SENSU ACCEPTI.
AUCTORE
LEONHARDO EULERO,
Professore Regio, & Academiæ Imperialis Scientiarum PETROPOLITANÆ *Socio.*

LAUSANNÆ & GENEVÆ,
Apud MARCUM-MICHAELEM BOUSQUET & Socios.

MDCCXLIV.

오일러의 *발견의 방법*(*Methodus Inveniendi*)의 속표지 (1744).

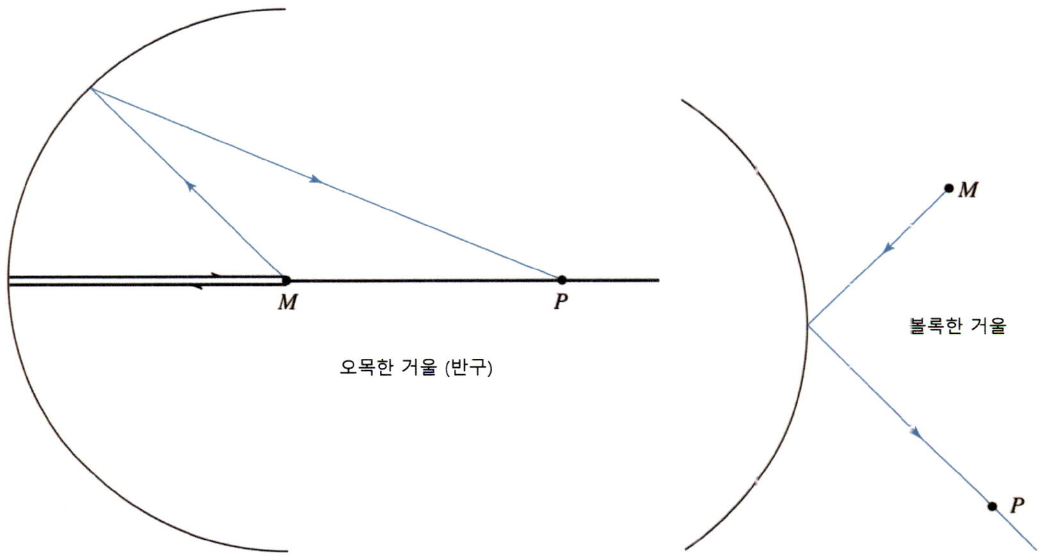

왼쪽: 오목한 곡면에서 반사된 빛. 파란 선은 실제 광선(굵은 검은 선으로 표시됨)보다 더 짧은 거울을 통해 M과 P를 연결하는 가능한 경로를 보여준다. 오른쪽: 볼록한 곡면에서 반사된 빛.

위 그림과 같이 완벽한 매질에 있는 구형 거울과 거울의 중심점 M에서 시작하는 광선을 고려해 보자. 모페르튀이의 원리에 따라 광선은 반사되어 M을 지나 P 지점으로 이동한다. M에서 거울을 지나 P로 이어지는 두 개의 선분으로 구성된 다른 경로가 광선보다 짧다는 것을 쉽게 알 수 있다. 반면, 빛을 볼록 거울에서 반사시키면 빛의 경로가 실제로 최소가 된다. 따라서 자연이 절약적으로 행동하는지 아니면 낭비적으로 행동하는지는 거울의 형태에만 의존한다.

이러한 종류의 논거를 사용하여, 셰발리에 다르시는 1749년과 1752년에 모페르튀이의 원리가 명확하게 공식화되지 않았으며, 더 나아가 잘못된 주장을 이끌어낸다는 것을 보여주었다. 최대 경제 원리에 기초한 신학-철학적 구조는 돌이킬 수 없을 정도로 손상된 것처럼 보였다.

베를린에서 모페르튀이는 1750년에 베를린에 도착한 새로운 아카데미 회원인 스위스 수학자 요한 사무엘 쾨니히(1712-1757)의 비판을

Vollständige
Sammlung
aller
Streitschriften,
die neulich
über das vorgebliche Gesetz der Natur,
von der kleinsten Kraft, in den Wir-
kungen der Körper,
zwischen dem
Herrn Präsidenten von Maupertuis
zu Berlin,
Herrn Professor König in Holland,
und andern mehr, gewechselt
worden.
Unpartheyisch ins Deutsche übersetzet.
Maxima de MINIMO nascitur Historia!
Leipzig,
bey Bernhard Christoph Breitkopf.
1753.

베를린 아카데미 회장을 찬반하는 논쟁을 모은 *모페르튀이 논문집*의 속표지.

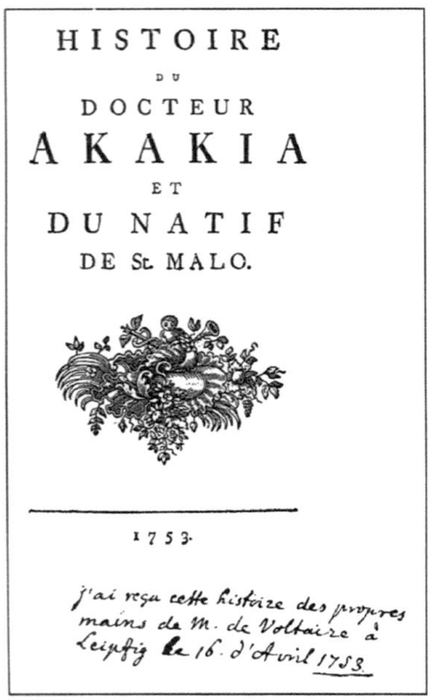
HISTOIRE
DU
DOCTEUR
AKAKIA
ET
DU NATIF
DE St. MALO.
1753.
j'ai reçu cette histoire des propres mains de M. de Voltaire à Leipzig le 16. d'Avril 1753.

알 수 없는 사람의 낙서와 함께 *닥터 아카키아*의 속표지.

받았다. 쾨니히는 라이프니츠가 이미 1707년에 최소 작용 원리를 언급했다고 주장했다. 그는 작용 원리가 언급된 라이프니츠의 편지 사본만 제출했기 때문에 쾨니히의 주장을 뒷받침하는 문서가 위조되었는지 여부에 대한 격렬한 논쟁이 일어났다. 아카데미는 쾨니히에게 그가 젊은 스위스 시인 사무엘 헨치의 손에서 보았다고 주장하는 원본을 제출하라고 요청했다. 헨치는 베른 시에 살았거나 살고 있었는데, 그는 1749년 혁명 활동에 연루된 혐의로 베른 시 당국에 의해 처형되었다. 이어서 그의 자산은 압수되어 판매되거나 파괴되었다. 프리드리히 왕이 베른 시의회에 공식 조사를 요청했씀에도 불구하고 라이프니츠의 편지는 찾을 수 없었다. 따라서 1752년 4월 13일, 아카데미는 라이프니츠의 중요한 편지의 쾨니히 사본을 위조로 선언했다. 쾨니히는 아카데미 회원직을 사임하는 것으로 반응했고, 한편에 선 쾨니히 그리고 다른 편에 선 모페르튀이와 오일러 사이에 격렬한 논쟁이 시작되었다. 볼테르는 이 논쟁에 참전하여 1752년에 쓴 *닥터 아카키아의 논쟁*에서 모페르튀이를 공격했다. 그 결과, 파리의 문학가들과 백과사전파들은 모페르튀이에 반대하여 볼테르의 편을 들었고, 모페르튀이는 끝장났다. 병에 걸린 모페르튀이는 1753년에 건강 회복을 위해 프리드리히 왕의 궁정을 떠났다. 그는 가끔 베를린으로 돌아올 뿐이었다. 1759년 그는 바젤에 있는 친구 요한 베르누이 2세의 집에서 사망했다.

오늘날 최소 작용 원리을 누가 처음 발견했는지에 대한 논쟁은 대부분의 이와 같은 논쟁처럼 의미가 없다. 우리는 오일러와 모페르튀이 둘 다에게 그 발견의 공로를 줄 수 있다. 그러나 진정한 우선권은 매우 가능성이 높게도 라이프니츠에게 속한다. 왜냐하면 이제 우리는 그가 여러 편지에서 작용 원리를 공식화하고 입증했다는 것을 알고 있기 때문이다. 분명히 잃어버린 편지에서만 그는 일반적인 목적론적 원리에 따라 작용에서 극값(즉, 최댓값 또는 최솟값)이 존재한다고 정확하게 명시했다. 그러나 이 논쟁의 여지가 있는 편지의 진위는 1913년에 다른 라이프니츠의 편지들과 함께 발견된 또 다른 미지의 사본이 유명한 고타 도서관에서 발견되면서 훨씬 더 가능성이 높아졌다. 이 사본은 동일한 손에 의해 복사되었고 진본으로 알려져 있다. 그러나 후세에 모페르튀이는 모든 다른 법칙들이 따라야 할 *보편적 물리 법칙*으로서 작용 원리를 처음 제안한 사람으로 남아 있으며, 오일러는 모든 후속 변분 원리의 모델로 사용된 수학적 구조를 만든 사람으로 남아 있다.

요약하자면, 모페르튀이의 거대한 세계 계획, 즉 작용 원리의 형태로 표현된 계획은 라이프니츠의 철학에 뿌리를 두고 있다. 라이프니츠는 이 원리를 더욱 우수하고 일반적인 형태로 이미 제시했으며, 작용이 단지 최소화될 필요가 없고 최대화될 수도 있다고 했다. 라이프니츠에게 최대와 최소는 동등한 가치가 있었던 반면, 모페르튀이의 형이상학적 경제 원리는 최소화를 본질적인 요소로 요구했다. 그러나 작용 원리는 수학과 물리학에서 이루어진 상당한 진보 없이는 정량적 적용이 가능한 보편적 법칙으로 발전할 수 없었다. 미적분학과 뉴턴 역학은 오일러와 라그랑주가 작용 원리를 확립할 수 있었던 확고한 기반이었다.

그러나 수학을 통해 설명될 수 있는 우주의 근본적인 질서와 조화가 존재한다는 생각은 고대 그리스인들로 거슬러 올라간다. 이는 플라톤의 *파이돈*에서 이러한 발상을 깊이 생각했던 라이프니츠와 르네상스 및 바로크 시대의 많은 다른 과학자들에게 잘 알려져 있었다. 따라서 고대 과학의 유산을 살펴보지 않고서는 우리의 설명이 불충분할 것이다.

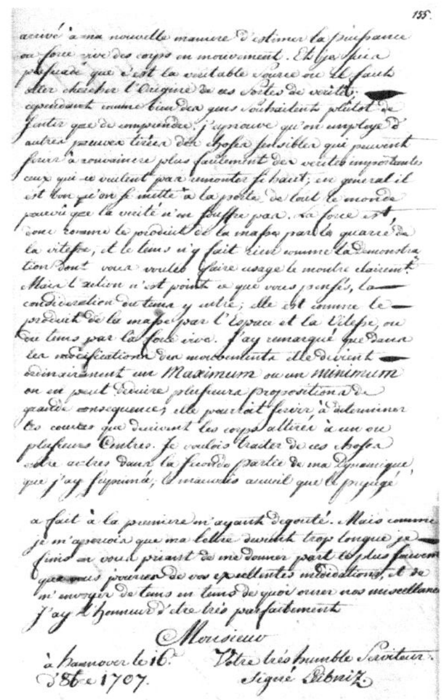
Monsieur
à Hannover le 16. 8bre 1707.
Votre très humble Serviteur.
Signé Leibniz

프리덴슈타인 성의 고타 도서관에 보관된 1707년 라이프니츠의 편지 사본. 이 편지는 1913년 카비츠에 의해 발견되었다. 여기서 마지막 두 쪽은 라이프니츠의 작용 원리 공식화이다.

플라톤의 아카데미 (폼페이, T. 시미니우스 스테파누스의 빌라에서 발견된 모자이크, 86 x 85 cm, 나폴리 고고학 박물관). 일곱 명의 남자는 우주, 천구, 별에 대해 이야기하는 플라톤(왼쪽에서 세 번째)과 여섯 명의 다른 철학자로 확인되었다. 이 모자이크에서 아테네 시를 배경으로 하는 플라톤의 아카데미를 볼 수 있다. 이것은 아마도 기원전 3세기 헬레니즘 회화의 기원전 1세기 복사본일 가능성이 있다.

고대 과학의 유산 2

자연이여, 당신은
나의 여신입니다;
당신의 법에 따라
나는 봉사하였습니다.
(세익스피어, *리어왕*,
제1막, 제2장,
가우스 인용)

많은 과학의 기본적인 발상들은 고대에 착안되었으며, 우리의 현재 사고방식은 의심할 여지 없이 우리 선조들의 노력에서 발전된 것이다. 우주의 근본적인 질서와 조화의 개념은 현대 과학이 고전 세계로부터 물려받은 중요한 발상 중 하나이다. 이 조화는 수학적 구조의 아름다움에 반영될 수 있다. 그리스 수학이 주로 기하학에 제한되었기 때문에, 고대 과학자들은 자연을 설명하기 위해 기하학적 모형을 사용했다.

흥미롭게도, 최적 원리는 고대 과학에 등장했고 고대 학자들이 사물의 조화가 세계의 최적 질서와 일치한다고 생각하는 것은 매우 기쁘게 여겨졌을 것이지만 고대 과학에서 최적 원리의 비중은 크지 않았다. 이상적인 형태의 기하학이 어떻게 발명되었는지 알아보는 것을 시작으로 고대 그리스와 그 이전 문명들을 더 자세히 살펴보자.

이집트와 바빌로니아 수학

데이비드 그레고리가 편집한 유클리드의 *전집* 1703년 옥스퍼드 판에 실린 판화. 로마 건축가 비트루비우스가 전한 일화를 묘사하고 있다. 그리스 철학자 아리스티포스는 난파 후 모래 위에 그려진 기하학적 도형을 발견하고 동료들에게 이렇게 말한다. "친구들이여, 우리는 희망을 가질 수 있습니다. 인간의 흔적을 보았기 때문입니다."

그리스에서 수학은 그리스인들이 다소 통일된 문자를 고안한 후인 기원전 7세기와 6세기에 발전했다고 일반적으로 말해진다 (고전 그리스 문자는 기원전 4세기에야 일반적으로 받아들여졌다). 그러나 이 시기의 과학에 대한 우리의 지식이 결코 잘 확립되지 않았다는 것을 현대 역사가들은 인정한다. 주요한 자료는 존재하지 않으며, 모든 사건은 실제로 발생한 지 오래 후에 기록되었다. 고대 과학자들조차도 수학의 기원과 최초의 수학자들에 대해 확실히 알고 있지 않았다. 초기 수학의 두 거장, 밀레토스의 탈레스(기원전 624–548년경)와 사모스의 피타고라스(기원전 580–500년경)에 관한 전통적인 이야기는 아마도 전설에 가깝다. 일반적으로 초기 그리스 철학자들이 만들었다던 수학적 지식이 실제로는 그리스 문명이 등장하기 몇 세기 전에 이미 이집트인들과 바빌로니아인들에게 알려져 있었다는 것이 현재는 확실해 보인다. 런던의 대영박물관에 보관중인 일종의 수학적 안내서로서 유명한 린드 파피루스(기원전 17세기)[1]는 이집트 수학에 대한 주요 정보 출처 중 하나이다. 이 파피루스와 다른 파피루스들로부터 우리는 고대 이집트인들이 일종의 십진법을 사용했고, 분수 계산을 잘 했다는 것을 알게 되었다. 그들은 또한 일변수 1차 및 2차 방정식을 풀 수 있었고; 정사각형, 직사각형, 삼각형, 사다리꼴과 같은 특정 기하학적 도형의 넓이를 계산할 수 있었으며; 단위 원반의 넓이인 π를 3.16이라는 근삿값으로 대체사용하여 일반적인 원반의 넓이를 근사적으로

[1] 옮긴이 주: 기원전 1550년경에 만들어진 것으로 추정되는 린드 파피루스는 고대 이집트의 수학지식을 적어놓은 폭이 32 cm이고 길이가 5.5 m인 두루마리이다. 라메세움 근처에서 불법 발굴된 이 파피루스를 알렉산더 헨리 린드는 1858년 룩소르 근처에서 구입했고 1865년 대영박물관에 기증했다.

피타고라스: 샤르트르 대성당의 12세기 조각상.

계산하는 공식도 사용하였다. 그들은 또한 정육면체, 직육면체, 원뿔, 원기둥, 피라미드와 같은 특정 다면체의 부피를 계산하는 방법을 알고 있었다. 고대 이집트인들은 적어도 특정 경우에 피타고라스 정리를 알고 있었으며, 이를 사용하여 3, 4, 5 ($3^2+4^2=5^2$)와 같은 피타고라스 삼각형을 통해 매듭이 있는 밧줄을 사용하여 직각을 구성했다.

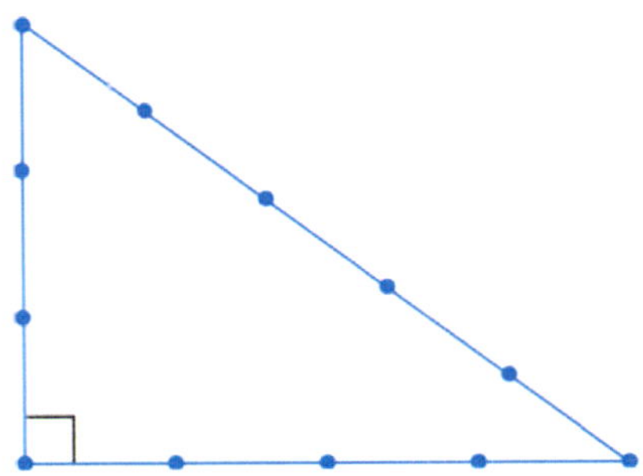

목수가 매듭이 있는 밧줄을 사용하여 직각삼각형을 만드는 방법.

수메르-바빌로니아 수학은 고대 그리스 이전의 모든 문화 중에서 가장 높은 수준에 도달했다. 수메르-바빌로니아 수학은 심지어 인도와 일부 연구자들의 의견에 따르면 중국까지도 영향을 미쳤다. 우리의 지식은 유프라테스 강과 티그리스 강 사이의 지역인 메소포타미아에서 발굴된 구운 점토 타일에 새겨진 수많은 쐐기 문자로부터 얻어진 것이다. 기원전 3천년경 수메르인들은 이미 60에 기반한 수 체계를 사용하고 있었으며, 이 수 체계는 우르 제3왕조 시대(기원전 2400–2000년) 동안에는 60진법 위치 기수법으로 발전했다. 이 60진법 기수법은 주로 수학적 문서에서 사용된 것으로 보이며, 일상 생활에서는 십진법이 적용되었다. 메소포타미아 수학은 고대 바빌로니아 시대(기원전 2000–1600년경)에 절정에 달했다. 이 시기 바빌로니아인들은 뛰어난 산술 지식을 가지고 있었다; 그들은 제곱근을 구할 수 있었고 지수표를 가지고 있었으며, 로그 계산의 초기 형태도 알고 있었다. 고대 바빌로니아 수학은 기본적으로 대수적 성격을 띠었다. 일변수, 이변수, 삼변수의 1차 방정식을 완전히 풀 수 있었을 뿐만 아니라 2차 및 4차 방정식, 그리고 특정 3차 및 고차 방정식도 풀 수 있었다. 삼각형, 정다각형, 사다리꼴의 넓이; 원반의 넓이와 둘레에 대한 근사 공식; 원뿔과 피라미드의 부피 등 많은 기하학적 문제를 해결할 수 있었다. 소위 피타고라스와 탈레스의 정리도 알려져 있었고 실제로 적용되었지만, 일반적인 방식으로 공식화되지는 않았다; 대신 피타고라스 수 삼쌍은 목록으로 수집되었다. 기원전 1600년 이후 바빌로니아 수학의 발전은 정체되었다. 다음 천 년 동안 기원한 수학에 대한 쐐기 문자 문서는 우리에게 거의 전해지지 않았다. 기원전 1천년의 후반기에 들어서야 수많은 수학적 문서가 다시 등장했다. 이러한 재등장은 이 시기에 발전한 실용 천문학의 필요성과 관련이 있을 가능성이 높다.

그리스인들과 수학적 증명의 개념

지중해 지역 전역에 정착한 그리스인들이 이집트와 바빌로니아의 수학적 지식을 보존하고 확산하는 데 중요한 역할을 했다는 것은 확실하다. 그리스인들이 이룬 첫 번째 주요 발전은 (수와 기하학적 도형과 같은) 수학적 개념을 추상화된 개념, 즉 인간의 정신이 창조한 것이며 실제 세계의 일부가 아니라고 생각하기 시작한 것이다. 선은 더 이상 팽팽한 밧줄이나 피라미드의 가장자리로 간주되지 않았고, 직사각형은 토지의 경계로 간주되지 않았다. 대신 그것들은 이데아, 즉 물리적 객체가 근사할 수 있는 추상적인 개념으로 정의되었다. 수학적 명제가 특정 기본 사실이나 공리로부터 논리적 연역에 의해 증명되어야 한다는 것을 그리스 철학자들이 처음으로 깨달았다는 것은 거의 확실하다. 이전에는 수학적 결과가 귀납법, 즉 충분한 경험에 의해 검증되었다. 원칙적으로 무한히 많은 경우가 발생할 수 있다면, 수학적 명제는 천 번 또는 백만 번의 사례에 대해 참이라고 해서 증명되는 것이 아니라는 것을 깨닫은 것은 매우 중요한 발전이었다.

탈레스는 엄밀한 수학적 증명을 발명한 공로로 인정받고 있다. 그가 실제로 그렇게 했는지 여부와 관계없이, 주어진 수학적 명제의 타당성이 증명되어야 한다는 것을 그리스인들은 분명히 이해하고 있었다. 탈레스는 상인이었다고 전해지며, 여행 중에 평면 도형의 넓이와 입체 물체의 부피에 대한 다양한 공식을 접했을 수 있다. 때때로 같은 넓이나 부피에 대해 다른 공식이 존재하기도 했다. 예를 들어, 밑면이 직사각형인 피라미드 각뿔대의 부피에 대해 바빌로니아인들은 하나의 공식을, 이집트인들은 다른 공식을 가지고 있었다. 각뿔대 피라미드는 여백의 그림에서와 같이 밑면에 평행한 평면에 의해 높이 h에서 잘린 피라미드를 의미한다. (이집트인들이 정확한 기하학적 공식을 개발한 데는 실용적인 이유가 있었을 것이다. 나일강의 연례 홍수로 인하여 거의 모든 경계 표식이 지워져버렸기 때문에 그들은 정기적으로 토지를 측정해야 했다.)

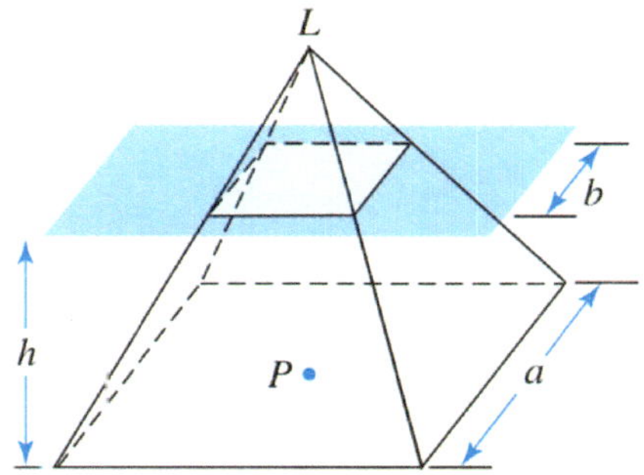

밑면이 정사각형인 각뿔대의 부피: $V = \frac{1}{3}h(a^2 + ab + b^2)$.

이제 두 개의 올바른 공식이 있을 수 없다는 것은 분명하므로, 탈레스는 먼저 올바른 공식을 찾는 방법과 두 번째로 다른 사람들에게 이 공식이 유효하다는 것을 납득시키는 문제에 직면했다. 이것은 사람들이 두 가지 훌륭한 예술 작품 중 어느 것이 더 나은지와 같은 주관적인 질문을 논쟁하는 방식으로 논의될 수 있는 문제가 아니었다. 탈레스가 기하학적 도형에 대한 참된 진술을 발견하기 위해 발전시킨 방법으로 기하학의 시작이 구성되었으며, 그가 동료들을 설득하기 위해 사용한 방법은 아마도 연역적 추론에 의한 증명의 시작이었을 것이다.[2] (그런데, 이집트인들이 개발한 공식은 올바른 공식이었다.)

---

[2] 3장과 5장에서 우리는 왜 논리적 추론에 의한 수학적 명제의 정확한 증명이 필요하며 *실험적 증명*으로는 수학적 명제를 도출할 수 없는 다른 중요한 이유들에 대해 논의할 것이다.

따라서 탈레스가 첫 번째 그리스 기하학의 창시자로 여겨지는 것은 놀라운 일이 아니다. 엄밀한 연역적 증명에 의해 뒷받침되는 추상적 수학 이론으로서의 기하학의 발명은 과학적 사고의 전환점 중 하나였다. 특히, 이는 물리적 현상을 설명하기 위한 수학적 모형의 창조로 이어졌다. 예를 들어, 그리스인들은 곡선을 공간에서 움직이는 점의 자취로 정의했다. 분명히, 하늘의 한 점으로 간주되는 행성의 운동으로부터 천구에 상상의 곡선이 그려진다.

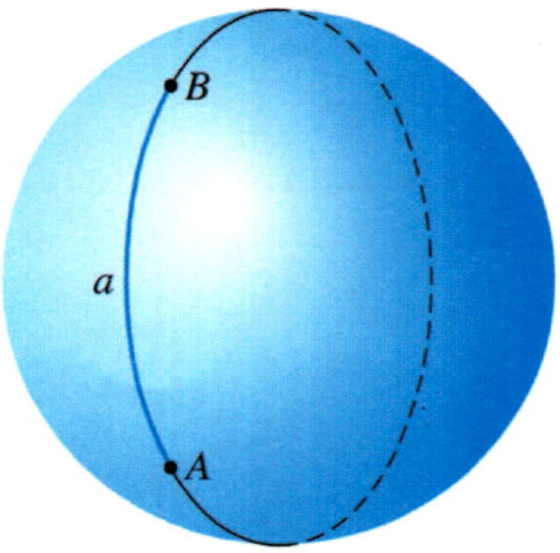

구는 중심점에서 동일한 거리에 있는 모든 점들로 구성된다. 구 위의 두 점 *A*와 *B* 사이의 가장 짧은 연결은 대원의 호 *a* 이다.

원, 피타고라스, 그리고 천체의 음악

가장 단순한 곡선은 *선분*과 *원*이다. 선분은 공간에 놓인 두 점을 연결하는 가장 짧은 경로이다. 이는 한 점에서 다른 점으로 가장 짧은 방법으로 움직이는 (매우 매우 작은) 곤충의 자취로 생각될 수 있다. 원은 평면에서 중심점에서 일정한 거리에 있는 모든 점의 집합이다. 구의 임의의 점을 고정하고 고정된 축을 중심으로 구를 회전시키면, 그 점은 원을 그리게 된다.

아름답게 대칭적인 원에서는 처음에는 선분처럼 최소 특성이 성립한다고 보이지 않는다. 그러나 원을 지름 중 하나를 중심으로 회전시키면 구가 생성된다. 생성 원 위의 두 점에 대하여 구 위에서 이 점들을 연결하는 가장 짧은 경로는 이 원의 부분 호가 되어야 한다. (그리스인들에게도 알려진 원의 또 다른 매우 놀라운 최적 특성은 *디도 여왕의 문제*와 관련이 있으며, 이는 이 장에서 나중에 다루어질 것이다.)

고대 과학자들은 원과 구에 대한 발상을 사용하여 행성과 별들의 운동을 설명하는 수학적 모형을 만들었다. 피타고라스는 지구를 통과하는 축을 중심으로 매일 회전하는 수정 구에 별들이 부착되어 있다고 가정했다. 이와 마찬가지로, 고대의 일곱 개의 다른 행성—태양, 달, 수성, 화성, 목성, 금성, 토성—도 이 움직이는 구에 각각 부착되어 있다고 여겨졌다.

얼마 후 플라톤은 그의 저서 *티마이오스*에서 시간의 창조를 하늘과 행성의 창조와 연결시켰다. 태양의 궤도로부터 낮과 밤뿐만 아니라

천구의 운동.

연도가 정의되며, 달이 *그 원형 궤도에서 다시 태양을 추월할* 때로 한 달이 설명된다. *다른 행성들의 주기를 사람들은 이해하지 못했고, 많은 사람들 중 극히 일부를 제외하고는 그 주기에 이름을 붙이지 않으며, 관측을 통해 궤도를 수로 측정하지 않아서, 그 행성들의 복잡한 다양성과 놀라운 변화가 또한 시간인 것을 진정으로 알지 못한다.* 피타고라스의 행성과 하늘에 대한 개념은 이후 천체의 운동 이론으로 발전하여 16세기까지 천문학의 기초를 형성했다. 이 모형은 상당히 복잡했으며, 여기서는 한 가지 특징만 언급하겠다.

피타고라스 학파는 수가 우주의 질서를 이해하는 열쇠라고 믿었으며, 그것들에게 수는 자연수(1, 2, 3, 4, ...)를 의미했다. 아리스토텔레스는 그의 저서 *형이상학*에서 그들의 믿음을 다음과 같이 설명했다

> 소위 피타고라스 학파는 수학에 몰두하였고, 그리고 . . . 수학의 원리가 모든 것의 원리라고 믿게 되었다. 그리고 수가 이러한

> 원리 중에서 본질적으로 첫 번째이므로 그들은 수에서, 불과 땅과 물보다 더 많은, 존재하는 것과 생성되는 것의 유사성을 발견할 수 있다고 생각했다. . . . 또한, 그들은 음악 음계의 속성과 비가 수에 기초하고 모든 다른 것들이 전적으로 수를 모형으로 하며 수가 전체 물리적 우주에서 궁극적인 것이라고 보았기 때문에, 수의 요소를 모든 것의 요소로 가정하고 전체 우주가 조화와 수로 이루어졌다고 믿었다.

사실, 피타고라스는 수와 음악 음 사이의 놀라운 관계를 발견했다. 예를 들어, 기타의 팽팽한 줄을 튕기면 음악 음이 생성된다. 생성된 음의 음정은 튕긴 줄의 길이에 따라 달라진다. 따라서 현악기 연주자는 진동하는 줄의 길이를 변경하여 다양한 음정을 생성한다. 피타고라스의 놀라운 관찰은 줄의 길이가 예를 들면 1 : 2, 2 : 3, 3 : 4, 5 : 8과 같은 자연수의 비에 있을 때 생성되는 소리가 조화를 이룬다는 것이었다. 이렇게 해서 조화는 자연수로 설명될 수 있었다. 피타고라스 학파에게 이 발견은 신비로운 의미를 지녔다. 그들은 자연의 모든 관계가 자연수로 표현될 수 있다고 결론지었고, 따라서 천체 사이의 거리 비가 조화로운 음정의 길이 비와 일치할 것이라고 믿었다. 그러면 천체의 구들이 회전할 때 조화로운 소리를 내며, 이는 오직 신비를 아는 사람들만 들을 수 있는 소리였다. 이것이 문학에서 자주 언급되는 *천체의 음악*이다.

피타고라스의 천체 조화 개념은 단순하고 일관된 수학 이론을 통해 자연의 복잡한 현상을 설명하려는 최초의 추상적 모형이었을 것이다. 사실, 피타고라스는 수학과 물리학의 역사에서 너무나 중요한 인물이 되었기 때문에, 그의 생애를 살펴보는 것은 가치가 있다. 비록 그 세부사항들이 전설적일지라도 말이다.

피타고라스는 소아시아 근처의 사모스 섬에서 태어났다고 전해진다. 그는 탈레스를 방문했으며, 탈레스는 그에게 자신의 원래 지식의 많은 부분의 출처인 이집트에서 공부할 것을 권유했다. 피타고라스는 이집트에서 여러 해 동안 여행하며 수학적 지식과 신비주의적 지식을 모두 습득했다. 사모스로 돌아온 후, 그는 종교적이고 철학적인

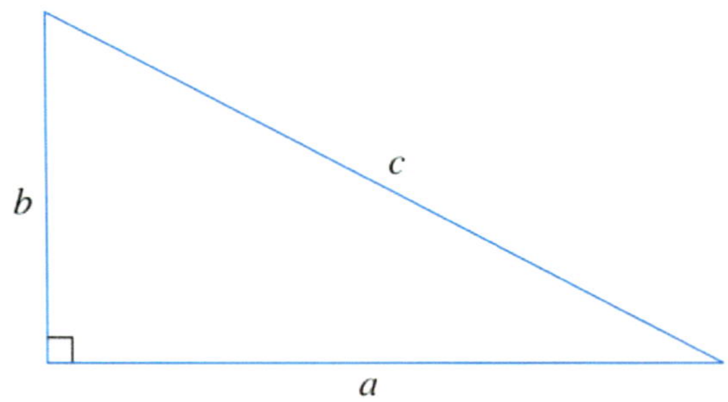

피타고라스의 정리: 모든 직사각형에 대하여, $a^2 + b^2 = c^2$이다.

단체를 설립했다. 정치적인 이유로 피타고라스는 결국 고향을 더나야 했다. 그는 남부 이탈리아의 크로톤으로 이주했으며, 그곳에서 많은 지지자와 추종자가 생겼났다.

그가 설립한 단체에는 엄격한 신념 체계와 고정된 행동 규범이 존재했다. 시험 기간 후, 새로운 입문자들은 커튼 뒤에 있는 지도자의 목소리만을 들을 수 있었다; 몇 년 후, 피타고라스적 생활 방식에 의해 그들의 영혼이 더 정화되었을 때, 그들은 실제로 피타고라스를 볼 수 있었다. 피타고라스 학파는 수학을 통해 영혼이 천체를 거쳐 궁극적으로 하나님과 합일할 수 있다고 믿었다.

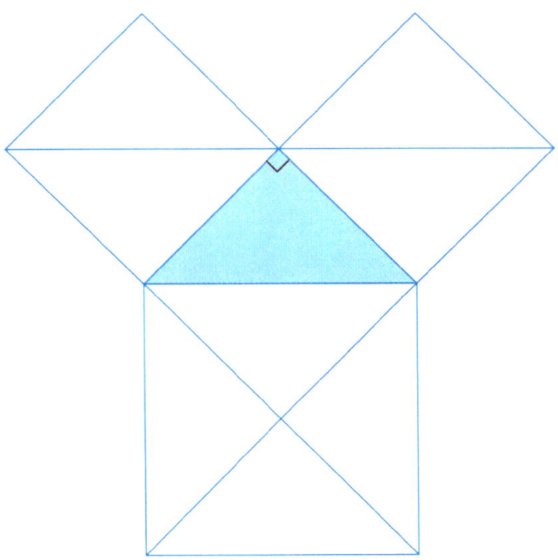

직각이등변삼각형의 경우, 짧은 변에 대한 정사각형 넓이의 합이 긴 변에 대한 정사각형의 넓이와 같다는 것을 쉽게 확인할 수 있다.

예를 들어, 피타고라스 정리와 같은 많은 수학적 결과는 이 단체의 기여 덕분이다. 피타고라스 정리란 직각삼각형의 변들에 대하여 공식 $a^2 + b^2 = c^2$이 성립한다고 것이다. 여기서 c는 가장 긴 변의 길이이며, a와 b는 수직으로 만나는 변의 길이이다. 이 정리로부터 피타고라스 학파는 짧은 변의 길이가 각각 1인 직각삼각형을 다루려고 할 때 2의 제곱근인 $\sqrt{2}$와 같은 무리수를 발견하게 되었다. 이 삼각형의 가장 긴 변의 길이에 대하여 등식 $c^2 = 1^2 + 1^2 = 2$가 성립되어야 하므로 $c = \sqrt{2}$이다. 여기서 우리는 이러한 삼각형이 존재하기 때문에 $\sqrt{2}$라는 수가 존재해야 한다는 결론에 도달한다. 한편, $\sqrt{2}$는 두 자연수의 비율로 표현될 수 없다는 것, 즉 $\sqrt{2}$가 유리수가 아니라는 것을 증명하는 것은 어렵지 않다. (*유리수*는 두 정수의 *비율*로 표현될 수 있는 수, 즉 예를 들면 2/3, 17/39, 14/63, . . .와 같은 분수로 표현될 수 있는 수를 말한다. 반면에, *무리수*는 그렇지 않은 수를 말한다. 유리수 x의 무한 소수 표현이 결국 주기적으로 반복된다면, x는 유리수라는 것을 증명할 수 있다. 예를 들어, $2/3 = 0.6666\ldots$, $13/11 = 1.18888\ldots$, 또는 $5/7 = 0.714285714285\ldots$ 등이다. 반면에, 소수 표현이 주기적으로 반복되지 않는다면, x는 무리수로 판명된다. 유명한 무리수 중 하나는 π로, 이는 반지름의 길이가 1인 원반의 넓이이다. 1761년에 람베르트가 π가 무리수라는 것을 증명했다. 사실, 1882년에 린데만은 π가 *초월수*라는 것을 증명했다. 즉, π는 계수 $a_0, a_1, \ldots, a_n$이 정수인 대수 방정식 $a_0 + a_1x + a_2x^2 + \cdots + a_nx^n = 0$의 근이 아니다.)

피타고라스 학파는 무리수의 존재를 발견하고 충격을 받았다. 왜냐하면 이 수들은 우주의 모든 것을 자연수와 그 비율로 설명할 수 있다는 그들의 믿음에 반하는 것이었기 때문이다. 처음에 그들은 이 불쾌한 진실을 비밀로 유지하려 했던 것이 분명하다. 전설에 따르면, 발견자 메타폰툼의 히파수스(기원전 450년경)는 항해 중에 이 발견을 한 후 바다에 던져져 익사당했다고 한다. 아마도 과학 역사상 처음으로 추상적 사고가 사람들의 선입견을 완전히 깨뜨리는 결론으로 이어졌을 것이다. 히파수스는 정오각형의 변과 대각선이 서로 비교할 수 없다는 것, 즉 그 비율이 무리수라는 것을 발견했을 가능성이 있다.

오각형 안의 별 모양인 *오각성*(그림을 보라)은 피타고라스 학파의 인장이었다. 나중에 이는 오해와 해악을 피할 수 있는 마법의 상징인 *아포트로파이온*(부적)이 되었다. 파우스트 박사는 이를 사용하여 *말할 수 없는 자*를 금지했다.

$\sqrt{2}$가 두 자연수의 비율이 아닌 것을 증명하기

이를 증명하기 위해 우리는 2의 제곱근이 자연수의 비율이라고 가정하고 이 가정이 모순으로 이어진다는 것을 보여줄 것이다. 만약 $\sqrt{2} = P/Q$인 자연수 P와 Q가 존재한다고 가정하면 이들 자연수의 모든 공약수를 약분하여 $\sqrt{2} = p/q$이고 서로소인 자연수 p와 q를 구할 수 있다. $\sqrt{2} = p/q$의 양변을 제곱하면 $2 = p^2/q^2$가 되고, 양변에 q^2을 곱하면 $2q^2 = p^2$가 된다. 이제 $2q^2$와 p^2의 마지막 자릿수에 놓일 수 있는 수에 대한 표를 만들어 보자.

만약 수가 다음 중 하나로 끝나면:	0 1 2 3 4 5 6 7 8 9,
그 제곱은 다음 중 하나로 끝나고:	0 1 4 9 6 5 6 9 4 1,
이를 두배하면 다음 중 하나로 끝난다:	0 2 8 8 2 0 2 8 8 2.

분명히, $2q^2$은 세 번째 행의 수 중 하나로 끝나야 하고, p^2은 두 번째 행의 수로 끝나야 한다. 그러나 두 행 모두에 나타나는 유일한 수는 0이다; 따라서 $2q^2$이 p^2과 같을 수가 될 수 있는 유일한 방법은 둘 다 0으로 끝나는 경우이다. 이는 p가 0으로 끝나고 q가 0 또는 5로 끝나는 경우에만 가능하다. 어느 경우든 p와 q는 모두 5로 나누어져야 한다. 그러나 이는 P와 Q에서 모든 공약수를 약분하여 p와 q를 구했다는 우리의 가정과 모순된다. 이 모순은 원래의 가정인 $\sqrt{2} = P/Q$가 옳지 않다는 것을 보여준다. 따라서 2의 제곱근은 두 자연수의 비율이 아니다.

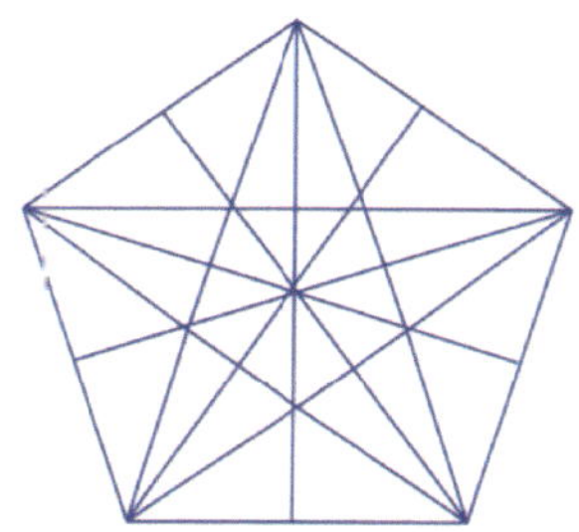

오각형

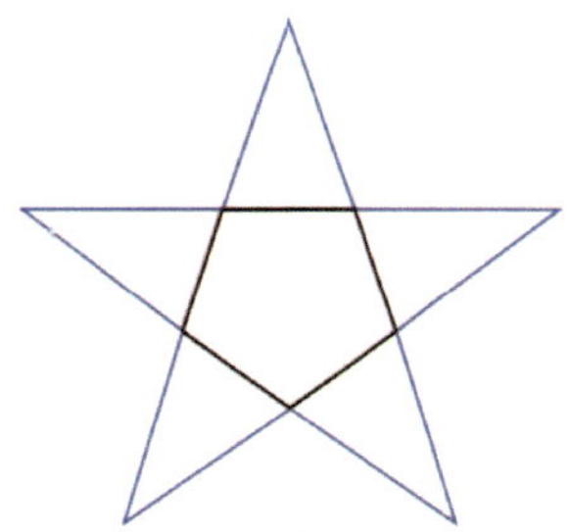

오각성

다른 보고에 따르면, 히파수스는 정십이면체를 구 안에 내접시킬 수 있다는 발견을 출판했기 때문에 익사당했다고 한다. 이는 피타고라스 학파의 또 다른 비밀이었던 것으로 여겨진다. 정십이면체는 12개의 면이 합동인 정오각형으로 구성된 볼록 다면체이다. 이는 다섯

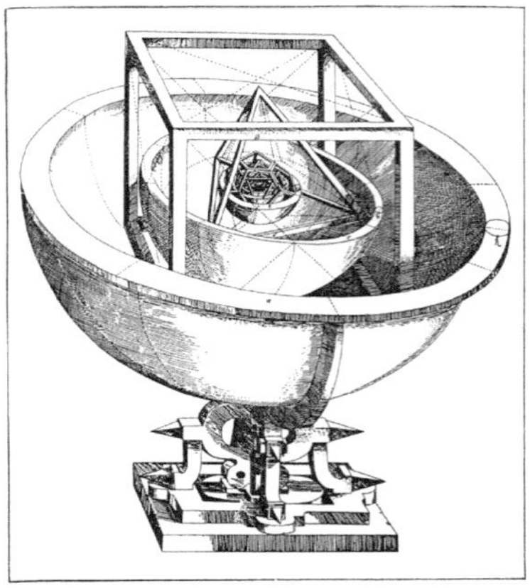

다섯 개의 플라톤 입체. 1621년 프랑크푸르트에서 출판된 케플러의 *우주기하학적 신비* 두 번째 판의 삽화. (첫 번째 판은 1596년 튀빙겐에서 출판되었다.)

개의 *플라톤의 입체* 중 하나로, 아마도 피타고라스 학파가 모두 알고 있었을 것이다. 나머지 네 가지는 정사면체, 정육면체, 정팔면체, 정이십면체로, 각각 불, 땅, 공기, 물을 상징한다. 플라톤의 *티마이오스*에 따르면, 신은 정십이면체를 사용하여 우주의 외곽을 형성했다. 우주를 상징하는 이 다섯 개의 입체는 우주 입체이다; 이들은 요하네스 케플러가 그의 *우주기하학적 신비*(1596)에서 출판한 세계 설계에 다시 등장한다. 케플러는 자신이 하나님이 우주를 창조할 때 사용한 계획을 발견했다고 생각했다. 결국 케플러는 다섯 개의 정규 입체를 행성 구체 사이에 배치하여, 각 우주 구체가 하나의 우주 입체의 외접 구체가 되면서 동시에 다음 높은 입체의 내접 구체가 되도록 설정했다. 유감스럽게도, 이 아름다운 발상은 아무 성과를 내지 못했지만, 이는 케플러의 위대한 천문학 경력의 시작이었으며 그의 사색적인 사고 방식을 보여주었다. 합리주의적 우리 시대의 일반 의견과는 달리, 많은 위대한 과학자들은 실제로 그들의 과학적 조사에서 이러한 사색적 (또는 형이상학적) 접근 방식을 따랐다.

피타고라스 학파의 비밀 유지와 피타고라스가 이집트에서 배웠다고 전해지는 신비적인 의식들은 많은 의심을 불러일으켰다. 기원전 500년경, 피타고라스는 타렌툼으로 도망쳐야 했고, 이후 메타폰툼으로 가서 그곳에서 살해당했다. 그의 추종자들은 최소한 기원전 400년까지 다른 곳에서 활동을 계속 이어갔다.

굴렁쇠선과 원뿔곡선. 아폴로니오스, 프톨레마이오스, 그리고 알마게스트

피타고라스 학파가 해체된 후, 기하학 연구는 많은 다른 그리스 학파들에 의해 계속되었다. (인간의 마음에도 해당하는 것처럼) 수학의 기본 원칙은 단순한 것들로부터 점점 더 복잡한 구조를 만드는 것이다. 따라서 최소 특성이 있는 선분과 원으로부터, 그리스인들은 더 복잡한 곡선을 구성할 수 있었다. 예를 들어, (기차의 바퀴가 레일 위를 구르는 방식처럼) 원이 선분 또는 다른 원 위에서 굴러가게 해 보자.

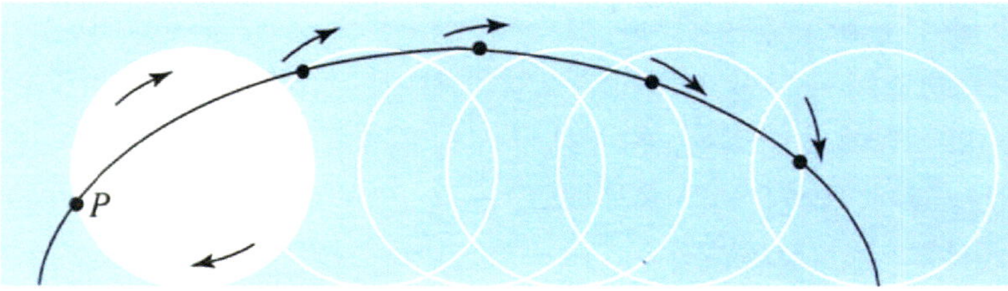

A

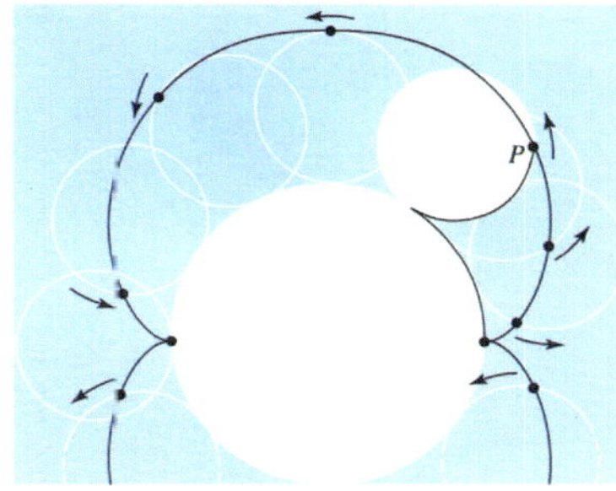

B

굴러가는 원의 원주에 고정된 점의 자취인 곡선을 생각해 보자. 이 곡선은 원이 직선 가로대 위에서 굴러갈 때는 *굴렁쇠선*이라고 불리며, 원이 원형 레일의 바깥쪽에서 굴러갈 때는 *바깥굴렁쇠선*, 원형 레일의 안쪽에서 굴러갈 때는 *안굴렁쇠선*이라고 불린다.

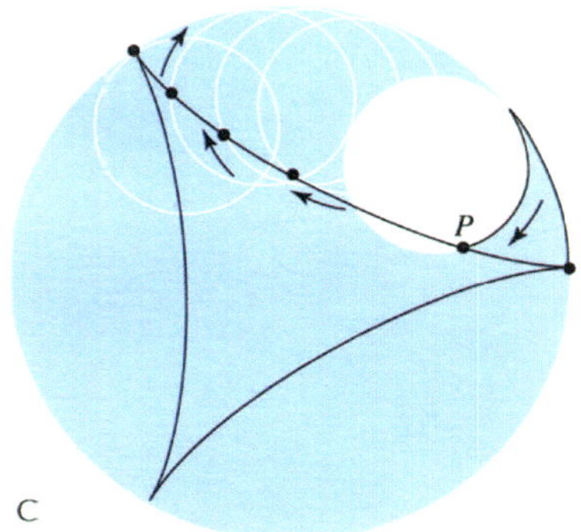

C

굴림 곡선. (A) 굴렁쇠선. (B) 바깥굴렁쇠선. (C) 안굴렁쇠선. (D) 여파선.

*여파선*라고 불리는 다른 곡선은 부착된 점에 의해 생성되지만, 바퀴가 선분 위에서 굴러가거나 다른 원의 바깥쪽(바깥여파선) 또는 안쪽(안여파선)에서 굴러갈 때와 같이 바퀴의 가장자리에 꼭 붙어 있을 필요는 없다.

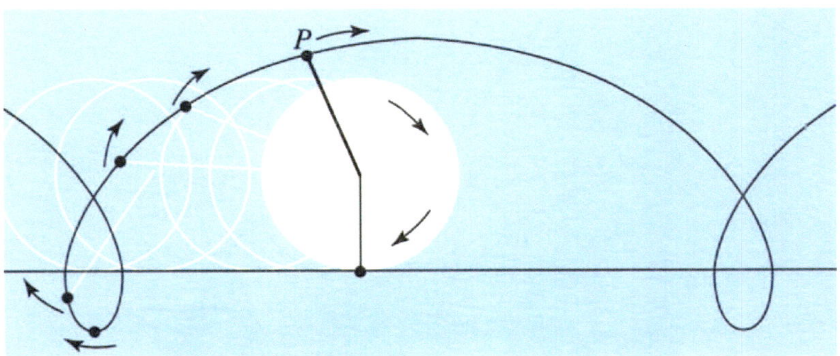

D

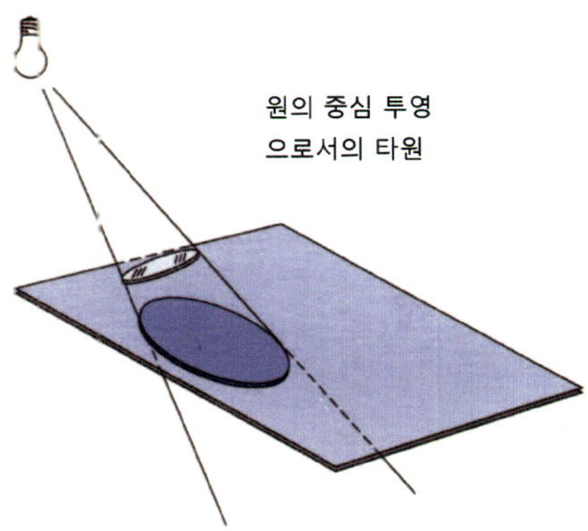

우리는 원을 고정된 점, 즉 투영의 중심(오른쪽 그림의 전구)에서 나오는 선분을 따라 고정된 평면에 투영하여 또 다른 종류의 곡선을 생성할 수 있다. 이 곡선은 *타원*으로, 다섯 개의 원뿔곡선 중 하나이다. 이름이 암시하듯, 원뿔곡선은 평면이 회전 원뿔을 교차할 때 생성된다. 왼쪽 그림에서와 같이 이러한 원뿔은 점 P를 통과하는 직선 L을 축 A 주위로 회전시켜 구할 수 있다. 결과물은 두 개의 아이스크림

콘이 끝이 맞닿아 있는 것처럼 보인다. 점 *P*는 원뿔의 *꼭짓점*이다. 이 원뿔을 평면이 교차할 때, (아래 그림과 같이) 각 평면이 원뿔과 한 점보다 많은 점에서 만나는 경우, 다섯 개의 원뿔곡선이 생성된다. 타원 외에도, 교차 곡선은 *원, 포물선, 쌍곡선,* (그림에는 표시되지 않은) *직선*이다.

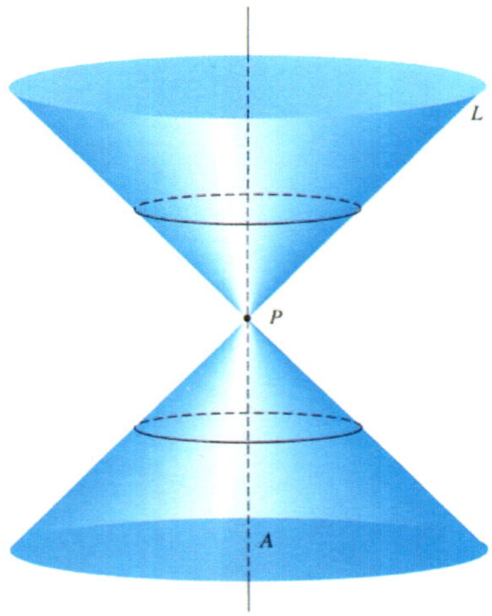

회전 원뿔

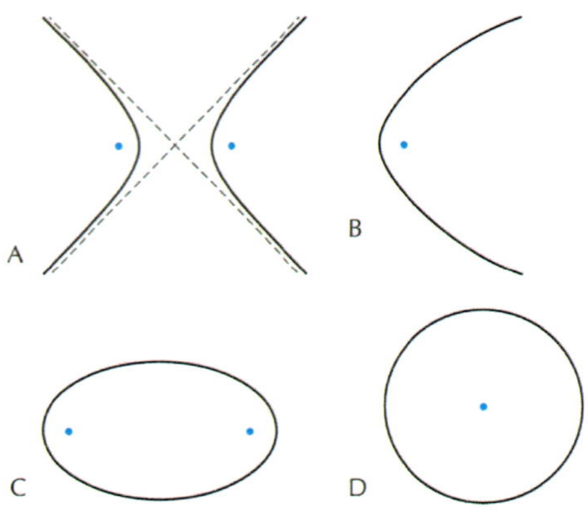

원뿔곡선의 평면 표현:
(A) 초점과 점근선이 있는 쌍곡선;
(B) 초점이 있는 포물선;
(C) 초점이 있는 타원;
(D) 중심이 있는 원.

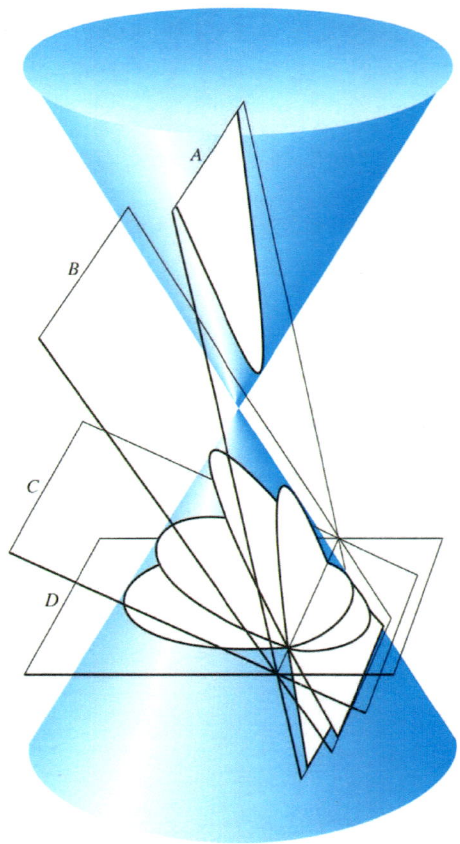

원뿔곡선: (A) 쌍곡선, (B) 포물선, (C) 타원, (D) 원.

파리 대학교의 교육 교재로서 오롱스 파인에 의해 편집된 게오르그 폰 포이르바흐의 *새로운 행성 이론*(*Theoricae novae planetarum*)에 나오는 목판화(1515년). 이 작품은 16세기 말까지 천체의 정식 설명서였으며, 코페르니쿠스 조차도 이 작품의 영향을 많이 받았다. 포이르바흐는 프톨레마이오스의 행성 모델의 고체 구체 표현을 설명했으며, 이는 아마도 (13세기에 라틴어로 번역된) 이븐 알하이탐의 *세계의 구성에 대하여*라는 작품에 기초했을 것이다. 동일한 속표지는 1521년 파리에서 *구의 이론*(*Textus de Sphaera*)이라는 제목으로 출판된 유클리드의 *원론* 첫 네 권의 사크로보스코 판본에도 사용되었다.

직선을 제외한 각 원뿔곡선의 초점은 하나 또는 두 개이다: 원의 초점은 하나이며, 그 초점은 중심이다. 포물선의 초점도 하나이다. 타원과 쌍곡선의 초점은 두 개이며, 이 초점들은 주축에 위치한다. 이 점들의 놀라운 성질 중 일부는 후에 설명될 것이다.

원뿔곡선에 대한 주요 결과들은 페르가의 아폴로니오스(기원전 262–190)에 의해 발견되었다. 이 결과들은 그의 여덟 권의 책 *원뿔곡선*에서 설명되어 있으며, 그 중 첫 네 권은 유클리드가 개정판으로 출판했으나 이후 영원히 사라졌다. 또한, 아폴로니오스 저작의 여덟 번째 책도 사라진 것으로 보인다.

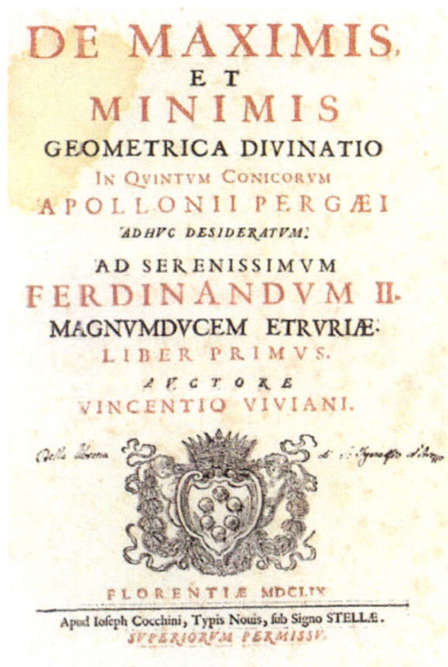
DE MAXIMIS,
ET
MINIMIS
GEOMETRICA DIVINATIO
IN QVINTVM CONICORVM
APOLLONII PERGÆI
ADHVC DESIDERATVM.
AD SERENISSIMVM
FERDINANDVM II.
MAGNVMDVCEM ETRVRIÆ.
LIBER PRIMVS.
AVCTORE
VINCENTIO VIVIANI.
FLORENTIÆ MDCLIX
Apud Ioseph Cocchini, Typis Nouis, sub Signo STELLÆ.
SVPERIORVM PERMISSV.

슈타이너 문제(92쪽 참조)를 부록으로 다룬, 아폴로니오스의 *원뿔곡선* 제5권의 빈첸초 비비아니 재구성본의 속표지.

원뿔곡선의 발견은 플라톤의 수학 학교의 일원인 메나이크모스의 덕분이다. 이 학교는 아크로폴리스가 건설되고 그리스 예술, 건축, 철학의 고전기인 페리클레스의 황금기가 지나간 직후부터 4세기 동안에 도시국가 아테네에서 번성했다.

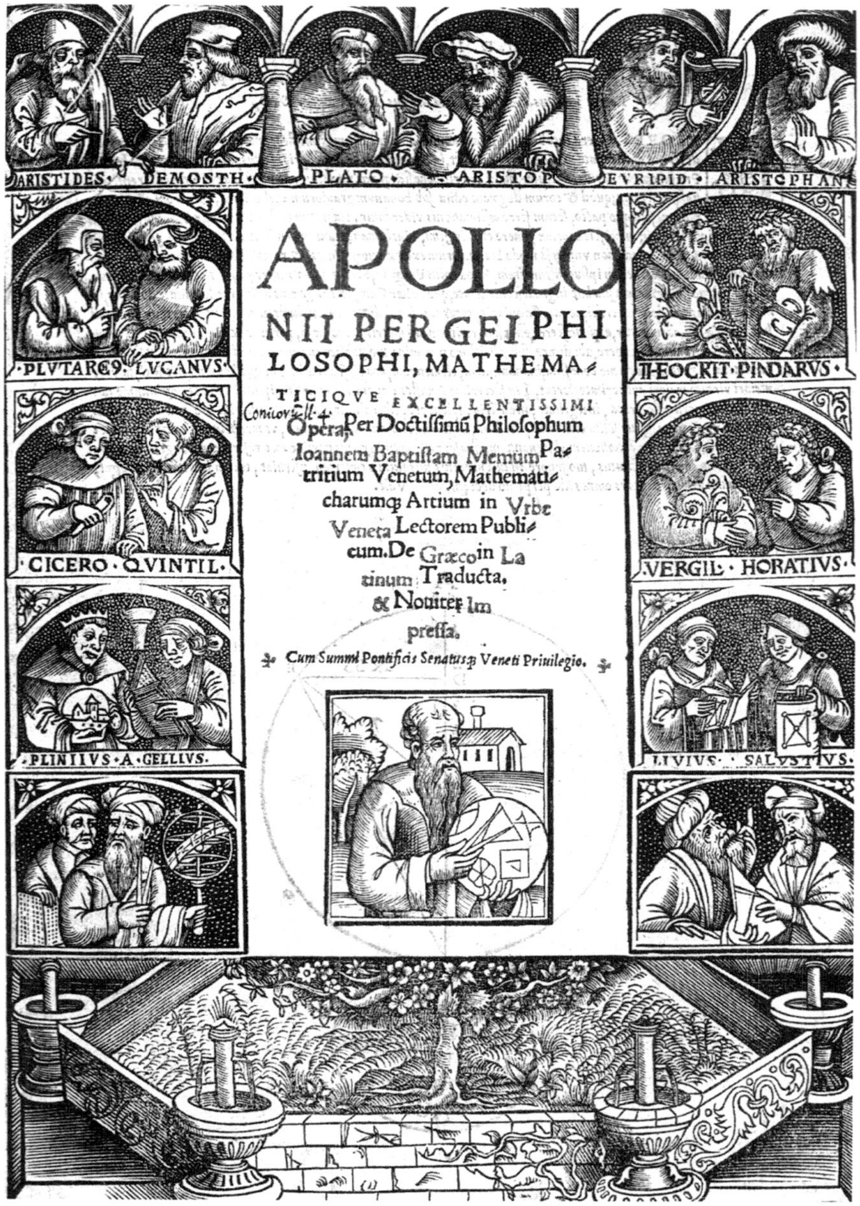

아폴로니오스의 저서 *오페라*의 속표지. 이 책은 요한네스 밥티스타 메무스가 그리스어에서 라틴어로 번역하였으며, 1537년 베니스에서 베르나르디노 빈도니에 의해 출판되었다.

소크라테스의 제자인 플라톤은 아테네의 신성한 지역인 (영웅 헤카데모스의 이름을 딴) 헤카데메이아에 그의 학교인 아카데미를 설립했다. 모든 후대의 아카데미라는 이름은 이 기관에서 유래했으며, 이 기관은 약 천 년 동안 중단 없이 존재하다가 서기 529년에 유스티니아누스 황제에 의해 해산되었다. 플라톤의 학교는 철학자 플라톤과 그의 친구들이 학생들을 가르치는 작은 대학과 같은 곳이었다. 고대의 가장 위대한 수학자 중 두 명인 크니도스의 에우독소스(기원전 408–355)와 테아이테토스(기원전 420–367)는 아카데미의 회원이었다. 플라톤은 수학자가 아니었지만, 그는 이 과학을 매우 중요하게 여겨 모든 학생이 수학에 10년, 철학에 5년을 바치도록 요구했다. 아카데미 입구 위의 표지판에는 "*기하학을 모르는 자는 이곳에 들어오지 말라*"라는 문구가 새겨져 있었다고 전해진다.

풍자적인 천문학과 함께, 사분의로 별을 관측하고 있는 프톨레마이오스. (1512년 스트라스부르크에서 출판된 초기 철학과 과학의 요약본인 그레고리우스 라이쉬의 *철학의 진주* (*Margarita Philosophica nova*)에서.) 당시 프톨레마이오스는 종종 왕으로 묘사되었는데, 이는 그가 알렉산더 대왕 이후 이집트를 통치한 프톨레마이오스 왕조의 후손이라고 잘못 생각되었기 때문이다.

플라톤은 학생들에게 다음과 같은 문제를 제시했다고 전해진다: 여러 원형 및 구형 운동을 결합하여 천체의 운동을 설명하라. 플라톤은 천문학을 농부와 선원에게 유용한 실용 과학으로서 특별히 평가하지 않았다. 그의 의견으로는, 천문학은 기하학자들에게 흥미로운 문제를 제공하는 놀이터로서만 주목할 가치가 있었다.

행성의 운동이 어떤 문제를 제기했을까? 지구에서 관측된 이러한 운동은 매우 복잡해 보인다. 태양과 달의 운동은 대략 일정한 속력의 원형으로 설명할 수 있지만, 원 궤도에서의 편차는 그리스인들에게 문제를 일으켰고, 그들은 이러한 불규칙성을 설명할 수 있는 이유를 찾으려고 했다. 행성의 관측된 궤도는 훨씬 더 복잡하다. 왜냐하면 행성들이 한 바퀴를 돌면서 한동안 방향을 거꾸로 하다가 다시 앞으로 나아가는 등 속력이 변하면서 움직이기 때문이다. 그리스인들은 이 겉보기에 혼란스러운 운동을 기하학적 모델로 이해하려고 했다.

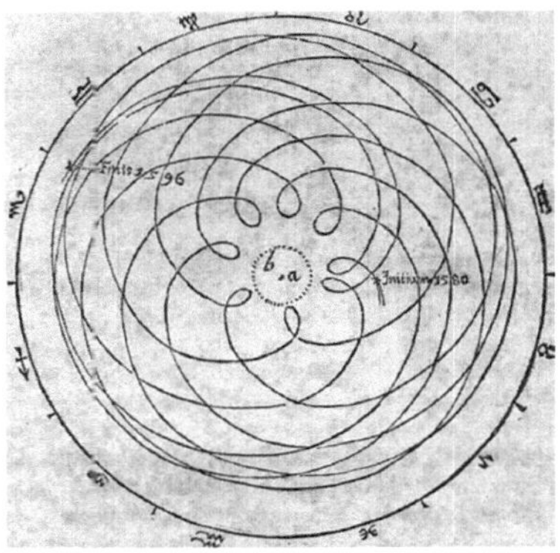

화성의 운동. 케플러의 *신천문학* (1609)의 4쪽에서.

에우독소스는 이 문제를 해결하기 위해 우아하고 순수한 기하학적 천체 운동 이론을 제안했지만, 이 이론에는 많은 실험 자료를 설명할 수 없다는 심각한 단점이 존재하고 있었다. 따라서 기원전 3세기에 페르가의 아폴로니오스는 천체 궤도가 원운동의 조합, 즉 바깥굴렁쇠선의 구성에 의해 설명되어야 한다고 제안했다. 이 발상은 다음

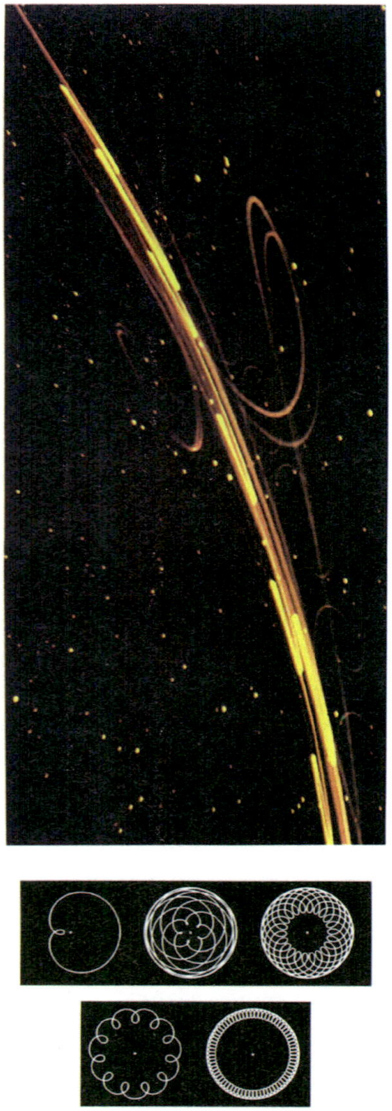

행성들의 겉보기 운동. 사진에는 수성, 금성, 화성, 목성, 그리고 토성의 움직임이 나타나 있다. 도표는 지구에서 본 행성들이 그리는 경로를 보여주며, 프톨레마이오스 이론이 이를 설명하려고 시도했다.

2천 년 동안 가장 중요한 천문학 이론이 되었다. 이 이론은 고대의 가장 위대한 천문학자인 히파르코스에 의해 기원전 2세기에 상세히 다듬어졌다. 그의 작업은 기원후 2세기에 알렉산드리아의 그리스 천문학자 프톨레마이오스가 쓴 유명한 *수학적 모음집*을 통해 우리에게 알려졌으며, 중세 아랍어권 천문학자들에 의해 *가장 위대한*이라는 뜻의 *알마게스트*(*al-Magest*)로 불렸다. 이 책은 나중에 *프톨레마이오스 체계*로 알려지게 된 천문학의 *지구중심적 체계*를 완성했다. 프톨레마이오스의 이론은 중세에 완전히 받아들여져, 신이 인간에게 직접 전달한 것으로 여겨졌다.

태양 중심 체계. 코페르니쿠스, 갈릴레오, 그리고 케플러

그리스 천문학자들이 태양이 아닌 지구를 우리 우주의 중심에 놓은 것은 놀라운 일이 아니다. 왜냐하면 우리는 매일 아침 태양이 떠오르고 저녁이 되면 지평선 아래로 가라앉는 것을 보기 때문이다. 그럼에도 불구하고, 그리스인들이 왜 태양을 우리 우주의 중심에 놓은 태양 중심 체계를 적어도 시험해 보지 않았는지 궁금할 수 있다.[3] 사실, 사모스의 아리스타르코스는 기원전 3세기에 그러한 체계를 구상했다. 그는 지구와 다른 행성들이 고정된 태양 주위를 원형 궤도로 움직인다고 가르쳤다. 그의 가설은 여러 가지 이유로 받아들여지지 않았다: 그리스인들은 왜 물체가 움직이는 지구에 머물 수 있는지, 왜 사람들이 지구가 움직이고 있다는 것을 느끼지 못하는지, 왜 구름이 움직이는 지구보다 뒤처지지 않는지를 설명할 수 없었다. 이러한 논거들은 거의 2천 년 후에 천문학자 니콜라우스 코페르니쿠스가 다시 태양 중심설을 제안했을 때 다시 사용되었다.

---

[3] 피타고라스 학파의 필롤라오스(기원전 5세기)는 지구의 운동이라는 발상을 도입했다. 그는 태양, 달, 그리고 다섯 행성이 어떤 가상의 *중심 불* 주위를 돈다고 여겼다. 또한, 그는 행성체의 수를 신성한 피타고라스 수인 10으로 맞추기 위해 가상의 *결레지구*를 도입했다.

1473년에 태어난 코페르니쿠스는 크라쿠프 대학교에서 공부했지만, 결국 유럽의 과학 중심지였던 볼로냐를 방문하기 위하여 이탈리아로 갔다. 그곳에서 그는 천문학적 관측을 배우게 되었는데, 이는 그의 여생동안 이어진 취미가 되었다. 그의 연구 결과는 *천체의 회전에 대하여*라는 정말로 주목할 만한 책으로 나타났다. 여기서 그는 과학에서 *코페르니쿠스 혁명*을 일으키게 된 태양 중심설 우주론을 소거했다. 그러나 그는 신중하게도 1543년 죽기 직전에서야 자신의 발상을 출판했다. 실제로, *천체의 회전에 대하여*는 결국 1616년에 교황청의 금서목록에 올랐다.

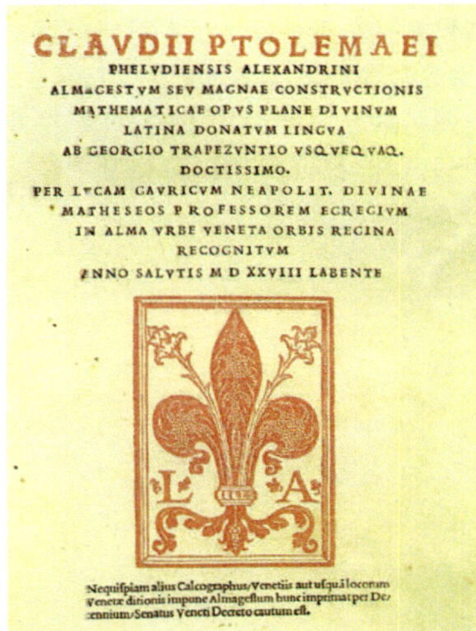

CLAVDII PTOLEMAEI
PHELVDIENSIS ALEXANDRINI
ALMAGESTVM SEV MAGNAE CONSTRVCTIONIS
MATHEMATICAE OPVS PLANE DIVINVM
LATINA DONATVM LINGVA
AB GEORGIO TRAPEZVNTIO VSQVEQVAQ.
DOCTISSIMO.
PER LVCAM GAVRICVM NEAPOLIT. DIVINAE
MATHESEOS PROFESSOREM EGREGIVM
IN ALMA VRBE VENETA ORBIS REGINA
RECOGNITVM
ANNO SALVTIS M D XXVIII LABENTE

Nequispiam alius Calcographus Venetiis aut usquam locorum Venetae ditionis impune Almagestum hunc imprimat per Decennium Senatus Veneti Decreto cautum est.

*알마게스트*의 속표지. 트레비존드(트라브존 또는 트라페준타)의 게오르기오스에 의한 그리스어에서 라틴어로의 첫 번째 번역본, 1528년.

니콜라우스 코페르니쿠스 (1473–1543). 알 수 없는 화가에 의해 그려진 초상화, 약 1600년경 (라이프치히 대학교 도서관).

니콜라우스 코페르니쿠스의 *천체의 회전에 대하여*, VI 권, 뉘른베르크, 요하네스 페트레이우스, 1543년. 인쇄자의 헌사가 포함되어 있다. 이 사본은 나중에 케플러의 소유가 되었다.

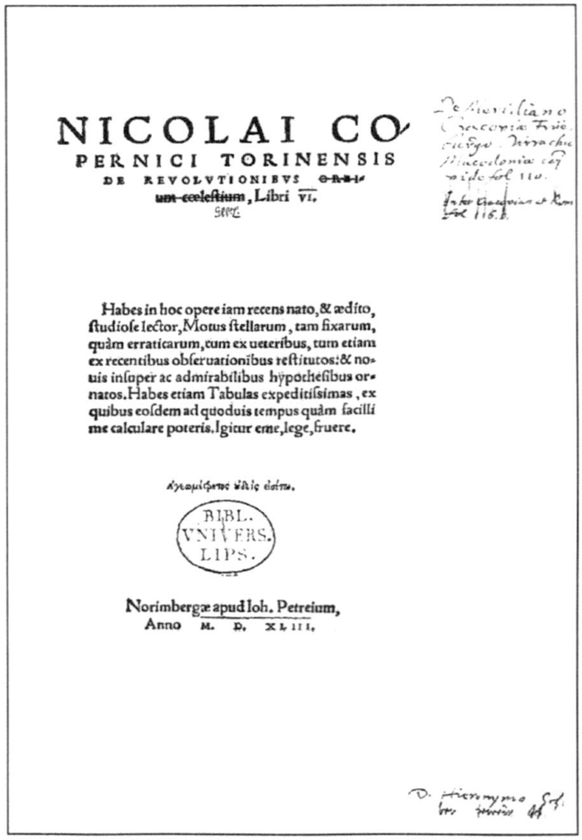

NICOLAI CO
PERNICI TORINENSIS
DE REVOLVTIONIBVS ORBI-
um coeleſtium, Libri VI.

Habes in hoc opere iam recens nato, & ædito, ſtudioſe lector, Motus ſtellarum, tam fixarum, quàm erraticarum, cum ex ueteribus, tum etiam ex recentibus obſeruationibus reſtitutos: & nouis inſuper ac admirabilibus hypotheſibus ornatos. Habes etiam Tabulas expeditiſsimas, ex quibus eoſdem ad quoduis tempus quàm facillime calculare poteris. Igitur eme, lege, fruere.

Ἀγεωμέτρητος οὐδεὶς εἰσίτω.

Norimbergæ apud Ioh. Petreium,
Anno M. D. XLIII.

갈릴레오 갈릴레이 (1564–1642).

갈릴레오 갈릴레이는 1600년 종교재판에 의해 천문학자 지오르다노 브루노가 화형당한 사건을 그가 당해야 할 만큼 심각하게 받아들이지 않았다. 코페르니쿠스의 발상에 대한 교회의 반대는 엄청났다. 왜냐하면 이러한 발상은 교회 당국이 지지하는 이론에 의문을 제기했기 때문이다. 1632년, 갈릴레오는 태양 중심설의 장단점을 다룬 *두 주요 세계 체계에 관한 대화*를 출판했다. 이로 인해 그는 교회와 대립하게 되었고, 재판, 유죄 판결, 철회, 그리고 70세의 나이에 가택 연금에 처해졌다.

1602년경 갈릴레오는 무거운 돌이 가벼운 돌과 마찬가지로 빠르게 땅에 떨어진다는 것을 발견했다. 따라서 그는 공기 저항을 무시할 수 있는 한, 모든 낙하체가 지구를 향해 동일한 비율로 가속된다는 기계적 법칙을 도출했다. 그의 유명한 공식 $s = 16t^2$는 낙하하는 물체가 t초 동안 떨어진 후 s의 거리(단위는 피트)를 이동했다는 것을 나타낸다. 그는 이 발견을 사용하여 공을 공중으로 던졌을 때의 궤적을 찾는 오래된 운동 문제를 해결했다. 갈릴레오는 그러한 공이 공기 저항을 무시할 때 포물선 모양의 경로를 따라 이동할 것이라고 기술하고 증명했다. 이것은 아마도 과학 역사상 원이나 직선이 아닌 원뿔곡선이 물리적 현상을 설명하는 데 사용된 최초의 사례일 것이다.

갈릴레오 갈릴레이의 *프톨레마이오스 세계와 코페르니쿠스 세계의 두 가지 가장 큰 체계에 대한 ... 대화*, G. B. 란디니에 의해 출판됨, 피렌체, 1632년. 이 유명한 코페르니쿠스 이론의 변호서는 1823년까지 금서 목록(*Index Librorum Prohibitorum*)에 남아 있었다. 스테파노 델라 벨라가 만든 이 판화는 갈릴레오의 책의 속표지 앞에 있으며, 프톨레마이오스(중간)와 코페르니쿠스(오른쪽)를 묘사하고 있다.

또 다른 과학 혁명이 아직 오지 않았다. 독일의 천문학자 요하네스 케플러는 천체의 궤도로서 원이 유일하게 적절한 형태라는 원칙을 무너뜨렸다! 튀빙겐에서 학업을 마친 후, 케플러는 그랏츠에서 수학과 도덕 교수로 임명되었다. 1600년에 그는 유명한 덴마크 천문학자 튀코 브라헤의 조수로 프라하에 왔다. 브라헤는 고대 그리스인들이 사용한 것보다 훨씬 뛰어나고 엄청난 양의 새로운 천문 자료를 수집했다. 1601년 브라헤가 사망한 후, 그의 *황실 수학자* 자리를 이어받은 케플러는 프라하에 거주했던 루돌프 2세 황제를 섬기게 되었다. 브라헤의 관측 자료를 분석하면서, 케플러는 행성들이 태양을 중심으로 원형 궤도를 도는 것이 아니라, 태양이 초점 중 하나에 있는 타원 궤도를 돈다는 결론에 도달할 수 밖에 없었다. 이로써 2천 년 전에 아폴로니오스가 순수한 수학적 대상으로 연구했던 타원이 처음으로 천문학에 등장했다.

타원 궤도의 법칙은 케플러가 발견한 행성 운동의 세 가지 기본 법칙 중 첫 번째에 불과했다. 이 위대한 천문학자는 우주의 수학적 설계에 확신을 가지고 있었지만, 항상 그의 이론을 관측된 사실과 비교해 확인했다. 수학적 조화를 찾으려는 그의 노력은 놀라운 과학적 상상의 비행으로 이끌었지만, 결국 그는 유명한 세 번째 법칙에 도달했다. 이 법칙은 행성체가 한 궤도를 완성하는 데 필요한 시간 T의 제곱이 그 타원 궤도의 장축 a의 세제곱에 비례한다는 것을 말한다. 수학적으로는, $T^2 = K \cdot a^3$을 성립시키는 행성에 관계없이 독립적인 어떤 수 K가 존재한다.

요하네스 케플러 (1571–1630)

피타고라스 학파는 천체의 구체들이 회전할 때 조화로운 소리를 낸다고 믿었다. 여기 재현된 것은 케플러가 상상한 행성들의 음악이다.

덴마크 벤섬에 위치한 우라니보리 천문대에서 튀코 브라헤의 관측. 시몬 우츠슈나이더에 의해 출판된 *천문학의 역사*(*Historia Coelestis*)에서 발췌된 필리프 킬리안의 판화, 아우크스부르크, 1666년. 이 튀코의 방대한 천문 관측 모음은 케플러가 루돌프표를 작성하는 데 많이 사용했으며, 튀코가 사망한 후 60년 이상 출판되지 않았다.

케플러의 두 번째 법칙은 행성이 일정 시간 동안 점 A에서 점 B로 이동하고, 동일한 시간 동안 점 A'에서 점 B'로 이동할 때, 부채꼴 SAB와 $SA'B'$의 넓이가 같아야 한다고 말한다. 다시 말해, *동일한 시간 동안 동일한 넓이가 쓸려나간다*는 것이다. 이것은 행성이나 혜성이 태양에 가까워질수록 속력이 빨라지는 이유를 설명한다. 예를 들어, 핼리 혜성은 한 궤도를 완성하는 데 76년이 필요하지만; 태양 즈위를 도는 데는 단 며칠밖에 걸리지 않는다.

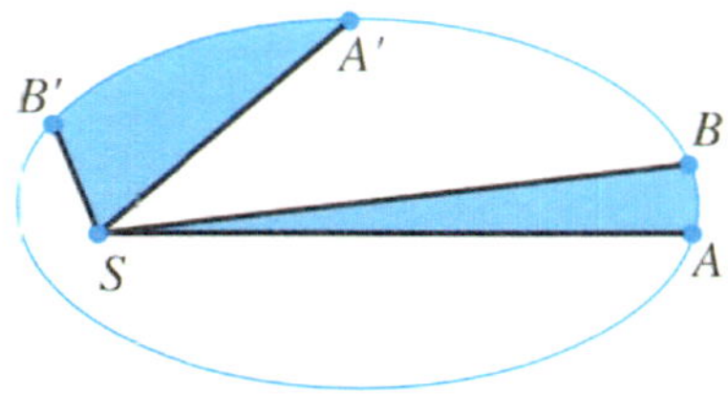

케플러의 두 번째 법칙

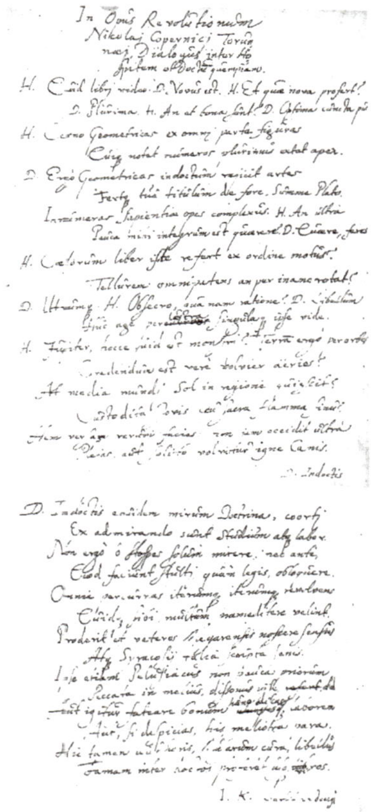

하네스 케플러가 친필로 작성한 코페르니쿠스에 대해 쓴 시. 케플러는 이 시를 자신이 소유한 *천체의 회전에 대하여* 사본에 삽입했으며, 이 사본은 현재 라이프치히 대학교 도서관에 보관되어 있다.

인간 정신의 가장 위대한 업적 중 하나로 꼽힐 수 있는 이 아름다운 법칙들의 발견으로 인하여 케플러는 그의 저서 *세계의 조화*(1619)에서 다음과 같이 썼다:

> 주님의 지혜는 무한하다; 그의 영광과 권능 역시 그러하다. 하늘이여, 그의 찬양을 노래하라! 태양, 달, 그리고 행성들이여, 너희의 말로 표현할 수 없는 언어로 그를 찬양하라! 천상의 조화들이여, 그의 놀라운 작품들을 이해하는 모든 이들이여, 그를 찬양하라. 그리고 당신이여, 나의 영혼이여, 당신의 창조주를 찬양하라! 모든 것은 그에 의해 그리고 그 안에서 존재한다. 우리가 가장 잘 아는 것도 우리의 헛된 과학과 더불어 그 안에 포함되어 있다. 그에게 영원히 찬양과 명예와 영광이 있기를.

따라서 피타고라스와 에우독소스의 구와, 아폴로니오스, 프톨레마이오스, 코페르니쿠스의 원에서 시작된 이야기는 갈릴레오의 포물선을 거쳐 케플러의 타원으로 끝났다. 아이작 뉴턴은 케플러와 갈릴레오의 결과를 바탕으로 매우 성공적인 만유인력 이론을 세웠다. 뉴턴의 이론에서 오일러는 태양 주위의 행성 운동을 설명하는 *최적 원리*를 도출했으며, 그의 작업은 라그랑주, 해밀턴, 야코비에 의해 더욱 발전되었다. 그들의 작업은 고전 역학 전체를 구축할 수 있는 *변분 원리*로 이어졌다. 이 이야기는 원자 물리학, 양자 역학, 그리고 일반 상대성 이론으로 이어진다. 그러나 더 자세한 내용을 보기 전에, 고대로 돌아가 보자.

디도 여왕의 문제

고대부터 알려진 원의 유명한 최대 성질은 카르타고의 디도 여왕에 대한 이야기와 연결된다. 이 이야기는 로마 시인 베르길리우스[1]가 그의 유명한 서사시 *아이네이스*에서 말한다.

1: 아우구스투스 황제와 동시대인

디도는 (현재의 레바논 일부인) 티레시 출신의 페니키아 공주였다. 무자비한 오빠 피그말리온 왕이 그녀의 재산을 빼앗으려고 그녀의 남편을 살해하자 그녀는 배를 타고 티레에서 도망쳤다. 기원전 900년경에 나중에 카르타고가 된 아프리카에 도착했을 때, 디도는 그녀와 그녀의 사람들이 정착하고 새로운 고향을 세울 수 있도록 현지 통치자인 누미디아의 자르바스 왕에게 땅을 사려고 했다. 디도가 검소했거나 자르바스가 그의 나라에 새로운 정착지를 원하지 않았을 수도 있다: 그들은 여왕이 황소 가죽으로 둘러쌀 수 있는 만큼의 땅만 얻는다는 조건으로 거래를 성사시켰다.

디도는 상황을 최대한 활용했다. 먼저, 그녀는 *둘러싸다*라는 단어를 가능한 한 넓게 해석했다. 그녀는 사람들에게 가죽을 잘라 가는 줄로 만들 후에 이들을 묶어서 길이가 매우 긴 닫힌 끈을 만들도록 했다고 한다. 만약 가죽 조각의 너비가 1/10인치였다고 가정하면, 이 끈의 길이는 1,000에서 2,000 야드 사이였을 것이다.

둘째, 그녀는 최대한 넓은 넓이를 둘러싸도록 끈을 땅에 펼쳤다. 땅이 완전히 평평했다고 가정하면, 디도는 다음과 같은 수학적 문제를 해결해야 했다고 생각할 수 있다: *주어진 길이의 모든 가능한 닫힌 곡선 중에서, 내부 영역의 넓이가 최대가 되는 곡선을 찾아라.* 디도가 올바른 해결책을 찾았다고 가정하면, 해답은 주어진 길이가 원주인 원이고 따라서 디도는 25에서 60에이커 사이 넓이의 땅을 얻었다. 만약 그녀의 끈의 두 끝이 지중해 해변의 직선 부분의 두 지점에 고정되었다면, 그녀는 끈을 반원 형태로 펼쳐서 더 많은 땅을 얻었을 것이다; 실제로 이야기는 그녀가 그렇게 했다고 전한다. 중세 유럽의 성벽 도시 지도를 보면, 그곳의 주민들도 대개 디도와 같은 결론에 도달했다는 것을 알 수 있다.

*디도가 카르타고 건설을 위해 땅을 구입하는 장면. 역사적 연대기*에 나오는 마태우스 메리안 더 엘더의 판화, 프랑크푸르트, 1630년. 디도의 사람들이 소가죽을 잘라 가는 띠로 만든 후 최대의 영역을 둘러싸려고 시도한다.

베르길리우스는 카르타고의 건국을 다음과 같이 묘사했다:

> 지금 당신이 보게 될 새로운 카르타고의 거대한 성벽과 성장하는 성이 있는 곳에 도착했을 때, 그들은 지금은 비르사라고 불리는 *하이드*[2]라는 땅을 협상했고, 그들은 황소 가죽으로 둘러쌀 수 있는 만큼의 땅을 구했다.

2: 디도의 거래로 붙여진 이름.

로마 작가인 유스티누스는 서기 2세기 또는 3세기에 그의 저서 *필리피카 역사*에서 더 많은 세부 사항을 설명했다:

> 엘리사[3]는 가죽을 가장 좁은 끈이 되게 자르도록 명령했고, 그래서 원래 원했던 것보다 더 넓은 땅을 구했다.

3: 디도.

Icy eft le vray
pourtraict
naturel
de la ville, cite,
vniuerfite
de
Parisy
1576

파리의 중세 지도

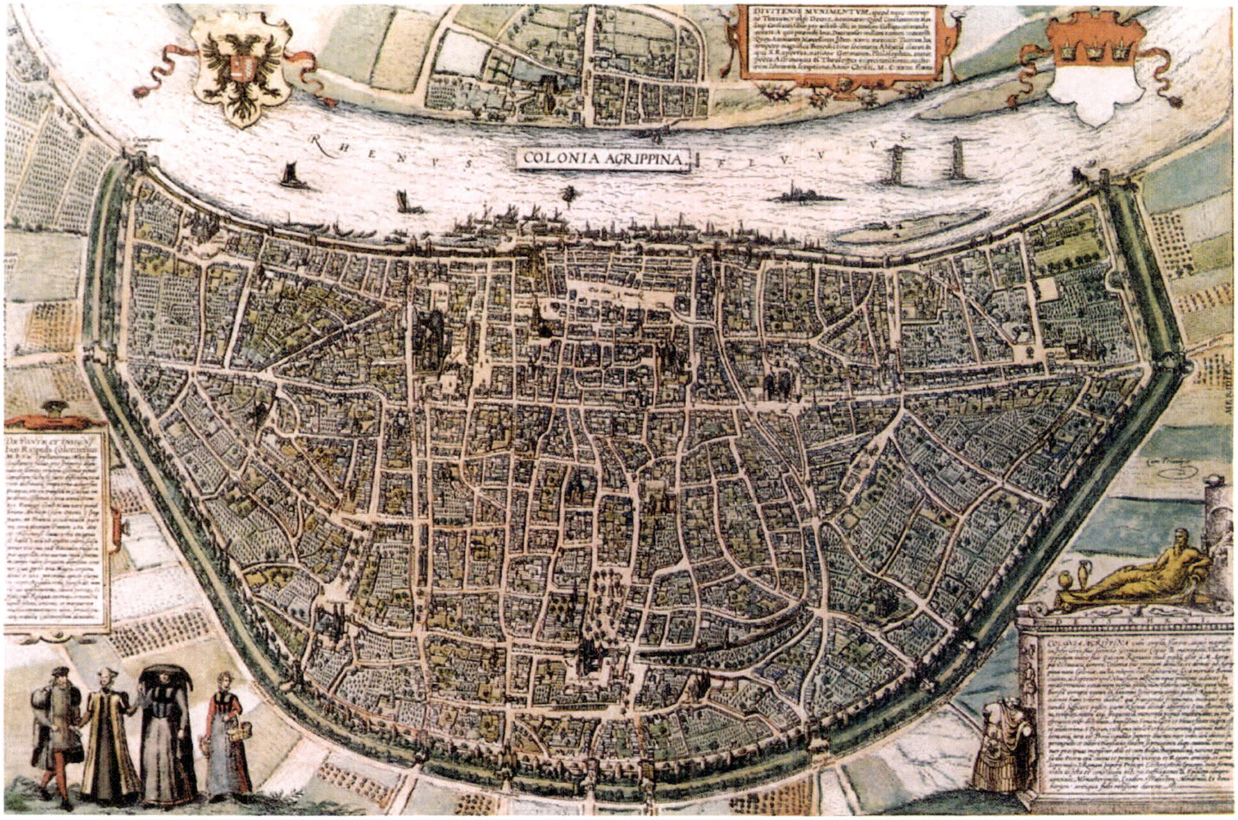

콜른의 중세 지도

디도와 아이네이아스가 있는 카르타고 풍경, 클로드 로랭(1600-1682)의 그림, 함부르크 쿤스트할레.

그리스인들은 이 수학적 과제를 잘 알고 있었으며,[4] 이를 *등주 문제*라고 불렀다(등 = 동일한, *주* = 둘레). 그들은 이 문제를 다룰 명백한 실용적 이유가 있었다. 예를 들어, 섬 둘레를 항해하는 데 걸리는 시간으로 섬의 크기를 추측할 수 있을까? 오른쪽의 그림이 보여주듯이, 분명히 큰 실수를 할 수 있다.

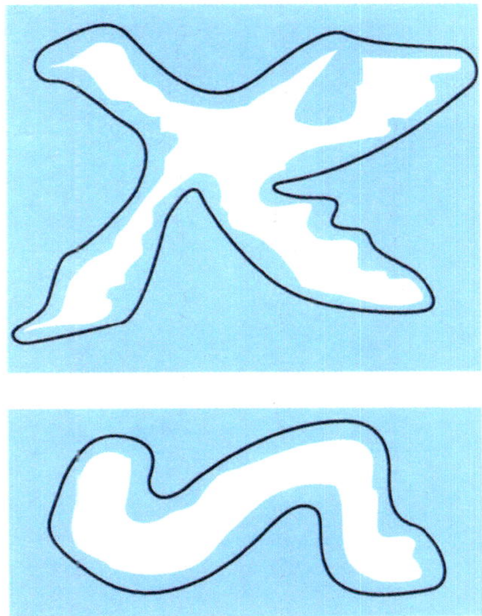

섬 주변을 항해하기.

현명한 사람들은 둘레가 작은 땅이 둘레가 더 큰 다른 땅보다 넓이에서 더 클 수 있다는 것을 알고 있었다. 따라서 밭의 크기를 그 둘레를 걸어서 걸리는 시간으로 측정하는 경우, 땅을 교환할 때 그들은 덜 지적인 소유자들을 속일 수 있었다. 이러한 상황은 서기 450년경 프로클로스가 유클리드의 첫 번째 책에 대한 주석에서 설명했다. 우리는 나중에 등주 문제로 돌아와서 이것이 수학 역사상 가장 고무적이고 영향력 있는 문제 중 하나였다는 것을 확인할 것이다.

그런데, 베르길리우스의 *아이네이스*는 트로이의 아이네이아스의 이야기이다. 아가멤논 왕에게 도시가 함락된 후, 아이네이아스는 몇몇 추종자들과 함께 배를 타고 탈출했다. 그는 소아시아에서 지중해를 거쳐 이탈리아에 도착하여 로마를 건국했다. 여행 중에 그는 카르타고에 들러 디도를 만났다. 디도는 아이네이아스와 사랑에 빠져 결혼을 원했다. 그러나, 주피터가 개입하여 아이네이아스에게 디도를 떠나라고 명령했다. 절망한 디도는 자살했다. 이 때문에 단테는 그의 *신곡*에서 그녀를 지옥의 두 번째 원에 처했다. 영국이 제국으로 성장하던 시기에 헨리 퍼셀은 그의 오페라 *디도와 아이네이아스*에서 이 이야기를 다시 말했다. 단테의 *지옥* 제5곡을 들어보자.

[4] 원의 등주 성질에 대한 최초의 증명은 프톨레마이오스의 *알마게스트*에 대한 테온의 주석과 파푸스의 저작집에 나타난다. 이 증명의 저자는 제노도로스이며, 그는 아르키메데스(기원전 212년 사망)와 파푸스(서기 340년경) 사이에 살았던 것이 분명하다. 왜냐하면 제노도로스는 아르키메데스를 인용하고 파푸스에 의해 인용되었기 때문이다. 그러나 제노도로스의 증명에는 여전히 틈이 있었고, 이는 19세기 후반 독일 수학자 바이어슈트라스가 베를린 대학교에서 강의 중 완전한 증명을 제공할 때 비로서 해결되었다.

아이네이아스와 디도: *코덱스 베르길리우스 로마누스* 3867 (아마도 서기 6세기경)에서 발췌. 바티칸 도서관. 이 코덱스는 후기 로마 시대의 책 그림의 몇 안 되는 예 중 하나이다.

이제 나는 고통의 슬픈 음들을 듣기 시작합니다,
큰 소리가 내 귀를 때리는 곳에
이제 나는 도착했습니다.
나는 모든 빛이 없는 곳에 도착했습니다,
거기는 폭풍 속의 바다처럼 울부짖는 곳이고
서로 충돌하는 바람에 맞서 울부짖는 곳입니다.
멈추지 않는 지옥의 폭풍이
영혼들을 몰아세웁니다;
휘몰아치고 때리며, 그들을 괴롭힙니다.
그들이 땅의 경사지 앞에 오면,
그들은 탄식과 신음, 비명을 지르며;
거기서 운명의 힘을 저주합니다.
나는 그러한 고통을 당하는
육체적 죄인들이
이성보다 욕망을 따르는 사람들이라는 것을 배웠습니다.
그리고 찬 바람이 불 때
넓고 밀집된 무리로
날개에 의해 운반되는 별들처럼,
그 폭풍은 악한 영혼들을 운반합니다.
여기저기, 위아래로 그들을 불어냅니다;
그들에게는 안식이나 고통의 감소라는
희망이 없습니다.
그리고 학들이 그들의 노래를 부르며,
공중에 긴 줄을 만들어 가는 것처럼,
나는 그 바람의 싸움에 의해 운반되는
그림자들이 탄식하는 것을 보았습니다.
나는 물었습니다, '주인이시여, 이 사람들은 누구입니까
검은 공기가 이토록 벌하는 사람들은?'
'네가 알고 싶어하는 첫 번째 사람은', 그는 내게 말했습니다,
'많은 사람들을 지배한 여제였으며,
그녀가 저지른 죄를 없애기 위해,
사치의 죄로 인해 정복되어
욕망을 법으로 만들었다.
그녀는 세미라미스이다, 우리가 읽었듯이,
그녀는 그녀의 남편 니누스를 계승했다;
그녀는 지금 술탄이 지배하는 땅을 통치했다.
다른 사람은
시카에우스의 유골과의 신의를 저버린 후에
스스로 생을 마감한 디도이다.'

디도를 떠나는 아이네이아스. 이 목판화는 베르길리우스의 *아이네이스* 4권의 566–607행을 묘사한 것이다. 이는 인문주의자이자 시인인 세바스티안 브란트에 의해 편집되고 J. 그뤼닝거에 의해 1502년에 스트라스부르크에서 인쇄된 베르길리우스의 첫 삽화본에서 발췌되었다. 이 판본은 *역사상 가장 훌륭한 삽화 책 중 하나*로 찬사를 받았다.

에르하르트 라돌트에 의해 1482년 베니스에서 출판된 유클리드의 *원론* 초판.

빛의 반사 원리와 아르키메데스의 불타는 거울

물리학에서 최적 원리의 최초 적용은 곡면 거울에 의한 빛 반사의 설명이었다.

피타고라스 시대부터 그리스인들은 빛 광선을 연구했다. 기원전 490년경 (시실리아에 있는) 아그리젠툼 출신 엠페도클레스는 빛이 유한한 속력으로 공간을 통과한다고 주장했다. 이 놀라운 통찰력은 1676년이 되어서야 덴마크의 천문학자이자 수학자인 올레 뢰머(1644–1710)에 의해 검증되었다.

그리스 시대에 알려진 대부분의 빛에 관한 지식은 유클리드(기원전 330–270년경)가 기여한 저서에 나타난다. 그는 나일강 하구에 (불행히도 *대왕*이라고 불린) 알렉산더 황제가 기원전 331년에 세운 알렉산드리아에 살았다. 프톨레마이오스 왕조 아래에서 알렉산드리아는 세계의 과학 중심지가 되었고, 그 지위를 500년 동안 유지했다. 기원전 338년에 도시국가 아테네가 몰락한 후, 알렉산드리아는 그리스 문화의 중심지가 되었다. 이 대도시에서는 지식이 고대 세계 전체로부터 수집되고 전달되었다. 기원전 285년경에 박물관(또는 *뮤즈의 신전*인 무세이온)이 설립되었다. 이곳은 학자들이 연구하고 공부할 수 있는 문화 기관이었다. 전성기에는 박물관의 유명한 도서관이 약 75만 권의 원고를 소장하고 있었다고 한다. 알렉산드리아에서 유클리드는 그의 저서 (수학의) *원론*을 썼으며, 이는 서양 세계에서 가장 널리 퍼진 책 중 하나가 되었다(약 1,700개의 판본이 존재하는 것으로 알려져 있다). 사실, *원론*은 13권으로 구성되어 있으며, 유클리드는 그 시대의 대부분의 수학적 지식을 수집하여 명확하고 논리적으로 발전된 걸작으로 변형시켰다. *원론*은 주로 기하학에 관한 저서이지만; 수론에 관한 정리와 넓이 및 부피에 대한 결과도 포함하고 있다. 알렉산드리아의 프톨레마이오스 소테르 왕이 유클리드에게 *원론*을 읽는 것보다 더 쉬운 방법으로 기하학을 배우는 것은 불가능한지 물었다고 한다. 이에 대한 유클리드의 유명한 대답은 "*기하학에는 왕도가 없습니다*"였다.

원론 외에도 우리에게 전해진 유클리드의 다른 저서로는 *광학*과 *반사론*[5](*거울 이론*)이 있다. 이 책들은 17세기까지 *원론*이 수학어 대한 기본서인 것처럼 기하학적 광학의 기본서로 남아 있었다.

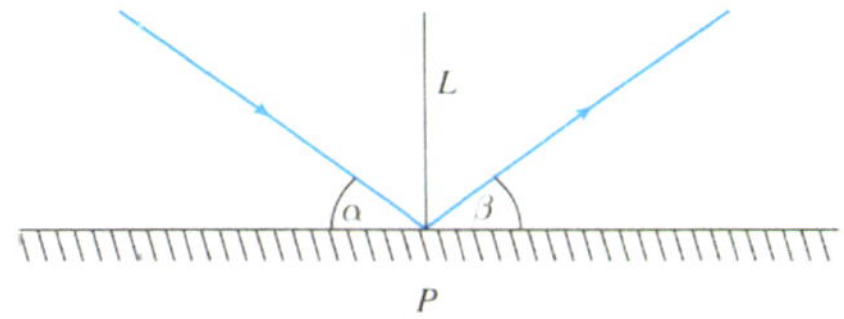

입사각 크기 α는 반사각 크기 β와 같다.

유클리드는 그의 *광학*에서 "빛은 직선을 따라 공간을 통과한다"고 말했다. 따라서 그는 이 결과와 다른 결과들을 사용하여 시각의 본질을 논의했다. *반사론*에서 그는 거울에 부딪혀 반사하는 빛 광선에 대한 다음 두 가지 기본 법칙을 기술하는 기본적인 *반사의 법칙*을 제시했다:

- **법칙 1.** 빛의 입사면은 반사면과 일치한다.
- **법칙 2.** 빛의 입사각 크기는 반사각 크기와 같다.

입사광선이 점 P에서 거울에 부딪힌다고 가정하고, 이 점에서 거울에 수직인 선 L을 생각하자. 그러면 입사광선과 수직선을 포함하는 평면을 *입사면*이라고 하고, 반사광선과 수직선을 포함하는 평면을 *반사면*이라고 한다. 입사광선과 수직선 사이의 예각을 생각하자. 이 예각의 직각에 대한 여각을 *입사각*이라고 한다. 마찬가지로, 반사광선과 수직선 사이의 예각의 직각에 대한 여각을 *반사각*이라고 한다.

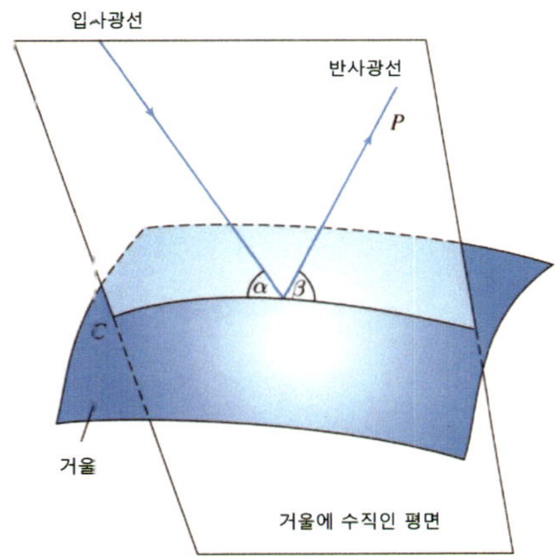

곡면 거울의 반사 법칙: $\alpha = \beta$.

그러면 법칙 1에 따라 *입사광선과 반사광선은 거울에 수직인 동일한 평면에 놓인다.* 이 수직 평면은 평면 곡선 C에서 거울과 교차하며, 평면 거울의 경우 이는 선분이다. 반사광선의 구성은 이제 곡선 C를 포함하는 평면에서만 해결할 수 있는 평면 문제이다. 법칙 2에 따라 이 평면에서 입사각 크기와 반사각 크기는 같아야 한다. 따라서 우리는 *평면 곡선에서의 빛의 반사*로 이끌린다.

[5] *반사론*은 아마도 유클리드의 진정한 저작이 아니지만, 후대 작가들이 그에게 공을 돌렸다. 따라서 반사의 법칙을 누가 발견했는지는 알려져 있지 않지만, 아르키메데스가 이를 알고 있었던 것은 확실해 보인다.

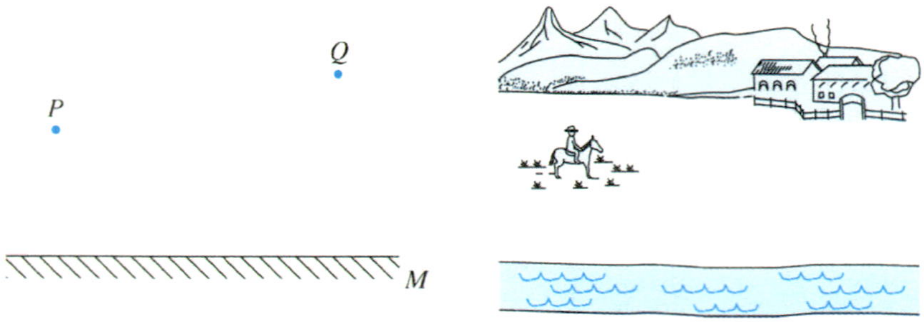

*P*에서 *M*을 거쳐 *Q*로 가는 가장 짧은 경로는 무엇일까? 즉, 집으로 가는 길에 말을 물먹이고 싶어하는 카우보이를 위한 가장 짧은 경로는 무엇일까?

유클리드 이후 약 400년 후, 알렉산드리아의 과학자 헤론(서기 100년경)은 반사의 법칙 뒤에 더 근본적인 법칙이 있다는 것을 발견했다. 그는 이 법칙이 *빛은 항상 가장 짧은 경로를 따라 움직인다*는 원리에서 나온다고 말했다. 이를 그림으로 보기 위해 평면 거울에서의 반사를 생각해 보자. 이 문제는 선분에서의 빛 반사와 동등한 것으로 간주되었다. 따라서 곡선의 한쪽에 두 점 *P*와 *Q*가 있다고 가정하고, *P*에서 출발하여 곡선을 접촉한 후 *Q*로 이동하려고 한다. 이 목표를 달성하기 위해 찾을 수 있는 가장 짧은 경로는 무엇일까?

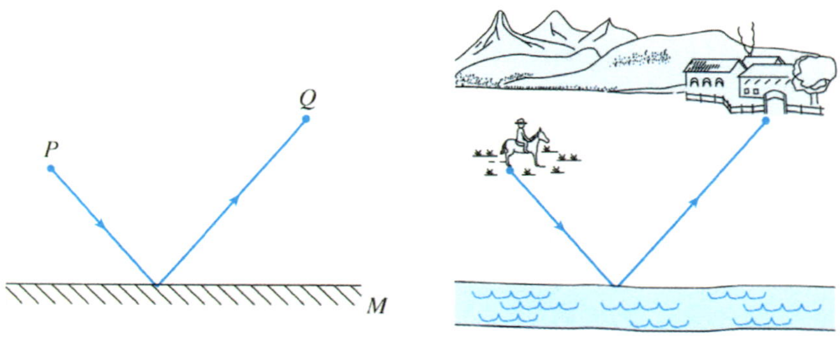

말에게 물을 먹이는 문제의 해결.

같은 수학적 문제를 약간 다른 *현실 세계* 문제로 제기할 수 있다. 예를 들어, 대초원에 있는 카우보이가 해질녘에 목장으로 돌아가고 싶어 하지만 그의 말이 매우 목마르다고 가정해 보자. 목장은 곧게 흐르는 강의 같은 쪽에 있다. 카우보이가 집으로 돌아가면서 먼저 강에서 말에게 물을 먹일 수 있는 가장 짧은 경로는 무엇일까? 헤론의 대답은 그가 점 P에서 강의 점 R까지 선분으로 이동한 다음, R에서 Q까지 선분으로 이동해야 한다는 것이다. 여기서 R은 입사각 크기가 반사각 크기와 같도록 선택된다. 헤론의 정리에 대한 짧은 증명이 여백에 주어져 있다.

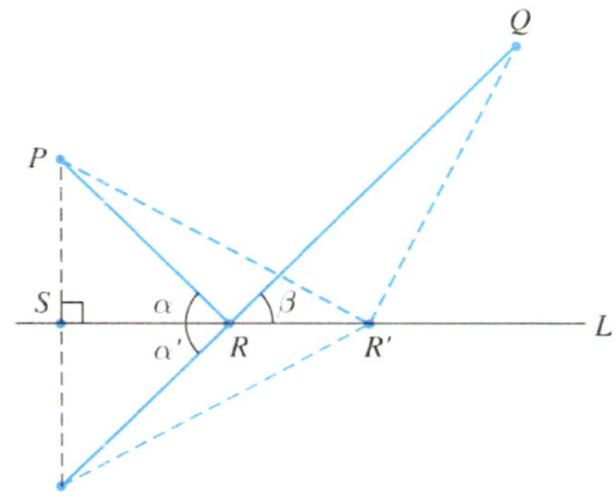

헤론의 정리에 대한 증명: 선분이 두 점 사이의 가장 짧은 연결이기 때문에, 우리는 가장 짧은 경로가 선분들로 구성된다고 가정할 수 있다. 가장 짧은 경로가 선 L의 어떤 지점 R을 접촉한다고 가정하자. 점 R을 찾기 위해, 점 P에서 L에 수선을 그려, L 위의 발을 S로 놓는다. 이 수선에서 L 아래에 S부터 거리가 $\overline{PS}$와 동일한 점을 표시한다. 이것은 점 P'를 결정한다. P'와 Q를 지나는 직선과 L의 교차점을 R로 설정한다. 그런 다음 P에서 R까지 선분을 그린다. R에서 세 각도 α, α', β가 모두 같다는 것을 주목하라. L 위의 다른 점을 R'로 놓는다. 삼각형의 두 변 길이의 합이 세 번째 변 길이보다 크다는 사실로부터, PRQ가 L을 접촉하면서 P와 Q를 연결하는 가능한 가장 짧은 경로라는 것을 알 수 있다.

"가장 짧은 경로는 무엇인가?"라는 질문은 매우 자연스러운 질문이다. 우리는 모두 한 번쯤은 매우 바빠서 어떤 장소에 빨리 도착하려고 했고, 모든 방법 중에서 가장 짧은 방법으로 그곳에 도달하는 방법을 궁금해 했다. 앞서 언급한 문제는 여러 가지 방식으로 일반화될 수 있다; 이 중 몇 가지를 살펴 보자. 예를 들어, 두 직선 L과 M 사이에 있는 두 점 P와 Q를 생각해 보자. 우리는 P를 출발한 후 먼저 L을 접촉하고, 그 다음 M을 접촉한 후 Q로 가는 가장 짧은 경로가 무엇인지 물을 수 있다. 답은 L과 M에서 반사의 법칙을 성립시키는 꺾인 선이다.

첫 번째 예들에서는 평면 거울에 의한 반사에 해당하는 선분에서의 반사를 생각했다. 그리스인들은 또한 굽은 거울이나 곡선에서의 반사, 특히 원뿔곡선에서의 반사를 조사했다.

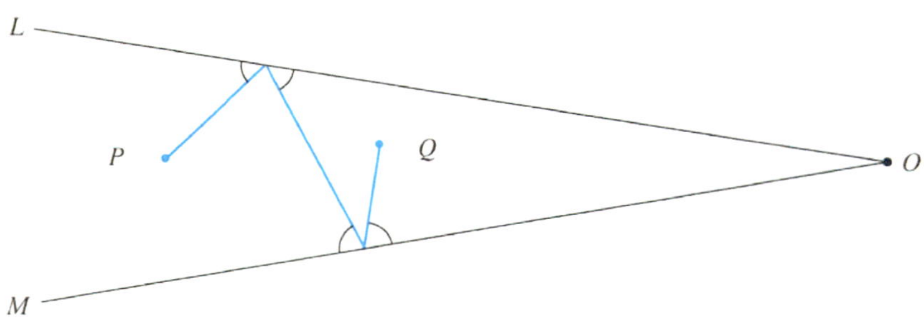

점 P와 Q 사이의 가장 짧은 경로는 먼저 선분 L을 접촉하고, 그 다음에 선분 M을 접촉하는 경로이다.

*타원*부터 시작해 보자. 이미 보았듯이, 그리스인들은 모든 타원에는 두 초점, 즉 P와 Q가 존재한다는 것을 알고 있었다. 이 초점들에는 놀라운 특성이 있다:

> 타원에 놓인 모든 점 R에 대해, R에서 P와 Q까지의 거리의 합 $\overline{PR}+\overline{QR}$은 동일한 값, 즉 d이다. 또한, 평면의 임의의 점 R에 대해, 합 $\overline{PR}+\overline{QR}$의 값은 R이 타원 내부에 있으면 d보다 작고, 외부에 있으면 d보다 크며, 타원에 있으면 d와 같다.

이제 아래 그림과 같이 타원에 놓인 점 R에서 접선을 그려 보자. 방금 언급한 타원의 특성으로부터 P에서 R로, 그리고 다시 Q로 가는 꺾인 경로가 접선을 통해 P에서 Q로 가는 가장 짧은 경로여야 한다는 것을 알 수 있다. 최소 경로 특성이 반사의 법칙을 의미한다는 헤론의 결과를 사용하여, 입사각 크기가 반사각 크기와 같아야 한다는 것을 알 수 있다. 이는 한 초점에서 사방으로 방출된 모든 빛이 타원에 의해 반사된 후에 다른 초점을 통과하게 된다는 것을 의미한다. 이제 타원을 주축(두 초점을 지나는 직선)을 중심으로 회전시켜 타원형 거울을 만들면, 이것은 다음과 같은 무서운 특성이 있는 거울이 된다: 한 초점에 태양과 같은 강한 광원을 놓으면, 그 빛은 모두 다른 초점에 모여 그곳에 있는 모든 것을 태워버린다.

포물선에도 유사한 연소 특성이 존재한다. 어떤 면에서 포물선은 그 초점 중 하나가 무한대로 이동한 타원으로 간주될 수 있다. 따라서 초점에서 나오는 모든 빛은 포물선에 의해 반사된 후 평행 빛 다발을 형성한다. 역 상황을 상상해 보자—즉, 태양과 같이 멀리서 오는 많은

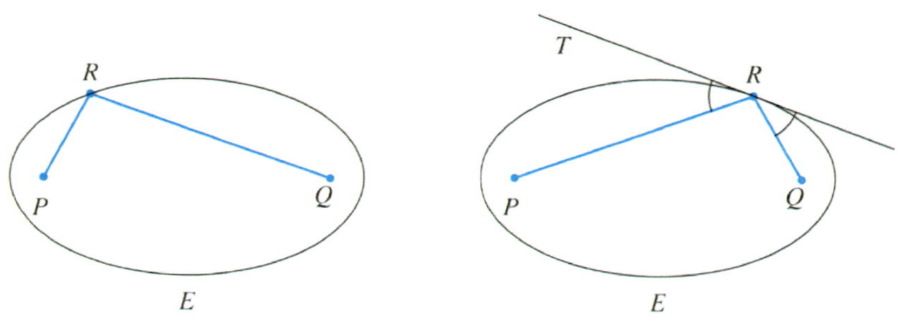

타원 내부에서의 빛의 반사.

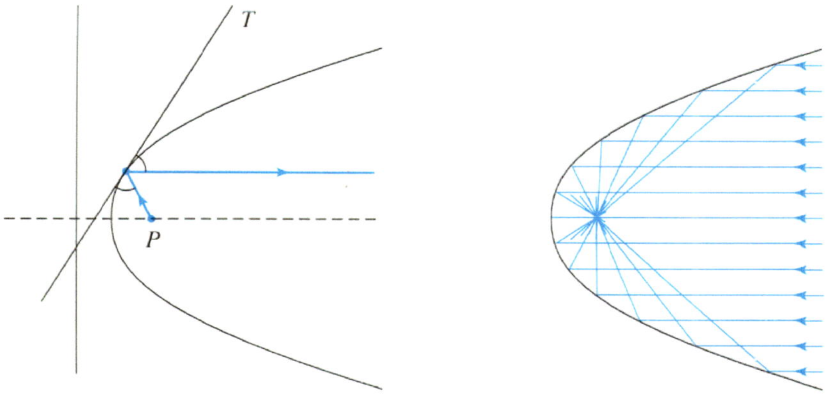

포물선에 의한 반사: (A) 초점이 P인 포물선; (B) 모든 평행 빛이 포물선의 초점을 통과하도록 반사된다.

빛이 있다. 이 빛들은 서로 평행하게 된다; 따라서 포물선에서 이 모든 빛이 반사하여 한 점, 즉 초점에 모이게 된다. 평면 포물선을 축을 중심으로 회전시켜 3차원 포물선 거울을 만들어 보자. 축에 평행한 모든 빛은 이러한 거울에서 반사된 후 초점에 모인다. 이 초점에 있는 모든 것은 빠르게 소각될 것이다. 이러한 이유로 태양은 무서운 무기로 사용될 수 있다.[6]

기원전 216년, 그리스 문명의 일부였던 시실리아의 시라쿠사는 로마를 상대로 세 번의 포에니 전쟁 중인 카르타고와 두 번째 전쟁에서 동맹을 맺었다. 이 동맹의 결과로, 기원전 214년에 로마군은 시타쿠사를 포위했다. 전설에 따르면, 이 고대 도시의 시민들은 아르키메데스의 *불타는 거울*과 밝은 시실리아 여름 태양을 사용하여 로마 함대를 불태울 수 있었다고 한다. 그 거울들은 무엇이었을까?

---

[6] 일반적으로, 태울 물체에 거울의 초점을 맞추고 동시에 태양의 빛을 축에 평행하게 맞출 수는 없다. 대신 태양 빛과 포물선 거울의 축은 각을 이루게 되며, 반사 후 빛은 한 점에 초점을 맞추지 않고, *가성의* 또는 *연소 표면*이라고 불리는 표면을 형성한다. 이것은 매우 복잡한 기하학적 객체이지만, 첫 번째 근사에서는 종종 *뾰족점*이 있으며, 대부분의 빛이 이 뾰족점 주위의 작은 구를 통과하는 것으로 나타났다. 따라서 뾰족점 근처에 강한 빛 집중이 발생하며, 그 결과 연소 효과가 여전히 발생할 수 있다.

13세기 폴란드 학자 비텔로의 광학 논문 속표지. 1572년, 프리드리히 리스너는 비텔로의 작업을 아랍 과학자 알하이탐(라틴어로 알하젠, 약 965–1039)의 유명한 광학 논문 *광학 보고서*(*Opticae Thesaurus*) 판본에 추가했다. 알하이탐은 시각에 대한 그리스 이론들(예: 시각 광선이 관찰자의 눈에서 나간다는 이론)을 반박했다. 대신, 그는 시각 이론을 빛의 작용에 기초하여, 빛이 모든 방향으로 유한한 속력으로 전파된다고 가정했다. 그의 눈의 구조와 기능에 대한 이론은 17세기까지 뛰어넘지 못했다.

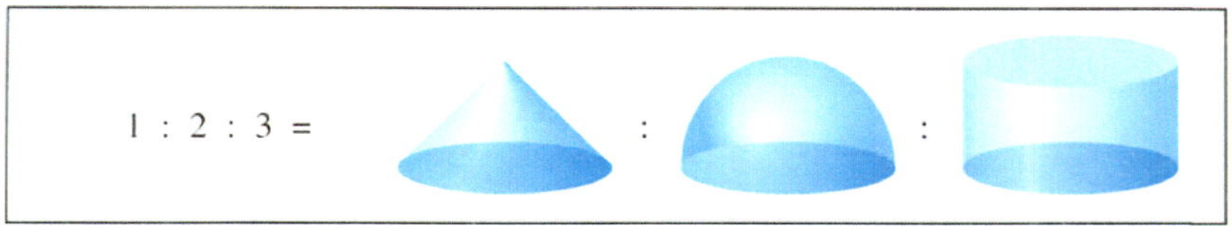

아르키메데스의 정리: 높이와 반지름 길이가 동일한 원뿔, 반구, 원기둥의 부피 비율은 1 : 2 : 3이다.

고대 최고의 수학자인 아르키메데스(기원전 287–212년)는 대부분의 생애를 고향인 시라쿠사에서 보냈다. 그는 알렉산드리아 박물관에서 학업을 마쳤다고 전해지지만, 우리가 확실히 아는 것은 그가 최소한 한 번은 이집트를 방문했다는 것이다.

아르키메데스의 과학적 명성은 주로 그의 수많은 수학적 발견에 기반을 두고 있다. 예를 들어, 그는 반지름 길이가 1인 원의 넓이인 π 값을 훌륭하게 근사했다. 그는 π가 3 1/7과 3 10/71 사이의 수인 것을 보여주었다. 또한, 그는 반지름 길이가 r인 구의 부피($\pi r^3/3$)와 겉넓이($4\pi r^2$)와 같은 많은 물체의 어려운 부피와 곡면의 넓이를 계산했다. 사실, 그는 반지름 길이와 높이가 같은 원뿔, 반구, 원기둥의 부피 비율이 1 : 2 : 3이라는 정리를 증명했으며, 이 정리를 매우 자랑스러워했다. 아르키메데스의 이러한 수학적 결과는 당시로서는 정말 놀라운 업적이었다.

아르키메데스는 비범한 수학자였을 뿐만 아니라, 그의 동시대인들과 후대 작가들에 의해 기계적 천재로도 칭송받았다. 그의 유명한 발명품 중에는 물을 끌어올리는 기계인 *아르키메데스 나사양수기*가 있었으며, 이는 이집트에서 들판의 관개를 위해, 스페인에서는 광산에서 물을 퍼내기 위해 사용되었다. 또한, 기발한 기계 장치를 이용하여 천체의 움직임을 모방한 구체 세트인 *천문관*도 그의 발명품 중 하나였다. 이러한 장치의 대형 복제품은 오늘날 많은 과학 박물관에서 볼 수 있다. 고대에도 지금만큼 인기가 있었던 것 같다. 작가 클라우디아누스(서기 400년경)는 주피터가 자신의 작품을 시라쿠사의 수학자가 유리 구체에 복제한 것을 보고 놀랐다고 묘사했으며, 키케로는 기원전 212년에 시라쿠사를 정복한 마르셀루스가 포획된 도시에서 전리품으로 두 개의 천문관만을 가져갔다고 보고했다.

그러나 고대에서 아르키메데스의 가장 큰 명성은 그의 평화로운 발명품이 아니라 로마에 맞서 시라쿠사를 방어하는 데 기여한 것에서 비롯되었다. 기원전 214년에 로마군이 이 도시를 포위했을 때, 그들은 73세의 수학자가 예기치 않은 강력한 무기로 무장시킨 적과 맞닥뜨렸다. 접근하는 로마 군단은 장거리 돌 미사일을 발사하는 매우 효과적인 포병과 수많은 단거리 발사체에 의해 격퇴되었다. 로마 함대의 배들은 돌을 떨어뜨리거나 철손으로 배의 뱃머리를 들어 올린 다음 갑자기 물에 내리치는 거대한 크레인에 의해 침몰당했다. 플루타르코스는 그의 저서 *마르셀루스의 생애*에서 사령관 마르셀루스가 그의 군대에게 다음과 같이 말했다고 전했다:

4: 그리스 전설의 백개의 팔을 가진 거인

5: 포위된 도시의 성벽을 오르는 로마의 공격 사다리

> 우리는 이 기하학적 브리아레오스[4]와의 싸움을 끝내지 않겠는가? 그는 우리의 배를 사용하여 바다에서 물을 퍼내고, 우리의 삼부카[5]를 치욕스럽게 쳐부수고, 한 번에 수많은 미사일을 던져 신화 속의 백개의 팔을 가진 거인을 능가하는 자이다.

로마 병사들은 두려움에 떨었다. 플루타르코스는 다음과 같이 보고했다:

> 그들은 벽 너머로 밧줄이나 나무 조각만 보아도 도망치며, 아르키메데스가 그들을 파괴하기 위해 또 다른 새로운 기계를 발명했다고 외쳤다.

그러나 로마 병사들에게 최악의 상황은 아직 오지 않았다: 그것은 아르키메데스의 *불타는 거울*에 의한 그들 배의 소각이었다. 그러한 거울이 실제로 사용되었을까? 당시 역사가들은 이를 묘사하지 않았지만, 훨씬 나중에 쓰여진 이야기들에만 나타난다. 처음으로 언급된 것은 히포크라테스와 함께 고대의 두 위대한 의사로 존중받는 갈레노스(서기 129–199)의 책에서이다. 1200년에 불행히도 특히 신뢰할 수 있는 작가는 아닌 비잔틴 역사가 체체스는 아르키메데스가 성취했다고 전해지는 내용을 다음과 같이 설명했다:

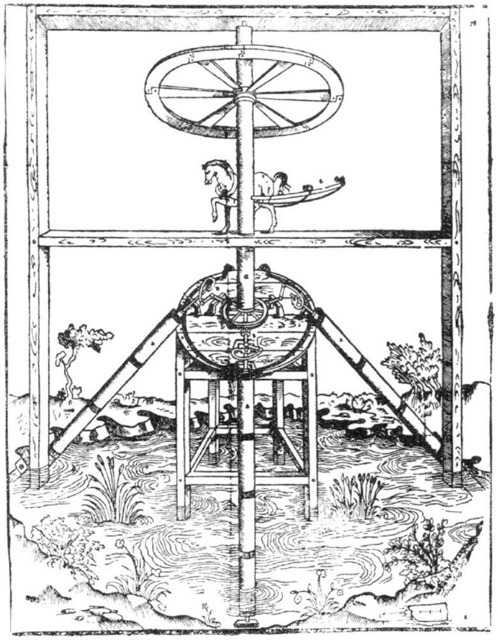

1567년에 출판된 주세페 체레디의 논문에서 발췌한 목판화. 체레디는 들판의 관개와 늪지대의 배수를 위해 아르키메데스 나사양수기의 건설과 사용에 관심이 있었다.

> 로마 함선이 활 사정거리 내에 들어왔을 때, 아르키메데스는 일종의 육각형 거울과 24면의 작은 거울을 만들었다. 그는 이 거울들을 적절한 거리에서 배치하고, 경첩과 금속 철사를 사용하여 움직일 수 있게 했다. 그는 육각형 거울을 겨울과 여름의 자오선으로 이등분되도록 배치했으며, 이 거울이 받은 태양빛이 반사된 후 큰 불을 일으켜 로마 함선을 재로 만들어 버렸다. 이는 그들이 활의 사정거리 밖으로 이동했음에도 불구하고 일어났다.

이러한 반사판 배열은 포물선 거울과 동일한 효과를 낼 수 있었을 것이다. 6세기에 수학자이자 건축가인 안테미누스도 아르키메데스가 육각형 거울을 사용했다고 제안했다. 많은 역사가들은 이 이야기를 순전히 신화로 치부했다. 아르키메데스의 놀라운 업적에 대한 주장과 의문은 수세기 동안 많은 논란을 불러일으켰다. 그러나 아르키메데스 장치의 실현 가능성은 1747년 프랑스의 자연주의자 조르주 뷔퐁과 1973년 그리스의 엔지니어 이오안니스 사카스에 의해 실험적으로 입증되었다.

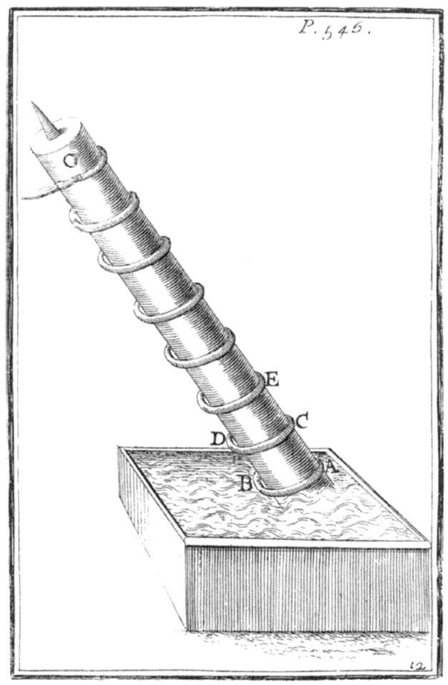

아르키메데스 나사양수기의 작동을 묘사한 도식 그림 (오자남의 *수학 사전*에서 발췌, 파리, 1691년).

아르키메데스의 죽음. 아마도 라파엘로 학파에서 제작된 모자이크. (슈타트슐레 갤러리; 리비그하우스, 프랑크푸르트 암 마인.)

시라쿠사의 포위는 2년 동안 지속되었고, 결국 배신으로 인해 도시가 함락되었다. 사령관 마르셀루스가 그의 병사들에게 아르키메데스의 생명을 보존하라고 요청했음에도 불구하고, 공격 과정에서 이 노과학자는 로마 병사에 의해 살해되었다. 전설에 따르면, 아르키메데스는 집 앞에서 모래에 그린 기하학적 도형을 연구하고 있었다. 로마 병사가 접근하자, 아르키메데스는 "*내 도형을 망치지 마라*"고 외쳤고, 모욕감을 느낀 병사는 이 위대한 학자를 죽였다.

마르셀루스는 아르키메데스를 기리기 위해 묘비를 세웠고, 그 위에는 원기둥에 내접하는 구가 그려져 있었다. 이는 아르키메데스가 가장 좋아했던 원뿔, 원기둥, 구의 부피에 관한 정리를 상징한다. 키케로(기원전 106–43년)가 시실리아를 방문했을 때, 그는 덤불과 가시로 덮인 기념비를 찾을 수 있었다.

아르키메데스는 분명 자신의 공학적 기여를 하찮은 것으로 여겨 후세에 기억될 가치가 없다고 생각했다. 플루타르코스는 다음을 보고했다:

> 그는 그러한 주제에 대해 어떤 저작도 남기지 않았다; 그는 도구의 제작과 일반적으로 사용과 이익을 목적으로 하는 모든 예술을 천박하고 비천한 것으로 여겼으며, 오직 아름다움과 탁월함으로 인해 일상의 필요와는 무관하게 남아 있는 것들만을 추구했다.

과학과 공학 발명품이 수많은 전쟁에서 초래한 모든 공포를 생각해 보면, 아르키메데스의 접근 방식이 상당히 합리적으로 보인다. 위대한 영국 수학자 G. H. 하디는 1940년에 다음과 같이 썼다:

> 진정한 수학자들의 진정한 수학이 있고, 더 나은 단어가 없어서 *사소한* 수학이라고 부를 수 있는 것이 있다. 사소한 수학은 논쟁으로 정당화될 수 있지만 . . ., 그러나 진정한 수학을 위한 그런 방어는 없다. 진정한 수학은 정당화될 수 있다면 예술로 정당화되어야 한다. 이 견해는 수학자들 사이에서 일반적으로 받아들여지는 것으로, 조금도 역설적이거나 이상하지 않다. . . . 진정한 수학자에게는 위안이 되는 결론이 하나 있다. 진정한 수학은 전쟁에 영향을 미치지 않는다. 수 이론이나 상대성 이론에서 전쟁에 사용될 목적을 발견한 사람은 아직 없으며, 앞으로도 오랫동안 그럴 가능성은 매우 낮다. 전쟁을 위해 고의적으로 개발되고 매우 정교한 기술이 요구되는 탄도학이나 공기역학과 같은 응용 수학의 분야가 있는 것은 사실이지만, 그것들을 *사소한* 것이라고 부르기는 어렵지만, 그 어느 것도 *진정한* 수학으로 분류될 자격이 없다. 그것들은 정말로 추악하고 참을 수 없을 정도로 지루하다. . . . 그래서 진정한 수학자는 양심의 가책을 느끼지 않는다; 그의 작업에 부여될 수 있는 어떤 가치에도 반대할 것이 없다. 수학은, 제가 옥스퍼드에서 말했듯이, 해롭지 않고 무해한 직업이다. 반면에 사소한 수학은 전쟁에서 많은 응용이 있다. . . . 이러한 응용의 일반적인 효과는 명백하다: 수학은 물리학이나 화학만큼 명확하지는 않지만 현대 과학적 *총력전*을 촉진한다.

안타깝게도 순수하고 무해한 수학은 없다. 특수 상대성 이론의 공식 $E = mc^2$은 말할 것도 없지만, 하디가 좋아했던 수 이론조차도 이제는 첩보 기관의 관리 하에 암호학의 도구가 되었다.

레온하르트 오일러 (1707-1783). 에마누엘 한트만이 1753년에 그린 그림. 바젤 공공 미술 수집품.

가장 짧고 빠른 연결 3

"틀림없습니다," 윔지 경이 말했다, "하지만 이 신원이 밝혀졌다고 해서 삶이 하나의 위대하고 달콤한 노래가 될 것이라고 생각한다면, 당신은 잘못 생각한 것입니다. … 우리는 이 사건이 살인이라는 가정 하에 많은 시간과 생각을 쏟아왔기 때문에, 그 가정이 맞다는 것을 아는 것이 편리합니다."

(피터 윔지 경, 도로시 L. 세이어스의 *그의 시체를 가져라*에서)

우리는 누구나 변분법의 문제를 한 번쯤은 생각해 본 적이 있다. 자동차 여행을 계획할 때, 우리는 목적지로 가는 가장 짧은 경로가 무엇인지 또는 가장 빠른 경로가 무엇인지 궁금해한다. 이 두 질문에 대한 답이 반드시 같은 것은 아니다: 산악 지역을 지나는 작고 구불구불한 짧은 경로보다 고속도로로 우회하는 것이 더 빠를 수 있다.

*율리히 공작의 우주지도 제작자*인 게라르두스 메르카토르(1512–1594)는 1552년에 뒤스부르크 대학교에서 작업을 시작했다. 그는 유럽 전역에 배포된 지구본과 지도로 유명해졌다. 그의 유명한 세계지도는 새로운 메르카토르 도법을 사용하여 1569년에 출판되었으며; 이것은 주로 바다의 항해자들을 위해 만들어졌고 오늘날에도 여전히 사용되고 있다.

이탈리아를 제국의 다른 주들과 연결하는 훌륭한 도로 체계를 구축했던 로마인들도 이러한 종류의 문제에 관심이 많았다. 좋은 도로 때문에 로마 군단은 반란을 진압하기 위해 빠르게 이동할 수 있었지만; 반란군이 빠르게 로마 자체에 도달할 수도 있었다.

15세기와 16세기에 유럽 강대국들이 극동과 신대륙으로 가는 최적의 경로를 찾고 있을 때, 가장 짧거나 가장 빠른 연결에 대한 질문은 특히 중요해졌다. 더 빠른 항해 경로에서 더 큰 이익이 보장되었다. 잘 알려진 바스쿠 다 가마와 크리스토퍼 콜럼버스의 원정은 주로 경제적 측면에서 이해되어야 한다.

이 시기에 지구의 구형 형태가 다시 일반적으로 알려지게 된 것은 놀라운 일이 아니다. 초기 그리스인들은 지구를 대양으로 둘러싸이고 하늘이 둥글게 덮은 평평한 원반으로 상상했다. 그러나 피타고라스는 지구가 구형이라고 가르쳤고, 아리스토텔레스와 아르키메데스는 이 사실을 증명하려고 했다. 알렉산드리아 도서관의 관장이었던 에라토스테네스(기원전 275–195년경)는 우리 행성의 둘레를 약 37,000 킬로미터로 상당히 정확하게 계산했다. 고대 그리스에서 교육받은 사람들은 지구가 구형 형태라는 것을 분명히 일반적으로 알고 있었다; 그러나 이 지리적 지식이 후기 로마 시대로 거의 전달되지 않았다. 성경때문에 대부분의 교회 신부들은 지구가 평평한 원반이어야 한다고 추론했다. 따라서 지구는 예루살렘이 중심에 놓인 바퀴 모양으로 묘사되었다. 그러나 그리스 지리가 완전히 잊혀진 것은 결코 아니었고, 르네상스 시대에 그리스 문헌이 재발견되면서 과학이 부활했다. 1492년 크리스토퍼 콜럼버스가 아메리카를 발견했을 때, 마르틴 베하임은 고대 이후 최초의 지구본을 제작했다. 무역과 항해가 증가하면서 정확한 지도를 준비하는 것이 주요 과학적 과제가 되었다. 지도 제작자 게라르두스 메르카토르는 수학적 원칙에 기초한 지도를 처음으로 만든 사람 중 하나였다. (지도 제작의 기본 수학적 원리를 이해한 사람은 훨씬 나중에 가우스였다. 그의 업적 중 일부를 나중에 논의할 것이다.)

지구 표면과 같은 곡면 위에서의 가장 짧은 경로에 대한 수학 이론은

1697년에 야코프 베르누이와 요한 베르누이 형제에 의해 시작되었다. 이 이론을 살펴보기 전에, 우리는 기본적인 기하학적 추론만으로 답변할 수 있는 몇 가지 더 간단한 질문들을 생각해 보겠다.

헤르만 아만두스 슈바르츠 (1843–1921).

예각 삼각형에 내접하는 둘레가 가장 작은 삼각형

우리가 처음으로 살펴볼 문제는 헤르만 아만두스 슈바르츠에 의해 제기되고 해결된 것이다. 그는 처음에는 괴팅겐, 그 다음에는 베를린에서 교수로 재직했으며, 19세기 변분법에서 가장 저명한 연구자 중 한 명이었다. 슈바르츠는 종종 기초적인 주제에 대해 글쓰기를 즐겼으며, 다음 문제는 그의 논문 중 하나에 나온다.

> 예각 삼각형, 즉 모든 각이 90° 미만인 삼각형에 대하여, 둘레가 가능한 가장 작은 내접삼각형을 찾으라.[1]

주어진 삼각형 ABC의 *내접삼각형*이란 각 꼭짓점 P, Q, R이 ABC의 각각 다른 변을 접하는 삼각형을 의미한다.

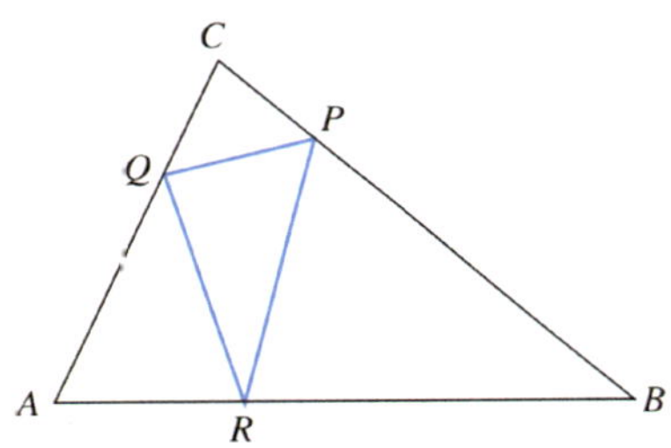

내접삼각형.

최소 둘레 문제에 대한 답은 명백한게 결코 아니다. 슈바르츠는 둘레가 최소인 내접삼각형은 원래 삼각형의 수심 삼각형이라는 것을 발견했다. 삼각형 ABC의 *수심 삼각형*이란 삼각형 ABC의 각 꼭짓점 A, B, C에서 마주보는 변에 내린 수선의 발 P, Q, R이 꼭짓점인 삼각형이다. 이 삼각형이 왜 슈바르츠 문제의 해답이라는 것인지 확인해 보자. 헤론의 원리에 따르면, 어떤 해답이든 *빛 삼각형*이어야 한다. 이게 무슨 의미일까? 삼각형 ABC를 벽이 거울인 삼각형 방으로 생각하면, 해답인 내접삼각형은 방 안에서 빛의 닫힌 경로를 나타낸다. 따라서 이 삼각형의 각 꼭짓점에서 이웃각들의 크기가 같다(오른쪽 하단의 그림 참조). 기본적인 기하학적 추론에 따라 수심 삼각형이 빛 삼각형이라는 것과 다른 빛 삼각형이 없다는 것을 증명할 수 있다.

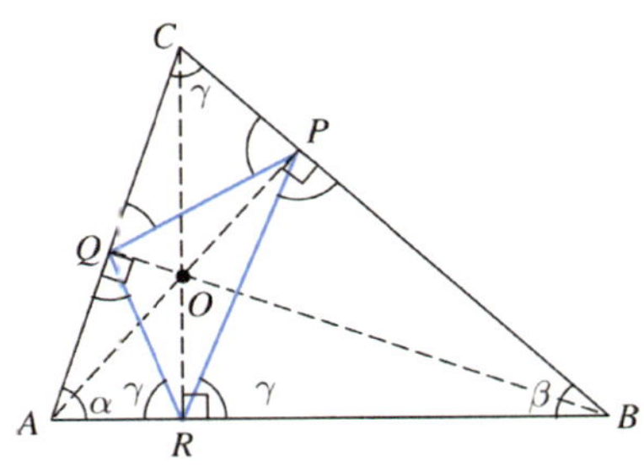

삼각형 ABC의 수심 삼각형.

삼각형 ABC의 수심 삼각형 PQR이 빛 삼각형이라는 것을 확인하기 위해, 꼭짓점 C에서의 각의 크기 $\angle ACB = \gamma$가 점 R에서의 각의

[1] 우리는 또한 둘레가 가장 큰 내접삼각형을 물어볼 수도 있다. 그러나 이 문제의 해답은 완전히 명백하다. 그것은 원래 삼각형 ABC 자체이다.

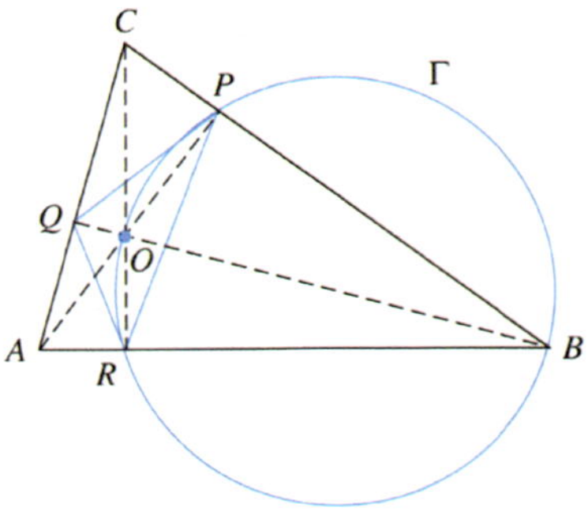

크기 $\angle ARQ$와 $\angle BRP$와 동일하다는 것을 증명할 것이며 이로부터 $\angle ARQ = \angle BRP$를 알 수 있다. 기초 기하학에 따르면, 예각삼각형의 꼭지점을 지나는 마주보는 변의 수선은 삼각형의 내부점인 점 O에서 만난다(왼쪽 그림 참조). $\angle OPB$와 $\angle ORB$가 모두 직각이므로, 탈레스의 정리에 따라 사각형 $OPBR$의 네 꼭짓점이 OB가 지름인 원 Γ에 놓여 있다는 것이 추론된다. 각 $\angle PBO$와 $\angle PRO$가 동일한 호에 대한 원주각이므로 $\angle PBO = \angle PRO$라고 결론지을 수 있다. 반면에, 삼각형 ABQ에서 각 Q가 직각이므로 $\angle PBO = 90° - \angle ACB$이고, $\angle PRO = 90° - \angle PRB$이다. 이 세 관계로부터 $\angle ACB = \angle PRB$인 것을 알 수 있다. 동일한 방식으로 $\angle ACB = \angle ARQ$라는 것을 확인할 수 있으며, 따라서 $\angle ARQ = \angle BRP$이다. 유사하게, P와 Q에서의 두 각도도 일치한다는 것을 확인할 수 있다; 따라서 수심 삼각형은 실제로 빛 삼각형이라는 것을 알 수 있다. 이제 수심 삼각형 외에는 다른 빛 삼각형이 없음을 증명하자. 주어진 삼각형 ABC에서 임의의 빛 삼각형 $\Delta = PRQ$를 생각하자. R에서 반사각의 크기 γ'가 $\gamma = \angle ACB$와 일치함을 증명하려고 한다. $\gamma' = \gamma + \delta$라고 가정하다. $\alpha + \beta + \gamma = 180°$이고 $\alpha + \beta' + \gamma' = 180°$이므로(그림을 보라), $\beta' = \beta - \delta$라고 추론할 수 있으며, 유사하게 $\alpha' = \alpha - \delta$라고 추론할 수 있다. 삼각형 QPC와 ABC를 살펴보면, $180° = \alpha' + \beta' + \gamma = \alpha + \beta + \gamma - 2\delta$이고, $180° = \alpha + \beta + \gamma$이므로, $\delta = 0°$, 즉 $\gamma = \gamma'$를 알 수 있다. 유사하게 $\alpha = \alpha'$이고, $\beta = \beta'$를 확인할 수 있다. 이제 세 각의 크기가 각각 $180° - 2\alpha, 180° - 2\beta, 180° - 2\gamma$로 같으며 대응하는 변이 평행하므로, 삼각형 Δ는 수심 삼각형과 닮았다고 결론지을 수 있다. 그러나 Δ가 수심 삼각형과 일치한다는 것을 증명하는 것은 어렵지 않다.

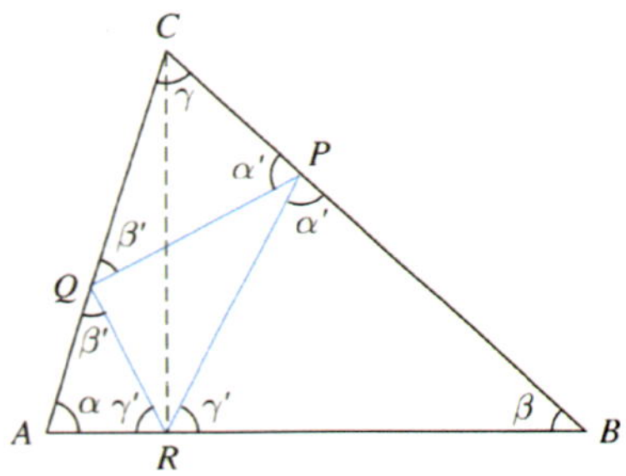

논의를 요약하면, 수심 삼각형이 ABC에 내접하는 유일한 빛 삼각형이라는 것은 이제 명확하다.

앞선 논의로 우리는 슈바르츠 정리에 대한 완전한 증명을 제시했다고 생각할 수 있지만, 그렇지 않다. 우리는 *슈바르츠 문제의 해답이 존재한다면 이는 수심 삼각형이어야 한다*는 것만 증명했다. *그러나 해답이 존재하는지 여부는 분명하지 않다.* 이것은 사소한 문제처럼 보일 수 있지만, 사실 우리는 증명에 매우 철저해야 한다. 이 필요성을 확신시키기 위해, 피터 윔지 경의 입장에 서 보자. 윔지가 한 남자의 시체를 발견했는데 열일곱 명의 살인 용의자가 있다고 가정해 보자. 게다가 그는 용의자 외에는 다른 누구도 살인자가 될 수 없다는 것을 완전히 확신한다. 모든 증거를 수집하고 알리바이를 확인하여, 그는 용의자의 수를 하나씩 줄여 나갔고 결국 단 한 명만 남았다: 집사이다. 따라서 집사가 살인자이다! 하지만 잠깐만. 피터는 매우 신중하다. 증거를 다시 한 번 확인함으로써, 그는 죽은 남자가 자살했다는 것을 의심의 여지 없이 증명해낸다; 따라서 살인자는 없다. 요점은, 범죄 사건에서 명확하고 고유하게 결정된 용의자를 찾는 것만으로는 충분하지 않다는 것이다; 이 사건이 살인 사건이라는 것도 증명해야 한다.

카를 바이어슈트라스 (1815–1897).

같은 원칙이 우리의 수학 문제에도 적용된다. 수심 삼각형은 슈바르츠 문제의 유일한 해답 후보이지만, 해답이 존재한다는 것도 증명해야 한다. 완전한 증명을 했다고 생각하는 함정에 빠지면 당황할 수 있지만, 리만을 포함하는 가장 위대한 수학자들도 같은 실수를 저질렀다. 1869년에 베를린 대학교의 교수였던 카를 바이어슈트라스만이 놀라운 예를 들어 그의 동료들에게 최소 문제를 해결하려면 가능한 모든 후보를 추적할 뿐만 아니라 문제에 최소한 하나의 해답이 존재한다는 것도 증명해야 한다는 것을 설득시켰다.

피터 윔지 경의 이야기가 모든 의심을 지우지 못했다면, 또 다른 예를 들어보겠다. 우리는 1이 모든 자연수 $1, 2, 3, 4, 5, \ldots$ 중에서 가장 작은 수라는 것을 알고 있다. 이제 가장 큰 자연수가 존재한다고 가정하고, 1이 가장 큰 자연수라는 것을 *증명*하려고 한다. 이를 위해, 1*과 다른* 임의의 자연수 n을 택한다. 그러면 n은 n^2보다 작으며, n^2도 자연수이다. 따라서 n은 가장 큰 자연수가 될 수 없고, 1이 유일하게 남은 가능성이므로 모든 수 $1, 2, 3, \ldots$ 중에서 가장 큰 수가 되어야 한다. 이 논증의 명백한 실수는 우리가 가장 큰 자연수의 존재를 가정했다는 것이다.

바이어슈트라스의 비판 이후, 수학자들은 *변분법*에서 *직접 방법*으로

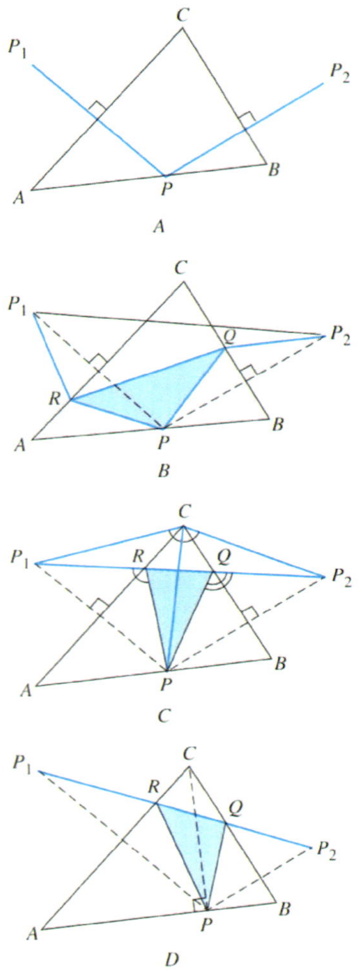

슈바르츠 문제의 해의 존재에 대한 기초 증명.

A. 변 AB 위의 임의의 점 P를 삼각형 ABC의 다른 두 변 AC와 BC에 비추기.

B. 임의의 내접삼각형 PQR의 둘레는 일반적으로 거리 $\overline{P_1P_2}$보다 크다.

C. 변 AB 위의 어떤 점 P에서 두 거울 상 P_1과 P_2 사이의 거리 P_1P_2가 가장 작을까?

D. 거리 $\overline{P_1P_2}$는 P가 C에서 변 AB로 내린 수선의 발일 때 가장 작다.

알려진 일종의 추론을 개발했다. 이 방법은 종종 주어진 최소화 또는 최대화 문제에서 해의 존재를 증명할 수 있게 해준다. 다행히도 슈바르츠 문제의 경우, 기본 기하학적 논증으로 해의 존재를 증명하는 것이 비교적 쉽다.

이를 위해, 왼쪽 그림에서와 같이 변 AB 위의 임의의 점 P를 선택하고, 이를 변 AC와 BC에 비추자. P의 대응하는 각각의 거울 상을 P_1과 P_2로 놓자. 다음으로, 각각 변 AC와 BC에 있는 두 개의 다른 점 R과 Q를 선택하고, 내접삼각형 PQR을 생각하자. 그 둘레는 꺾은선 P_1RQP_2의 총 길이 L과 같다. 즉,

$$L = \overline{P_1R} + \overline{RQ} + \overline{QP_2} = \overline{PR} + \overline{RQ} + \overline{QR}$$

이다. AB에 놓인 P를 고정하면, 이 길이 L은 Q와 R이 P_1과 P_2를 지나는 직선 위에 있을 때 가장 작아질 것이다; 따라서 L의 가장 작은 값은 두 점 P_1과 P_2 사이의 거리인 $\overline{P_1P_2}$와 같다.

따라서 슈바르츠 문제는 거리 $\overline{P_1P_2}$가 최소인 점 P의 위치가 변 AB에 존재하는지 여부로 축소된다. 우리는 이 거리가 C에서 변 AB로 내린 수선의 발에 P가 위치할 때 가장 작다고 주장한다. 먼저, 삼각형 P_1CP_2가 이등변 삼각형이라는 것에 주목하자. 왜냐하면 C가 세 점 P, P_1, P_2에서 같은 거리에 있기 때문이다; 즉, $\overline{P_1C} = \overline{PC} = \overline{P_2C}$이다. 또한 이 이등변 삼각형 P_1CP_2에서 각 C의 크기가 P가 변 AB에서 어떤 위치에 있든 독립적이다(그것은 삼각형 ABC에서 각 C의 크기의 두 배이다). 길이가 같은 두 변의 사잇각의 크기가 고정된 이등변 삼각형은 길이가 같은 두 변의 길이가 최소일 때 밑변의 길이(이 경우 $\overline{P_1P_2}$)가 가장 작으며, 따라서 $\overline{PC}$가 최소일 때 가장 작다. 한 점에서 선까지의 가장 짧은 거리는 (나중에 확인하겠지만) 그 선에 내린 수선일 때의 거리이므로, P가 C에서 AB로 내린 수선의 발과 일치할 때 $\overline{CP}$가 최소인 것을 알 수 있다.

따라서 우리는 슈바르츠 문제에 해가 존재하며, 이 해가 삼각형 PQR에 의해 제공된다는 것을 증명했다. 여기서 P는 C에서 AB로 내린

수선의 발이고(그림 D 참조), Q와 R은 각각 선분 P_1P_2가 변 BC 그리고 AC와 교차하는 점이다. 수심 삼각형이 해가 될 수 있는 유일한 것이기 때문에, 처음에 주장한대로 *수심 삼각형이 슈바르츠 문제의 유일한 해*라는 것을 추론할 수 있다.

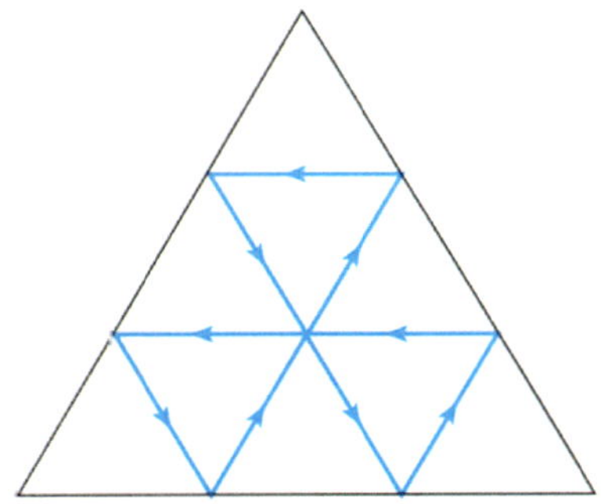

닫힌 빛 경로는 반드시 길이가 최소일 필요는 없다.

슈바르츠 문제에 대한 우리의 논의는, 오른쪽 그림이 보여주듯 빛 삼각형 외에도 다른 가능한 닫힌 빛 경로가 있음을 관찰하는 것으로써 마무리된다. 모든 경로는 반사의 법칙을 따른다. 이들은 삼각형 당구대에서 당구공의 닫힌 궤적에 해당한다. 슈바르츠 삼각형은 세 개의 선분으로만 구성된 유일한 닫힌 빛의 경로이다.

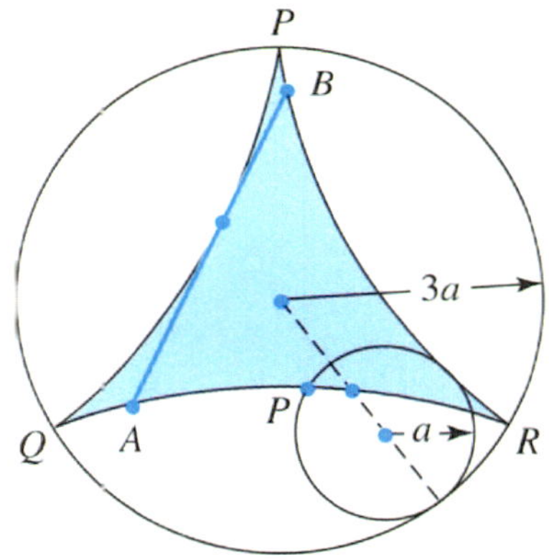

안굴렁쇠선과 바늘.

우리가 본 것처럼, 주어진 수학 문제에 해가 실제로 존재한다는 것을 증명하는 것이 필수적이다. 아직 모든 *합리적인* 수학적 질문에는 해가 있어야 한다고 생각할 수도 있다. 여기 그렇지 않다는 것을 증명하는 예가 있다.

1917년에 일본 수학자 카케야는 다음과 같은 문제를 제안했다:

> 내부에서 길이 1의 선분이 180° 회전할 수 있는, 즉 연속적인 움직임으로 완전히 방향을 바꿀 수 있는 최소 넓이의 평면 도형을 찾으라. (평평한 용기 안에서 반대 방향으로 돌려지는 아주 얇은 바늘을 생각할 수 있다.)

일반적인 *느낌*은 카케야의 문제에 해가 있어야 한다는 것이었다. 한동안 $\pi/8$ 넓이의 안굴렁쇠선이 원하는 도형으로 여겨졌다(오른쪽 그림 참조). 그러나 1927년에 베시코비치가 다음과 같은 놀라운 결과를 발표했다:

> 길이 1의 선분이 완전히 회전할 수 있는 임의로 작은 넓이의 도형이 존재한다. 따라서 바늘이 회전할 수 있는 최소 넓이의 도형을 찾을 수 없다. 그러므로 카케야의 문제는 해결책이 없다—이는 이 질문을 처음 접하는 사람에게는 완전한 놀라움이다.

야코프 슈타이너 (1796–1863).

슈타이너 문제

또 다른 아름다운 최소 문제의 예를 생각해 보자. 이 문제는 기본 기하학과 최소 원리를 결합하여 해결할 수 있다. 이 문제는 베를린 대학교의 교수인 야코프 슈타이너에 의해 고안되었지만, 이미 1646년에 프랑스 수학자 피에르 드 페르마에 의해 제기되었다. 이 문제를 처음 해결한 사람은 아마도 1646년 갈릴레오의 마지막 제자였던 에반젤리스타 토리첼리일 것이다. 그는 대기압과 유압에 대한 연구로 잘 알려져 있다. 이 문제에 데한 유사한 연구는 보나벤투라 카발리에리(1647)와 빈첸초 비비아니(1659)에 의해 수행되었다. 후자는 아폴로니오스의 *원뿔 곡선* 제5권을 재구성했는데, 이 책에서 고대 저자는 원뿔 곡선과 관련된 최대 및 최소 문제를 다루었다. 이 책 부록으로 비비아니는 (*페르마 문제*라는 명칭이 더 적절해 보이는) *슈타이너 문제*로 알려진 문제에 대한 그의 결과를 발표했다[2]

슈타이너 문제에서는 세 도시 A, B, C를 도로 체계로 연결해야 한다. 장애물이 없다고 가정하고, 도로를 원하는 대로 건설할 수 있으며, 도시 주변 지역이 평평하다고 가정한다. 문제는 도시들을 연결하는 총 길이가 가능한 한 최소인 체계를 찾는 것이다. 이를 수학적으로 다음과 같이 표현할 수 있다. 평면에 놓인 세 점 A, B, C에 대하여, 점 P와 P를 A, B, C와 연결하는 경로를 찾되, 이 경로의 총 길이가 최소가 되어야 한다. 두 점 사이의 가장 짧은 연결은 선분이므로, 이 경로는 선분들이어야 한다. 우리는 A, B, C의 최소 연결의 이러한 마디점 P를 *페르마 점*이라고 부른다.

우리는 페르마 점의 특징을 찾아서 그러한 점이 최대 한 개만 존재할 수 있다는 것을 보여주고자 한다.[3] 이를 위해 세 다른 점 A, B, C를

에반젤리스타 토리첼리 (1608–1647). 1644년에 그의 주요 저서인 *기하학 논문집*(*Opera Geometrica*)이 출판되었으며, 이 책에서 그는 미분적분학 이전의 아르키메데스와 카발리에리의 발상을 사용했다.

---

2 그 이전에는 이 유명한 책의 첫 네 권만이 알려져 있었고, 따라서 비비아니는 다른 고대 문헌에 포함된 일부 정보만을 기반으로 재구성을 시도했다. 얼마 지나지 않아, 피렌체의 메디치 도서관에서 아폴로니우스의 첫 일곱 권의 아랍어 번역본이 발견되었고, 라틴어 번역본은 1661년에 출판되었다. 동시대인들은 비비아니가 원본에 얼마나 가까운지 보고 놀랐다. 참고로, 여덟 번째 책은 영원히 사라진 것으로 보인다.

3 다음 수학적 논의는 다소 기술적이지만, 기본 기하학적 추론만을 사용한다. 이는 독자에게 수학자들이 어떻게 논증하는지 보여줄 수 있는 매우 드문 사례 중 하나

생각하고, P가 A, B, C에 대한 페르마 점이라고 가정한다. 만약 A, B, C가 한 직선 위에 놓여 있고, 예를 들어 B가 A와 C 사이에 놓여 있다면, 분명히 P는 B와 일치해야 한다. 따라서 이제 A, B, C가 실제 삼각형 Δ를 만드는 경우에 집중할 수 있다. A, B, C에서의 각도를 각각 α, β, γ라고 놓자. 그러면 페르마 점 P는 다음과 같이 특징 지어진다.

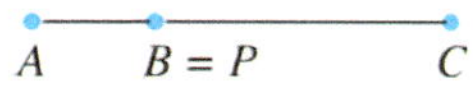

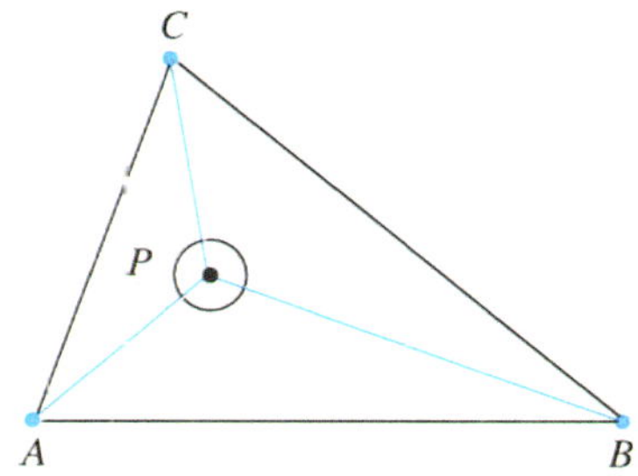

> 만약 삼각형의 모든 각도가 120°보다 작다면, P는 삼각형 내부 점 중에서 모든 변을 정확히 120°의 각도로 보는 것으로 유일하게 결정된 점이다. 즉, P는 $\angle APC = \angle CPB = \angle BPA = 120°$라는 조건에 따라 결정된다. 그러나 삼각형의 각도 중 하나, 예를 들어 C에서의 각도가 적어도 120°라면, 페르마 점은 C와 일치해야 한다.

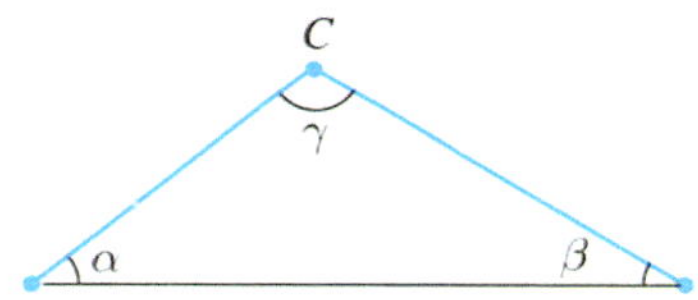

이 주장을 증명하기 위해, 임의의 페르마 점을 생각하고 다음 두 가지 가능성을 구분한다:

경우 (i): P가 꼭짓점 A, B, C 중 하나와 일치하는 경우

경우 (ii): P가 A, B, C와 다른 경우

경우 (i)에서, 페르마 점 P는 각도가 가장 큰 꼭짓점, 예를 들어 C와 일치해야 한다. 왜냐하면 이 경우 $\overline{AC} + \overline{BC}$는 $\overline{AB} + \overline{AC}$와 $\overline{AB} + \overline{BC}$보다 작기 때문이다.

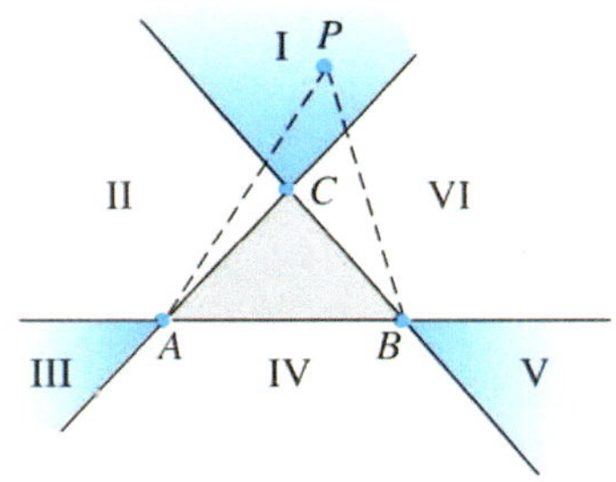

A

경우 (ii)에서, P는 삼각형 내부 또는 한 변 위에 있어야 한다. 그렇지 않다면, 합 $\overline{AQ} + \overline{BQ} + \overline{CQ}$이 $\overline{AP} + \overline{BP} + \overline{CP}$보다 작은, Δ의 경계점 Q를 찾을 수 있는데, 이는 페르마 점 P의 최소 특성에 모순된다.

점 P가 변 AB 위에 있지 않다고 가정하고, 중심이 P이고 반지름 길이가 $\overline{PC}$인 원 Γ와 초점이 A와 B이고 P를 지나는 것으로 유일하게 결정되는 타원 E를 생각하자. 점 A와 B가 Γ의 외부에 있다면, E는 P에서 Γ와 접해야 한다. 그렇지 않으면 $\overline{AR} + \overline{BR} + \overline{CR}$이 $\overline{AP} + \overline{BF} + \overline{CP}$보다 작은, E 위에 Γ 내부에 있는 점 R을 찾을 수 있는데, 이는 P의

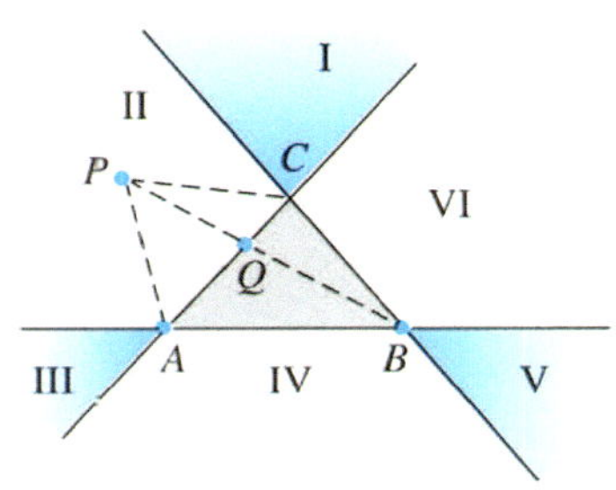

B

이다. (97쪽과 100쪽에 설명되는) 최종 결과를 제외하고 세부 사항에 관심이 없는 독자는 이 하위 절을 건너뛰어야 한다.

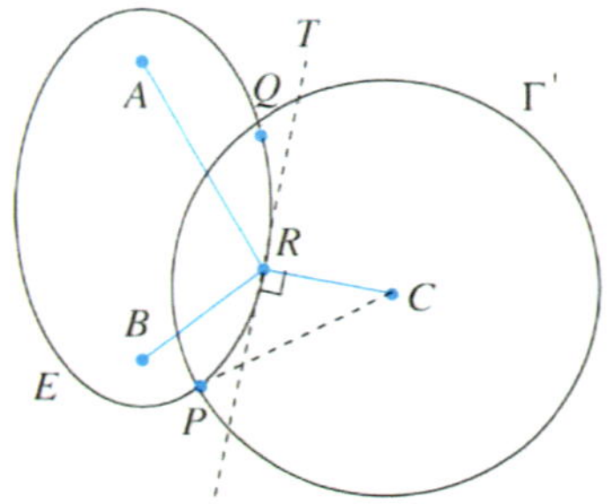

타원 E는 원 Γ와 최소 두 점에서 교차할 수 없다. 그렇지 않으면 E 위에 점 R이 존재하여 $\overline{PC}$가 $\overline{RC}$보다 크면서도 $\overline{AP}+\overline{BP}=\overline{AR}+\overline{BR}$이 성립하게 된다.

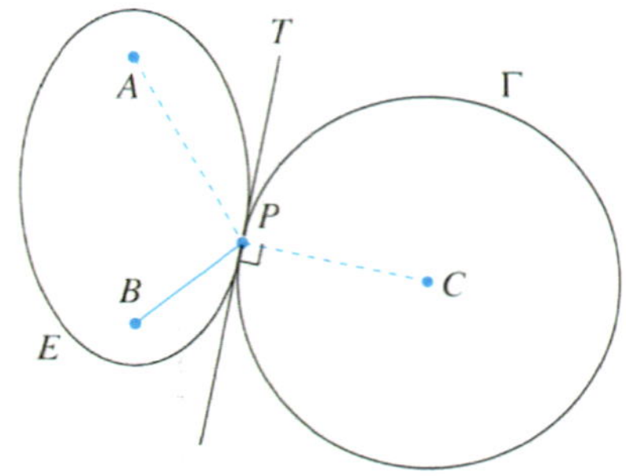

타원 E는 원 Γ와 P에서 접해야 한다. 따라서 PC는 P에서 E에 직교하며, 반사 원리에 따라 $\angle BPC = \angle APC$이다.

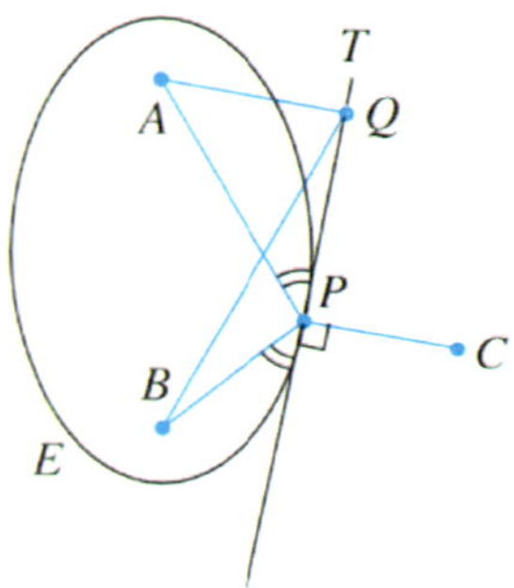

최소 특성에 모순이다. 점 P에서 E와 Γ의 공통 접선을 T로 놓자. 그러면 E는 T의 동일한 쪽에 A와 B와 함께 완전히 놓이게 된다. 또한, 접선 T 위의 모든 점 Q에 대해 Q가 P와 다르면 $\overline{AQ}+\overline{BQ}$는 $\overline{AP}+\overline{BP}$보다 크다. 다시 말해, 꺾은선 APB는 A와 B로부터 T까지의 거리 합을 최소화한다. 제2장에서의 반사 법칙에 따르면, 빛 AP와 BP는 T와 동일한 각도로 만난다. 선분 PC가 P에서 직선 T에 직교하므로, $\angle APC = \angle BPC$이다.

이 결과를 사용하여 먼저 P가 삼각형 Δ의 변에 있을 수 없다는 것을 보이자. 실제로, P가 변 AC 위에서 A와 C 사이의 있다면, 이것은 변 AB에 있을 수 없다. 따라서 위의 결과를 적용하여 $\angle APC = \angle BPC$라고 결론지을 수 있다. $\angle APC = 180°$이므로, $\angle BPC = 180°$이다. 그러나 이는 사실이 아니다. 왜냐하면 B가 A와 C를 지나는 직선 위에 있지 않기 때문에 $\angle BPC$는 $180°$보다 작다. 유사하게, P가 Δ의 다른 두 변 중 어느 한 변 위에도 있을 수 없다는 것을 증명할 수 있다. 따라서 페르마 점 P는 삼각형 Δ의 내부에 위치한다는 결론에 도달한다.

우리는 이미 $\angle APC = \angle BPC$라는 것을 보았으며, 유사하게 $\angle BPC = \angle APB$라는 것을 알 수 있다. 즉, P에서의 세 각도가 모두 같으며, 이들 각도의 합이 $360°$이므로 각 각도는 $120°$이다. 이것이 페르마 점

P에 대한 *카발리에리 특성*이다. 또한, 타원 E가 포함된 그림을 다시 살펴보면, PC를 지나는 직선이 각도가 $120°$인 각 $\angle APB$의 이등분선이라는 것을 알 수 있다. 즉, 이 각을 각도가 $60°$인 두 개의 각으로 이등분한다.

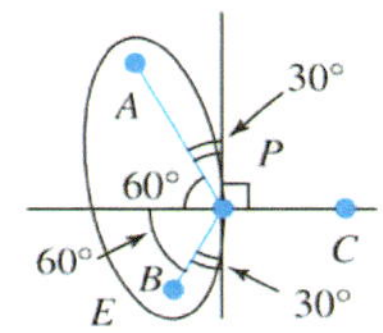

(ii)의 경우에 대해 페르마 점 P의 *토리첼리 특성*을 구하기 위해, 탈레스의 정리에 대한 다음과 같은 일반화를 상기해 보자: 중심이 M인 원 K 위의 두 점 A와 B가 K를 두 개의 부분호 Γ와 Γ'로 나누는 경우를 생각한다. 중심 M에서 Γ와 Γ'가 보이는 두 각의 크기를 각각 φ와 ψ로 놓으면, $\varphi + \psi = 360°$이다. 마지막으로, Q와 R이 각각 Γ와 Γ' 위의 점이고, $\delta = \angle AQB$, $\epsilon = \angle ARB$로 놓자. 그러면 $\psi = 2\delta$, $\varphi = 2\varepsilon$이며, 따라서 $\delta + \epsilon = 180°$이다. 이는 Γ가 $\psi/2$-호라는 즉, 변 AB와 Γ 위에 있는 반대쪽 꼭짓점 Q에 대한 모든 삼각형 ABQ는 Q에서의 각도가 중심각 ψ의 절반인 δ라는 것을 의미한다. 유사하게 Γ'는 $\varphi/2$-흐이다. (독자는 삼각형 AMQ, BMQ, AMR, BMR이 이등변삼각형인 것과 이등변삼각형에서 세 각 중 두 각의 크기가 일치하는 것에 주목하여 이 정리를 증명할 수 있다.)

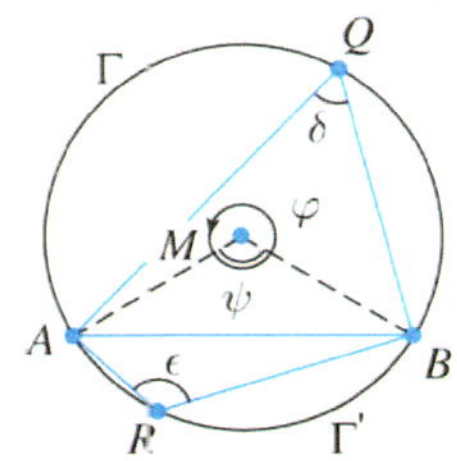

이제 이 결과를 삼각형 $\Delta = ABC$의 변 AB와 Δ의 페르마 점 P에 적용해 본다. 점 A, B, P를 지나고 중심이 M인 원을 K로 놓는다. 카발리에리 특성을 고려하면, P가 현 AB에 대한 $120°$-호 Γ에 놓여 있다는 것을 알 수 있다.

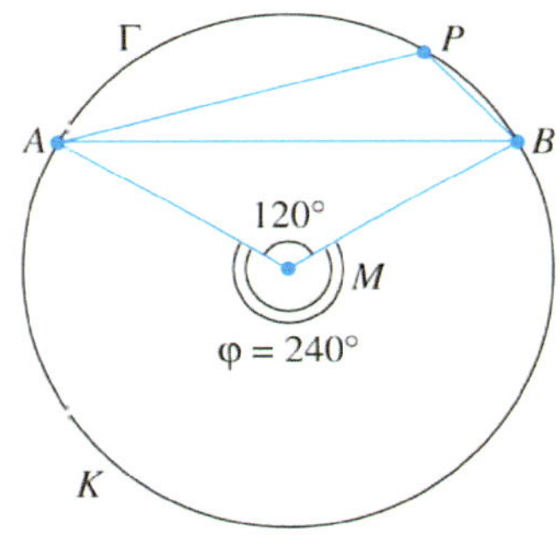

우리는 P를 *사용하지 않고* 두 점 A와 B만으로 K를 구성할 수 있다. 변 AB에 대해 $\overline{AM} = \overline{BM}$ 그리고 $\angle AMB = 120°$인 점 M을 꼭짓점 C의 반대편에서 선택하여, 삼각형 ABM이 밑변이 AB인 이등변삼각형이 되도록 한다. 그러면 K는 중심이 M이고 반지름 길이가 $AM = BM$인 원이다(크기가 $120°$인 각의 보각의 크기가 $\varphi = 360° - 120° = 240°$이고 $\varphi/2 = 120°$이므로, M의 반대편에 있는 K의 호 Γ는 끝점이 A와 B인 $120°$-호이다). 우리는 이렇게 구성된 K를 삼각형 Δ에 대한 변 AB의 *토리첼리 원*이라고 부른다. 마찬가지로, 우리는 Δ의 다른 두 변 BC와 AC의 토리첼리 원을 결정하고, 이들을 각각 K'와 K''로

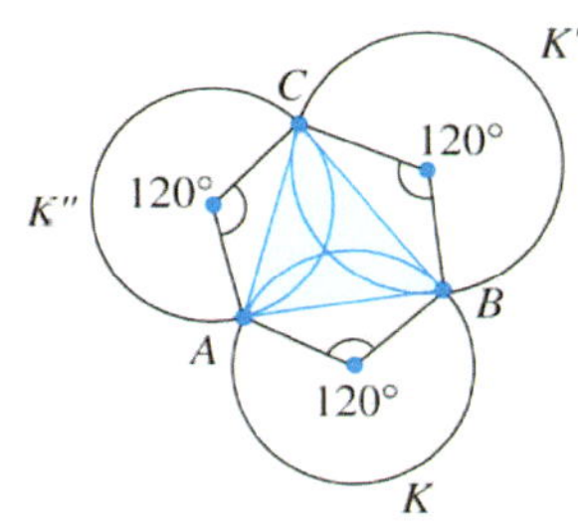

삼각형 ABC의 토리첼리 원과 토리첼리 점 P_0.

표시한다. 다른 기본적인 기하학적 추론에 따라 삼각형의 세 토리첼리 원의 공통의 교점 P_0이 항상 존재한다는 것을 증명할 수 있다. 이 점은 소위 *토리첼리 점*이라고 불린다. 이 점 P_0은 삼각형 Δ에 따라 유일하게 결정된다. Δ의 모든 각이 120° 미만이면 P_0은 Δ의 내부에 위치하며, 각 중 하나가 120°보다 크면 P_0은 Δ의 외부에 위치한다. 그러나 각 중 하나, 예를 들어 γ가 정확히 120°이면 P_0은 해당 꼭짓점 C와 일치한다. 마지막으로, P_0이 Δ의 내부에 위치하면, 이전의 추론에 따라 이것은 $\angle AP_0C = \angle AP_0B = \angle BP_0C = 120°$인 Δ 내부의 유일한 점이다.

결과를 요약하면, 모든 각의 크기가 120° 미만인 삼각형 $\Delta = ABC$에 대해, Δ의 내부에 최대 하나의 페르마 점 P가 존재할 수 있으며, 존재한다면 고유하게 결정된 토리첼리 점 P_0와 일치해야 한다. 또한, 모든 각의 크기가 120° 미만인 것을 사전에 알지 못하지만 Δ 내부에 페르마 점 P가 존재한다는 것을 알고 있다면, 모든 각의 크기가 120° 미만이며 $P = P_0$는 토리첼리 점이다.

그러나 페르마 점이 존재한다는 것—즉 최소 문제의 해가 있다는 것—은 분명하지 않으며, 따라서 (모든 각의 크기가 120° 미만인) 삼각형의 토리첼리 점이 페르마 점이라고 아직 말할 수 없다. 현재까지 알 수 있는 것은 페르마 점 P는 유일한 토리첼리 점과 일치해야 하기 때문에 삼각형 Δ 내부에 하나보다 많은 페르마 점이 존재할 수는 없다는 것이다. 또한, 삼각형의 외부나 변 위의 점 (꼭짓점 A, B, C 제외)이 페르마 점이 될 수 없다는 것을 보았다. 따라서 삼각형 내부에 페르마 점 P가 존재할 가능성이 있으며, 이는 토리첼리 점 P_0과 일치하며, 삼각형 경계에 적어도 하나의 추가 페르마 점이 존재할 수 있으며, 이는 꼭짓점 A와 일치할 수 있다. 그러나 이는 가능하지 않다는 것을 보이겠다. 실제로, 삼각형 내부에 페르마 점 P가 있다면, 이는 삼각형의 토리첼리 점 P_0여야 하며, 모든 각이 120° 미만이어야 한다. $a = \overline{AP}$, $b = \overline{BP}$, $c = \overline{CP}$로 설정하자. A가 두 번째 페르마 점이 될 수 없다는 것을 보이기 위해, $a + b + c$가 $\overline{AB} + \overline{AC}$보다 작다는 것을 증명하겠다. 이를 위해, 먼저 BP와 CP를 각각 지나는

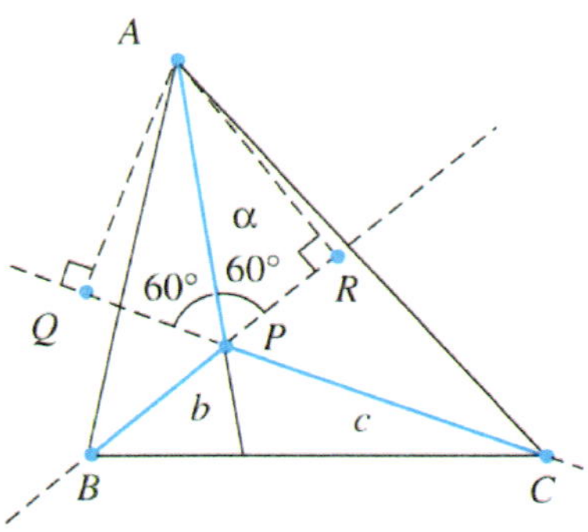

직선을 그리고, A에서 이 직선들에 수선을 내려 R과 Q에 발을 둔다. $\angle APQ = \angle APR = 60°$라는 것을 알 수 있는데, 이는 (앞서 본 것처럼) BP와 CP를 지나는 직선이 120° 각 $\angle APC$와 $\angle APB$를 이등분하기 때문이다. 따라서 $\overline{PQ} = \overline{PR} = a\cos 60°$이고, 60°의 코사인은 1/2이다. 따라서 $\overline{PQ} = \overline{PR} = a/2$, 그러므로 $\overline{QC} = a/2 + c$, $\overline{BR} = b + a/2$이다. 또한, 피타고라스 정리에 따라 $\overline{AC}$는 $\overline{QC}$보다 크고, $\overline{AB}$는 $\overline{BR}$보다 크다. 따라서 $\overline{AB} + \overline{AC}$는 $(a/2 + c) + (b + a/2) = a + b + c$보다 크다. 그러므로 삼각형 내부에 페르마 점이 있다면, 꼭짓점 A는 페르마 점이 될 수 없다.

우리는 다음과 같은 결론에 도달했다: 페르마 점 P가 존재한다고 가정하자. 그러면 두 가지 가능성만 있다:

(1) 모든 페르마 점이 삼각형 Δ 내부에 있다. 이 경우 유일한 페르마 점이 존재하는데 이 점은 토리첼리 점 P_0이며, Δ의 모든 각의 크기가 120° 미만이다.

(2) 모든 페르마 점이 삼각형 Δ의 꼭짓점이다.

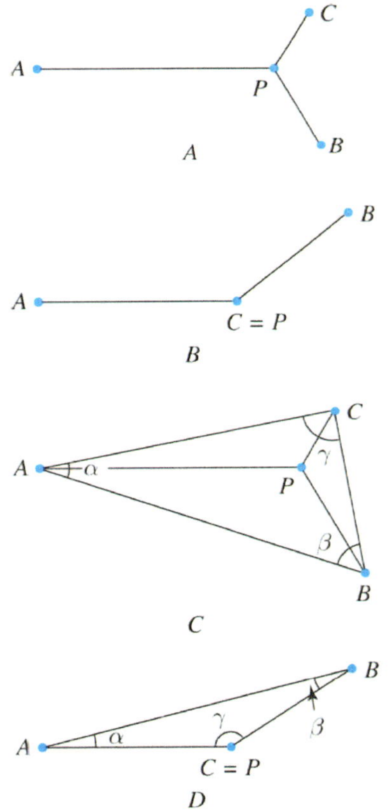

세 점을 연결하는 최소 길이의 경로.
경우 a: 삼각형 Δ = ABC의 모든 각의 크기가 120°보다 작다.
경우 b: 각 C의 크기가 적어도 120°이다.

(2)의 경우에서는 원칙적으로 하나, 둘, 또는 셋의 페르마 점이 있을 수 있지만, 실제로는 하나의 점만 존재한다는 것을 증명할 수 있다. (2)의 경우에서는 삼각형의 각 중 하나가 최소 120°여야 하며, 해당 꼭짓점이 유일한 페르마 점이라는 것을 증명할 수 있다.

따라서 다음과 같은 만족스러운 결과가 구해진다:

(i) 모든 삼각형 $\Delta = ABC$에 대해 최대 하나의 페르마 점이 존재한다.

(ii) 페르마 점 P가 존재하면, 삼각형의 모든 각의 크기가 120° 미만인 경우 페르마 점은 삼각형의 토리첼리 점 P_0과 일치해야 하며, 그렇지 않으면 P는 가장 큰 각의 꼭짓점과 일치해야 한다.

주어진 삼각형에 항상 페르마 점이 존재하는지 또는 그렇지 않은지는 아직 알 수 없다. 현대 수학의 도움으로 이러한 점의 존재를 증명하는 것은 비교적 쉽지만, 불행하게도 이 책에서는 *추상적인* 존재 증명을

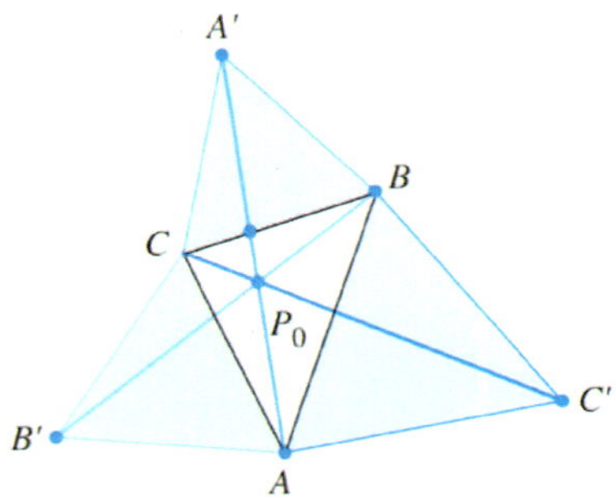

제공할 수 없다. 나중에 삼각형의 모든 각의 크기가 120° 미만인 경우에 직접적으로 존재를 증명하는 논증을 제공할 것이다. 페르마 점의 존재를 당연한 것으로 받아들인다면, 슈타이너 문제에 대한 결론적인 결과를 다음과 같이 제시할 수 있다:

> 모든 삼각형 $\Delta = ABC$에는 평면의 모든 점 Q 중에서 거리 합 $\overline{AQ} + \overline{BQ} + \overline{CQ}$를 최소화하는 정확히 하나의 페르마 점 P가 존재하며, 이는 삼각형의 모든 각의 크기가 120°보다 작은지 여부에 따라 토리첼리 점 P_0이거나 가장 큰 각의 꼭짓점이다.

이제 비비아니(1659)가 발견하고 토마스 심슨(1750)이 재발견한 삼각형 $\Delta = ABC$의 토리첼리 점 P_0의 우아한 구성을 추가하고자 한다. 모든 각의 크기가 120°보다 작은 경우만 고려하여 P_0이 삼각형 Δ의 내부에 놓이도록 한다. 먼저, 변 BC, AB, CA 위에 외부를 향하는 세 개의 정삼각형 $A'BC$, $C'AB$, $B'CA$를 구성한다. 그러면 비비아니에 따르면, *(현재의 경우 페르마 점 P와 일치하는) 토리첼리 점 P_0은 세 선분 AA', BB', CC'의 공통 교점이다.* 이 결과를 증명하기 위해, 예를 들어 P_0이 선분 CC' 위에 있다는 것을 보여주는 것으로 충분하며, 유사하게 P_0이 AA'와 BB' 위에 있다는 것을 증명할 수 있다. 버크너의 놀라운 운동학적 추론을 사용하여 진행한다.[1] 삼각형 Δ 내의 음영이 있는 삼각형 ABP_0을 B를 중심으로 외부로 60° 회전시킨다. 그러면 P_0은 점 P_0^*로 이동하고, A는 점 C'로 이동하며, $\angle BP_0^*C'$는 120°를 유지한다. 삼각형 $BP_0P_0^*$를 살펴보면, (회전으로 인해) $\angle P_0BP_0^* = 60°$이고 이등변 삼각형이다; 따라서 이는 정삼각형이어야 하며, $BP_0P_0^*$의 모든 각의 크기가 60°이다. 그러면 꺾은선 $CP_0P_0^*C'$가 사실 선분인 것을 알 수 있다. 마지막으로, $\overline{AB} = \overline{C'B}$이기 때문에 삼각형 BAC'도 이등변삼각형이다. $\angle ABC' = 60°$이므로, 삼각형 BAC'는 사실 정삼각형이다. 따라서 C'는 비비아니의 구성에서 앞에서 설명된 점이며, 이로부터 토리첼리 점 P_0이 생성되는 것이 확인된다.

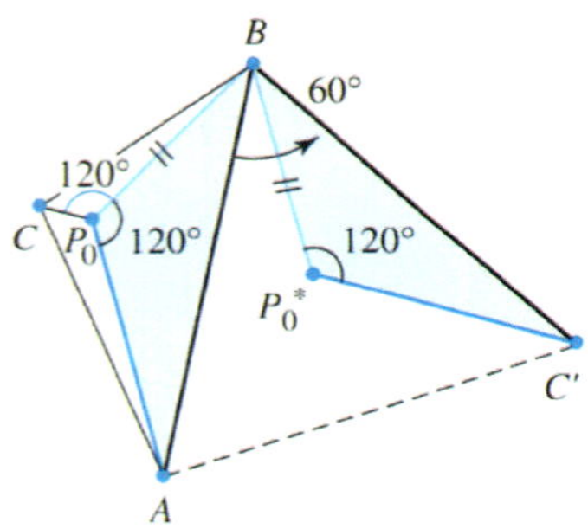

버크너의 증명.

1: 라데마허와 퇴플리츠가 쓴 *숫자와 도형에 관하여* 두 번째 판(1933)에 나오는 이 증명은 아마도 1930년 이전에 발견된 것으로 보인다. 관련된 추론은 T. E. 호프만에 의해 1929년에 제시되었다.

이 구성의 보상으로, $\overline{AP_0} + \overline{BP_0} + \overline{CP_0}$는 거리 $\overline{CC'}$와 일치한다는 것을 알 수 있다. 왜냐하면, 앞서 본 것처럼 $P_0BP_0^*$는 정삼각형이므로 $\overline{P_0P_0^*} = \overline{BP_0}$이기 때문이다. 동일한 사실이 $\overline{AA'}$와 $\overline{BB'}$에도 해당하며,

페르마 점 P가 토리첼리 점 P_0과 일치한다는 것을 생각하면, F. 하이넨의 정리(1834년)

$$\overline{AP} + \overline{BP} + \overline{CP} = \overline{AA'} = \overline{BB'} = \overline{CC'}$$

를 알 수 있다. 따라서 평면의 모든 점 Q 중에서 $\overline{AQ} + \overline{BQ} + \overline{CQ}$의 합의 최소값을 결정하는 쉬운 방법을 찾았다. 이는 단순한 기하학적 구성을 사용하고 계산을 필요로 하지 않는다.

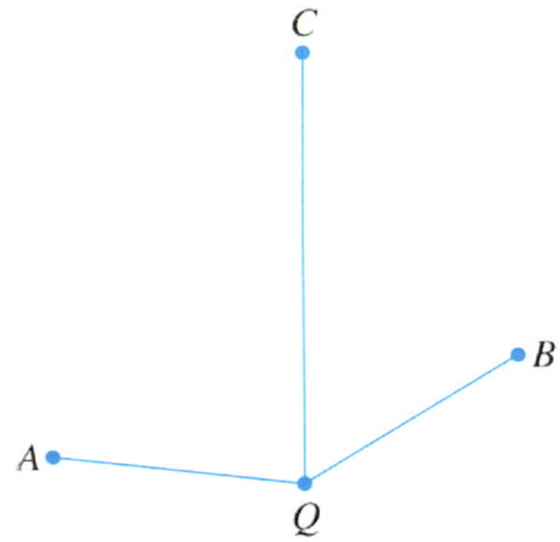

그러나 우리는 아직 페르마 점의 존재를 증명하지 않았다. 이제 매우 놀랍게도 *버크너의 추론을 사용하여 모든 각도가* 120° *보다 작은 삼각형에 대해 페르마 점 P의 존재를 증명할 수 있으며*, 동시에 (Δ 내부의) 페르마 점의 유일성을 증명할 수 있다. 이전의 긴 논의에 비추어 보면, 이는 더욱 놀라운 일이며, 문제를 처음 생각한 지 약 300년 후에 나온 새로운 발상이 얼마나 인상적인 성과를 거둘 수 있는지를 보여준다.

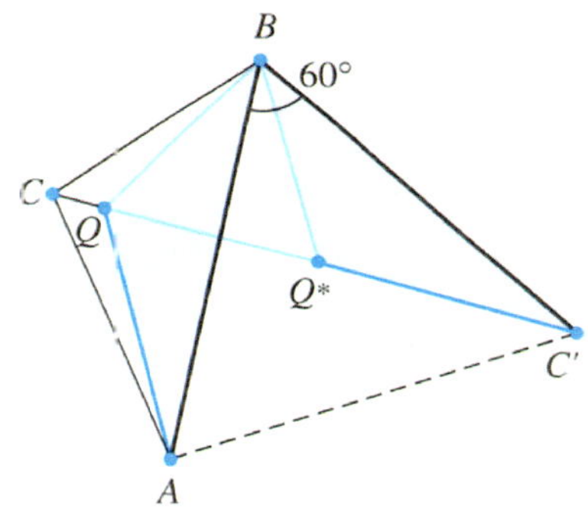

삼각형 $\Delta = ABC$ 내부에 놓인 임의의 점 Q를 선택하고 삼각형 AQB를 생각하자. 삼각형 AQB를 B를 중심으로 60° 회전시키면, Q는 Q^*로, A는 C'로 이동한다. 다시 한 번, 삼각형 QBQ^*와 ABC'가 정삼각형인 것을 주장할 수 있다. 따라서 C'는 이전과 동일한 점이며, Q의 선택에 종속되지 않는다. 또한, 그림으로부터 $\overline{CQ} + \overline{QQ^*} + \overline{Q^*C'} = \overline{AQ} + \overline{BQ} + \overline{CQ}$인 것을 알 수 있다. 분명히, $\overline{CQ} + \overline{QQ^*} + \overline{Q^*C'}$는 $\overline{CC'}$보다 크거나 같고, 꺾은선 CQQ^*C'가 선분 CC'와 일치하는 경우에만 $\overline{CC'}$와 같으며, 이 경우는 $\angle BQ^*C' = 120°$ 그리고 $\angle CQB = 120°$일 때, 즉 Q가 삼각형 Δ의 토리첼리 점 P_0일 때이다. 따라서 삼각형 Δ의 내부의 모든 Q에 대해 $\overline{AQ} + \overline{BQ} + \overline{CQ} \geq \overline{AP_0} + \overline{BP_0} + \overline{CP_0}$이며, Q가 P_0이면 그리고 이 경우에만 등식이 성립한다. 자세히 살펴보면, 엄격한 부등식은 삼각형 Δ의 경계의 모든 점에 대해서도 성립한다는 것을 알 수 있다. 또한, 이전에 Δ의 외부의 임의의 점 Q에 대해 $\overline{AQ'} + \overline{BQ'} + \overline{CQ'} < \overline{AQ} + \overline{BQ} + \overline{CQ}$인 Δ의 경계점 Q'가 존재한다는 것을 증명했다. 따라서 버크너의 추론에 따라 다음을 증명했다: 모든

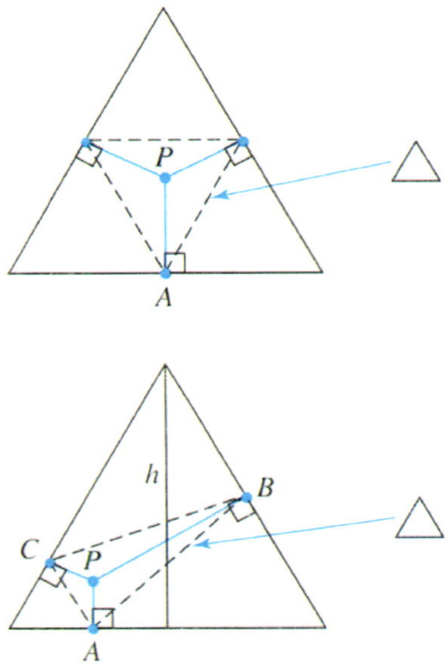

파스벤더의 결과.

각도가 120°보다 작은 삼각형의 경우 정확히 하나의 페르마 점 P가 존재하며, 이 점은 삼각형 Δ의 토리첼리 점 P_0이다.

위의 추론을 완성하여, *임의의 삼각형 Δ에 대해 정확히 하나의 페르마 점이 존재한다*는 것을 증명하는 것은 독자에게 맡기겠다.

1846년에 E. 파스벤더는 삼각형 $\Delta = ABC$의 페르마 점 P가 내부에 존재하는 경우 *최대* 원칙에 따라 특징지어질 수 있다는 것을 발견했다. 증명 없이 제시된 파스벤더의 결과는 다음과 같다:

> 고정된 삼각형 $\Delta = ABC$에 대해 모든 내부점 Q에 대한 거리 합 $\overline{AQ}+\overline{BQ}+\overline{CQ}$의 최솟값은 Δ를 외접하는 모든 정삼각형의 높이 h의 최댓값과 같다. P가 페르마 점인 경우, 이 최댓값은 $AP, BP,$ 그리고 CP가 각각 A, B, C를 통과하는 변에 직교하는 정삼각형에 대해 가정된다 (그림 참조).

내부 페르마 점 P에 대해 120°의 동일한 각도가 P 주위의 연결선에 의해 형성되어야 한다는 것은 매우 흥미로운 사실이다. 나중에 비누막, 비눗방울 및 특정 재료의 균열을 다룰 때, 120° 각도가 반복적으로 나타날 것이다. 또한, 비누막을 *아날로그 컴퓨터*로 사용하여 슈타이너 문제와 바로 뒤에서 다룰 그 일반화에 대한 물리적 해를 구할 수 있다는 것을 볼 것이다.

일반화된 슈타이너 문제

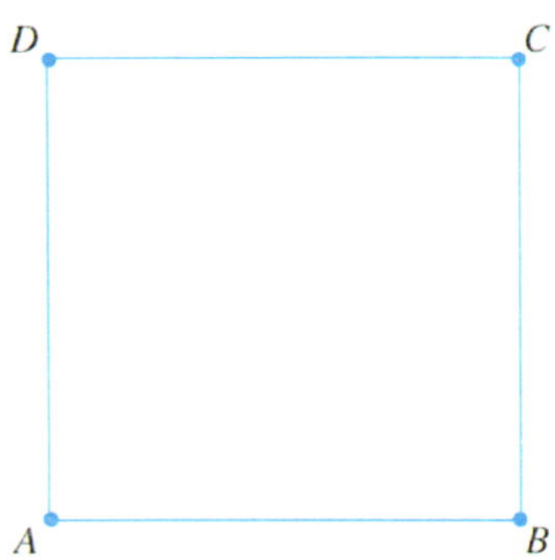

상당히 지성적이고 실용적인 관심을 끌 수 있는 슈타이너 문제의 더 일반적인 형태가 있다. 이러한 *일반화된 슈타이너 문제*에서는 평면에 주어진 여러 점을 가장 짧은 총 길이의 선 체계로 연결해야 한다. 예를 들어, 네 개의 정사각형의 꼭짓점 A, B, C, D를 *최소 경로 체계*로 연결하는 문제를 제기할 수 있다. 이 문제에는 정확히 두 가지 해가 존재하며(그림 참조), 적절한 회전으로 서로 변환할 수 있다. 따라서 세 점 A, B, C에 대한 슈타이너 문제와 달리 항상 정확히 하나의 해가 존재한다고 기대할 수는 없다. 많은 점의 경우, 최소 연결 체계를 찾는 문제의 해의 유일성은 일반적인 규칙이 아니라 운 좋은 예외이다.

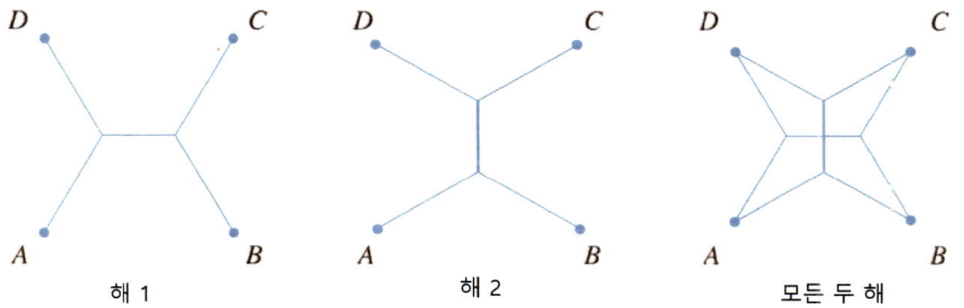

정사각형의 꼭짓점에 있는 네 개 점에 대한 일반화된 슈타이너 문제의 두 가지 해.

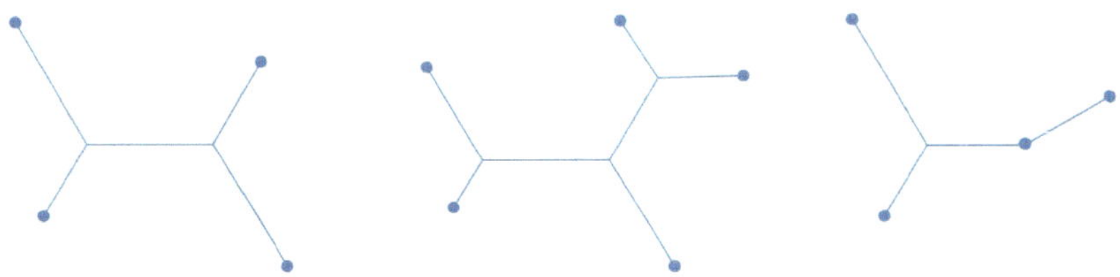

네 점의 가장 짧은 연결.

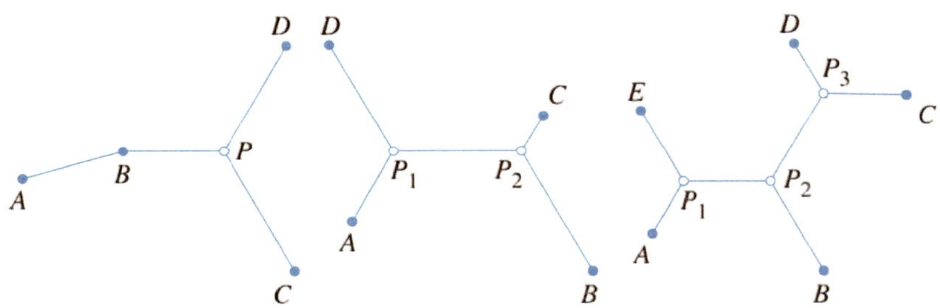

네 점과 다섯 점의 각각 가장 짧은 연결.

두 점이나 세 점의 경우에는 유일한 *가장 짧은 연결*을 말할 수 있지만, 4, 5, 6, ... 점의 경우 일반적으로 여러 개의 가장 짧은 연결이 존재할 수 있다. 따라서 점 집합 간의 *가장 짧은 연결*에 대해 이야기할 때 주의해야 한다.

이제 네 개 또는 다섯 개의 점을 일반 위치에 놓았을 때의 가장 짧은 연결을 살펴보자(그림 참조). 이러한 최소 연결은 앞서 다룬 일반화된 슈타이너 문제에서 발견된 두 가지 가능한 해의 조합처럼 보인다. 예를 들어, 네 개의 점 A, B, C, D의 경우, A, B, C, D의 가장 짧은 연결을 구성하기 위해 각각 하나 또는 두 개의 추가 점 P 또는 P_1, P_2를 추가했다. 그림 속의 다섯 개의 점 A, B, C, D, E의 경우, 최소 체계를

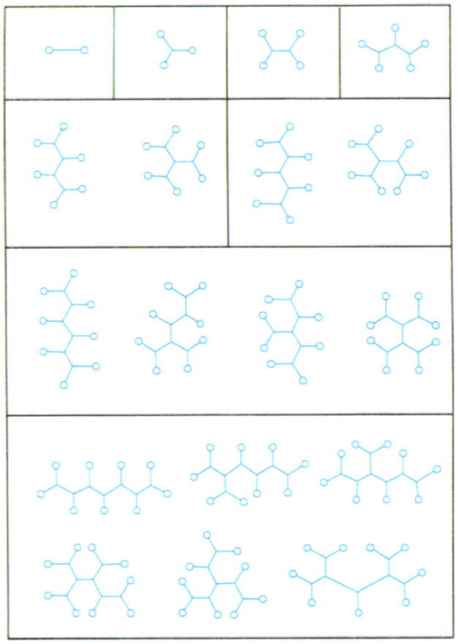

n개의 점 $A_1, \ldots, A_n$을 연결하고 최대 $k = n - 2$개의 보조점 $P_1, \ldots, P_k$를 포함하는 토리첼리 나무 ($n = 2, 3, \ldots, 9$).

구축하기 위해 세 개의 추가 점을 추가했다. 주어진 점 집합에 대해, 가장 짧은 경로 체계를 구성하기 위해 몇 개의 점 $P_1, P_2, \ldots$을 추가해야 하는지는 사전에 명확하지 않지만, n개의 주어진 점을 연결하는 최소 연결을 구축하기 위해서는 최대 $n-2$개의 추가 점이 필요하다는 것을 증명할 수 있다. 또한 최소 특성의 결과로, 주어진 점의 최소 연결에서 각 *추가점* $P_1, P_2, \ldots$에서 정확히 세 개의 선이 만나며, 각 쌍은 $120°$의 각을 형성한다. 다시 말해, 가장 짧은 연결 체계의 추가 점들은 일반화된 슈타이너 문제에서의 *토리첼리 점*처럼 행동한다.

주어진 평면의 n개의 점 $A_1, A_2, \ldots, A_n$에 대한 이 점들을 연결하는 선분 경로 체계 S에 대해, 다음과 같은 특성이 성립하면 S를 *이 점들을 연결하는 토리첼리 체계*라고 부른다:

(i) $A_1, \ldots, A_n$와 다른, S의 *마디점*이라 불리는 k개의 추가점 P_1, $P_2, \ldots, P_k$이 존재하며, 각 경로의 경계점은 마디점이거나 A_1, $\ldots, A_n$ 중 하나이다.

(ii) 각 마디점 P_j는 S의 토리첼리 점으로, P_j에서 정확히 세 개의 경로가 만나며, 이들 사이의 각도는 $120°$이다.

(iii) 각 점 $A_1, \ldots, A_n$에서 하나, 두 개 또는 세 개의 경로가 만난다. 또한, 만약 A_j에서 세 개의 경로가 만나면, 그것은 S의 토리첼리 점이어야 한다. 만약 정확히 두 개의 경로 l와 l'가 A_j에서 만나면, l와 l' 사이의 두 각도는 모두 $120°$ 이상이어야 한다.

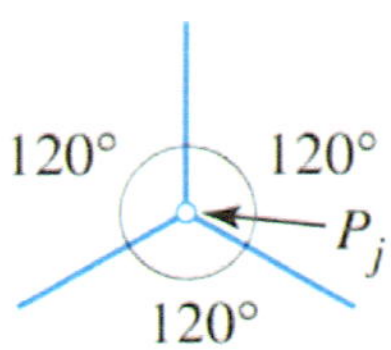

105쪽의 그림에서 동일한 31개의 점 $A_1, \ldots, A_{31}$을 연결하는 네 가지 다른 토리첼리 체계를 볼 수 있다. (점 $A_1, \ldots, A_{31}$은 안이 채워진 원으로 그려져 있고, 관련된 마디점 $Q_1, Q_2, \ldots$은 안이 빈 원으로 표시된다.) 각각 12, 13, 14, 15개의 마디점이 있다.

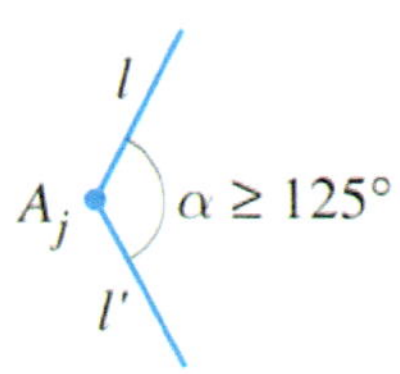

(몇 가지 더 명백한 논증과 함께) 위의 논의에서 점 $A_1, \ldots, A_n$의 각 최소 연결 체계가 $A_1, \ldots, A_n$을 연결하는 토리첼리 체계인 것을 보여준다. 그러나 다음 여섯 개의 그림을 조사하여 확인할 수 있는 것과 같이 각 토리첼리 체계가 반드시 최소 연결인 것을 보장하지는 않는다.

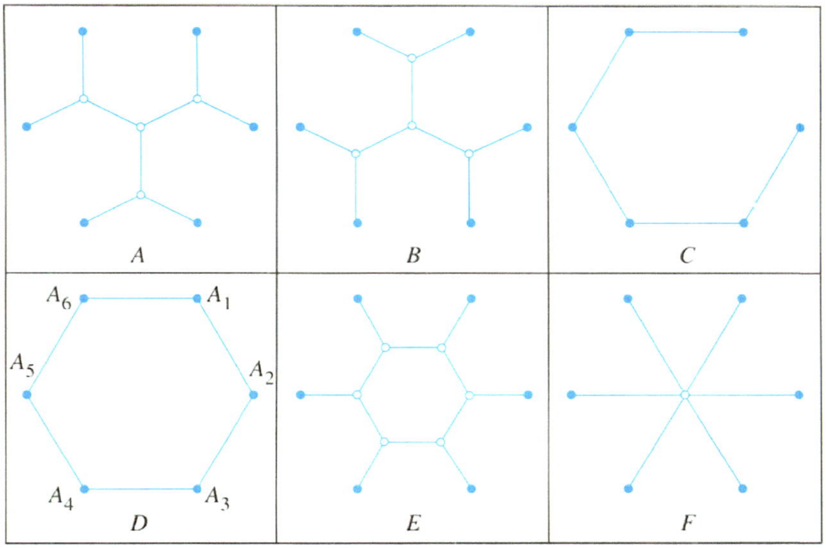

여기서 점 $A_1, \ldots, A_6$은 각 변의 길이가 1인 정육각형(이는 여섯 개의 합동 정삼각형으로 구성할 수 있으며, 명시적 계산에 유용하다)의 꼭짓점으로 선택된다. 체계 A, B, C, D, E는 모두 토리첼리 체계인 반면, F는 중앙 마디점에서 여섯 개의 선분이 만나기 때문에 토리첼리 체계가 아니다. 토리첼리 체계 C의 전체 길이는 5이며, 두 개의 합동 체계 A와 B의 전체 길이는 $3\sqrt{3}$로, 이는 5.15보다 크다. 따라서 C의 전체 길이가 A나 B의 길이보다 작다. 또한, C와 합동인 다섯 개의 다른 토리첼리 체계가 있으며, 이 여섯 개의 합동 체계는 육각형 D에서 한 변을 생략하여 구해진다. 경로 체계 A, B, C는 나무인 반면, D와 E는 나무가 아니다. (경로 체계가 닫힌 곡선을 포함하지 않으면 *나무*라고 한다. 즉, 체계 내에서 *원*을 그릴 수 없으면 나무이다.) 토리첼리 체계는 닫힌 곡선을 포함하면 가장 짧은 연결을 제공할 수 없다. 왜냐하면 이 닫힌 곡선의 한 변을 제거하면 결과 체계가 더 짧아지기 때문이다. 따라서 *각 가장 짧은 연결은 토리첼리 나무여야 한다*. 토리첼리 체계 D와 E는 명백히 나무가 아니므로 최소 연결이 될 수 없다. 또한 D와 F는 E의 극한 경우이며, 닫힌 곡선을 중앙 점으로 축소하면 F가 되고, 내부 닫힌 곡선을 큰 육각형으로 확장하면 D가 된다. 토리첼리 체계

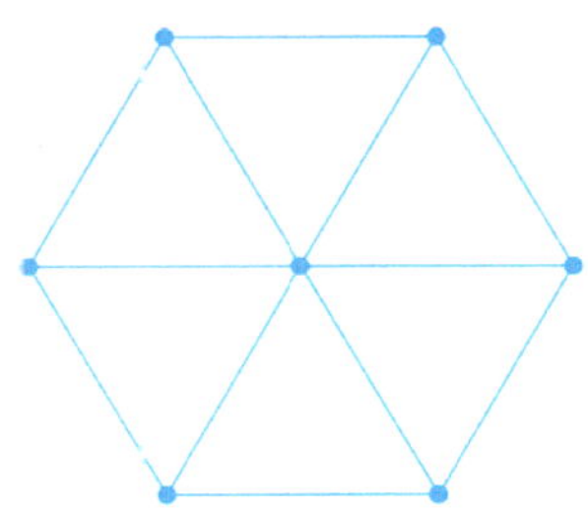

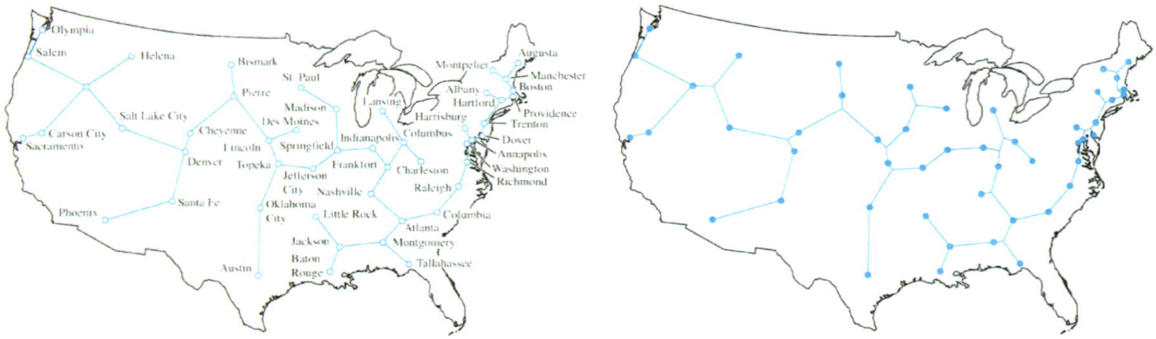

왼쪽: 미국의 49개 도시를 연결하는 나무. 오른쪽: 동일한 도시들을 연결하는 토리첼리 나무. 오른쪽의 토리첼리 나무는 (1957년 프림이 구성한) 왼쪽의 추가 마디점이 없는 최소 연결 나무보다 약 3.1% 짧다.

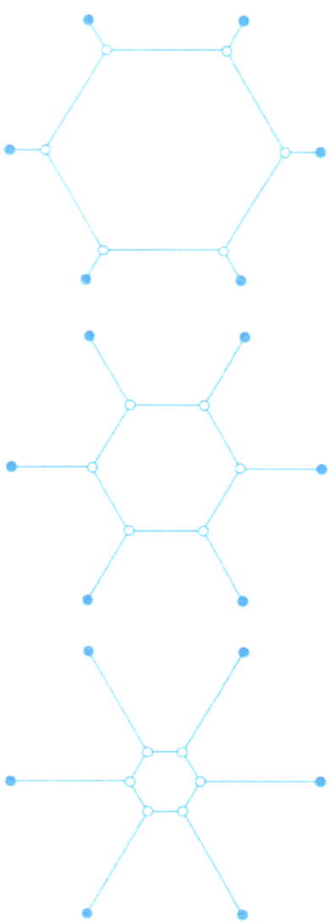

E 가족의 모든 구성원의 전체 길이는 *D*와 *F*의 길이와 동일하지만, *F*는 토리첼리 체계가 아니라 단지 그런 체계의 극한이다.

정육각형의 여섯 꼭짓점에 대해 여덟 개의 다른 토리첼리 나무를 찾았다. 즉, 여섯 가지 유형 *C*와 두 가지 유형 *A*와 *B*이다. 다른 토리첼리 나무가 없다는 것을 증명할 수 있으며, 따라서 여섯 가지 유형의 *C*가 $A_1, \ldots, A_6$의 여섯 가지 가능한 가장 짧은 연결이다. 두 토리첼리 나무 *A*와 *B*는 전체 길이의 엄격한 국소 최소화자이다. 왜냐하면 그러한 나무의 *작은 변화*가 길이를 증가시키기 때문이다. 따라서 이러한 나무를 엄격히 안정적이라고 부른다.

주어진 점 $A_1, ..., A_n$의 가장 짧은 연결을 이들 점을 연결하는 *슈타이너 나무*라고 하는데, 이는 일반화된 슈타이너 문제를 해결하고 나무인 것이 알려졌기 때문이다.[4] 위의 논의로부터 각 슈타이너 나무가 토리첼리 나무인 것을 알 수 있지만, 그 반대는 일반적으로 성립하지 않는다. 따라서 모든 슈타이너 나무를 결정하려면 모든 토리첼리 나무를 찾아야 하며, 그런 다음 그들의 길이를 비교하여 가장 짧은 것을 찾아야 한다. 불행히도, 이는 상당히 어려운 컴퓨터 과학 문제로 이어진다. 실제로, 개리와 존슨[5]은 일반화된 슈타이너 문제의 해법이

[4] 여기서 우리는 현재 문헌에서 사용되는 표기법과 다르게 사용하고 있다. 문헌에서는 보통 우리의 슈타이너 나무를 *최소 슈타이너 나무*로 표기한다. 또한, 토리첼리 체계와 토리첼리 나무라는 용어는 표준이 아니다.

[5] M. R. Garey and D. S. Johnson: *Computers and Intractability: A Guide to the Theory of NP-Completeness*. W. H. Freeman, San Francisco, 1979.

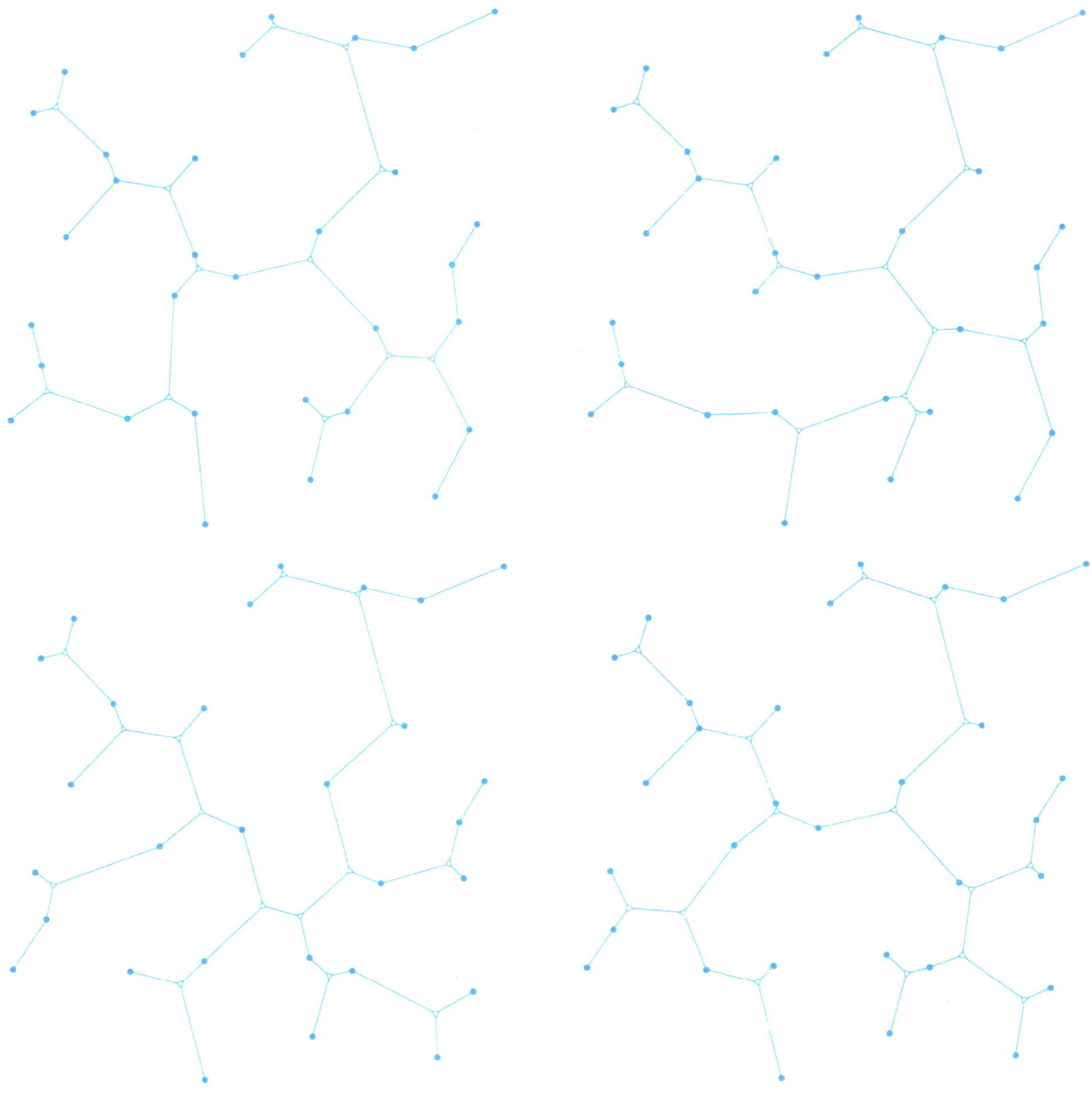

비누막 실험에 따라 생성된 31개의 점을 연결하는 토리첼리 나무.

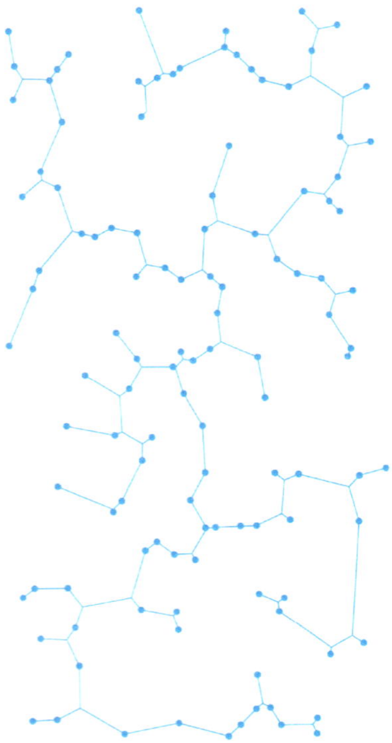

수치 계산에 의해 결정된, 47개의 추가 마디점이 있는 120개의 점을 연결하는 토리첼리 나무.

소위 NP-완전 문제(컴퓨터 과학에서 악명 높은 문제)에 속하는 것들만큼이나 어려울 수 있다는 것을 증명했는데, 이는 n이 증가함에 따라 일반 위치에 있는 점들에 대해 가능한 토리첼리 나무의 수가 엄청나게 증가할 수 있기 때문이다. 이것은 다소 불행한 일이다. 왜냐하면 수많은 실제 문제들이 일반화된 슈타이너 문제로 해석될 수 있기 때문이다. 예를 들어, 여러 도시를 도로 체계, 전화선 체계, 가스관, 고압선 등으로 연결하는 문제를 생각해 볼 수 있다. 분명히, 이러한 체계의 길이를 최소화하고자 하며, 이는 건설 및 유지 비용을 최소화하는 데 크게 기여할 것이다. 또 다른 예로, 여러 위치에 분포된 협력 공장을 가진 회사는 운송 비용을 최소화하는 데 관심이 있을 것이다; 따라서 (요즘은 거의 불가능한 경우일 것이지만) 연결 도로를 자유롭게 건설할 수 있다면, 슈타이너 나무를 통해 공장을 최소 연결하려고 할 것이다.

슈타이너 문제 그리고 관련된 수학적 질문의 중요한 응용 중 하나는 컴퓨터 칩 설계에서 발견된다. 예를 들어, 현재 논리 칩은 약 1 제곱센티미터의 넓이에 최대 800만 개의 트랜지스터를 포함하고 있으며, 이들은 매우 얇은 선 체계에 의해 그 기능에 따라 연결된다. 분명히, 이러한 선 체계를 가능한 한 짧게 유지하여 칩에 더 많은 트랜지스터를 배치함으로써 효율성을 높이고자 한다. 이는 슈타이너 문제와 밀접하게 관련된 문제의 해결을 요구한다. 예를 들어, VLSI 배치(즉, 칩 설계)에서는 소위 *맨해튼-슈타이너 문제*의 해결이 필요하다. 여기서 N개의 주어진 점을 가로 및 세로 가지로만 이루어진 경로 체계로 가장 짧은 연결을 찾는다(그림 참조).

생물학자들은 슈타이너 나무를 사용하여 종의 그럴듯한 계통수를 계산하고, 그런 다음 비교되는 종들에 공통인 단백질의 아미노산 서열을 살펴보면서 종들의 관계를 비교한다. 인정하건대, 이러한 추측은 다소 멀게 느껴질 수 있다.

일반화된 슈타이너 문제를 제기하고 슈타이너 및 토리첼리 나무를 연구한 최초의 과학자들은 아마도 프랑스 수학자들이었을 것이다. 1810–1811년의 *게르곤 수학 연보*(*Annales de Mathématique Gergonne*)

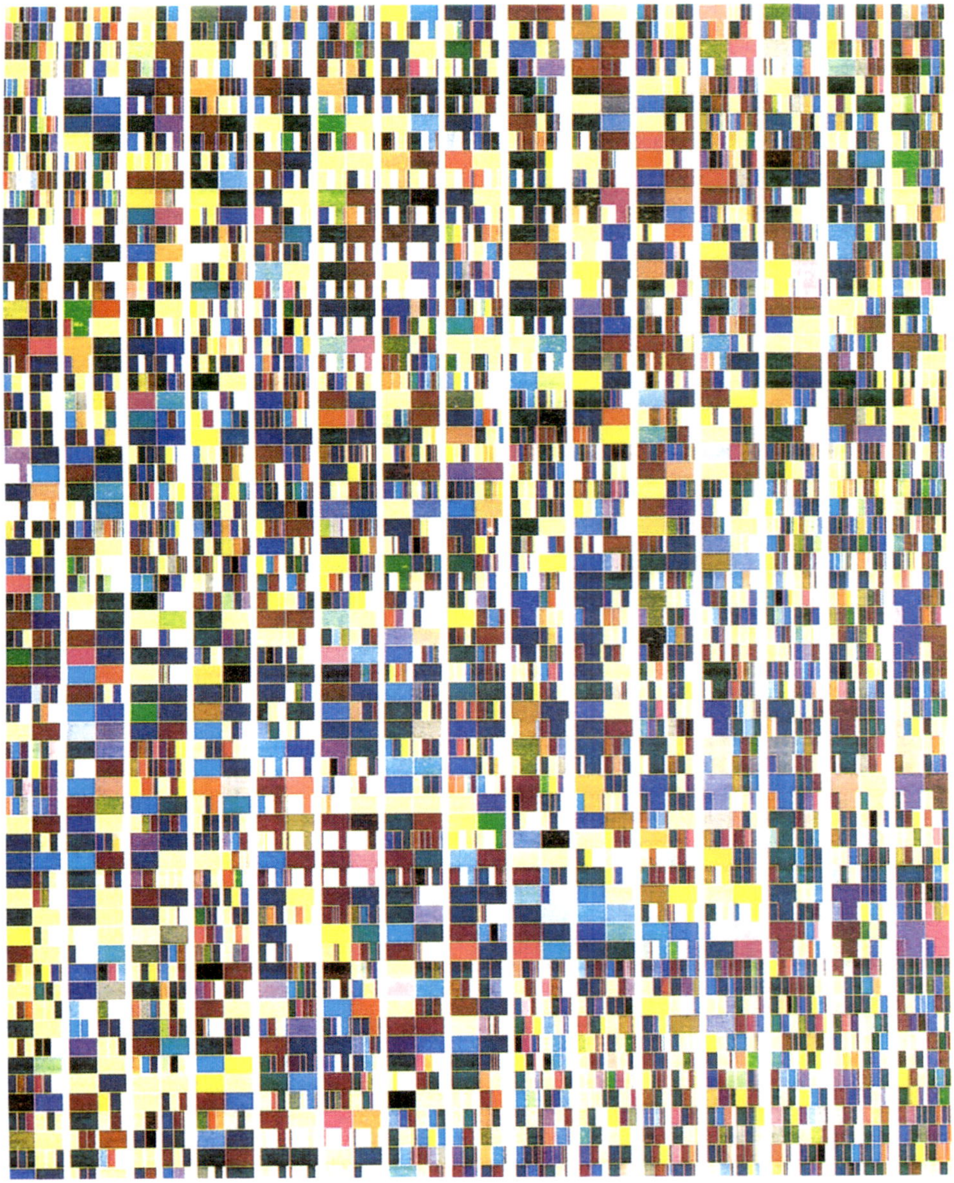

현대의 컴퓨터 칩은 단지 1제곱 센티미터의 넓이에 수백만 개의 트랜지스터를 포함하고 있으며, 이들은 가로 및 세로 선의 양식으로 연결된다(칩 ZORA의 단면을 보여주는 두 장의 사진은 108쪽 참조). 기본 회로 요소들은 셀로 사전 구조화되어 있다. 그런 다음 이 셀들을 구성 요소로 사용하여 칩의 전체 회로 계획이 구성된다. 그림은 칩 ZORA의 셀 배치도를 (40배 확대하여) 보여주며, 그 복잡한 설계를 나타낸다.

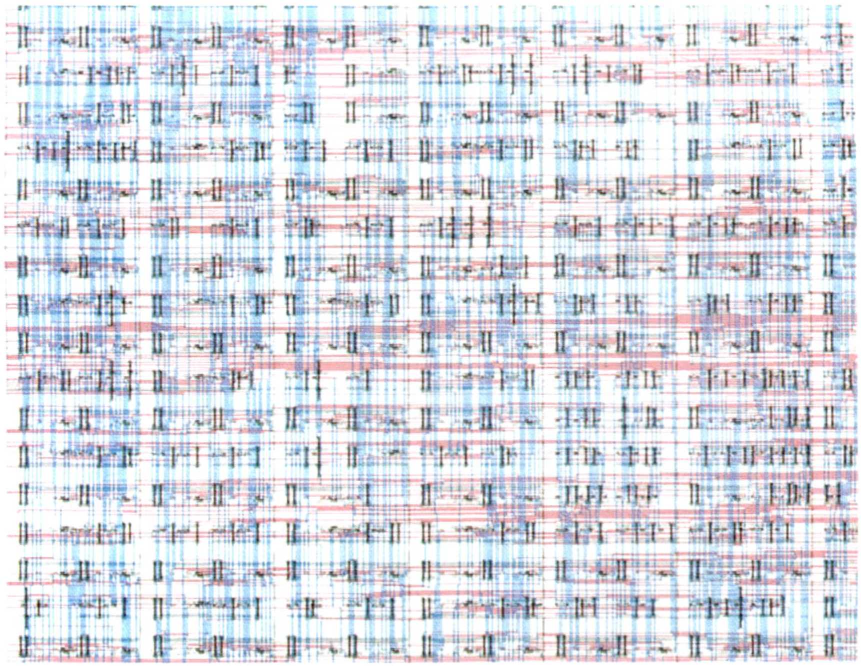

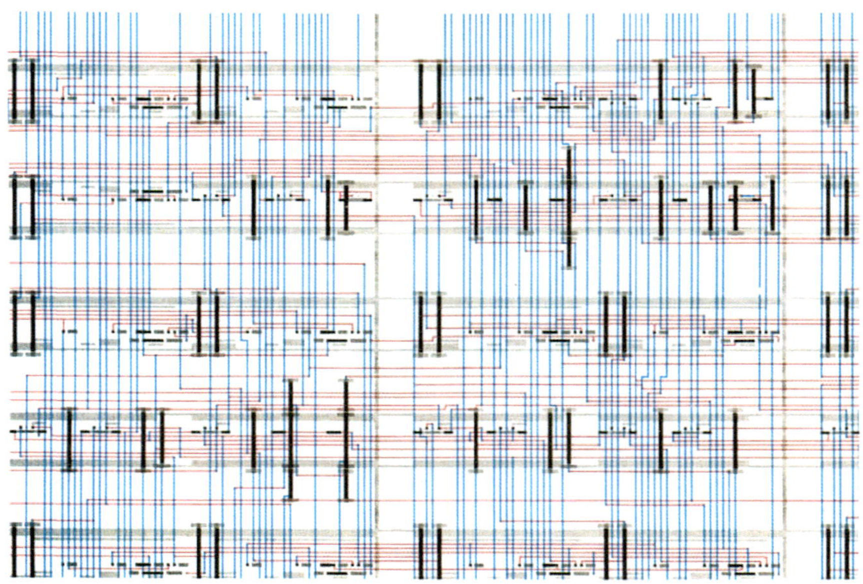

컴퓨터 칩 ZORA의 배선 계획의 다른 배율로 확대된 두 단면,

에는 몇몇 기고문이 있으며, 그 중 일부는 (*구독자에 의해*) 익명으로 작성되었다. 아마도 게르곤 자신도 저자 중 한 명이였을 것이다. 또 다른 실용적인 기여는 1827년에 클라페롱과 라메에 의해 이루어졌으며, 이는 *상트페테르부르크 교통 학술지*(*Journal of Transportation of St. Petersburg*)의 10권에서 찾을 수 있다(러시아어로 작성됨). 또한 모든 시대를 통틀어 가장 위대한 수학자 중 한 명으로 여겨지는 카를 프리드리히 가우스(1777–1855, 괴팅겐 대학교 교수)도 이 문제를 연구했다. 그는 순수 및 응용 수학의 거의 모든 분야뿐만 아니라 물리학, 천문학, 측지학에 기여했다. 그의 많은 발견은 과학 역사에서 진정한 이정표이다. 1836년, 동료이자 친구인 천문학자 슈마허에게 보낸 편지에서, 그는 함부르크 근처의 하르부르크, 브레멘, 하노버, 브라운슈바이크 네 도시 사이에 최단 길이의 철도 체계를 구축하는 과제와 관련된 슈타이너 문제를 언급했다; 그는 이 문제를 괴팅겐 대학교 학생들에게 상금 문제로 제시할 생각도 했다. 그러나 일반화된 슈타이너 문제에 대한 완전한 해답은 1879년에 괴팅겐 대학교 학생인 K. 보프에 의해 네 도시($n = 4$)에 대해 처음 제시되었다. 일반화된 슈타이너 문제[6]에 관한 논문들은 거의 셀 수 없을 정도로 많다.

가장 짧은 연결에 대한 추가정보

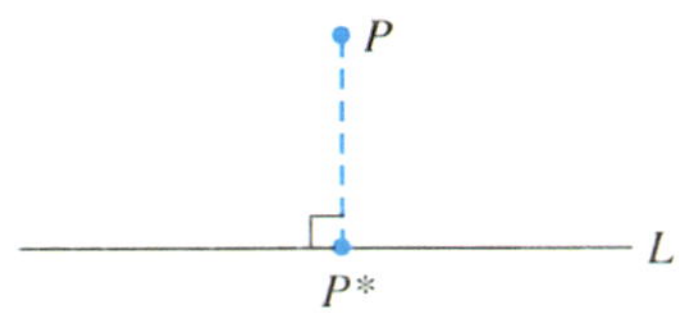

한 점에서 한 직선까지 최소 경로

또 다른 유형의 최소 문제는 점과 곡선 사이의 가장 짧은 경로를 찾거나 두 곡선 사이의 가장 짧은 경로를 찾는 것이다. 피타고라스 정리에 따르면, 점 P에서 직선 L까지의 가장 짧은 연결은 P에서 L로 *수선*을 내림으로써 찾을 수 있다. 수선은 P를 통과하여 L과 점 P^*에서 직각으로 교차하는 선분이다.

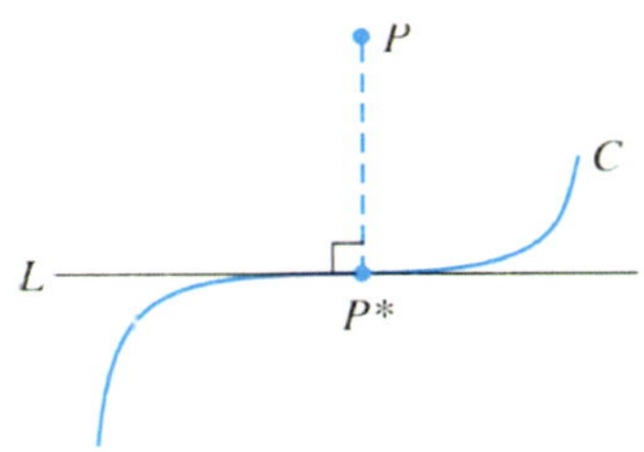

한 점에서 한 곡선까지 최소 경로

이 사실로부터 (점 P가 C의 내부에 있을 때) 점 P에서 닫힌 볼록 곡선 C까지의 가장 짧은 연결은 이 곡선과 어떤 점 P^*에서 90° 각도로 만난다는 것을 추론할 수 있다. P^*에서 C에 접선을 그리면, 선분

[6] *슈타이너 문제*라는 용어는 아마도 쿠란트와 로빈스가 그들의 유명한 책 *수학이란 무엇인가*에서 처음 사용했을 것이다. 참고로, 슈타이너는 $n = 3$의 경우만을 다루었다.

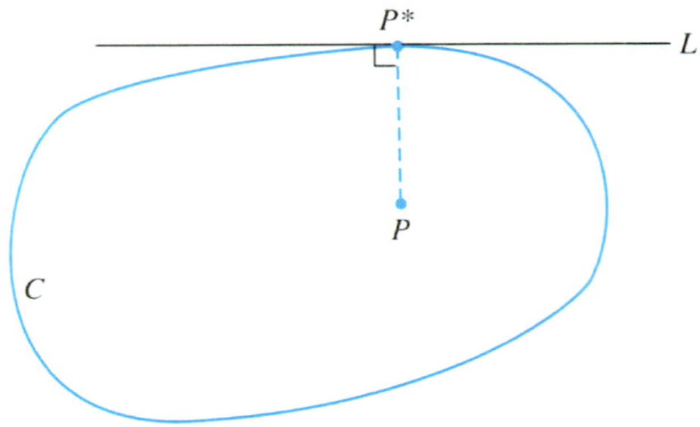

점에서 닫힌 볼록 곡선까지의 가장 짧은 경로

PP^*는 P에서 L까지의 최단 거리를 제공하며, 따라서 P^*에서 L과 PP^*가 이루는 각도는 각각 직각이 된다.

마지막으로, 임의의 매끄러운 곡선 C에서도 점 P와 곡선 사이의 가장 짧은 연결은 C와 직각으로 만난다는 것을 주목한다. 그러나 이 사실에 대한 올바른 증명은 약간의 미적분이 필요하다.

유사하게, 두 곡선 C_1과 C_2를 연결하는 가장 짧은 경로는 두 곡선과 각각 직각으로 만난다. 들어가는 말에서 언급한 내용을 상기해보자: 비누막은 다른 표면에서 자유롭게 움직일 때 항상 그 표면과 직각으로 만나며, 특정 재료의 균열은 서로 90° 각도로 교차한다.

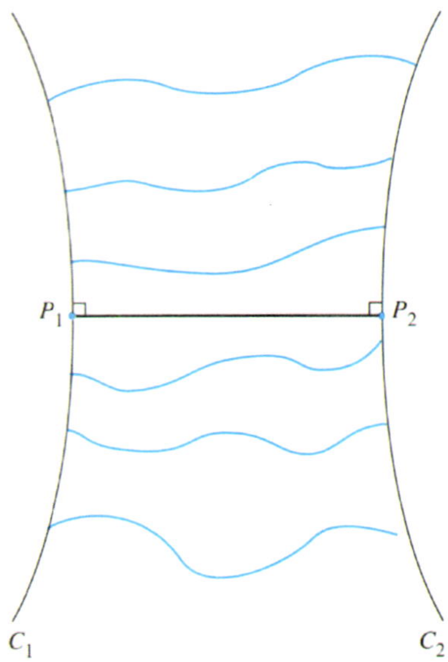

두 매끄러운 곡선 C_1과 C_2를 연결하는 가장 짧은 경로는 두 곡선과 각각 직각으로 만난다.

곡면 위의 가장 짧은 경로와 측지선

다음 논의에서, 또 다른 300년 된 가장 짧은 연결 문제에서 수직성이 중요한 역할을 한다는 것을 볼 것이다. 이 문제는 이 장의 시작에서 언급한 것으로, 곡면 위의 두 점 사이의 가장 짧은 경로를 찾는 문제이다. 이는 과거에도 그랬고, 현재도 여전히 기하학의 근본적인 문제 중 하나다.

그리스인들은 평면에서 두 점 사이의 가장 짧은 경로가 항상 선분이라는 것을 알고 있었으며, (등방성) 균질 매질에서 빛이 항상 가장 짧은 경로(또는 적어도 국소적으로 가장 짧은 경로)로 이동한다는 것도 알고 있었다.

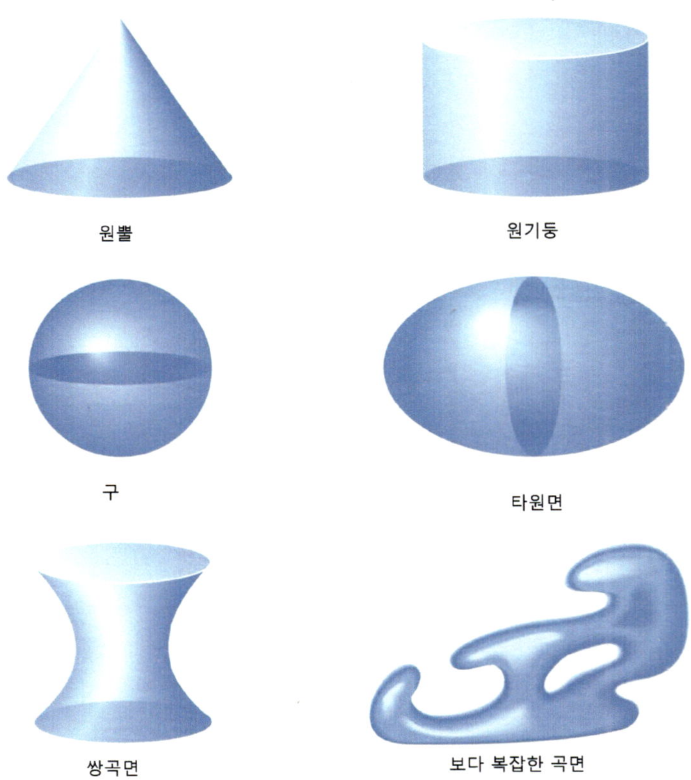

다음 곡면 위의 두 점 사이의 가장 짧은 연결은 무엇일까? 기하학적 조건으로 이들을 특징지을 수 있을까? 다시 말해, 가장 짧은 곡선을 임의의 곡선과 구별하는 성질은 무엇일까?

그러나 곡면 위에는 일반적으로 선분이 존재하지 않는다. 구, 원기둥, 원뿔과 같은 단순한 곡면에서도 가장 짧은 경로가 무엇인지 즉시 알 수 없으며, 더 복잡한 곡면의 경우에는 답을 구하기가 훨씬 더 어렵다.

수학자들이 이 질문에 도전하기 전에, 곡선과 곡면이 일반적으로 무엇인지에 대한 명확한 개념을 알아야 했다. 물론, 그것들은 물리적 세계의 객체가 아니라, 고대 그리스인들이 만든 것과 유사한 그러한 객체들의 이상화된 모형일 뿐이다. 대략적으로 말하자면, 수학에서 곡선과 곡면은 일상 생활에서 곡선과 곡면이라고 불리는 객체들의 이상화된 모형이며, 구별이 종종 혼란의 안개 속에서 사라지지만 *구체적인 객체*와 그들의 *수학적 모형*을 구별하는 것은 항상 중요하다.

고대 그리스인들은 *곡선*과 *곡면*과 같은 객체를 일반적인 방식으로

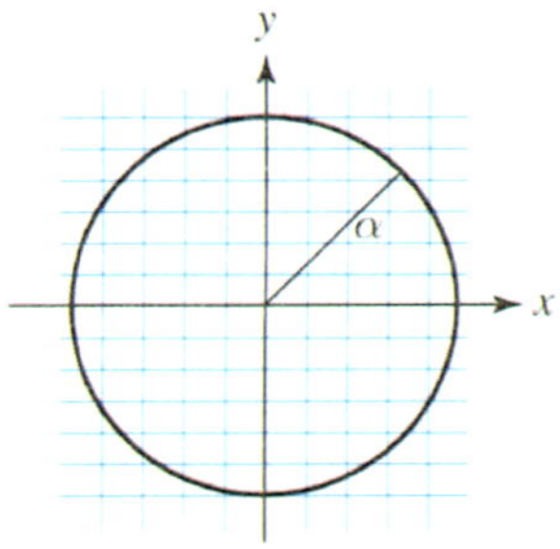

방정식 $x^2 + y^2 = a^2$는 중심이 $x = 0$, $y = 0$이고 반지름 길이가 a인 원을 나타낸다.

정의하는 데 어려움을 겪었다. 왜냐하면 그들의 대수학이 잘 발달되지 않았고 항상 다소 미흡한 수준에 머물렀기 때문이다. 실제로, 일부 역사가들은 그리스 수학의 최종적인 정체가 그리스인들이 대수학을 발전시키고 기하학에 적용하지 못했기 때문이라고 생각한다. 그들의 기하학 접근법은 주로 *종합적*이었으며, *분석적*이지 않았다; 후자의 접근법은 대수학, 즉 특정 숫자 대신 문자나 다른 기호를 사용하는 *기호 계산* 기술에 의해 크게 촉진된다. 대수학과 기하학의 이 결합은 17세기까지 이루어지지 않았으며, 이때 르네 데카르트와 피에르 드 페르마가 수학적 도구인 *해석 기하학*을 창조하여 기하학을 수와 방정식으로 표현했다. 예를 들어, 평면 곡선은 변수 x와 y를 관계맺게 하는 단일 방정식으로 표현되고 이 방정식은 익숙한 직교 좌표계에서 그래프로 나타난다. 예를 들어, 공식 $x^2 + y^2 = a^2$는 중심이 $x = 0, y = 0$이고 반지름 길이가 a의 원을 나타낸다. 그 후, 미적분학을 통해 *곡선의 길이*, *곡면의 넓이*, *물체의 부피*와 같은 개념을 정의하고 많은 흥미로운 기하학적 객체의 길이, 넓이, 부피를 계산하는 것은 큰 문제가 아니었다. 이러한 정의는 여전히 사용되고 있으며, 매년 수많은 대학교 1학년 학생들에 의해 학습되고 있다. 여기서 기술적인 수학적 세부 사항을 학습할 필요는 없지만, 정확한 수학적 개념과 유연하고 강력한 기술의 발전 없이는 수학의 진보가 불가능하다는 사실을 인식하는 것이 중요하다. 따라서 우리 책의 독자뿐만 아니라 다른 인기 있는 책의 독자들도 수학이 무엇인지 이해할 수는 있지만, "수학에는 왕도가 없다"는 말처럼 필요한 세부 사항을 학습하지 않고는 수학을 할 수 없을 것이다.

곡선과 곡면, 길이, 넓이, 접선, 접평면, 곡률 등의 수학적 정의는 주로 카발리에리, 뉴턴, 베르누이 형제, 라이프니츠, 특히 오일러에 의해 17세기 후반과 18세기 초반에 개발되었으며, 많은 다른 수학자들도 이러한 발전에 참여했다.

이제 원기둥, 원뿔, 구의 세 가지 회전면을 생각하여 곡면 위의 가장 짧은 경로에 대한 논의를 시작한다.

원기둥 곡면에는 선분들—경선들(회전면을 생성하는 선)—이 포함

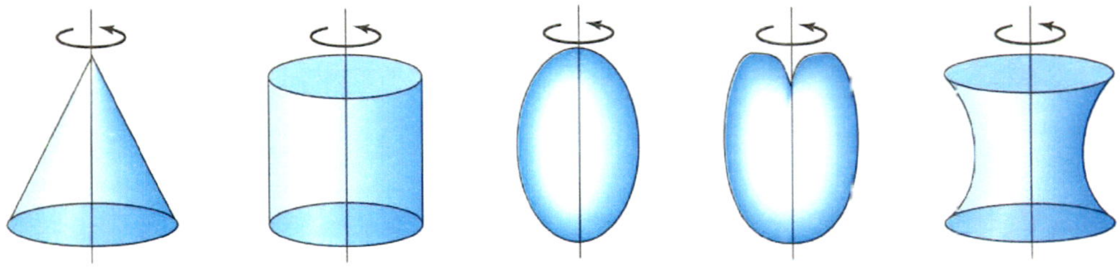

다양한 회전면.

되어 있으며, 이 선들은 확실히 가장 짧은 연결선이다. 경선의 중요한 개념을 설명해 보겠다. 축 A의 한쪽에 있는 평면 곡선 C가 축 A 주위를 회전하여 그림에서와 같은 회전면을 생성한다고 상상해 보자. 이 과정에서 C의 다양한 위치를 회전면의 *경선*이라고 한다. 경선은 이 곡면을 생성하는 곡선이다. 예를 들어, 반원은 구를 생성하고, 회전축에 평행한 선분은 원기둥을 생성하며, 반타원은 타원면을 생성한다. 위에 다른 가능한 것들이 나와 있다.

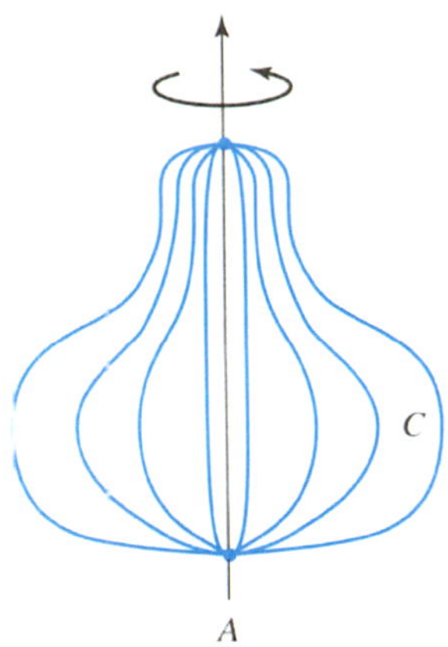

회전면을 생성하는 경선.

원기둥의 경우, 원기둥 곡면 S에서 경선에 있는 임의의 두 점 P와 Q의 가장 짧은 연결 경로는 선분이다. P와 Q가 동일한 경선에 있지 않다면 어떻게 될까? 사실, 이것은 실제 문제가 아니다. 우리는 모든 원기둥을 평면으로 펼칠 수 있다는 것을 기억하면 된다; 이것은 모든 집 페인트공이 롤러를 사용할 때 하는 일이다. 우리의 목적을 위해, 우리는 원기둥 곡면 S를 소시지의 껍질로 상상하고, 이를 P 위와 Q 아래에서 원기둥 축에 수직으로 만나는 두 평면으로 잘른다고 상상하자(다음 쪽 최상단 그림 참조). 남은 조각 S'는 적절한 경선 M을 따라 잘라낼 것이다. 이제 잘린 껍질을 뒤틀림 없이 평면에 펼칠 수 있으며, 이는 직사각형 R의 형태이다. 따라서 S' 위의 모든 선은 R 위의 선으로 변환되며, 그 반대도 마찬가지이다.

우리가 곡면 S'를 평면으로 펼칠 때 이것을 뒤틀지 않았기 때문에, S' 위의 곡선의 길이는 변하지 않았다; 따라서 S'의 R로의 이러한 사상을 *등거리 변형*이라고 한다. 이 이유로, S' 위의 가장 짧은 경로는 R 위의 가장 짧은 경로에 대응한다. R 위의 모든 가장 짧은 경로는 알려졌다:

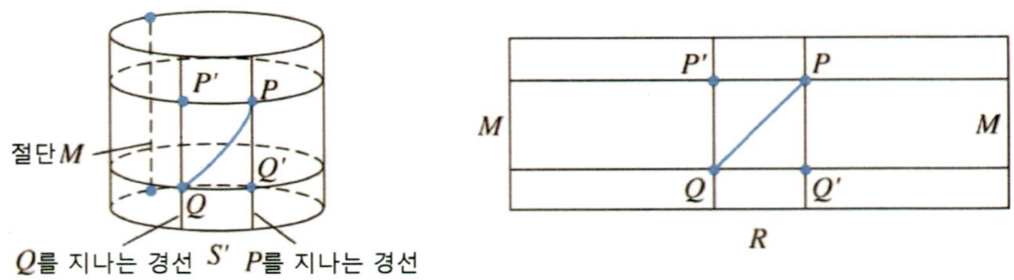

원기둥 위의 두 점 사이의 가장 짧은 연결.

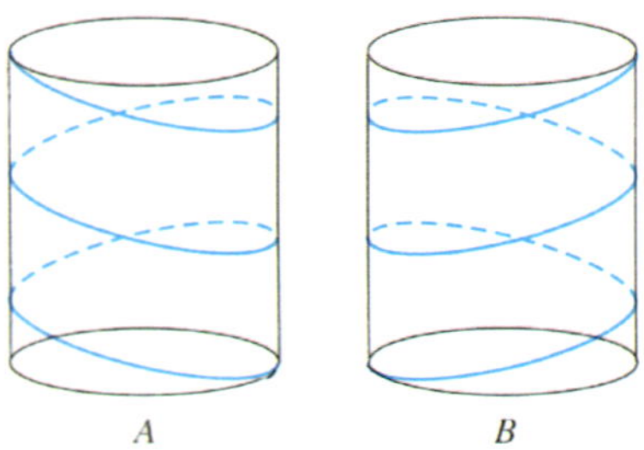

나선: (A) 왼손 나선; (B) 오른손 나선.

그것은 선분이다. 이제 우리의 작업을 반대로 수행하고 *R*을 소시지 껍질처럼 다시 말아올리면, 선분은 나선이나 원(압축된 나선) 또는 선분으로 변환된다. 따라서 *S* 위의 *P*와 *Q*의 가장 짧은 연결은 나선의 일부이다—이는 왼쪽 그림에 표시된 것처럼 나선의 일부이다. 이것은 자연에서 상당히 자주 나타나는 곡선이다.

원뿔에서 가장 짧은 경로를 연구할 때도 매우 유사한 상황을 찾을 수 있다. 각 원뿔은 평면 영역으로 펼칠 수 있다는 것에 주목하자; 실제로, 경선을 따라 잘라내어 비틀림 없이 평면의 일부로 펼칠 수 있다. 다시 한 번, 평면에서 가장 짧은 경로는 선분이라는 사실을 적용한다. 이는 즉시 *S* 위의 가장 짧은 경로를 제공할 것이다. 평면상의 *S*의 상을 원뿔에 다시 말아올리기만 하면 된다.

다면체에서 가장 짧은 경로를 찾고자 할 때도 유사하게 진행할 수 있다. 일부 변을 따라 잘라내어 비틀림 없이 평면으로 펼칠 수 있다.

그러나 구를 포함한 대부분의 곡면에서 상황은 매우 다르다. 구의 일부—예를 들어 공의 고무 외피—를 평면 영역으로 펼쳐보라. 고무를 늘리지 않고는 이를 할 수 없으며, 이는 비틀림을 초래한다.

구의 일부를 비틀림 없이 평면에 사상할 수 없다는 수학적 증명이 있다. 이 증명은 카를 프리드리히 가우스가 도입한 곡면의 곡률 개념에 기초한다. 현재 이를 *가우스 곡률*이라고 한다. 이 곡률은 각 점에서 곡면이 얼마나 휘어져 있는지를 정확하게 측정한다. (이 개념의 정의는 5장에서 다룰 것이다.) 가우스의 유명한 정리는 곡면 위의 각 곡선의

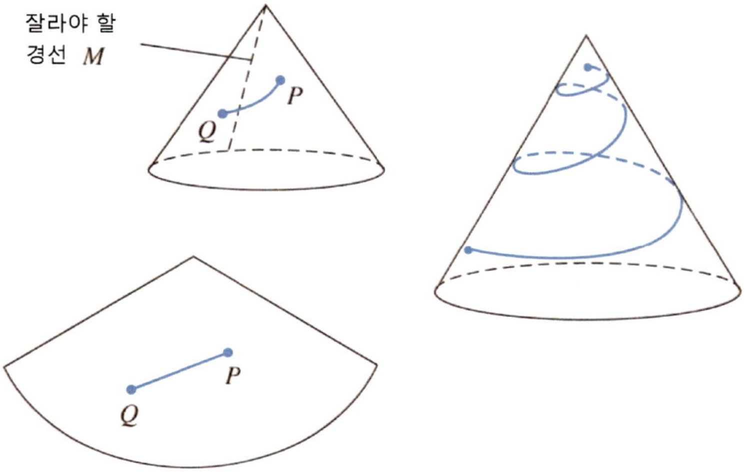

원뿔 위의 가장 짧은 경로.

길이를 알면 이 곡률을 계산할 수 있다고 것이다. 가우스의 결과를 좀 더 정확하게 말하자면, 계량(즉, 길이의 측정)이 곡면의 가우스 극률을 결정한다는 것이다.

카를 프리드리히 가우스 (1777–1855).

구를 왜곡 없이 평면 영역으로 사상할 수 없다는 것을 보여주기 위해, 반지름 길이가 R인 구의 가우스 곡률을 계산하면 각 점에서 동일한 값인 $1/R^2$인 것을 알 수 있다. 반면, 평면 영역의 곡률은 모든 점에서 0이다. 만약 길이를 보존하는 사상이 존재한다면, $1/R^2 = 0$이라는 결론이 나오게 되는데, 이는 물론 불합리하다.

가우스는 이 중요한 결과를 *빼어난 정리*(*theorema egregium*)라고 불렀다. 이는 1827년에 출판된 그의 논문 *곡면에 관한 논의*(*Disquisitiones circa Superficies Curvas*)의 중심 결과로, 수학에서 가장 중요한 발견 중 하나로 평가받는다. 이 정리는 왜 지구 표면의 완벽한 지도(또는 좌표)를 만들 수 없는지를 설명한다: 지구본 위에서의 길이와 균등비례하는 길이를 표시하는 지도를 찾는 것은 헛된 일이다. 지도 제작에 사용되는 각 유형의 투영법에는 몇 가지 단점이 있다. 결국 우리는 지도에 포함된 다양한 종류의 오류 중에서 선택해야 한다. 그러나 지도에 포함될 수 있는 한 가지 속성이 있다. 지도 제작자는 (길이가 아닌) 각도가 보존되는 지구본의 표현을 찾을 수 있다. 메르카토르

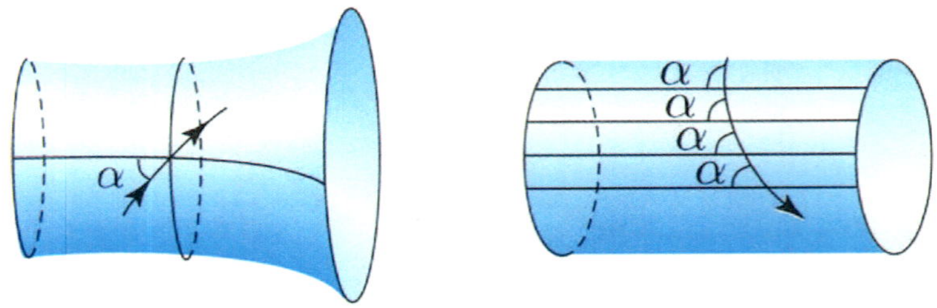

클레로의 정리를 설명하는 두 그림.

도법은 바로 이러한 등각사상을 제공한다.

구를 펼치는 것이 작동하지 않더라도, 우리는 여전히 구의 모든 가장 짧은 경로를 찾을 수 있다. 이들은 구의 대원의 일부이어야 한다. 왜냐하면 구는 모든 방향에서 대칭적이며, 회전면의 각 경선이 두 점 사이의 가장 짧은 연결을 제공하기 때문이다.

일반적인 회전면의 경우, 모페르튀이의 라플란드 탐험대의 일원인 프랑스 수학자 A. C. 클레로(1713–1765)는 다음과 같은 주목할 만한 결과를 발견했다:

> 등위원의 반지름 길이 r과 교차 경선에 대한 가장 짧은 경로 C의 경사각 크기 α의 사인의 곱은 C의 모든 점에서 일정하다. 즉, 모든 점에서 '$r \sin \alpha$ = 상수'이다.

일반 곡면에서 두 점을 연결하는 가장 짧은 경로에 관한 첫 번째 논문은 오일러에 의해 발표되었다. 이 논문은 *임의의 곡면 위의 두 점을 연결하는 가장 짧은 경로에 대하여*(*De Linea Brevissima in Superficie Quacunque Duo Quaelibet Puncta Jungente*)라는 제목으로 *상트 페테르부르크 황실 아카데미의 주해서* 1728년 호에 실렸지만, 1732년에 공개 배포되었다.[7] 오일러는 볼록한 곡면에서 두 점 사이의 가장 짧은 연결 문제를 간단한 기계적 장치를 통해 쉽게 해결할 수 있다고 언급했다: 즉, 끈을 한 점에 고정하고 다른 점을 향해 팽팽하게 당긴다

[7] 한 동안 역사가들은 이 논문의 날짜가 잘못 기재되었으며, 오일러가 1729년 이전에 이를 제출할 수 없었을 것이라고 믿었다. 그러나 최근의 조사에 따르면, 이 논문이 1728년 말에 작성되었을 가능성이 있는 것으로 보인다.

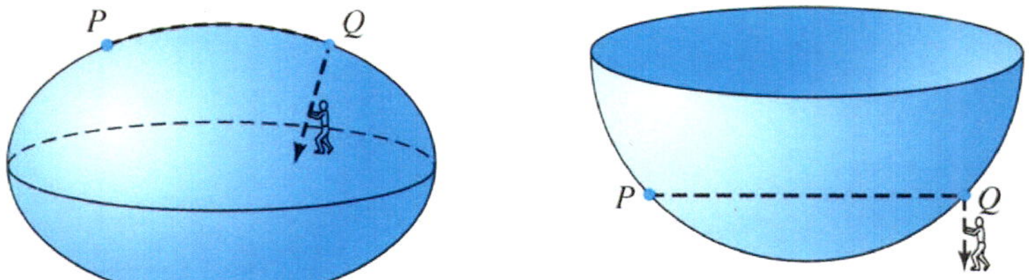

볼록한 곡면과 오목한 곡면 위의 두 점 사이에 팽팽하게 당긴 끈.

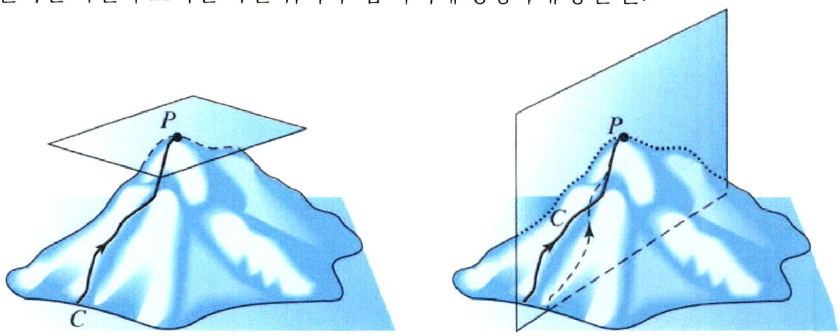

(A) 점 P에서의 접평면과 P를 지나는 측지선 C.
(B) 점 P에서의 측지선 C에 대한 접촉평면. 점선 곡선은 이 평면과 곡면의 교차를 나타낸다.

(상단 그림의 왼쪽 그림 참조). 그러면 그 끈이 두 점 사이의 가장 짧은 연결을 제공한다.

물론 이 방법은 오목한 곡면에서는 작동하지 않는다; 그래서 오일러는 가장 짧은 경로를 찾기 위한 새로운 기법을 개발했다. 그는 이 문제를 미분방정식의 해로 환원했다. 이 방정식은 요한 베르누이가 1698년에 (출판하지 않고) 유도한 기하학 정리와 동등하다. 이 정리에서 그는 *가장 짧은 경로 C의 각 점 P에서, C의 관련된 접촉평면이 P에서 곡면의 접평면과 직각으로 교차한다*고 언급했다(하단 그림 참조).

COMMENTARII
ACADEMIAE
SCIENTIARVM
IMPERIALIS
PETROPOLITANAE

TOMVS III.
AD ANNVM clↄ Iↄcc xxviii.

PETROPOLI
TYPIS ACADEMIAE
clↄ Iↄcc xxxii.

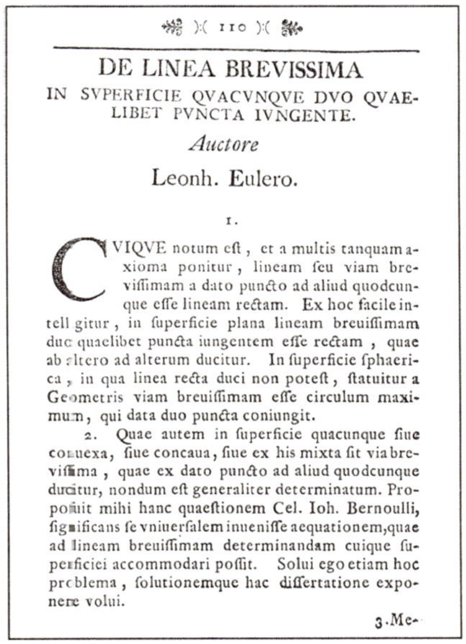
110

DE LINEA BREVISSIMA
IN SVPERFICIE QVACVNQVE DVO QVAELIBET PVNCTA IVNGENTE.
Auctore
Leonh. Eulero.

1.

CVIQVE notum eſt, et a multis tanquam axioma ponitur, lineam ſeu viam breviſſimam a dato puncto ad aliud quodcunque eſſe lineam rectam. Ex hoc facile intelligitur, in ſuperficie plana lineam breuiſſimam duo quaelibet puncta iungentem eſſe rectam, quae ab altero ad alterum ducitur. In ſuperficie ſphaerica, in qua linea recta duci non poteſt, ſtatuitur a Geometris viam breuiſſimam eſſe circulum maximum, qui data duo puncta coniungit.

2. Quae autem in ſuperficie quacunque ſiue conuexa, ſiue concaua, ſiue ex his mixta ſit via breviſſima, quae ex dato puncto ad aliud quodcunque ducitur, nondum eſt generaliter determinatum. Propoſuit mihi hanc quaeſtionem Cel. Ioh. Bernoulli, ſignificans ſe vniuerſalem inueniſſe aequationem, quae ad lineam breuiſſimam determinandam cuique ſuperficiei accommodari poſſit. Solui ego etiam hoc problema, ſolutionemque hac diſſertatione exponere volui.

3. Me-

상트페테르부르크 제국 과학 아카데미 논문집 제3권(1732년)의 속표지와 오일러의 논문.

베르누이의 정리에 등장하는 *접촉평면*은 무엇일까? 점 P에 가까운 C 위의 두 점 Q와 R을 택하자. 일반적으로 세 점 P, Q, R은 하나의 평면을 결정한다. 물론 이 평면은 Q와 R에 따라 달라진다; 그러나 이 두 점이 C 위에서 P를 향해 이동하면 평면은 극한 형태에 접근하게

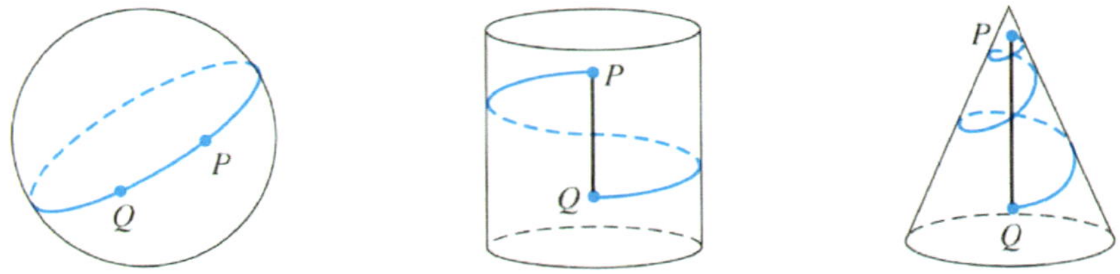

곡면 위의 두 점은 때때로 하나 이상의 측지선으로 연결될 수 있다.

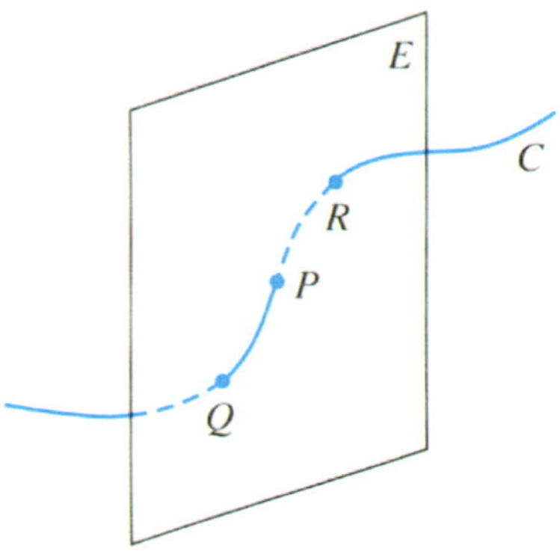

곡선 위의 세 점 P, Q, R은 접촉평면을 근사하는 평면 *E*를 결정한다.

되고, 이것을 *점 P에서 C에 대한 접촉평면*이라고 한다.

나중에, 곡면 *S* 위의 모든 곡선 *C* 중에서 곡선 *C*에 놓인 각 점 *P*에서 곡선 *C*의 접촉평면과 곡면 *S*의 접평면이 서로 수직이면 곡선 *C*를 *측지선*이라고 하였다. 따라서 베르누이의 정리는 최단 길이의 곡선이 측지선의 일부여야 한다는 것이다.

충분히 작은 측지선의 부분은 항상 그 끝점까지의 가장 짧은 연결이다; 일반적으로 *큰 부분*에서는 이 최소화 성질이 성립하는 것은 아니다. 예를 들어, 구에서는 모든 측지선이 대원의 일부이다. (예를 들어, 지구의 북극과 남극같이) 구의 지름의 반대쪽 끝에 있지 않은 두 점 *P*와 *Q*마다 *P*와 *Q*를 지나는 정확히 하나의 대원이 있다. 따라서 두 점은 대원을 두 개의 호로 나누며, 짧은 쪽이 *P*와 *Q* 사이의 가장 짧은 경로이고 다른 쪽은 측지선이지만 가장 짧은 연결이 아니다(위 그림 참조). 같은 그림은 또한 원기둥과 원뿔 위의 점 *P*와 *Q*를 보여주며; 두 쌍 모두 가장 짧은 경로 그리고 길이가 최소가 아닌 측지선으로 연결된다.

예를 들어 구, 타원면, 원기둥과 같은 *완비곡면*은 모든 측지선을 따라 일정한 속도로 곡면을 벗어나지 않고 영원히 이동할 수 있는 곡면으로 정의된다. 구에서처럼 출발점으로 돌아올 수도 있고, 원기둥의 나선을 따라 이동할 때처럼 결코 돌아오지 않을 수도 있다. 우리는 오일러가 완비곡면의 두 점 사이에 가장 짧은 연결의 존재를 증명하지 않았다는 사실을 강조해야 한다. 그는 그러한 선에서 성립해야 하는 조건을 제시했다. 가장 짧은 연결의 존재는 1900년에 다비드 힐베르트에 의해 증명되었다.

측지선 연구는 격동적으로 시작되었다. 1697년 8월, 요한 베르누이는 볼록한 곡면에 놓인 두 점 사이의 가장 짧은 경로를 찾는 문제를 공개적으로 제기했다. 이는 그와 공개적으로 다투고 있던 형제 야코프에 대한 도전으로 의도되었다. 두 형제 간의 불행한 경쟁은 결국 너무 격렬해져서, 그들의 논쟁은 매우 추악해져 당시의 과학 학술지가 그들의 결과를 출판하기를 거부하게 되었다. 이제 잘 알려진 과학적 경쟁 중 하나인 이 불화의 배경을 살펴보겠다.

다비드 힐베르트 (1862–1943)는 그의 시대를 대표하는 수학자였다.

1666년에서 1680년 사이에 뉴턴과 라이프니츠는 미적분학을 발견했다. 이 강력한 수학적 기법을 둘 다 독립적으로 발견했다는 것이 확실하게 입증되었다. 그러나 뉴턴의 방법은 1711년까지 출판되지 않았고, 반면에 라이프니츠의 기본 발상은 1684년 라이프치히의 *학술기요(Acta Eruditorum)*에 처음으로 인쇄되었다. 라이프니츠의 출판물은 다소 짧고 암호적이었으며, 이를 처음 이해한 사람은 1687년 바젤에서 수학 교수가 된 야코프 베르누이였다. 야코프는 그의 동생 요한에게 라이프니츠의 도움 없이 다시 발견한 미적분학의 몇 가지 비밀을 가르쳤다. 따라서 1690년까지 뉴턴, 라이프니츠, 두 베르누이 형제만이 미분 및 적분을 다룰 수 있었다. 분명 이때 두 형제 간의 경쟁이 시작되었다. 요한의 두 점 사이의 가장 짧은 경로를 찾으라는 도전을 야코프가 알게 되었으며, 그는 1698년에 모든 회전면에 대해 문제를 해결했다. 이 곡면에 대한 제한은 문제를 제기할 당시 요한 자신에 의해 처음으로 제안되었다. 요한은 그의 형제의 결과를 승인했지만, 야코프가 회전면만을 다루었기 때문에 그것이 너무 특수하다고 비판했다. 요한은 자신의 논문에서 임의의 곡면에 대한 가장 짧은 연결 문제의 해를 찾았다고 발표했다. 요한의 주장은 정말로 정당했을까? 1698년 8월 요한이 라이프니츠에게 쓴 편지는 그의 주장을 확인하는 것처럼 보인다. 이 편지에서 그는 *접촉평면의 법칙*을 언급했다. 라이프니츠는 신속하게 답변하며 요한의 해법을 칭찬했다. 약 30년 후, 1727년 12월, 요한은 그의 학생 오일러에게 가장 짧은 연결 문제를 다시 제기했으며, 이것이 오일러의 1728년 논문으로 이어졌다. 오일러의 논문 출판 이후에도 요한은 가장 짧은 연결 문제의 해법을 다시 주장하려 했다. 1742년에 그는 1728년에 동료 클링겐스티에르나에게

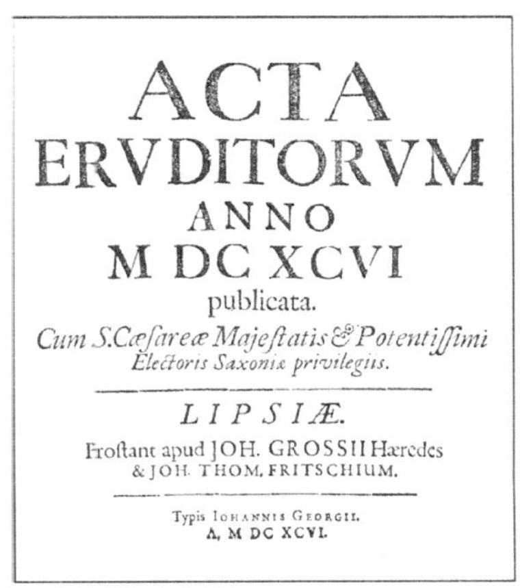

ACTA
ERVDITORVM
ANNO
M DC XCVI
publicata.
Cum S.Cæsareæ Majestatis & Potentissimi Electoris Saxoniæ privilegiis.
LIPSIÆ.
Froſtant apud JOH. GROSSII Hæredes & JOH. THOM. FRITSCHIUM.
Typis IOHANNIS GEORGII. A. M DC XCVI.

1696년 *학술기요*의 속표지.

편지로 해법을 전달했다고 주장했다.

요한의 주장은 오늘날에는 받아들여지지만, 오랫동안 의심받아왔는데 그 이유를 무엇일까? 그의 뽐내려는 성격과 미개발된 관대함이 분명 주요한 이유이다. 로피탈의 미적분학 책 출판과 관련된 사건도 요한의 진실성에 의문을 제기했다. 다음과 같은 일이 있었다. 1691–1692년에 해외 여행 중에 요한은 당시 최고의 프랑스 수학자였던 로피탈 후작을 만났다. 상당한 금전적 연금과 교환하여, 요한은 미적분학에서의 최신 발견을 후작에게 전달하고 로피탈이 살아 있는 동안 그들의 거래에 대해 침묵을 지키기로 약속했다. 후작은 요한의 면담에서 알게된 지식을 1696년에 출판된 첫 미적분에 대한 교과서에 담았다. 요한은 만족하지 않았지만, 이전의 합의 때문에 아무 말도 하지 않았다. 후작이 사망한 후, 요한은 로피탈과의 거래를 언급하지 않고 이 책의 일부[8]에 대해 우선권을 주장했다. 사람들은 의심을 품었고, 이 위대하지만 돈을 사랑하는 수학자의 평판은 확실히 손상되었다. 1921년에 요한의 미적분학 원고가 발견되었다. 로피탈과 베르누이의 서신과 함께, 이 스위스 수학자가 로피탈의 미적분학 책의 실제 저자인 것이 입증되었다.

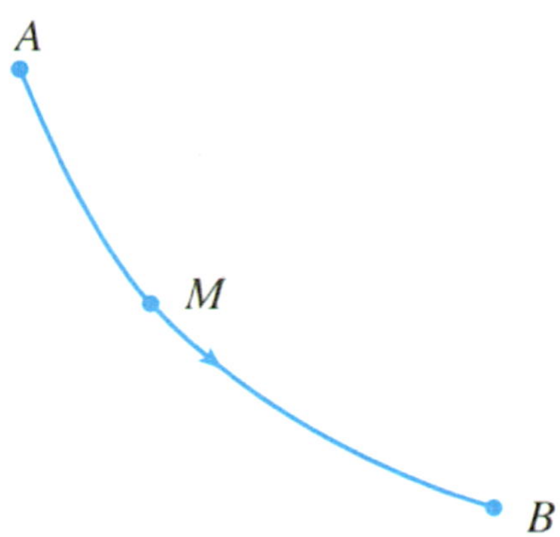

가장 빠른 하강 문제.

1696년 6월 요한에 의해 제기된 또 다른 질문은 가장 짧은 연결 문제보다 더 중요한 문제였다. 이는 *가장 빠른 하강 문제* 또는 *최속 강하선 문제*로 알려지게 되었다:

> 수직 평면에 주어진 두 점 A와 B에 대해, 만유인력의 영향을 받아 A에서 B로 가장 빠르게 내려가는 경로를 찾으라.

마찰 없이 A에서 B로 가장 짧은 시간에 이동할 수 있는 작은 무거운 공을 상상해보라. 이 경로의 형태는 무엇일까? 이는 분명히 A와 B를 연결하는 선분은 아니다. 1638년에 갈릴레오는 그 해답이 원호라고 잘못 주장했다. 올바른 해답은 무엇일까?

해답은 잘 알려져 있고, 그 당시에도 잘 연구된 곡선으로서, 원호는 아니고 원과 관계되는 곡선인 굴렁쇠선—즉, 원의 구르는 곡선—으로,

[8] 0/0 형태의 표현식의 값을 찾기 위한 유명한 로피탈의 법칙

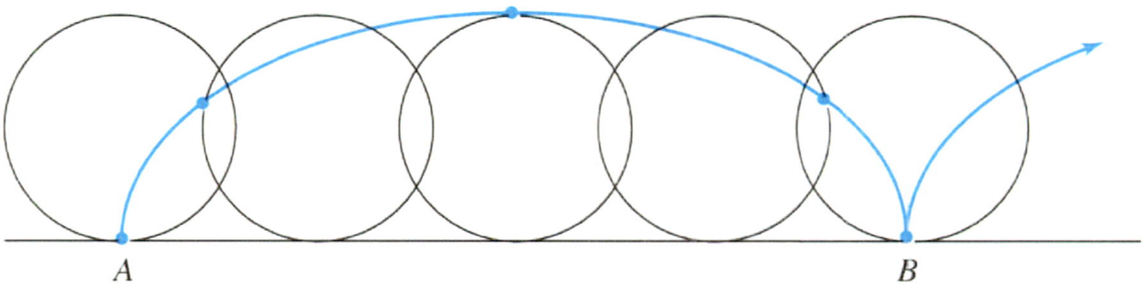

굴렁쇠선.

2장에서 처음 다루었다.

유명한 프랑스 수학자 블레즈 파스칼은 1649년에 굴렁쇠선을 연구했으며, 당시 그는 심한 치통을 앓고 있었다. 그는 고통에서 벗어나기 위해 이 구르는 곡선을 조사하기 시작했다. 고통이 사라지자, 그는 자신의 생각에 대해 신이 불만을 가지지 않았다는 표시로 받아들였다. 파스칼의 결과에 영향받아 다른 수학자들이 이 곡선을 연구하게 했고, 수많은 주목할 만한 성질이 이후 발견되었다. 가장 흥미로운 성질은 네덜란드 물리학자이자 수학자인 크리스티안 하위헌스에 의해 발견되었다.

크리스티안 하위헌스 (1629–1695).

하위헌스는 아마도 1657년에 네덜란드 국가로부터 특허를 받은 진자시계의 발명으로 가장 유명했을 것이다. 그러나 하위헌스는 그의 발명에 만족하지 않았다. 왜냐하면 진자가 완전한 주기를 진동하는 데 필요한 시간이 진폭에 의존한다는 것을 깨달았기 때문이다. 즉, 원형 진자는 등시성이 아니었다; 이것은 항상 동일한 시간에 앞뒤로 흔들리지 않았으며 이는 시계의 불규칙성을 초래했다. 그래서 하위헌스는 *완벽한 진자*가 있는지 물었다. 만약 그렇다면, 그는 진자의 끝이 *등시선*(또는 *등시 곡선*) 위에서 진동하도록 만들어져야 한다고 생각했다. 이는 마찰이 없는 점질량이 곡선의 임의의 초기 점 A에서 최저점 L까지 항상 동일한 시간에 이동하는 곡선이다. L 위로의 A의 높이에 관계없이 말이다.

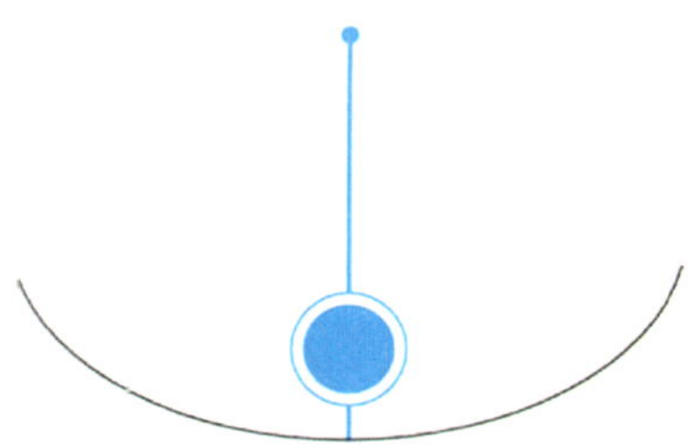

원형 진자.

하위헌스는 등시선 곡선이 다른 것이 아닌 굴렁쇠선이라는 것을 발

진자의 끝이 그리는 궤적.

견했다. 따라서 모든 시대의 가장 위대한 시계 제작자로 불리는 하위헌스는 그의 1673년 저서 *진자 시계*(*Horologium Oscillatorium*)에서 진자가 굴렁쇠선 위에서 진동할 수 있는 진자 시계를 고안했다. 이 장치는 아래 그림에 나와 있다.

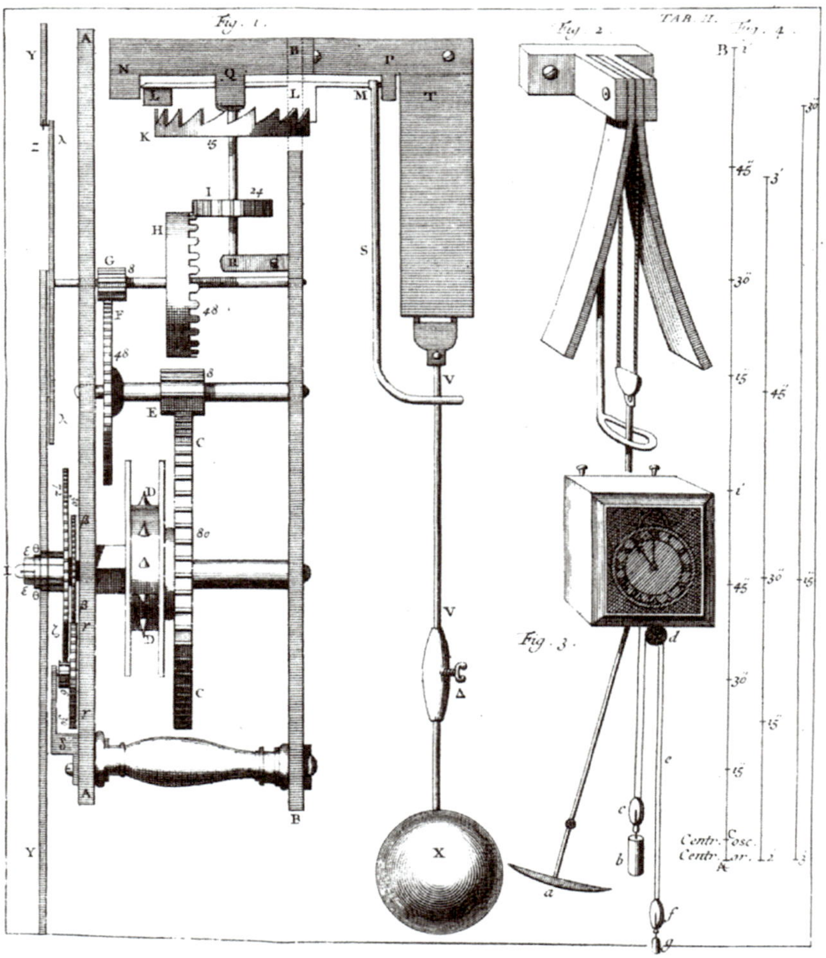

하위헌스의 진자 시계. 진자는 오른쪽에 표시된 두 굴렁쇠선 형태의 받침대 사이에서 진동한다. *진자 시계*(1673년)로부터.

기술적 장치는 두 굴렁쇠선 형태의 받침대 사이에서 진동하는 유연한 진자를 사용하는 것이었다. 이 장치는 굴렁쇠선의 신개선이 다시 굴렁쇠선라는 하위헌스의 아름다운 수학적 통찰에 기반을 두었다. 이는 다음을 의미한다. *A*에서 *B*까지 확장된 굴렁쇠선의 호 *E*를 따라 놓인 유연하지만 늘어나지 않는 실을 상상해 보라(그림을 보라). 실의 느슨한 끝이 항상 곡선 *E*에서 접선 방향으로 뻗어 나오도록 팽팽하게 당겨 *E*에서 실을 풀어낸다. 끝점 *B*는 신개선이라고 불리는 곡선 *L*을 그리게 되며, *E*는 축폐선[9]이라고 불린다. 굴렁쇠선의 신개선과 축폐선 모두 굴렁쇠선이다!

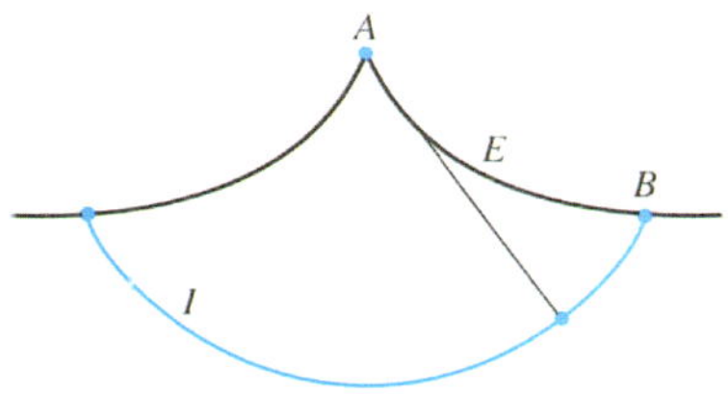

완벽한 진자: 굴렁쇠선의 축폐선은 굴렁쇠선이다.

따라서 1697년 요한 베르누이의 도전 당시, 굴렁쇠선은 충분히 연구된 상태였으며 굴렁쇠선이 요한이 그의 형 야코프에게 찾도록 요청한 최속 강하선이라는 사실에 수학자들이 얼마나 놀랐을지 상상할 수 있다.

1696년 12월, 요한은 *학술기요*에 도전을 발표하며, 1697년 부활절까지 해답을 요청하고, 라이프니츠가 이미 해답을 찾았다고 보고했다. 결국 다섯 명의 수학자 요한과 야코프 베르누이, 뉴턴, 라이프니츠, 로피탈이 이 문제를 해결했다. 이제 요한이 가장 빠른 하강 문제를 어떻게 해결했는지 살펴보자.

요한의 증명의 주요 발상은 무거운 점질량의 가장 빠른 하강이라는 기계적 문제를 광학 문제로 변환하는 것이었다. 즉, 요한은 갈릴레오의 곡선을 따라 떨어지는 물체의 법칙이, 이 물체가 어떤 높이에 따라 밀도가 달라지는 대기에서의 빛 입자처럼 움직인다는 것을 의미한다는 것을 알아차렸다. 그런 다음 요한은 프랑스 수학자 피에르 드 페르마의 결과를 사용했다. 페르마는 툴루즈 시의 판사이자 역사상 가장 위대한 수학자 중 한 명이다. 페르마는 *빛의 굴절 법칙*이 *빛이 항상 한 지점에서 다른 지점으로 가장 빠르게 전파된다*는 가정에서 따라온다는 것을 발견했다. (이 가정은 현재 *페르마의 원리*라고 불린다.[10])

피에르 드 페르마 (1601–1665).

[9] 영어로는 'evolute'인데, 이는 '풀다'라는 라틴어 단어 'evolvere'에서 유래했다.
[10] 헤론의 반사 법칙 증명은 페르마 원리의 또 다른 응용이다.

덴마크 천문학자 올레 뢰머는 목성의 위성들이 어두워지는 것을 관측하여 빛이 유한한 속도로 전파된다는 것을 증명할 수 있었다. 그림(오레보의 *수학-물리학 오페라*(*Operum mathematico-physicorum*), 제3권, 코펜하겐, 1741에 실린 판화)은 뢰머가 그의 유명한 정밀 기구들, 특히 그의 관측에 중요한 진자 시계와 그의 새로운 망원경과 함께 있는 모습을 보여준다.

굴절의 법칙(페르마 시대에는 르네 데카르트에 의해 발견된 것으로 여겨졌지만, 현재는 네덜란드인 빌러브로어트 스넬(1591–1626)이 발견한 것으로 알려져 있음)은 두 균질 광학 매질을 분리하는 표면에서의 굴절 각도의 사인 값이 그 밀도의 비율에 반비례한다라는 것이다. 즉,

$$\frac{\sin\alpha_1}{\sin\alpha_2} = \frac{n_2}{n_1}$$

이다. 여기서 빛 입자의 매질 내 속력은 매질의 광학적 밀도에 반비례한다.

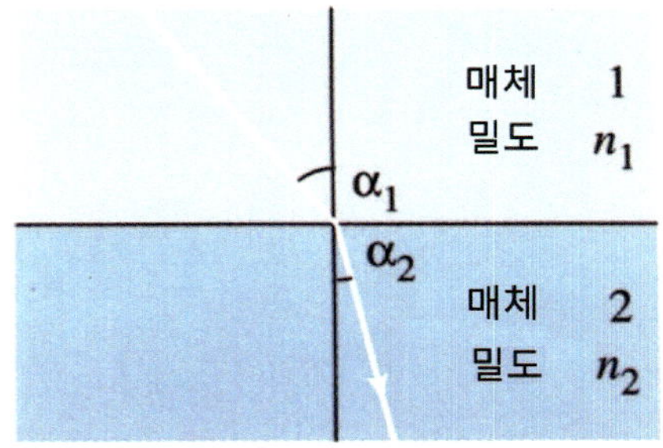

굴절의 법칙

요한은 대기를 매우 얇은 균일한 밀도의 층으로 나누고, 굴절 법칙을 적용한 다음, 층의 너비가 0으로 줄어드는 극한 과정을 수행했다. 이는 가장 빠른 하강 곡선에 대한 미분 방정식으로 이어졌으며, 요한은 그 해가 굴렁쇠선인 것을 알아차렸다.

주목할 만한 점은 요한 베르누이가 위대한 아일랜드 수학자 윌리엄 R. 해밀턴(1805–1865)이 그의 변분 원리를 개발하기 백 년 이상 전에 광학과 역학의 분야를 성공적으로 연결했다는 것이다. 해밀턴의 발상은 궁극적으로 현대 과학에서 기하학과 물리학의 통합으로 이어졌다.

DE

BEGHINSELEN

DER WEEGHCONST

BESCHREVEN DVER

SIMON STEVIN

van Brugghe.

TOT LEYDEN,

Inde Druckerye van Chriſtoffel Plantijn,

By Françoys van Raphelinghen.

cIↃ. IↃ. LXXXVI.

시몬 스테빈의 *무게 계량의 원리*(*De Beghinselen der Weeghconst*) 초판의 제목 쪽, 1586년, 레이덴.

기적 그리고 기적이 아닌 것 4

즉, 우주의
전체적인 형태가
가장 완벽하고, 사실상
가장 지혜로운
창조자에 의해
설계되었기 때문에,
세상에서 최대나
최소의 규칙이
어떤 식으로든
드러나지 않는 것은
없을 것이다.
(레온하르트 오일러, 1744)

이 장에서는 물리적 체계의 평형 상태를 어떻게 수학적으로 설명할 수 있는지를 논의하고자 한다. 예를 들어 모든 사람은 안정한 집에서 살기를 선호하는 것인데, 특히 *안정한* 평형을 어떻게 특징지을 수 있는지 알고 싶다. 이러한 문제는 변분법과 관련된 특정 질문으로 전환될 수 있다. 물리적 체계의 잠재 에너지 개념을 도입함으로써, 체계의 안정한 평형 상태를 체계의 다른 모든 인근 상태보다 잠재 에너지가 적은 상태로 특징지을 수 있다. 안정한 평형을 최소 원리에 따라 설명하는 이 규칙은 요한 베르누이의 *가상 일의 원리*의 특별한 형태이다. 모페르튀이-라이프니츠-오일러 작용 원리가 모든 가상 (즉, 가능한) 운동 중에서 실제 운동을 특징짓는 반면, 베르누이의 원리는 모든 가상 위치 중에서 체계의 안정한 정지 위치를 선정한다. 이는 작용 원리와 가상 일의 원리에 유사한 성질이 있다는 것을 의미한다; 하나는 비정상 과정을 지배하고, 다른 하나는 정지 상태를 규정한다.

가상 일의 원리는 하늘에서 갑자기 떨어진 것이 아니라 긴 기간동안 개발되었는데, 아마도 고대 아르키메데스의 근본적인 기여로 시작되어 보다 최근에는 네덜란드 기술자 시몬 스테빈(1548–1620)에 의해 다시 개발되었다. 이 장의 시작 쪽에 있는 *기적과 기적이 아닌 것*을 의미하는 *WONDER EN IS GHEEN WONDER*라는 문구를 주목하라. 이 상징은 스테빈이 저작한 책의 제목 쪽에 나타나며 오래된 기계학적 문제에 대한 그의 유명한 해답을 가리킨다.

스테빈은 빗면 위에 놓인 무게있는 물체를 평형 상태로 유지하기 위해 얼마나 많은 당김이 필요한지를 알고자 했다(최하단에 놓인 그림을 보라). 확실히 빗면이 수평일 때는 힘이 필요 없으며, 빗면이 수직일 때는 가장 큰 당김이 필요하다. 따라서 이 두 경우는 극단적인 경우이며, 일반적인 경우는 그 중간 어디에 위치한다: 물체를 균형 있게 하는데 필요한 힘은 경사 각도에 따라 달라진다.

정확한 규칙은 무엇일까? 스테빈은 약간 더 일반적인 문제를 살펴봄으로써 해답을 찾았다. 그는 높이가 h인 각기둥을 생각했으며, 그 밑면은 지면에 놓여 있으며 완벽히 수평이라고 가정했다. 각기둥의 단면은 삼각형 ABC라고 가정하자(다음 쪽의 최상단에 놓인 그림을 보라). 각기둥의 두 옆면 P_1과 P_2는 수평 지면과 각각 각도 α_1과 α_2를 이룬다. P_1과 P_2에 놓인 무게가 각각 m_1과 m_2인 물건들에 대하여,

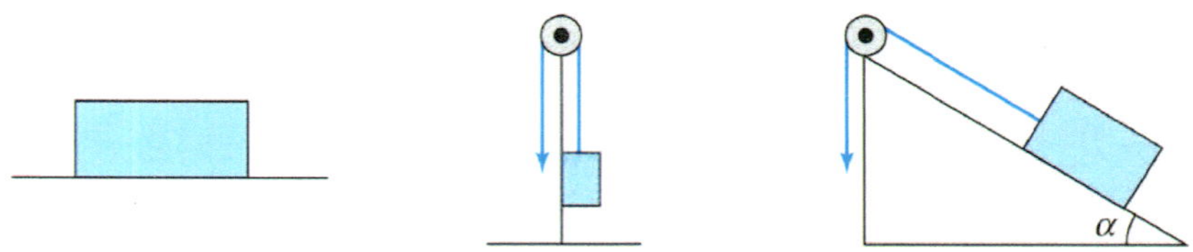

수평면, 벽, 그리고 빗면 위의 하중.

만약 $m_1/m_2 = \sin\alpha_2/\sin\alpha_1$이면 그리고 이 경우에만 두 물체는 서로 균형을 이룬다. 이것이 빗면의 법칙이며, 스테빈의 상징에 나타난 증명이다.

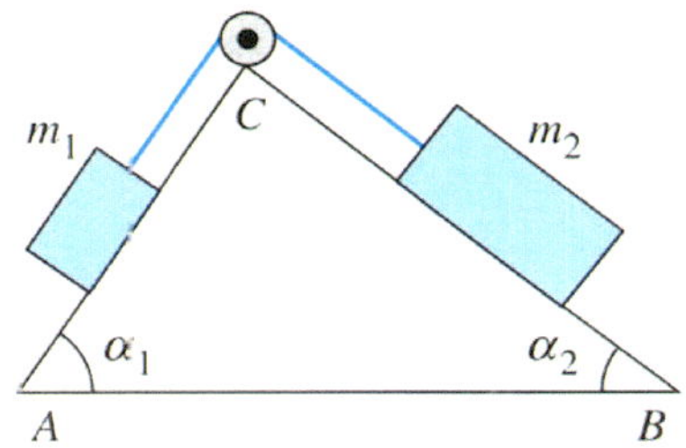

두 개의 하중을 지지하는 각기둥.

스테빈의 추론은 다음과 같다. 각기둥을 둘러싼 두께와 밀도가 균일한 닫힌 사슬을 생각한다. 그러면 스테빈은 사슬이 평형 상태에 있거나 움직이고 있다고 주장한다. 만약 사슬이 움직이고 있다면, 다른 일은 일어날 수 없으므로 사슬은 영구적으로 움직여야 한다. 그러나 스테빈은 이것이 불가능하다고 생각했다. 따라서 사슬은 평형 상태에 있어야 한다. 변 AB 아래의 사슬 부분도 지지 없이 자유롭게 매달려 있기 때문에 평형 상태에 있다. 따라서 사슬의 상단 부분 AC와 BC는 서로 균형을 이루게 된다. 그 무게 m_1과 m_2는 분명히 거리 $\overline{AC}$와 $\overline{BC}$에 비례한다; 따라서 $m_1/m_2 = \overline{AC}/\overline{BC}$이다. 한편, 오른쪽 그림의 직각삼각형 ADC에서 각도 α_1의 사인은 변의 길이 h와 빗변의 길이 $\overline{AC}$의 비율, 즉

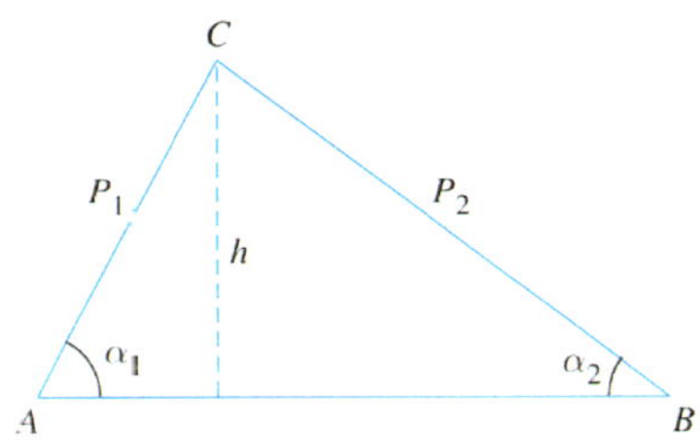

각기둥의 단면.

$$h = \overline{AC} \cdot \sin\alpha_1$$

이며, 유사하게 직각삼각형 BDC를 보면

$$h = \overline{BC} \cdot \sin\alpha_2$$

이다. 이 두 공식으로부터

$$\overline{AC} \cdot \sin\alpha_1 = \overline{BC} \cdot \sin\alpha_2$$

또는

$$\overline{AC}/\overline{BC} = \sin\alpha_2/\sin\alpha_1$$

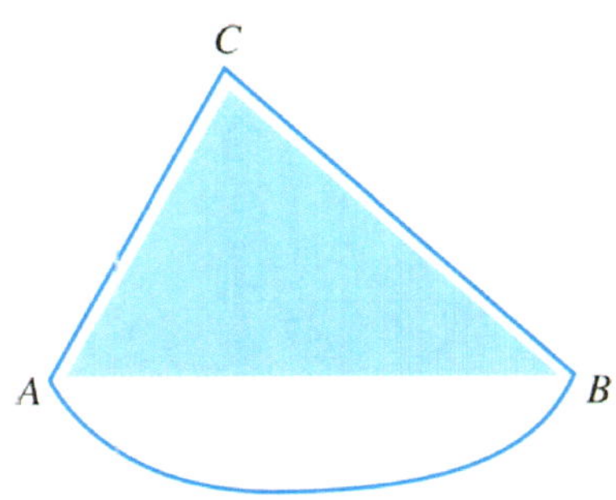

사슬로 둘러싸인 각기둥.

인 것을 알 수 있다. 이 공식을 $m_1/m_2 = \overline{AC}/\overline{BC}$와 결합하면 원하는 관계인

$$m_1/m_2 = \sin\alpha_2/\sin\alpha_1$$

에 도달하게 된다. 이제 사슬의 부분 AC와 BC를 무게 m_1과 m_2로 대체하면, 그들도 서로 균형을 이룰 것이다.

요하네스 헤르바겐이 1544년에 출판한 아르키메데스의 초판본 속표지.

어려운 문제를 거의 자명한 명제로 축소시켰기 때문에 스테빈의 추론은 정말 놀랍다. 이러한 사고 방식은 아르키메데스의 전통에 상당히 부합한다. 스테빈은 실제로 아르키메데스의 정역학과 수력학에 대한 업적을 읽고 이해한 고대 이후 최초의 사람 중 하나였으며, 그의 주요 업적은 아르키메데스의 발상의 현대화였다.

아르키메데스의 역학에 대한 공헌 중 오직 두 가지가 우리에게 전해졌다. 그것들은 *떠 있는 물체에 대하여*와 *평면의 평형 또는 평면 도형의 무게 중심에 대하여*라고 불렸다. 이 두 업적은 이탈리아 수학자인 니콜로 타르탈리아(1506–1557)에 의해 1543년에 처음으로 출판되었으며, 이때는 스테빈에게 딱 맞는 시기였다. 아르키메데스의 완전한 작품의, *크레모나의 야코포*의 라틴어 번역을 사용하여 *토마스 게샤프*에 의해 편집된 그리스어와 라틴어 *판본*은 1544년에 바젤에서 유명한 인쇄업자 *요하네스 헤르바겐*에 의해 제작되었다.

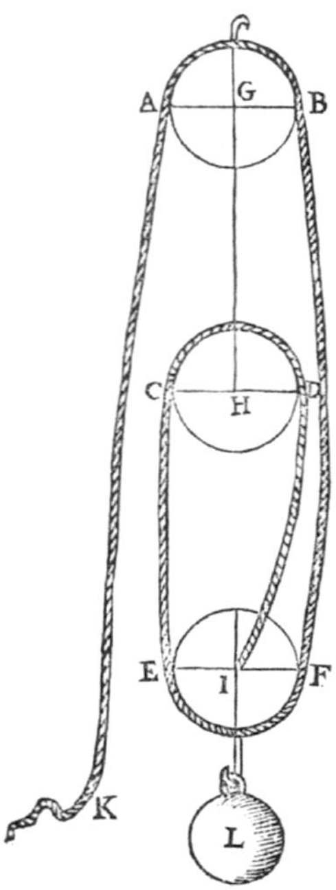

오자남의 *수학 사전*(1691년)에서 발췌한 도르래.

*평형*에서 아르키메데스는 순수 수학의 영역을 벗어나 응용 과학의 영역으로 들어갔다. 그는 유클리드가 기하학에 대해 했던 것처럼, 맨 처음에 놓은 일곱 개의 공리에 기초하여 기계적 구성에 대한 평형 이론을 도출했다. 이러한 방식으로 그는 물리학의 일부에 대한 수학적 이론을 처음으로 확립했으며, 이는 과학의 발전에 매우 중요하였다.

*평형*에서 아르키메데스는 지레를 다루었으며, 이는 쐐기, 빗면, 롤러, 도르래와 함께 고대에 사용된 간단한 기계에 속했다. (이러한 기계를 이용하여 고전 문화에서 이집트의 피라미드, 그리스 신전, 로마의 송수로와 같은 경이로운 건축물이 세워질 수 있게 되었다.) 그는 자유롭게 무게중심의 개념을 사용했지만, 이 개념의 명시적인 정의를 내리지 않았다. 아르키메데스가 *무게중심*이라는 용어로 의미하는 바를 정의하지 않은 이유에 대해서는 여러 가지 추측이 있다. 일부 학자들은 이 개념이 이전 과학자들이나 아르키메데스 자신에 의한 현재는 사라진 업적에 이미 정의되었을 것이라고 가정한다. 이 문제는 결정되지 않았지만, 독자가 *무게중심*이라는 용어의 의미를 알고 있어야

다네세 필사본(약 1330년, 하이델베르크 대학교 도서관)에서 발췌한 도르래.

한다고 가정해야 한다. 약 서기 340년경 알렉산드리아의 파푸스에는 다음과 같은 설명이 있다(이는 볼록한 물체에는 확실히 맞지만, 일반적으로는 성립하지 않는다):

> 모든 물체의 무게중심은 그 물체 내부의 한 점으로서, 만약 그 물체가 그 점에서 매달려 있다면 그에 의해 지탱되는 물체는 정지 상태를 유지하면서 원래의 위치를 유지하는 점이라고 말한다.

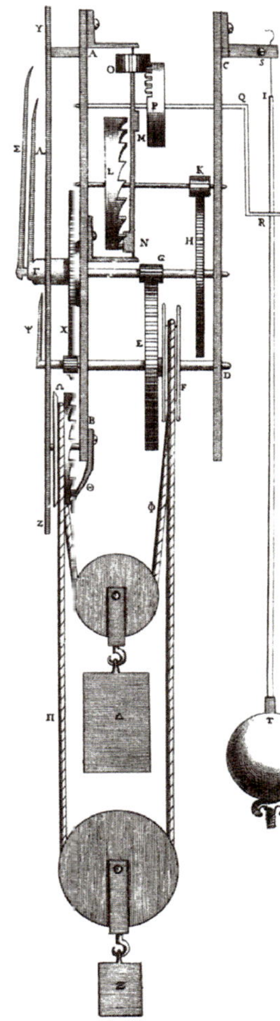

하위헌스의 진자 시계에 사용된 도르래(출처: *다양한 작품*(*Opera Varia*), 제1권, 레이덴, 1724년).

물체가 볼록하다는 것은, 물체의 두 점을 연결하는 선분이 물체 내부에 포함된다는 것을 의미한다. 이 경우에 무게중심이 물체 내부에 있기 때문에 파푸스의 정의는 완벽하게 의미가 있다. 그러나 일반적으로 무게중심은 물체 자체에 포함되지 않을 수 있다. 이 경우 위 정의를

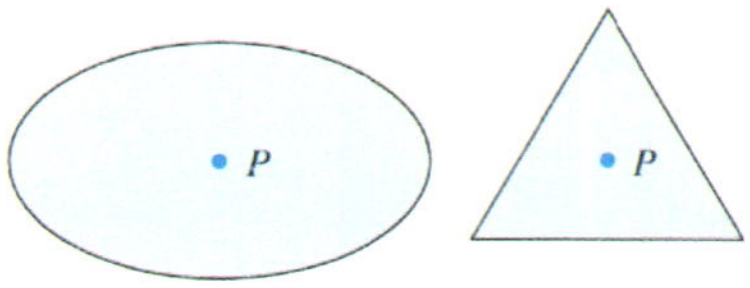

평면에 있는 두 볼록한 물체와 그들의 무게중심 P.

적절히 수정해야 한다. 예를 들어, 물체 B와 견고하게 연결된 무게 없는 물질을 보충하여 구해진, B를 포함하는 가장 작은 볼록체인 볼록껍질 K를 생각할 수 있다. 그러면 B의 무게중심은 K의 무게중심으로 단순히 정의된다(그림 참조).[1]

다르게 표현하면, 주어진 물체의 무게중심을 알고 있으면 그것의 모든 *정지 위치*를 설명할 수 있다. 곧 보겠지만, 우리는 이를 사용하여 물체의 모든 평형을 설명하고 안정한 것을 특징지을 수 있다. 아르키메데스는 그러한 통찰력을 사용하여 힘이 어떻게 서로 균형을 이루는지를 설명하였고, 이를 통해 매우 효율적인 기계장치를 구축할 수 있었다. 그의 가장 유명한 통찰력 중 하나는 지레의 법칙으로, 스테빈의 법칙은 그 변형일 뿐이다.

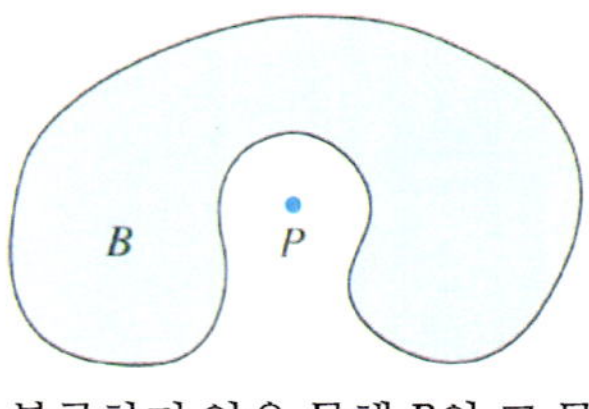

볼록하지 않은 물체 B와 그 무게중심 P.

유사한 발상으로, 스테빈과 갈릴레오와 같은 과학자들은 아르키메데스 사망 후 약 1,800년이 지난 시점에 *정역학*, 즉 복잡한 역학 체계의 평형에 대한 이론을 새로이 구축하기 시작했다. 그러나 그 중간 세기에 역학적 지식이 존재하지 않았다고 가정해서는 안 된다. 반대로, 로마 건축가들은 반원형 구조물과 반원형 천장과 같은 새로운 개념을 개발했으며, 이는 정역학 원리에 대한 깊은 이해가 필요했다. 반원형 구조물과 반원형 천장은 이전 문화에서도 사용되었지만, 그것들을 완성시킨 이들은 로마인이다.

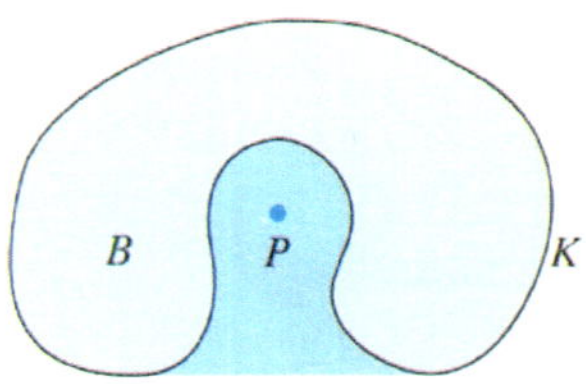

볼록하지 않은 물체 B의 볼록껍질 K.

고대 로마의 훌륭한 건축물 중 하나는 약 1,900년 전에 건설된 판테온이다. 원래는 일곱 행성 신들에게 헌정된 신전으로 사용되었지만, 나중에는 산타 마리아 로톤다라는 기독교 교회가 되었다. 판테온의 본관은 지름 약 140피트의 자립형 둥근 지붕으로 덮인 원통으로 구성되어 있으며, 콘크리트 종류로 만들어졌다. 이 둥근 지붕의 지름은 1890년까지 능가되지 못했으며, 심지어 로마의 성 베드로 대성당의 돔 직경도 약 4피트 더 작다.

---

[1] 오토 퇴플리츠(1881–1940)는 유클리드가 기하학적 개념에 대해 진행한 것처럼 아르키메데스가 공리에 따라 무게중심을 암묵적으로 정의했다고 강조했다. 이 발상은 퇴플리츠의 학생인 발터 슈타인이 그의 논문 *아르키메데스의 무게중심 개념*(수학, 천문학 및 물리학의 역사에 대한 자료와 연구의 B 부문, 제1권, 221–244쪽 (1931), Berlin, Springer)에서 조사되었다.

로마의 판테온.

로마의 반원형 구조물은 로마 지배를 받았던 대부분의 나라에서 발견되는 송수로에서 가장 잘 감상할 수 있다. 이러한 구조물의 목적은 산에서 도시로 물을 운반하는 것이었으며, 여전히 그러하다. 로마인들은 물을 사랑했으며, 분수, 공중 목욕탕, 개인 가정에서 물을 풍부하게 사용했다. 오늘날에도 로마인들은 세계 모든 도시 중에서 가장 풍부하게 물을 사용하고 있으며, 도시의 경이로운 분수들은 활기와 아름다움으로 독특하다. 14개의 송수로가 이 고대 도시로 연결되었고,

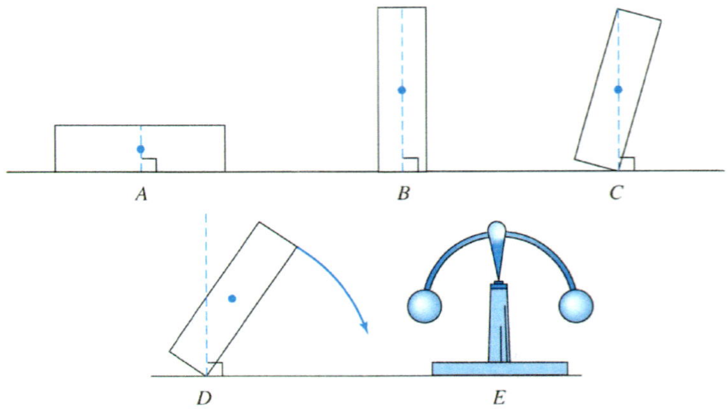

직사각형 블록의 평형 상태:
(A) 안정된 위치;
(B) 상대적으로 안정된 위치 (즉, 변위가 충분히 작은 한 안정적임);
(C) 불안정한 평형;
(D) 평형이 없는 불안정한 상태;
(E) 또 다른 안정된 평형.

그 중 일부는 100킬로미터가 넘었다는 것을 생각하는 것은 매우 놀라운 일이다; 아직도 기능하는 소수의 송수로는 현재 도시가 필요한 모든 물을 제공하기에 충분하다.

중세 유럽에 세워진 건물들은 아마도 로마 건축물보다 더욱 인상적이고 놀라운 것이다. 타원에 기반한 뾰족 반원형 구조물의 발명과 함께 새로운 건축 원리가 도입되었다. 이는 그 우아함과 아름다움으로 많은 찬사를 받는 고딕 성당의 건축을 가능하게 했다. 각 건설 현장에는 석공들이 함께 살고 일하는 석조 숙소가 설립되었으며, 종종 수십 년간 지속되었다.

그러나 각 석공은 비밀을 맹세해야 했기 때문에 우리는 그들의 기술에 대한 많은 세부 사항을 알지 못한다. 이러한 비밀주의는 18세기에 설립된 프리메이슨[1] 숙소에서 여전히 발견된다. 모차르트는 1784년부터 비엔나 숙소 *자선 단체*의 석공 조합원으로서, 그 장엄함, 유머, 비애, 환상적인 허무맹랑함으로 200년 이상 동안 관객들에게 즐거움을 주고 있는 그의 오페라 *마술 피리*에서 동료들에게 경의를 표했다. 오페라가 프리메이슨 의식을 암시할 때, 우리는 이집트식 피타고라스적 환경을 떠올리게 된다. 실제로 *마술 피리*의 초기 인쇄본에는 흙손, 직각자, 피타고라스 오각성 같은 프리메이슨 상징들로 정문이 장식된 이집트 신전이 새겨져 있다.

1: 옮긴이 주: 숙련 석공 조합원

르네상스 시대에 아르키메데스의 발상이 이탈리아에서 널리 알려지면서, 많은 학자들이 그의 역학에 대한 발상과 함께 역학 체계의 무게중심에 대한 아르키메데스의 개념을 받아들였다. 레오나르도 다빈치(1452–1519)는 *영구 기관*(영원히 움직이는 기계)가 없다는 것을 이미 깨달았으며, 많은 엔진과 기계 장치를 고안했으나 당시 공학 기술이 충분히 발전되지 않아 대부분은 제작되지 않았다. 귀도 우발디(귀도발도 델 몬테 후작, 1545–1607), 갈릴레오, 토리첼리는 아르키메데스의 발상을 설명하고 발전시켰다. 그들은 주어진 제한 내에서 무게중심이 가능한 한 낮을 때 그러한 체계가 (안정적인) 평형 상태에 있을 것이라는 원리를 제시했다. 수학의 세계 중심지인 바젤을 만든 요한과 야코프 베르누이는 끝점에 고정된 무거운 사슬의 평형 위치가 무엇일지 고민했다. 그들은 사슬이 많은 작은 단단한 부분들, 즉 연결자로 구성된 기계적 체계일 뿐이라고 결정했다. 따라서 평형 상태는 무게중심의 최저 위치로 특징지어야 한다. 사슬이 다른 연결자를 올리지 않고는 어떤 연결자도 낮출 수 없는 구성에 도달하면 평형 상태에 도달하게 된다. 이 원리를 공식화한 후, 요한 베르누이는 1690년에 자유롭게 매달린 사슬의 정확한 수학적 형태를 발견했으며, 하위헌스와 라이프니츠도 마찬가지였다. 이 형태는 오늘날 *현수선*(즉 사슬선; 수학적으로는 *쌍곡코사인*)이라고 불리는 곡선으로 설명된다. 우리는 제5장에서 최소 곡면을 다룰 때 다시 현수선을 대할 것이다.

귀도발도 델 몬테의 책 *역학의 책*(*Mechanicorum Liber*) (1577년, 피사)의 속표지. 그림은 아르키메데스의 지레로 지구를 움직이는 모습을 묘사하고 있다.

1717년 요한 베르누이는 역학 체계 평형 이론에서 큰 진전을 이루었다. 그는 (이미 많은 문단에서 나타난) *가상 일의 원리*[2]를 정역학의 기본 법칙으로 제안했다. 이에 따르면, *평형 상태에서는 주어진 역학 체계의 무한소 변위를 달성하는 데 일이 필요하지 않다*고 한다. 이 규칙은 안정적인 구성뿐만 아니라 불안정적인 구성에도 적용된다. 이것이 무엇을 의미하는지 알기 위해, 위의 그림에서와 같이 움푹 들어간 부분과 높은 부분이 있는 구릉지에서 굴릴 수 있는 강철 공을 상상

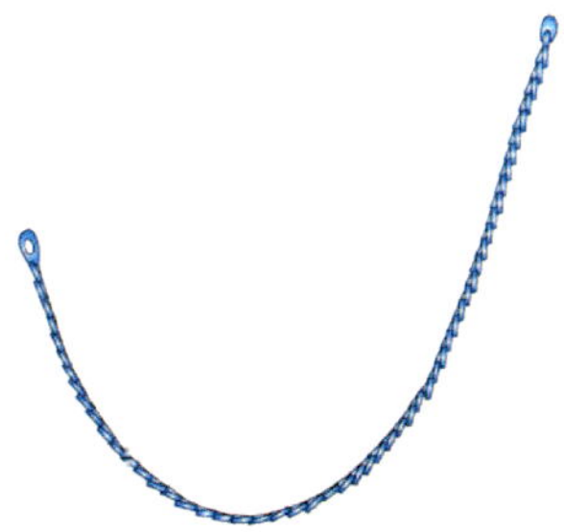

현수선: 사슬의 평형 위치.

[2] 이 원리는 1717년 1월 26일 요한 베르누이가 프랑스 물리학자 피에르 바리뇽(1654–1722)에게 보낸 편지에 기술되었다. 이는 1725년에 바리뇽의 *새로운 역학*(*Nouvelle Mecanique*) 제2권, 174쪽에서 처음으로 출판되었다.

화가가 관찰해야 할 인체의 평형 위치: 평형을 유지하기 위해 무게중심이 지지되어야 한다. (회화에 대한 레오나르도의 논문, *말러레이의 논문*(*Tractat von der Mahlerey*), 뉘른베르크, 1747년, 제2판에서 발췌)

구릉지에 있는 공.

해 보라. 공이 언덕 위에 있으면 불안정한 평형 상태에 있는 것이며, 구덩이의 중심에 있으면 안정된 위치에 있는 것이다. 언덕 위에서는 작은 충격이라도 공을 평형 위치에서 멀리 이동시킬 수 있다; 구덩이에서는 어떤 방향으로 차더라도 공은 자신의 휴식 위치로 돌아가려고 한다. 그러나 공이 안장점에 놓여 있으면 이것은 불안정한 평형 상태에 있다. 되돌릴 수 없는 방향이 있지만, 약간의 충격을 받으면 공이 진동 운동을 할 수 있는 방향도 있다. 세 가지 평형 위치 중 어느 위치에서든 (최소한 첫 번째 근사에서는) 공을 약간 움직이는 데 일이 필요하지 않는다. 왜냐하면 이 점에서 중력은 곡면에 대한 접평면에 수직으로 작용하며, 따라서 지면의 반작용력에 의해 완전히 균형을 이루기 때문이다.

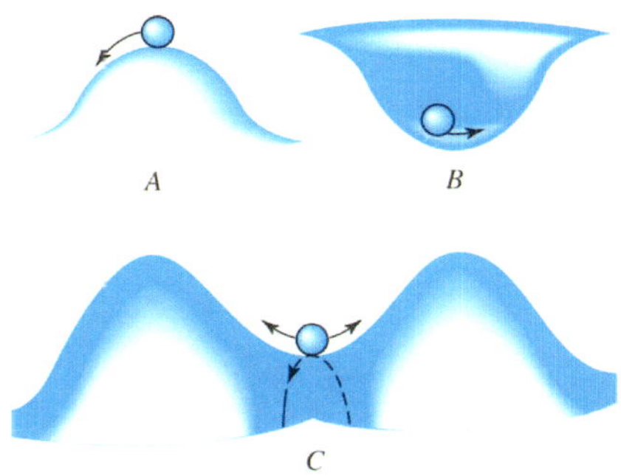

공의 다양한 평형 위치: (A) 불안정; (B) 안정; (C) 불안정.

가상 일의 원리를 수학을 사용하지 않고 일반적으로 공식화하는 것은 쉽지 않다; 그러나 너무 많은 수학적 세부기술 없이 이 원리의 기본 발상을 설명할 수 있도록 원리를 재구성할 수 있다. 물리적 체계의 각 상태에 숫자가 부여된다고 가정하자; 이 숫자는 이것의 *잠재 에너지*를 나타낸다. 따라서 잠재 에너지를 체계의 다양한 상태에 대한 함수로 간주할 수 있다. 그러면 가상 일의 원리은 다음 두 가지 규칙으로 표현될 수 있으며, 수학자들은 이를 종종 *디리클레 원리*라고 부른다.

■ **규칙 1.** 물리적 체계의 안정한 평형 상태(즉, 정지 상태)는 그러한 상태에서 체계의 잠재 에너지가 체계의 가능한 (또는 가상) 인근 상태보다 낮다는 조건으로 특징지어진다.

이것이 무엇을 의미하는지 이해하기 위해, 우리는 1장에서 특정 문제의 최솟값 또는 최댓값을 각각 적절한 산맥의 구덩이 또는 봉우리로 설명할 때 설정한 기하학적 그림을 사용한다. 물리적 체계의 모든 가능한 상태의 집합을 평면으로 상상해보자. *평면의 각 점은 가능한 상태*를 나타낸다. 잠재 에너지를 평면 위의 산의 *높이*로 생각하면, 산의 최솟값(구덩이)은 안정한 평형에 해당한다. 이러한 지점에서 산의 접평면은 수평이다.

이미 알고 있듯이, 접평면이 수평인 다른 지점들도 있다; 이들은 산의 최댓값(봉우리)과 안장점(고개)에 해당한다. 이들은 정지의 *불안정한 상태*에 해당힌다. 일반적으로 우리는 산의 접평면이 수평인 점에 해당하는 상태를 잠재 에너지의 *정류 상태*라고 부른다. 그러면 두 번째 규칙을 다음과 같이 나타낼 수 있다.

■ **규칙 2.** 물리적 체계의 평형 상태는 그것의 잠재 에너지의 정류 상태이다.

이 기하학적 그림은 물리적 체계의 평형을 연구하기 위한 간단한 수학적 틀을 제공한다. 미적분학은 물리학에서 만나는 다차원 산의 수평 접평면을 정확히 정의할 수 있게 해준다. 그런 다음 변분법의 방법을 사용하여 평형 상태를 찾고 특징지을 수 있다. 불안정한 평형은 안정한 평형만큼 중요하다. 대부분의 물리 이론에서 기본 방정식은 오직 일반적으로 평형 상태를 특징지우며, 안정성에 대한 고려는 보통 어려운 문제이다.

갈릴레오의 *연설 및 수학 시연*(*Discorsi e Dimostrazioni Matematiche*)에서 발췌한 목판화, 현대 역학의 기초, 1638년 레이덴에 있는 엘제비어 출판사에서 출판되었다.

물론 또 다른 중요한 질문이 있다: *물리 모형의 각 상태에 어떤 잠재 에너지를 할당해야 하는가?* 여기서 물리적 및 실험적 증거가 나온다. 잠재 에너지 개념을 이해하기 위해 몇 가지 간단한 모형을 생각해 보겠다; 그러나 이러한 모형에서 정확한 잠재 에너지가 무엇인지 구체적으로는 다루지 않을 것이다.

당신이 스키 타는 사람이고 리프트를 타거나 걸어 올라가면서 산의 높은 곳에 오려면 당신의 잠재 에너지도 증가한다. 산 정상에서 당신은 불안정한 평형 상태에 있게 된다. 약간의 움직임으로 당신의 내려가는 경주가 시작된다. 이 경주 동안 당신의 잠재 에너지는 먼저 운동 에너지로 변환되고, 마찰에 따라 열 에너지로 변환된다. 계곡에 도달하면 당신은 극소 잠재 에너지의 안정된 위치에 있게 된다. 그러나 스키를 타고 산 고개를 오르면 당신은 잠재 에너지의 극대나 극소가 아닌 중간의 불안정한 평형 위치에 있게 된다.

또 다른 예로는 시계의 용수철과 같은 탄성 매체가 있다. 이러한 용수철은 일정량의 에너지를 저장할 수 있다. 시계를 감으면 운동 에너지가 잠재 에너지로 변환되어 용수철에 저장되고 시계가 움직일 때 천천히 방출된다. 장력이 없어지면 용수철은 안정된 평형 상태가 되고 시계는 정지된다.

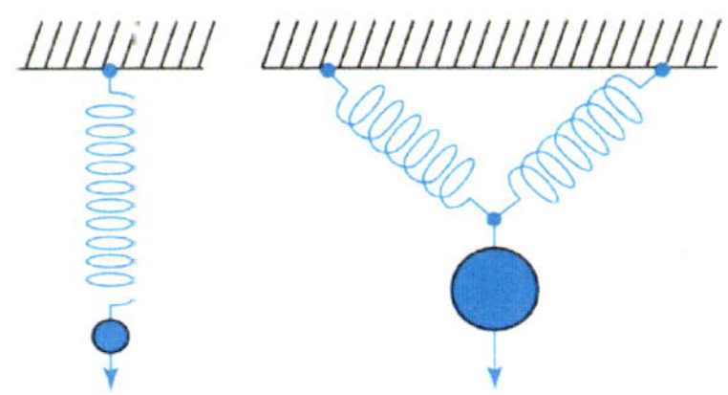

물체를 균형 잡는 용수철.

유사하게, 고무 공이나 고무 고리와 같은 탄성 물체를 압축하면, 손으로 가하는 반작용이 없다면 물체가 방출할 잠재 에너지가 충전된다. 고무를 그대로 두면, 이것은 원래의 최소 잠재 에너지 위치로 자신의 형태를 바꾸면서 가능한 한 많은 잠재 에너지를 잃으려고 한다.

고무 고리를 자르고 한쪽 끝을 비틀어 끝을 다시 붙이면, 고무 고리는 내부 장력을 포함하게 되어 자유롭게 두면 이를 방출하려고 한다. 결과적으로 고무 고리는 원래와는 상당히 다른 평형 위치에 놓이게 된다.

또한, 무거운 무게로 용수철 체계를 구성하여 다른 모형을 구할 수 있다. 용수철의 탄성력은 중력에 의해 가해지는 무게를 반작용하게 된다. 다시 한 번, 체계의 잠재 에너지가 가능한 한 작을 때 평형이 달성된다.

우리는 용수철을 틀을 가로지르는 고무 천으로 대체하고, 그 위에 돌이나 더 흥미롭게는 액체와 같은 무거운 물질을 놓을 수 있다. 실험을 통해서는 쉽게 찾을 수 있지만, 평형 상태의 정확한 형태를 예측하는 것은 쉽지 않다. 문제를 더욱 복잡하게 만들기 위해 전기 또는 자기력을 추가할 수 있다; 그러면 잠재 에너지를 위한 올바른 표현을 찾는데 많은 창의성과 경험이 필요하다. 탄성역학 분야는 응용 수학에서 상당히 어렵고 중요한 주제를 나타내며, 18세기와 19세기의 많은 위대한 수학자와 물리학자들의 중요한 성과에도 불구하고 결코 완전하지 않다.

돌이나 물을 지지하는 고무 천.

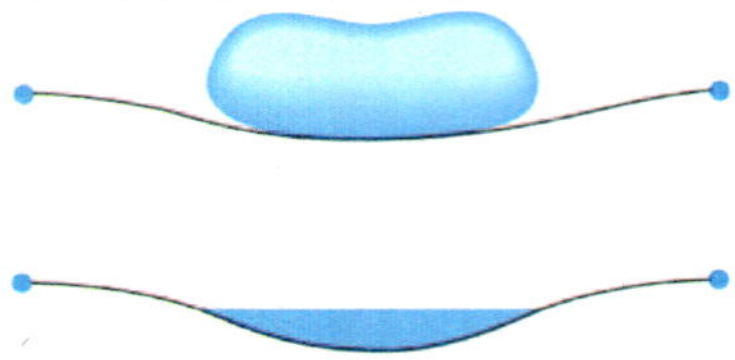

액체가 위에 있는 고무는 우리가 매일 접하는 현상, 즉 모세관 현상과 관련이 있다. 1490년에 레오나르도 다 빈치는 작은 관, 즉 모세관에서 액체의 상승과 하강을 관찰했다. 이 현상은 일반적으로 표면 장력 이론이라고 불리는 *모세관 이론*에 이름을 부여했다. 모세관 현상이란 무엇일까? 이것은 사실 한 문장으로 설명하기 어렵다. 다소 자명하게, 모세관 현상은 모세관력에 의해 발생하며, 이는 다시 액체 분자가 서로 및 액체를 담고 있는 용기의 분자와 같은 다른 분자에 작용하는 전기력에 의해 발생한다고 말할 수 있다. 모세관의 범주에 속하는 몇 가지 현상을 지정하는 것이 더 의미가 있다. 우리는 이미 레오나르도 다 빈치가 연구한 작은 관에서의 액체 상승을 언급했다. 모세관의 작용에 대한 다른 예로는 크기가 너무 크지 않은 한 가능한, 표면에서 매달려 있는 물방울이 있다. 또한 체의 그물망에 일정량의 액체가 있는 것을 알 수 있다. 솔의 털은 젖으면 서로 달라붙는다. 누수되는 수도꼭지 아래에서는 떨어지기 전에 특정 크기로 성장하는 물방울이 형성된다.

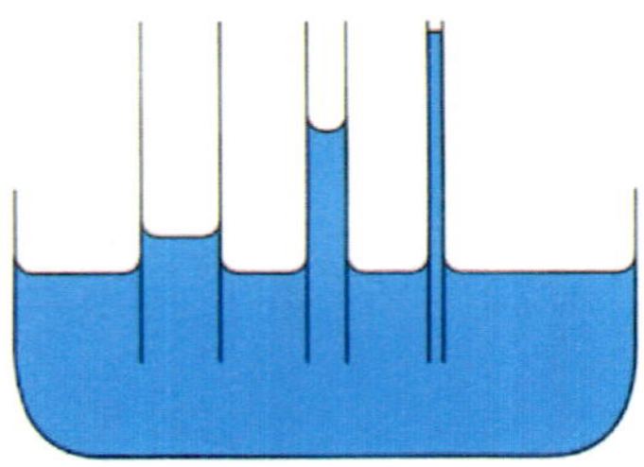

다양한 크기의 모세관.

이러한 현상에 대한 일반적인 설명에서, 액체 표면은 다른 물질과 접촉할 때 접착 또는 반발 특성을 가질 수 있는 탄성 피부로 덮여 있다고 상상한다. 여기서는 액체 막의 탄성에만 집중하겠다. 이 특성의 결과로, 물방울의 액체 막은 그 물방울의 무게 균형을 잡으며, 이는 고무판이 그 위에 액체가 있을 때 하는 것과 같다. 모세관 현상에 대한 이 액체 막 설명은 개념적으로 매우 간단하고 많은 실험으로 정당화될 수 있기 때문에 상당히 만족스럽다. 특히, 물방개가 연못 표면을 따라 달릴 수 있는 민첩성을 통해 모든 사람이 알고 있는 것이 있다. 그것은 물의 표면 위를 걷고 있다.

영국 작가 힐레어 벨록은 물방개의 특별한 재능을 다음과 같이 묘사했다:

고정된 물방울과 매달린 물방울.

> 여기 물방개는 당신의 이해를
> 넘어서는 설교를 가르쳐준다:
> 그는 물의 표면을 미끄러지듯
> 쉽게, 빠르게, 우아하게 다니는 것으로
> 인간을 깜짝 놀라게 한다.
> 그러나 만약 그가 어떻게 그렇게 하는지를
> 생각하기 위해 멈춘다면, 그는 가라앉을 것이다.

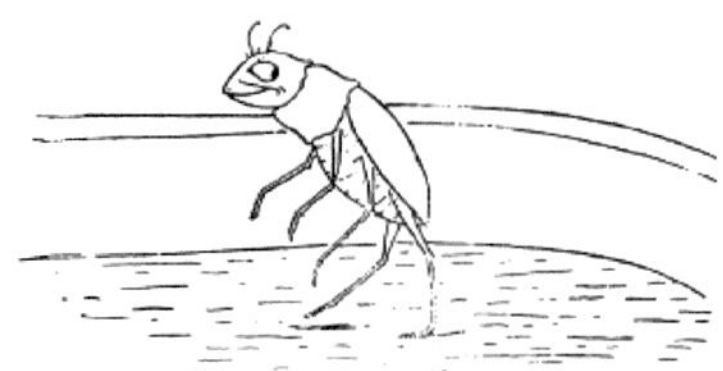

물의 표면 장력은 물에 녹아 있는 미네랄의 종류와 양에 크게 의존한다. 세계의 일부 지역에서는 물의 표면 장력이 매우 강해서 작은 동전도 지탱할 수 있다. 높은 표면 장력은 손을 씻거나 세탁물을 청소하기 훨씬 더 어렵게 만든다. 세제의 기본 목적은 세탁기에서 사용되는 물의 표면 장력을 급격히 줄이는 것이다.

그러나 비누나 다른 세제에 따른 표면 장력의 감소가 비누막을 생산할 수 있게 해준다. 비누막은 철사, 실, 곡면으로 구성된 틀에 의해 지탱되거나 경계 없이 비눗방울의 형태로 존재할 수 있다. 비누가 장력을 줄이지 않으면 물의 액체 막은 지속될 수 없고 즉시 부서질 것이다.

분자력의 작용에 따른 표면 장력을 정확히 설명하는 것은 쉽지 않다. 또한, 액체 표면을 덮고 있는 증기층과 같은 다른 현상들도 생각해야

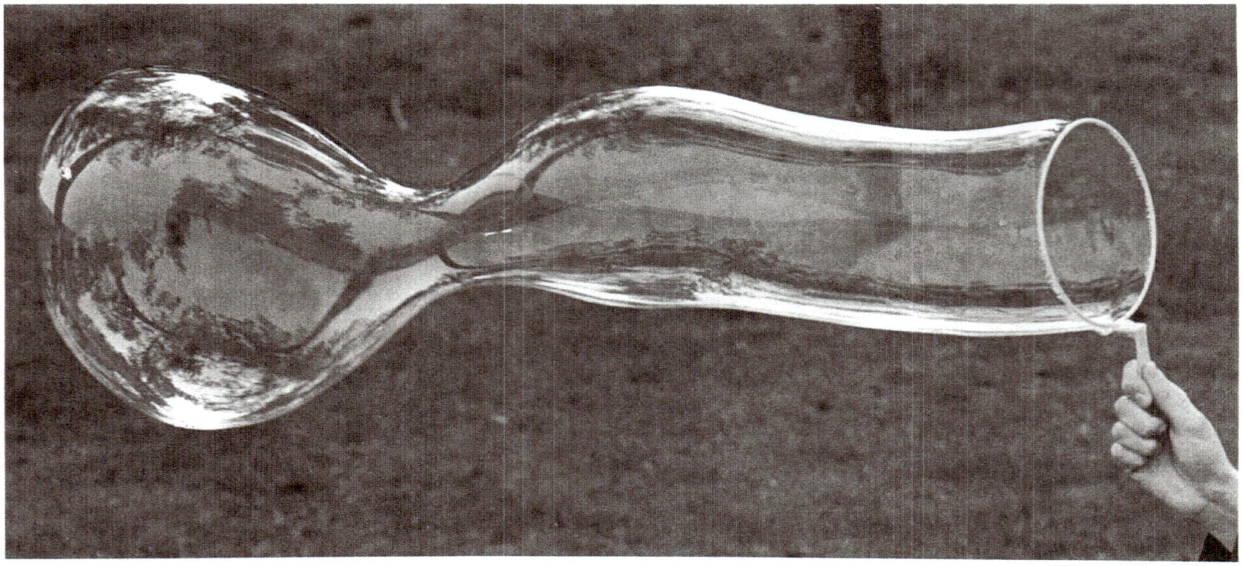

비누막의 액체 막.

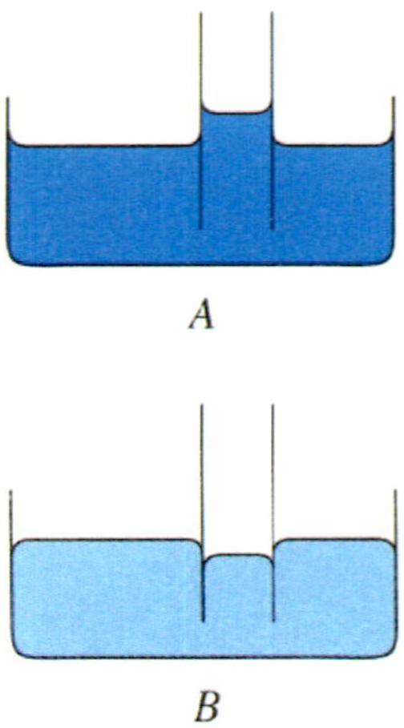

모세관 표면: (A) 물; (B) 수은. 이는 용기의 측면이 액체에 가하는 인력과 반발력을 보여준다.

한다. 그럼에도 불구하고, 안정한 평형 상태를 잠재 에너지의 최솟값으로 특징짓는 아름답고 간단한 개념은 비누막의 행동을 상당히 만족스럽게 설명할 수 있게 해준다. 액체 표면은 여러 면에서 탄성 고무 천처럼 행동하기 때문에, 더 많이 늘어날수록 이것의 잠재 에너지는 더 높아야 한다. 즉, 액체 표면에 저장된 에너지는 그 넓이와 어떤 방식으로 관련이 있어야 하며; 가장 간단한 규칙은 잠재 에너지가 넓이에 직접 비례하는 것이다. 따라서 비누막은 동일한 제약을 성립시키는 다른 표면보다 넓이가 작으면 안정한 평형 상태에 있게 된다.

액체 방울의 경우, 잠재 에너지는 더 복잡하다. 이는 자유 표면의 넓이, 방울의 만유인력 잠재 에너지, 그리고 경계가 액체에 가하는 힘의 잠재 에너지에 따라 달라진다. 경계력은 유리와 물 사이처럼 당기는 힘일 수도 있고, 유리와 수은 사이처럼 밀어내는 힘일 수도 있다. 요한 베르누이의 가상 일의 원리에 기초한 이 접근법은 가우스가 1830년 논문 *정류 상태의 유체 이론의 일반 원리*(*Principia Generalia Theoriae Fluidorum in Statu Equilibrii*)에서 사용했다. 이 작업에서 가우스는 토머스 영(*유체의 응집력에 대한 에세이*, 왕립 학회 철학적 논문집, 제95권(1805년), 65–87쪽)과 또한 P. S. 라플라스가 그의 유명한 저서 *천체 역학*(*Mecanique Celeste* , 1806년)의 10권의 부록에서 제안한 모세관 이론을 견고한 기초 위에 세웠다. 가우스의 작업의 중요성은 이제 우리가 액체 표면의 평형 상태를 가상 일의 원리, 즉 변분 원리에 의해 특징지을 수 있다는 점이다. 따라서 모세관 현상은 이 강력한 원리가 유효한 또 다른 상황으로 볼 수 있다. 비누막은 단지 모세관 현상의 특별한 경우에 불과하며, 따라서 가우스에 의해 고안된 형태로 베르누이의 원리를 사용하여 주어진 경계 구성에서 모든 가상(가능한) 위치 중 최소 넓이를 차지하거나 적어도 넓이의 정류 상태에 있는 곡면으로서 비누막의 평형 위치를 설명할 수 있다. 이렇게 해서 우리는 극소곡면 이론에 도달했으며, 다음 장에서 그 가장 흥미로운 특징 중 일부를 소개할 것이다.

가우스의 1830년 논문 속표지.

비눗방울을 불고 있는 소년. 프랑스 화가 장 바티스트 시메옹 샤르댕(1698–1779)의 그림, 메트로폴리탄 미술관, 뉴욕.

비누막: 아이의 재미와 수학 5

자연의 책은

기하학의

문자로

쓰여져 있다.

(갈릴레오 갈릴레이)

프랑스 화가 샤르댕의 1739년 그림 속 소년처럼, 우리 대부분은 한때 비눗방울을 불어본 경험이 있다. 우리는 비눗물 용액을 준비하고, 빨대를 액체에 담근 후 꺼내어, 비눗방울을 불었다.

비눗방울 불기는 오래된 놀이이다. 루브르 박물관에는 아이들이 비눗방울을 불고 있는 장면이 묘사된 에트루리아[1] 항아리도 있다. 오늘날에는 간단한 철사나 플라스틱 틀과 손잡이가 함께 제공되는 특별한 비눗방울 용액을 구매할 수 있다. 이 틀을 액체에 담갔다가 꺼내면 원반 모양의 비누막이 형성된다. 틀에 바람을 불어넣으면 비눗방울이 생긴다. 원형 틀을 얇고 유연한 철사로 만든 더 복잡한 기하학적 모양의 틀로 바꾸면, 기묘하고 흥미로운 형태의 아름다운 비누막이 나타난다. 빛의 파동 특성 때문에, 이 막들은 곧 간섭 효과에 따라 생성된 무지갯빛 색상을 나타낸다. 그러나 시간이 지나면 막이 너무 얇아져 실제로 보이지 않게 될 수도 있다.

1: 옮긴이 주: 고대 이탈리아 중부지방에 있었던 나라이다

비누막과 극소곡면: 플라토 문제

비누막 실험에서 나타나는 매혹적인 막들은 분명히 안정된 평형 상태에 있다; 따라서 요한 베르누이의 가상 일의 원리에 따르면, 이러한 막들은 철사 틀을 가로지르는 *최소 잠재 에너지의 막*이라 불리는 것이어야 한다.

결과적으로, 잠재 에너지가 넓이에 비례하므로, 비누막을 모형화하는 *수학적 곡면*은 최소 넓이의 곡면, 즉 수학자들이 말하는 극소곡면이다. 극소곡면의 넓이는 동일한 틀을 가로지르는 *인근 곡면*의 넓이보다 작다. 비누막과 그 수학적 모형의 놀라운 형태는 최소 원리가 작동하는 명확하고 매우 인상적인 예이다.

조제프 앙투안 페르디낭 플라토 (1801–1883).

수학자들은 그들이 제기하는 흥미롭고 도전적인 문제들 때문에 오랫동안 극소곡면에 매료되어 왔다. 1760년에 프리드리히 2세의 궁정에서 오일러의 후계자인 라그랑주는 나중에 언급할 유명한 *극소곡면 방정식*을 도출했다.

벨기에 물리학자 J. A. F. 플라토에 수행된 모세관 현상에 대한 광범위한 실험 및 이론적 연구에는 수학자들의 관심을 자극한 액체 막에 대한 매혹적인 실험도 포함되었다. 1873년, 플라토는 그의 주요 업적인 논문 *분자력만을 받는 액체의 실험적 및 이론적 정역학*(*Statique*

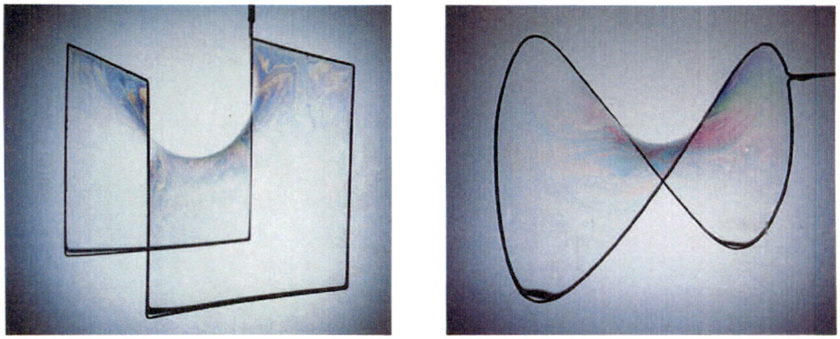

틀 안에 있는 비누막.

Experimentale et Theoretique des Liquids Soumis aux Seules Forces Moleculaires)에서 그의 관찰, 측정 및 이론적 통찰의 많은 부분을 발표했다.

플라토는 그의 실험의 많은 부분을 보지 못했다; 1843년, 생리학적 광학 실험 중에 25초 이상 태양을 눈 보호 없이 응시하여 시력을 잃었다. 이후 몇 년 동안 그는 연구를 수행할 때 가족과 조수의 도움에 의존해야 했다.

플라토의 관찰 중 하나는 수학에 특히 중요했다. 다양한 닫힌 둘레를 비눗물 용액에 담갔다가 빼내는 등의 수많은 실험을 통해, 그는 어떤 기하학적 형태이든 (너무 크지 않은 경우) 단일 닫힌 철사선으로 구성된 각 닫힌 둘레가 적어도 하나의 비누막의 경계가 된다는 것을 깨달았다. 비누막의 수학적 모형, 즉 가능한 최소 넓이의 수학적 곡면인 극소곡면에 대해서도 이와 같은 주장이 성립할까? 다시 말해, 공간의 모든 닫힌 곡선이 적어도 하나의 극소곡면에 의해 가로질러질 수 있다는 것이 사실일까? 이 *수학적* 질문은 *플라토 문제*로 알려지게 되었다. 19세기와 20세기의 많은 유명한 수학자들이 이 문제에 매료되었지만, 그 해결책은 매우 어려운 것으로 보였다.

비누막이 해당 물리적 문제에 대한 즉각적인 해답을 제공하지만, 수학자들은 수학적 문제에 대한 해의 존재를 증명하는 노력을 아끼지 않는다. 일부 독자에게는 이러한 것이 사소한 문제처럼 보일 수 있지만, 20세기의 저명한 극소곡면 연구자 중 한 명인 리처드 크란트

(1888–1972)는 다음과 같이 말했다.

리처드 쿠란트 (1888–1972)와 그의 제자 찰스 드 프리마.

> 경험적 증거는 결코 수학적 존재를 확립할 수 없다—수학자의 존재 요구를 물리학자가 쓸모없는 엄격함이라는 이유로 기각할 수 없다. 오직 수학적 존재 증명만이 물리적 현상의 수학적 설명이 의미가 있다는 것을 보장할 수 있다.

쿠란트의 관점을 설명하는 예를 생각해 보자. 크리스티안 골드바흐 (1690–1764)는 4보다 큰 짝수들이 두 홀수 소수의 합으로 나타나는

것처럼 보인다는 것을 발견했다(수학적 관례에 따르면 1은 소수가 아니며, 2는 유일한 짝수 소수이다):

$$
\begin{aligned}
6 &= 3 + 3; & 16 &= 3 + 13; & 26 &= 13 + 13;\\
8 &= 5 + 3; & 18 &= 7 + 11; & 28 &= 5 + 23;\\
10 &= 5 + 5; & 20 &= 7 + 13; & 30 &= 7 + 23;\\
12 &= 7 + 5; & 22 &= 11 + 11; & 32 &= 3 + 29;\\
14 &= 7 + 7; & 24 &= 5 + 19; & 34 &= 17 + 17.
\end{aligned}
$$

1742년 오일러에게 보낸 편지에서, 골드바흐는 이 수열이 *무한히* 계속될 수 있는지를 증명할 수 있는지 물었다. 오일러는 이를 증명할 수 없었고, 현재까지도 아무도 증명하지 못했다. 오늘날 가장 빠른 컴퓨터도 엄청나게 큰 수의 짝수에 대해 골드바흐 추측의 유효성을 확인할 수 있지만, 모든 짝수에 대해 이를 확인할 수는 없다. 왜냐하면 짝수는 무한히 많기 때문이다. 따라서 모든 짝수를 검사하려면 검사하는 과정에 무한한 시간이 필요할 것이다.

이러한 생각에서 물리학적 실험이 수학적 명제를 결코 증명할 수 없는 좋은 이유를 알 수 있다. 주장을 확인하기 위해 엄청나게 많은 실험을 하더라도, 또 다른 실험 반복이 다른 결과를 낳을 가능성을 배제할 수는 없다. 따라서 경험적 증거는 수학적 사실을 확립할 수 없다. 물리학자에게도 엄격한 수학적 존재 증명을 구하는 것이 중요하다. 왜냐하면 오직 이러한 방식으로 물리적 상황의 수학적 모형이 적어도 일부 측면에서 정확하다는 것을 의심의 여지 없이 확인할 수 있기 때문이다. 비누막의 수학적 모형으로 넘어가면 철사 대신 곡선, 그리고 비누막 대신 곡면을 말해야 한다. 곡선과 곡면은 고대 그리스인들이 창조한 것과 같은 이데아이다. 이 과정을 3장에서 설명한 바 있다.

골드바흐 추측에 대한 앞의 논리는 플라토 문제에도 똑같이 적용될 수 있다. 물리적 문제는 항상 해결책이 있는 것처럼 보인다. 왜냐하면 매번 닫힌 둘레를 비눗물에 담갔다가 꺼내면 비누막이 형성되기 때문이다. 그러나 이러한 물리적 증거로부터 모든 닫힌 곡선이 최소 넓이의 곡면에 따라 가로질러진다고 결론지을 수는 없다.

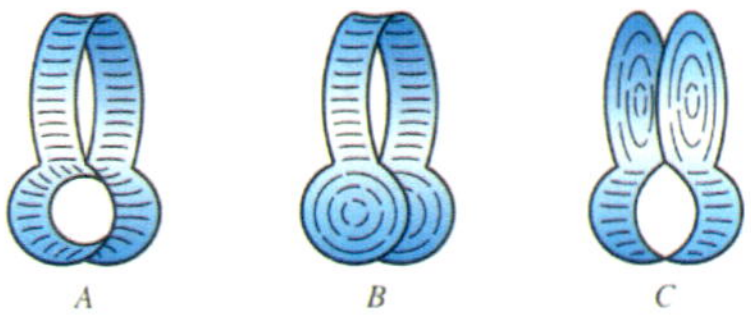

적어도 세 개의 다른 극소곡면으로 가로질러질 수 있는 닫힌 곡선.

플라토 문제의 해는 여러 가지 다른 유형일 수 있다. 어떤 일이 일어날 수 있는지 이해하기 위해, 적어도 세 개의 다른 극소곡면으로 가로질러질 수 있는 특정 닫힌 곡선을 생각해 보자. 왼쪽 그림에서 중간과 오른쪽 곡면은 같은 유형이지만, 왼쪽 곡면은 다른 종류이다. 수학자들은 왼쪽 곡면의 종수는 1이고, 나머지 두 곡면의 종수는 0이라고 말한다. 이것은 무엇을 의미할까?

플라토 문제를 해결하려면, 곡면을 가로지르는 닫힌 둘레가 얼마나 복잡할 수 있는지를 알아야 한다. 따라서 우리가 해를 찾을 수 있는 곡면을 분류할 방법이 필요하다. 대략적이지만 유용한 분류로부터 다양한 *위상적 유형*을 구분할 수 있다. 두 곡면에서 (예를 들어 154쪽 그림에서와 같이) 마치 탄성 막처럼 곡면의 다른 부분들이 서로를 통과할 수 있도록 늘릴 수 있지만, 찢기거나 자르거나 붙이는 일이 없이 한 곡면을 다른 곡면으로 변형할 수 있으면 두 곡면은 같은 위상적 유형에 속한다. 구와 같은 위상적 유형에 속하는 일부 곡면이 아래에 나와 있다.

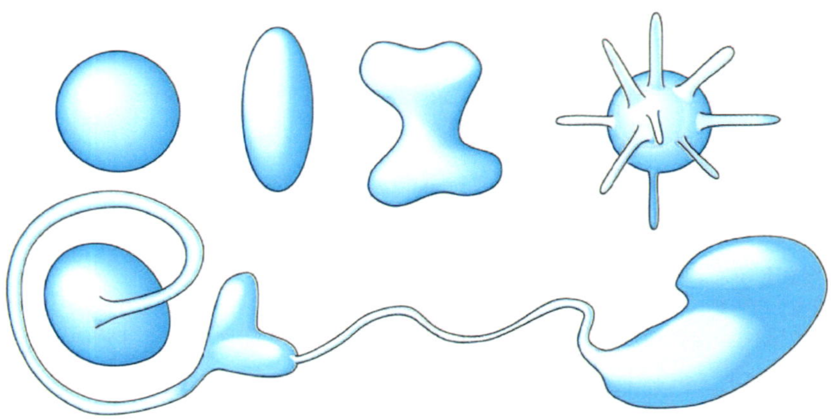

구와 같은 위상적 유형의 닫힌 곡면.

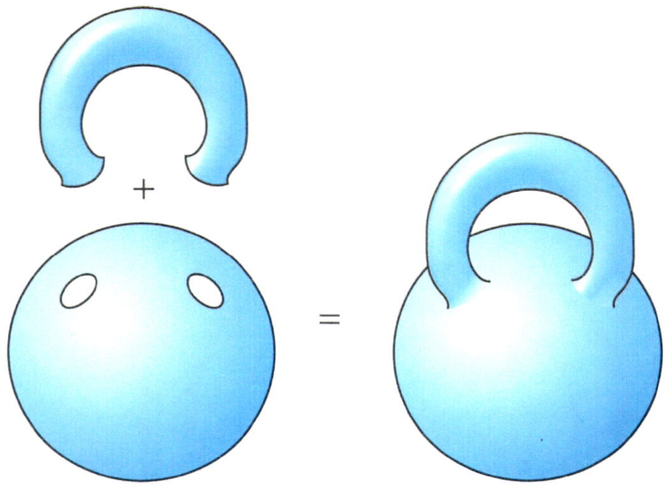

구에 하나의 손잡이가 부착된 모습.

이제 구에서 두 개의 원반을 잘라내고 손잡이를 부착할 수 있다(위의 그림 참조). 이 과정을 계속하여 구에 두 개, 세 개 또는 더 많은 손잡이를 부착할 수 있다. 이렇게 하면 서로 구분되는 *손잡이체 곡면*들이라고 불리는 경계가 없는 유한 곡면의 모음을 구할 수 있다. 두 곡면에 부착된 손잡이의 수가 다르면, 그 곡면들은 서로 다른 위상적 유형에 속한다(아래 그림 참조).

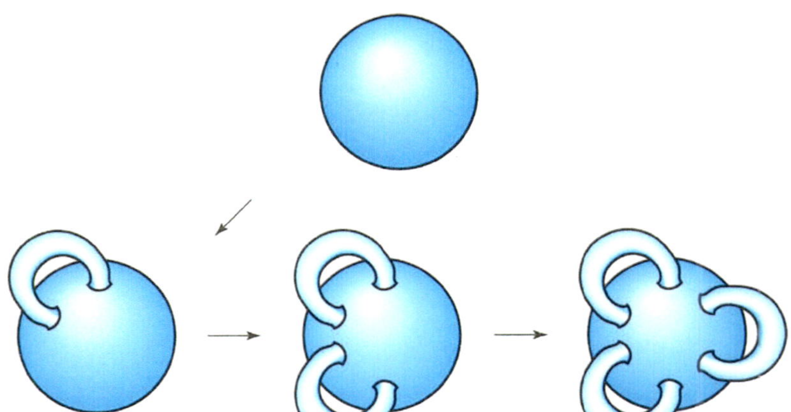

손잡이가 0개, 1개, 2개, 3개 부착된 구.

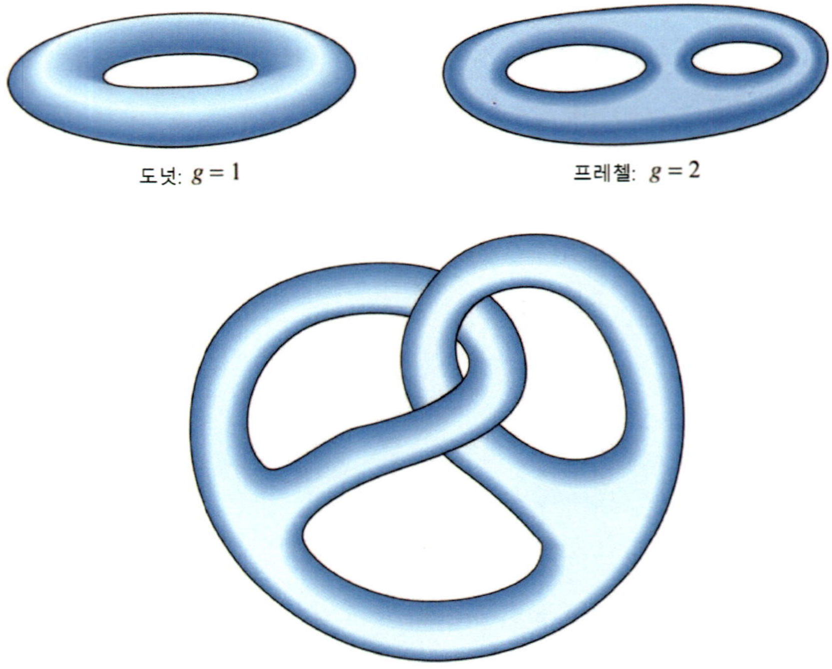

종수 1의 곡면 (도넛), 종수 2의 곡면 (프레첼), 그리고 제빵사의 프레첼.

손잡이가 하나 있는 구를 늘리면 도넛의 표면인 원환체가 되는 것을 확인하라; 또한, 손잡이가 두 개 있는 구는 프레첼[2]의 표면과 같은 유형이다. 위에 보이는 제빵사의 프레첼은 손잡이가 두 개 있는 구와 동일한 위상적 유형인 것을 주목하라.

2: 옮긴이 주: 매듭 모양의 짭짤한 비스킷

곡면이 손잡이가 g개 붙은 구와 같은 위상적 유형이면 이것은 *종수가* g인 곡면이라고 한다. 따라서 원환면은 종수가 1이고, 프레첼은 종수가 2이다.

지금까지 다룬 곡면들은 경계가 없는 곡면이다; 즉, 곡면을 돌아다녀도 모서리에 도달하지 않는다. 예를 들어, 구, 원환면, 프레첼에서는 모서리가 없으므로 이들은 경계가 없는 곡면들이다. 반면에, 평면의 원 내부, 즉 원반은 이 원이 경계인 곡면이다. 또 다른 예로는 작은 원반 같은 표면들을 제거하여 구나 원환면에 하나 또는 여러 개의 구멍을 만든 경우이다. 이제 이들에 구멍을 뚫어, m개의 곡선 $C_1, C_2, \ldots, C_m$로 경계가 지어지는 m개의 구멍을 만들 수 있다. 이렇게 구한 두 곡면은 종수가 동일하고 구멍의 수가 동일하면 두 곡면의 위상적 유형은 동일하다. 보다 구체적으로, 표면에 m개의 구멍이 있는 곡면에 대하여, 그 구멍들을 m개의 원반 같은 곡면으로 채우면 이 곡면이 손잡이가 g개 붙은 구와 같은 유형의 경계가 없는 곡면이 되면 원래 곡면은 종수가 g이라고 말한다. 이 대상체를 구멍이 m개이고 종수가 g인 손잡이체 곡면이라고 부른다.

이제 구멍이 정확히 하나인 곡면을 생각해보자. 이들 모두는 원칙적으로 플라토 문제의 해와 동일한 위상적 유형일 수 있다. 실제로, 동일한 곡선이 서로 다른 위상적 유형의 극소곡면을 경계로 할 가능성이 충분히 있다. 예를 들어, 150쪽의 상단 곡면 B와 C는 $g = 0$이고 $m = 1$이며, 곡면 A는 $g = 1$이고 $m = 1$이다.

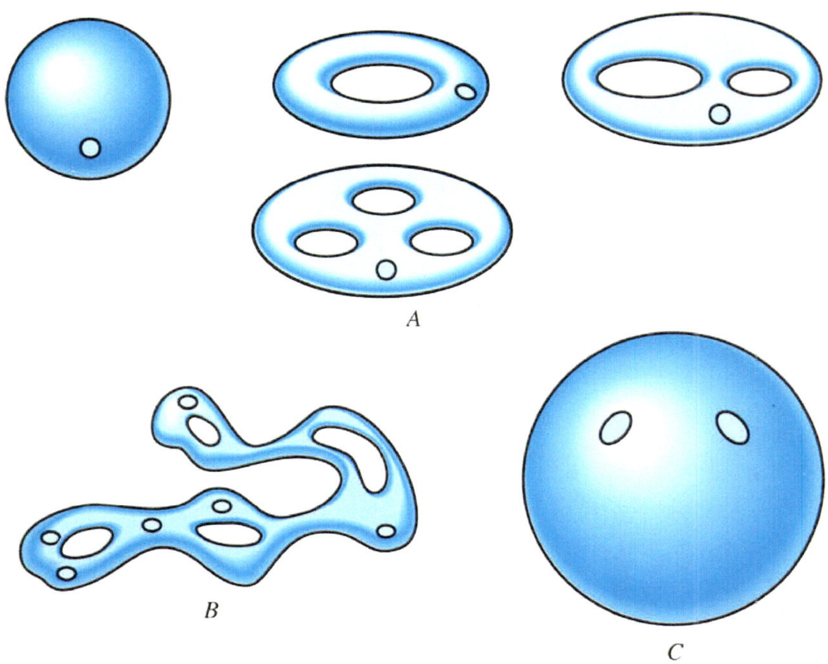

(A) 그멍이 하나이고 종수가 서로 다른 곡면들; (B) 구멍이 6개이고 종수가 4인 곡면; (C) 구멍이 두 개인 구.

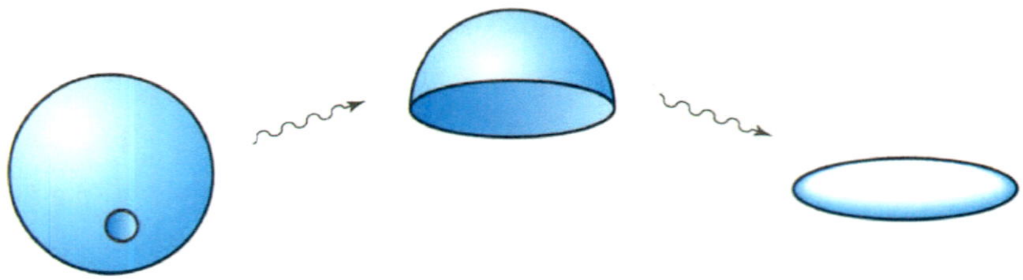

구멍이 하나인 구는 늘려서 원반으로 변형될 수 있다.

구멍이 하나인 구 유형(즉, $g = 0$, $m = 1$)의 곡면은 원반과 같은 유형이다(그림 참조). 원반은 단순닫힌 곡선에 따라 경계가 형성된 가능한 가장 단순한 곡면이다. 따라서 주어진 닫힌 둘레 내의 원반 유형 극소곡면은 플라토 문제의 가장 단순한 해이다.

원반 유형 극소곡면은 인근 곡면이나 실제로 다른 원반 곡면보다 넓이가 작을 수 있지만, 더 높은 종수의 곡면이 넓이가 더 작을 수 있다. 즉, 원반 유형 극소곡면은 사전 지정된 곡선을 가로지르는 최소 넓이의 곡면이 아닐 수 있으며, 단지 넓이의 국소 최솟값만을 제공할 수 있다. 이 현상의 예는 150쪽의 여백에 표시되어 있다. (매우 확신을 주기 위해, 곡선의 두 쌍의 인접한 원형 부분을 매우 가깝게 압축해야 한다.)

따라서 주어진 곡선 C에 대해 어느 종수 g가 C를 가로지르는 절대 최소 넓이의 곡면을 제공할지 전혀 명백하지 않다. 종수에 관계없는 모든 곡면에 대하여 최솟값이 달성될 수 있는지도 명백하지 않다. 예를 들어, 다음 쪽의 상단 그림과 같은 *병리학적 곡선*을 생각해 보자. 절대 최소 넓이는 다음 쪽 중간 그림에 묘사된 *네스호 괴물*과 같은 곡면에 의해 달성된다. 이 괴물은 *무한히 많은 손잡이가 부착되고 구멍이 하나인 구*의 위상적 유형이기 때문에 이전의 모음에 포함되지 않는다. 따라서 이는 다음 쪽 하단 그림에 표시된 것처럼 무한히 많은 손잡이가 있는 원반과 위상적으로 동일하다.

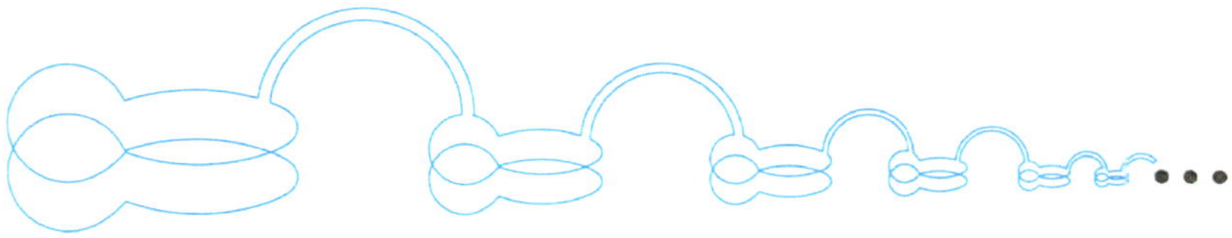

네스호 괴물의 경계.

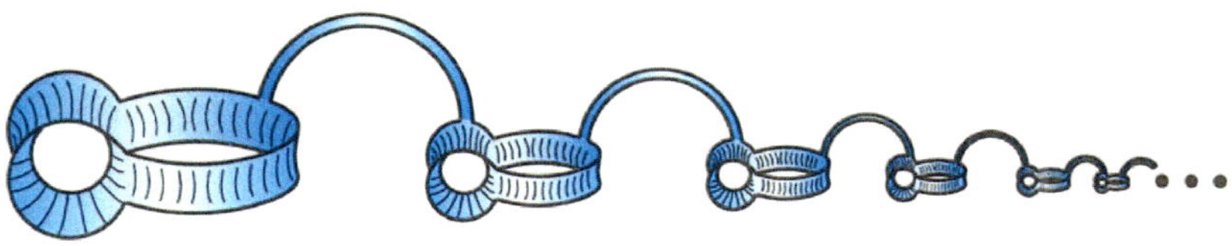

네스호 괴물.

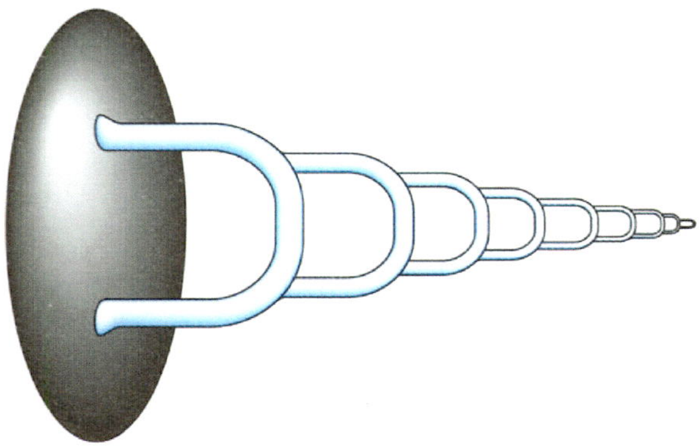

무한히 많은 손잡이가 있는 원반.

이 터무니없는 예는 우리가 괴물의 꼬리 끝과 같은 *특이점*이 있는 닫힌 둘레를 생각했기 때문에 발생한다. *만약 우리가 매끄러운 정칙 곡선만을 가능한 닫힌 둘레로 허용한다면,* 이러한 불쾌한 *무한 종수의 곡면이 플라토 문제의 해로 나타날 수 없을까?* 실제로, 최근에 이것이 증명되었다.

극소곡면에는 우리를 기다리는 다른 놀라움이 존재할까? 예를 들어, 주어진 닫힌 둘레를 가로지르는 모든 가능한 비누막을 우리의 손잡이 체 곡면 모음에서 찾을 수 있을까, 아니면 이 목록을 확장해야 할까?

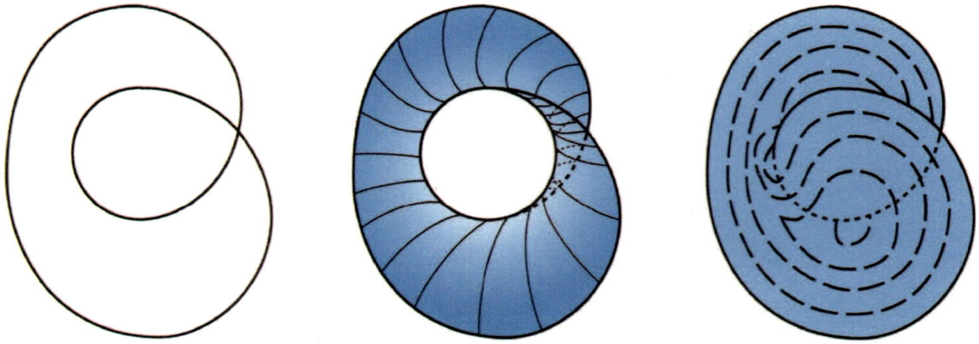

닫힌 곡선을 가로지르는 두 개의 극소곡면.

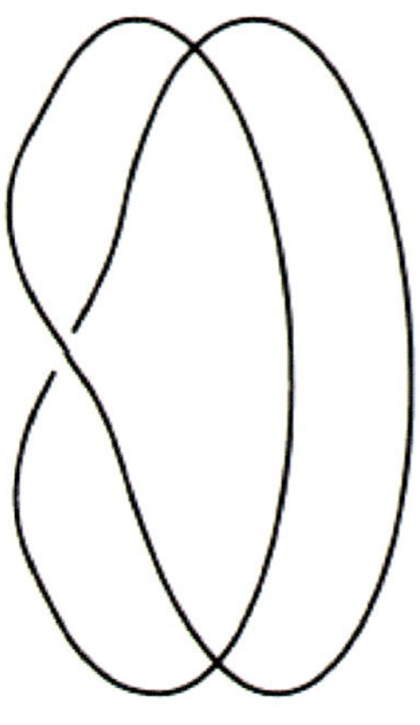

이 곡선을 가로지르는 최소 넓이의 곡면은 뫼비우스 띠와 같은 위상적 유형이다.

위에 표시된 곡선을 생각해 보자. 이 곡선은 서로 다른 위상적 유형의 두 곡면 A와 B에 따라 가로질러진다; 그리고 만약 철사가 왼쪽 하단 여백의 그림처럼 생겼다면, 곡면 A와 매우 유사한 곡면이 이를 가로지르는 최소 넓이의 곡면이 될 것이다. 그러나 곡면 A는 종수가 g이고 구멍이 m개인 손잡이체 곡면 집합에 포함되지 않는다. 왜냐하면 이러한 곡면은 모두 양면이지만 A는 단면이기 때문이다. *양면*이란 곡면 B처럼 실제로 두 면이 있다는 것을 의미하며, 따라서 곡면 위의 작은 동물이 경계를 넘지 않고는 한쪽 면에서 다른 쪽 면으로 이동할 수 없지만, 그러나 단면 곡면에서는 경계를 넘지 않고도 어디든 갈 수 있다.

곡면 A는 1858년 독일 수학자이자 천문학자였던 라이프치히 대학교의 교수 A. F. 뫼비우스가 발견한 유명한 뫼비우스 띠와 같은 위상적 유형이다. 이 띠는 긴 종이 띠를 잘라 한 번 비틀고 끝을 붙여서 만들 수 있다. 이 곡면은 실제로 한 면만 가지고 있으며, 이를 직접 만들거나 반대편에 표시된 네덜란드 예술가 M. C. 에셔의 1968년 판화를 통해 확인할 수 있다.

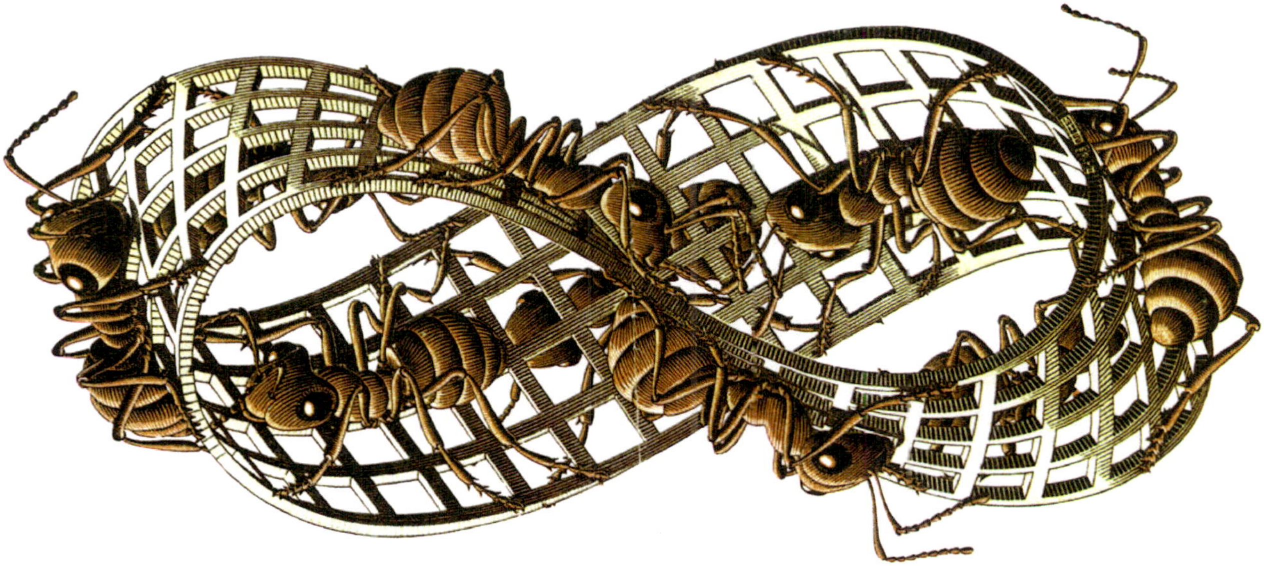

뫼비우스 띠 (M. C. 에셔 작품).

아우구스트 페르디난트 뫼비우스 (1790–1868)

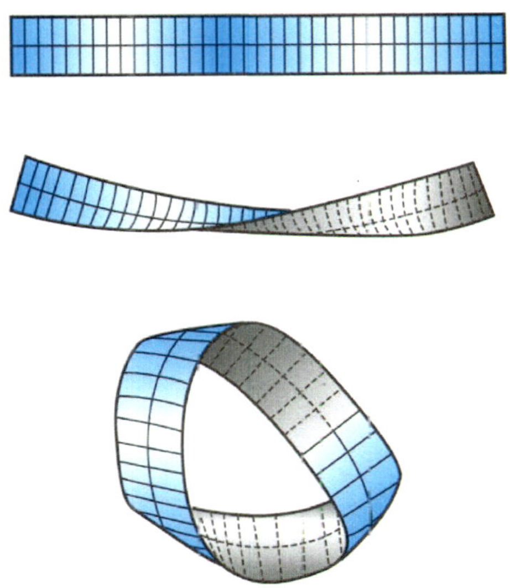

뫼비우스 띠 생성하기.

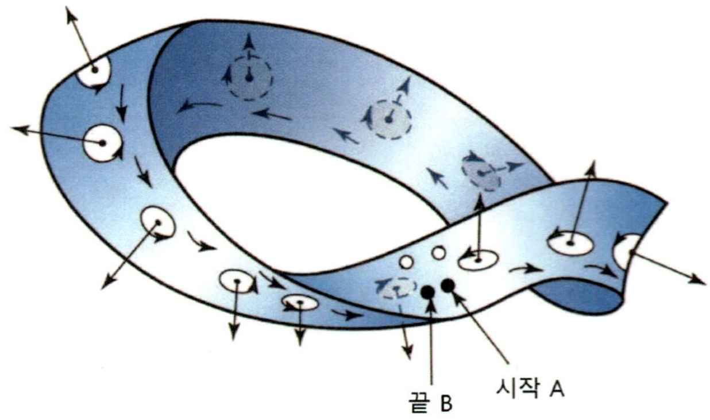

뫼비우스의 띠를 한 바퀴 완전히 돌면 시계 방향 회전이 반시계 방향 회전으로 바뀐다.

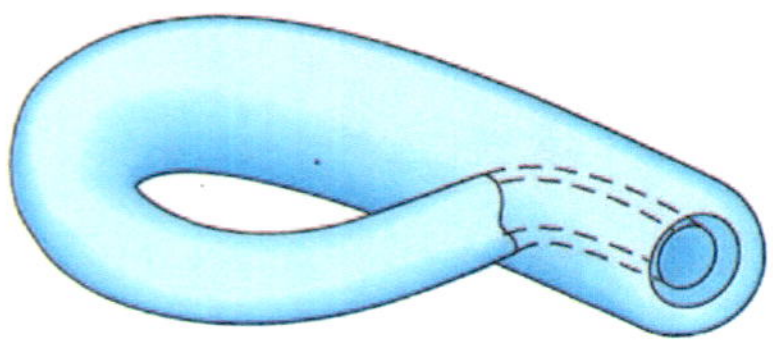

클라인 병은 면이 하나이다. 그 내부는 외부와 동일하다.

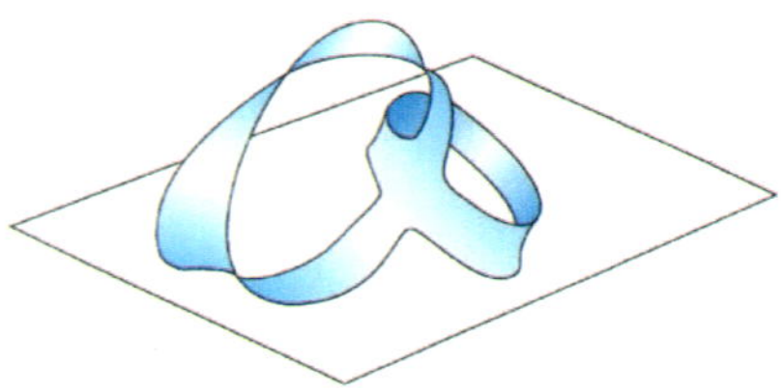

닫힌 곡선을 가로지르는 종수가 1이고 향이 없는 곡면.

닫힌 곡선을 가로지르는 종수가 2이고 향이 없는 곡면.

뫼비우스의 띠가 발견된 이후, 수학자들은 구멍이 없는 것, 구멍이 하나인 것, 구멍이 두 개인 것 등 다양한 유형의 유한하고 면이 하나인 곡면들을 많이 발견했다. 그러나 그 중 많은 것들은 독일 수학자 펠릭스 클라인(1849–1925)의 이름을 딴 클라인 병처럼 자기교차가 존재한다. 이 곡면들은 *향이 없는 곡면*이라고 불리는데, 이러한 곡면(여기서 위와 옆을 보라)에서는 시계 방향과 반시계 방향 회전을 구별할 수 없기 때문이다. 우리의 손잡이체 곡면 모음은 향이 있는 유한 곡면의 집합을 나타낸다.

마지막으로, 뫼비우스의 띠보다 위상적 유형이 더 복잡한 두 개의 면이 하나인 극소곡면을 생각해 보자. 왼쪽의 그림들은 플라토 문제의 잠재적 해의 위상적 유형이 무엇이어야 하는지가 명확하지 않다는 것을 보여준다. 그러나 우리는 이미 원반 유형의 곡면이 닫힌 곡선을 가로지를 수 있는 가장 간단한 곡면 중 하나인 것을 보았다. 따라서 우리는 다음과 같은 질문을 제기한다:

> 주어진 단순닫힌 곡선을 가로지르는 모든 원반 유형의 곡면 집합에서 넓이가 최소인 적어도 하나의 원반 유형 곡면이 존재한다는 것을 증명할 수 있는가? (*단순* 곡선은 자기교차가 없는 곡선 곡선으로, 원과 같지만 숫자 8과 같지 않다.)

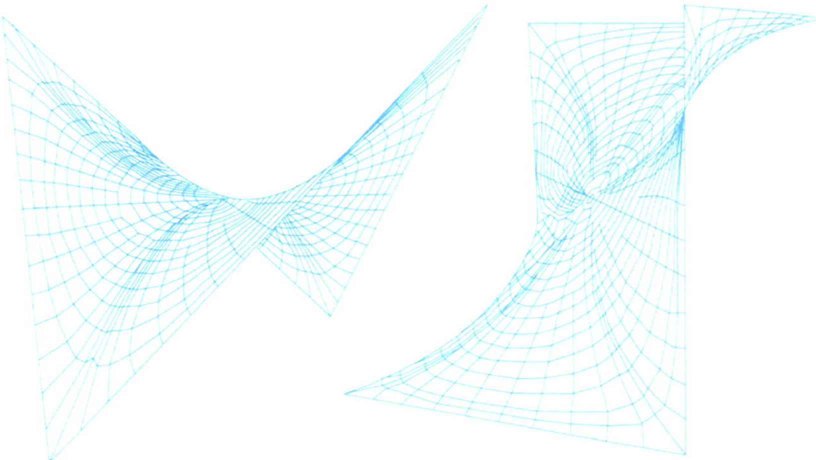

다각형에 대한 플라토 문제에 대한 슈바르츠의 두 가지 해의 컴퓨터 생성 그림.

19세기 동안, 플라토 문제의 원반 형태는 대부분이 다각형이었던 많은 특수한 곡선에 대해 해결되었고, 많은 특수한 극소곡면이 발견되었다. 리만, 바이어스트라스, 슈바르츠와 같은 수학자들의 업적은 최고 수준이었다; 그러나 그들에게 주어진 도구로는 일반적인 플라토 문제를 해결하기에 충분하지 않았다. 1914년, 프랑스의 기하학자 가스통 다르부(1842–1917)는 다음과 같이 관찰했다:

> 지금까지, 수학적 분석은 이 아름다운 질문의 조사를 시작할 수 있는 방법을 발명하지 못했다.

1928년, 젊은 미국 수학자 제시 더글러스는 플라토 문제의 원반 형태를 해결했다. 같은 해, 그는 당시 세계 주요 과학 및 수학 센터 중 하나였던 독일 괴팅겐 대학교에서 자신의 해법에 대해 강의했다. 그러나 더글러스의 모든 주장이 설득력 있는 것은 아니었고, 청중은 그의 증명의 완전성에 의문을 제기했다. 더글러스는 세부 사항을 채우는 데 2년이 더 걸렸고, 그의 작업은 1931년에야 발표되었다. 그때까지 헝가리 수학자 티보르 라도가 고안한 전혀 다른 증명이 이미 출판되었다.

제시 더글러스 (1897–1965).

티보르 라도 (1895–1965).

그 후 10년 동안, 제시 더글러스는 극소곡면에 대한 많은 다른 문제들을 해결했다. 그의 강력한 방법을 이용하여 특정 조건에서 하나 또는 유한한 개수의 닫힌 곡선을 가로지르고 종수가 다수인 극소곡면의 존재가 증명될 수 있었다. 그의 업적에 대해 그는 1936년에 최초의 두 개의 필즈 메달 중 하나를 수상했다. (수학에는 노벨상이 수여되지 않으며, 필즈 메달은 국제 수학자 대회에서 수여하는 가장 권위있는 상이다.)

더글러스와 라도의 작업은 극소곡면 연구의 끝이 아니었다. 그 이후로, 우리가 보게 되듯이 많은 다른 아름다운 결과들이 이어졌다. 가장 중요한 성과 중 하나는 일반적인 플라토 문제의 해결이었다. 이제 *각 단순 곡선에 대해 이 닫힌 경계를 가로지르는 넓이가 최소이며 종수가 유한인 곡면이 존재한다는 것이 증명되었다; 더 나아가, 이 최소 넓이 곡면에는 자기교차가 없을 것이다.* 여기서 우리는 닫힌 *매듭* 곡선의 최소 넓이 곡면은 원반이 될 수 없다는 것을 추론할 수 있다; 만약 그렇다면, 그 매듭을 풀 수 있다는 것을 증명할 수 있을 것이기 때문이다. 그러나 이는 *닫힌* 매듭 곡선에는 불가능하며, 따라서 이 모순에서 벗어날 수 있는 유일한 방법은 그 곡선이 처음부터 실제로 매듭이 아니었다는 것이다.

극소곡면의 기하학적 설명

앞 절에서, 우리는 넓이의 극솟값을 위한 *극소곡면*—즉, 안정적인 비누막의 수학적 모형—이라는 용어를 사용했다. 이러한 비누막에서는 *표면 장력*의 잠재 에너지가 국소 최소이다.

주어진 닫힌 곡선이 하나 이상의 *안정적인* 극소곡면의 경계가 될 수 있다는 것을 보았다. 그러면 주어진 닫힌 경계를 가로지르는 곡면 중 *잠재 에너지의 불안정한 평형*에 해당하는 것이 존재하는지 묻는 것은 자연스럽다. 잠재 에너지, 즉 넓이로 생성된 수학적 산에서 이러한 극소곡면은 (다음 쪽의 그림에서 점 P_1과 P_2와 같은) 범위의 구덩이에 해당한다. 그러나 이 범위에는 또 다른 점 P_3이 있으며, 여기에는 수평 접평면이 존재하지만 국소 최소점이 아닌 곳이다. 4장에서 논의한

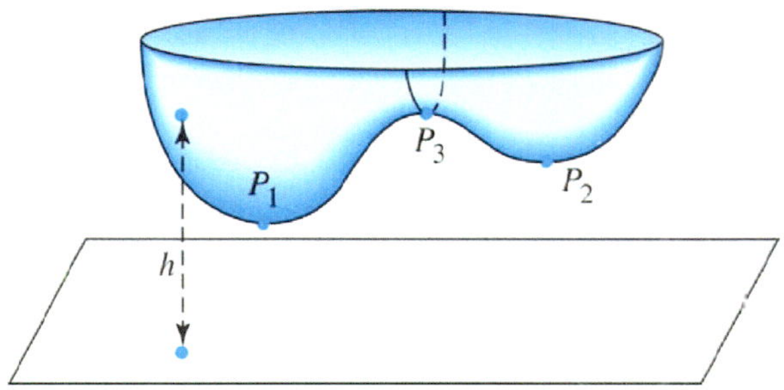

변형된 그릇

것처럼 이러한 점들도 평형점이라고 불리지만 불안정한 평형점이며, P_1과 P_2와 같은 극소점은 안정적인 평형점이다.

상황을 설명하는 또 다른 방법은 역학적 유사체를 사용하는 것이다: 위의 그림은 변형된 강철 그릇을 나타낸 것이다. 여기서 고정된 평면 위의 높이 h에 대한 두 개의 극소점 P_1과 P_2가 있으며, 불안정한 평형점 P_3이 있다. 위치 P_1, P_2 또는 P_3에 놓인 작은 공이 정지 상태에 있다. 약간 밀면, 공은 불안정한 위치 P_3에서는 굴러가고, 안정적인 위치 P_1 또는 P_2 주위에서는 각각 진동한다.

이제 넓이가 국소 최소인 두 개의 다른 원반 곡면으로 가로지를 수 있는 닫힌 곡선을 생각하자. 그러면 불안정한 평형점 P_3에 대응하는 불안정한 평형에 해당하는 세 번째 곡면이 존재하는지 물을 수 있다. 만약 그렇다면, 넓이의 안정적 및 불안정한 평형을 설명하는 *기하학적 조건*을 찾을 수 있는가? 두 경우 모두 답은 "예"이다. 넓이이 대한 두 극소값의 존재로부터 넓이에 대한 불안정한 평형인 원반 곡면의 존재가 실제로 요구된다. 불안정성 때문에 해당 비누막을 볼 수는 없고, 하나의 극소값을 다른 극소값으로 뒤집을 때 단 몇 초 동안 나타날 수 있는 덧없는 유령이다. 이러한 유령 비누막의 그림은 다음 쪽 상단의 그림 (C) 부분에 표시되어 있다.

어떻게 하면 안정적이든 불안정적이든 모든 평형 곡면을 동일한 방식으로 특성화하는 조건을 공식화할 수 있을까? 우리는 곡선의 *곡률*에 대한 논의로 탐구를 시작한다. 선분이 휘지 않았다는 것을 모두가 알고 있다; 실제로 이것은 자명한 사실이다. 선분의 휜 정도의 값을

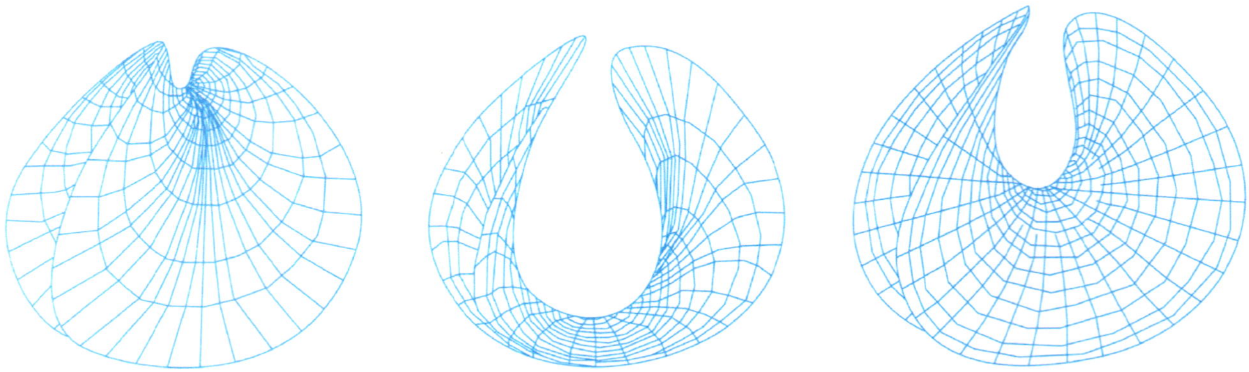

(A와 B) 안정적인 극소곡면의 컴퓨터 생성 그림; 그리고 (C) 같은 경계 곡선에 따른 불안정한 평형 곡면인 *에네퍼 곡면*으로, 이는 유령 비누막을 나타낸다.

할당하라고 요청받는다면, 당연히 그 답은 0일 것이다. 하지만 다른 곡선은 어떨까? 얼마나 휘었을까?

이 질문에 답하기 위해 먼저 반지름 길이가 r의 원을 생각하자. 원은 모든 점에서 같은 정도로 휜다. r이 작으면 원은 많이 휜것이다. 반지름 길이 r이 증가함에 따라 원은 점점 커지고 휜 정도는 점점 작아진다. 우리는 이 간단한 관찰을 반영하는 곡률의 정의를 원한다. 따라서 원의 곡률 κ(그리스 문자 카파)를 규칙

$$\kappa = \frac{1}{r} \quad \text{또는} \quad \text{곡률} = \frac{1}{\text{반지름 길이}}$$

에 따라 정의한다. 따라서 반지름 길이 r이 커질수록 곡률 κ는 작아진다.

그러면, 다음 쪽 아래에 있는 것(A 부분)과 같은 더 복잡한 평면 곡선은 어떻게 할까? 이 곡선이 어떤 곳에서는 매우 휘었고 어떤 곳에서는 전혀 휘지 않았다는 것은 분명하다. 곡률을 측정할 수 있는 숫자가 할당될 수 있다면, 이 숫자는 곡선의 각 지점을 이동함에 따라 변할 것이다. 평면이든 아니든 (다음 쪽 아래의 B 부분에서 보이는 것과 같이) 임의의 곡선 C와 그 위의 점 P를 생각해 보자.

만약 곡선이 매끄럽다면, 점 P에서 곡선에 대한 접선 T가 존재할 것이다. 그런 다음 점 P를 지나고, 그 점에서 접선이 곡선 C의 접선과 같으며, 점 P에서 C에 *최적으로 적합*한 원이 존재한다는 것을 보여줄 수 있다. 이 원을 정확히 정의하는 데는 미적분학이 필요하지만, 대략적인 발상은 다음과 같다. 점 P 근처에 두 점 P_1과 P_2를 선택하라. 그러면 일반적으로 세 점 P_1, P_2, P는 원을 결정한다. P_1과 P_2가 P 쪽으로 가까워지면, 이 원은 점점 더 최적의 적합 원에 가까워진다. 이 원의 반지름 길이가 r이면, 점 P에서 C의 곡률 κ는 $1/r$로 정의된다. 곧 명확해질 이유 때문에, 우리는 또한 *곡면의 수직절단선*이라고 불리는 특정 곡선의 곡률에 양수 또는 음수를 부여할 것이다. 즉, 우리는 *수직절단선*의 곡률 κ를 이제 설명할 규칙에 따라 $1/r$ 또는 $-1/r$로 정의할 것이다.

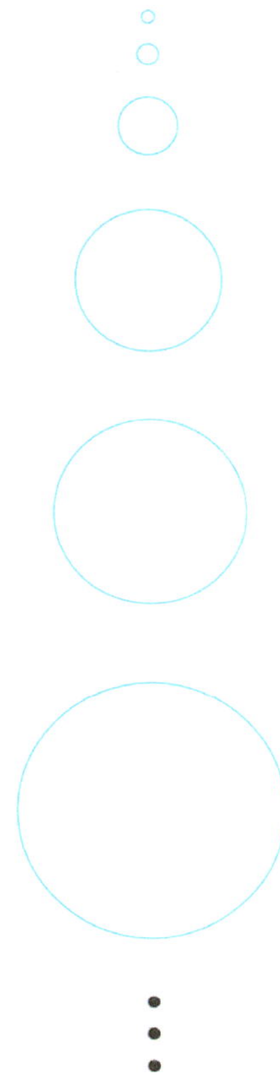

반지름 길이가 증가하는 원들

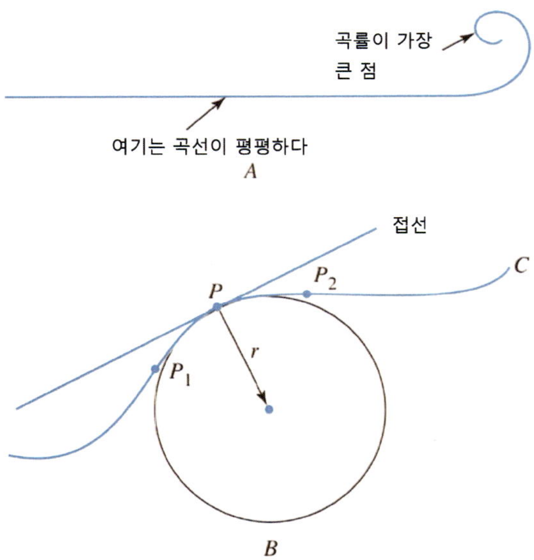

A. 일반 곡선

B. 곡률 반지름

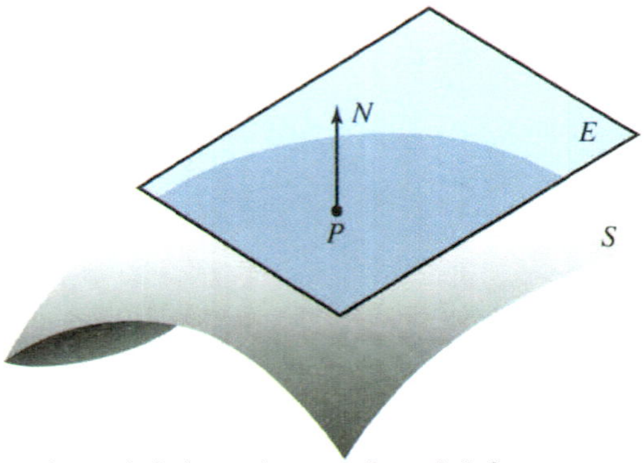

곡면 *S*, 접평면 *E*, 점 *P*, 그리고 법방향 *N*.

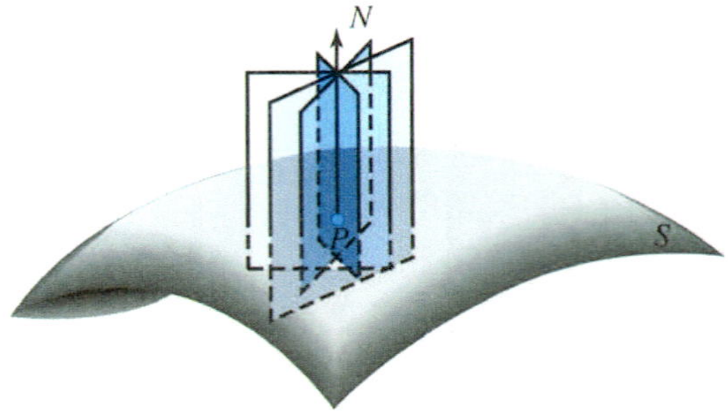

법선 *N*에 따라 결정된 점 *P*에서의 법평면 다발.

먼저, 수직절단선이란 무엇일까? 위의 왼쪽에 보이는 임의의 곡면을 *S*로 놓자. 이 곡면 위에 놓인 점 *P*를 고정하고, 점 *P*에서 곡면 *S*에 접하는 접평면 *E*에 수직인 방향 *N*을 선택하자. 이러한 수직 방향을 점 P에서의 곡면 S의 *법방향*이라고 한다. 이러한 법방향 *N*을 점 *P*에 꼬리가 고정된 화살표로 상상할 수 있다 (정규 곡면의 각 점에는 반대 방향을 가리키는 두 개의 법선 화살표가 존재한다).

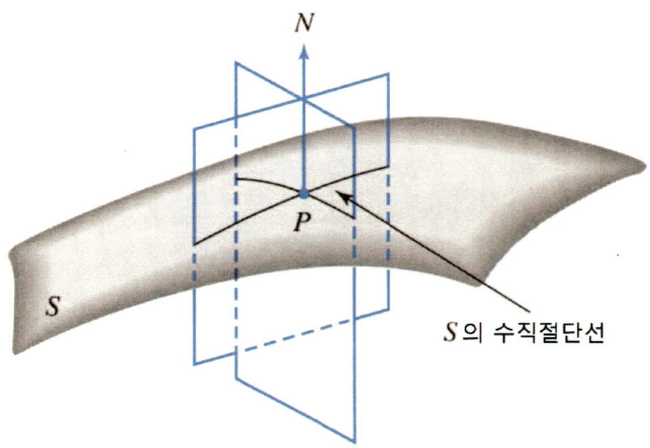

두 개의 법평면과 그 수직절단선.

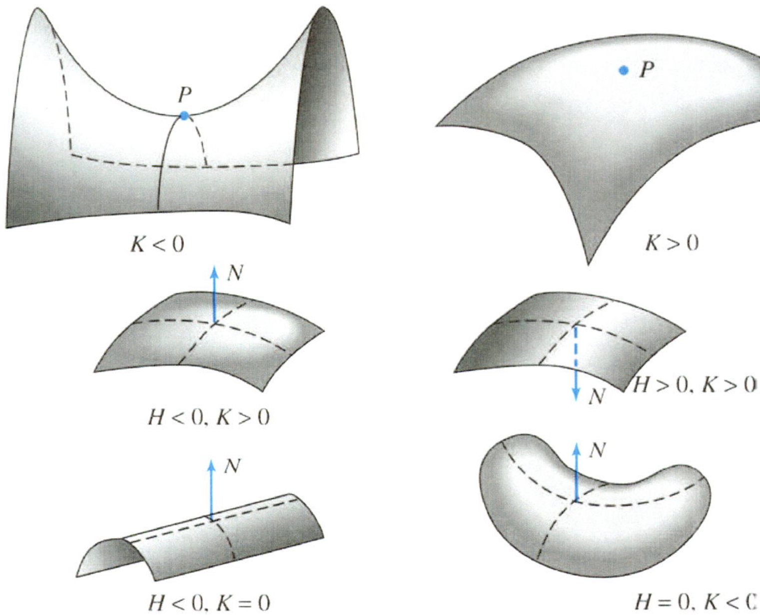

다양한 곡률의 곡면들. K의 부호에는 기하학적 의미가 있지만, H의 부호는 단지 N의 선택에 따라 달라지며, 곡면의 형태에는 의존하지 않는다.

점 P를 통과하고 법방향 N을 포함하는 평면은, 이전 쪽 맨 위 오른쪽에 표시된 것처럼, 점 P에서의 곡면의 *법평면*이라고 한다. 명백히, 점 P에서의 법평면은 무한히 많을 수 있다; 이러한 하나의 법평면을 법방향 N에 따라 결정된 축을 중심으로 회전시켜 모든 법평면을 찾을 수 있다.

점 P에서의 각 법평면과 곡면 S의 교차는 평면 곡선에서 이루어지며, 이 평면 곡선을 S의 *수직절단선*이라고 부른다. 이제 이전 쪽 하단의 그림에 표시된 것처럼, 점 P에서의 곡면의 수직절단선 C를 생각하고, 점 P에서 가장 잘 맞는 원의 반지름 길이를 r이라고 한다. 이 원은 수직절단선 C와 같은 평면에 있으며, 그 중심은 *법선 화살표* N을 포함하는 직선 위에 위치한다. 그러면 화살표 N은 P에서 가장 잘 맞는 원의 중심으로 가리키거나 반대 방향을 가리킬 것이다. 만약 원 안쪽을 가리킨다면, 우리는 점 P에서의 수직절단선의 곡률 κ를 $1/r$로 정의하고; 바깥쪽을 가리키면 $-1/r$로 정의한다. 따라서 κ는 법방향 N의 선택에 따라 양수 또는 음수가 될 수 있다. 음수 κ는 수직절단선이 N으로부터 멀어지는 방향으로 곡선인 것을 의미하고, 양수 κ는 N쪽으로 곡선인 것을 의미한다. 결과적으로, 이 부호 규칙은 점 P에서의 수직절단선의 곡률 정도를 설명할 뿐만 아니라 방향 정보를 포함한다.

이제 우리는 다음 주요 단계인 곡면의 곡률 측정을 정의할 준비가 되었다. 기하학자들은 오늘날 두 가지 곡률 측정, 즉 가우스 곡률과 평균 곡률을 사용한다.

곡면의 고정된 점 P를 통과하는 모든 수직절단선 중에서, 이들 수직절단의 곡률 중에서 가장 큰 곡률 κ_1이 곡률인 수직절단선 C_1과 가장 작은 곡률 κ_2가 곡률인 수직절단선 C_2가 존재한다는 것을 증명할 수 있다.

이제 점 P에서 곡면의 *가우스 곡률* K를 두 주곡률 κ_1과 κ_2의 곱

$$K = \kappa_1 \cdot \kappa_2$$

로 정의하고; 그리고 *평균 곡률* H를 주곡률의 산술 평균

$$H = \frac{\kappa_1 + \kappa_2}{2}$$

로 정의한다.

이제 극소곡면 방정식을 설명한 라그랑주의 정리를 논의할 수 있다.[1] 이 정리는 우리가 찾고 있는 최소 넓이 곡면의 기하학적 특성을 제공한다:

> 각 정규점에서 극소 넓이의 곡면은 평균 곡률이 0이어야 한다.

즉, 극소 넓이의 곡면은 방정식

$$H = 0$$

[1] 여기서 제시된 정리는 초기 미분기하학자 중 한 명인 뫼스니에에 의해 확장되었으며, 그의 논문 *곡면 곡률에 대한 회고*(*Mémoire sur la Courbure des Surfaces*)는 1776년 프랑스 아카데미에서 발표되었고 1785년에 출판되었다.

을 성립시킨다. (정규점의 근처에서 곡면은 매끄럽고 약간 변형된 원반처럼 보인다.)

이 방정식에는 또 다른 물리적 해석이 있다. 우리는 어느 지점에서든 비누막의 측면 간의 압력 차이 p를 비누막의 평균 곡률 H와 *라플라스 방정식*

$$p = TH$$

을 통해 연관시킬 수 있다. 여기서 T는 액체의 표면 장력을 나타낸다. 같은 방정식은 두 액체(또는 액체와 기체) 사이의 경계 곡면의 평균 곡률을 그들 사이의 압력 차이와 관련시킨다.

따라서 평균 곡률이 0이어야 한다는 것은 극소곡면의 양쪽에 동일한 압력이 있다는 것과 같다. (비눗방울 내부에서는 외부보다 압력이 더 높다; 따라서 비눗방울은 *평균 곡률이* 0이 아닌 *일정한 상수 H인 곡면*이다.)

넓이의 불안정한 평형을 제공하는 곡면도 역시 평균 곡률이 0이어야 한다는 것이 밝혀진다. 이러한 이유로, 그들의 넓이가 극소이든 아니든 평균 곡률이 0인 모든 곡면을 *극소곡면*이라고 부르는 것이 관례가 되었다. 이러한 곡면들은 이제 우리가 조사할 대상들이다.

앞으로는 넓이(즉, 잠재 에너지)에 대해 극소인 곡면을 *안정적 극소곡면*이라고 부르겠다. 반면, *극소곡면*이라는 용어는 평균 곡률이 0인 곡면을 나타낸다; 이러한 곡면은 표면 장력의 잠재 에너지에 대해 변하지 않는 비누막 상태에 해당한다.

안정적 극소곡면은 원칙적으로 비누막으로 실현될 수 있는 곡면이다. 그러나 비록 대응하는 비누막은 생성할 수 없지만 불안정한 극소곡면—덧없는 유령—도 흥미롭고 중요하다. 첫째, 그것들은 아름다운 기하학적 조건으로 정의된 수학적 대상으로서 수학자들에게 흥미롭다. 둘째, 그것들은 극소곡면의 경계 곡선을 변화시킬 때 그 곡면이 어떻게 행동하는지를 이해하는 데 필요하다.

극소곡면은 어떻게 생겼을까? 만약 곡면이 각 점에서 평균 곡률이 0이라면, 각 점에서 주어진 수직 방향으로부터 동시에 멀어지고 있으면서 가까워지고 있다는 것이다. 즉, *극소곡면은 평면이거나 안장형 곡면처럼 보인다.*

고정된 경계 곡선을 가로지를 수 있는 극소곡면은 몇 개일까?

주어진 경계 곡선에 대해 우리가 물을 수 있는 자연스러운 질문은 *그것이 몇 개의 극소곡면을 경계로 할 수 있느냐*이다. *닫힌 곡선을 가로지를 수 있는 원반 유형의 극소곡면이 몇 개인지*라는 훨씬 더 간단한 질문으로 제한하더라도, 불행히도 거의 알려진 바가 없다. 150쪽 여백의 그림에서 볼 수 있듯이, 하나 이상의 원반 유형의 극소곡면으로 가로지를 수 있는 경계 곡선이 분명히 존재하지만, 그러한 곡면을 하나만 경계로 하는 경계 곡선이 있을까?

첫 번째 답은 오래전부터 알려져 있었다: 평면 곡선은 하나의 극소곡면, 즉 평면 곡면만을 경계로 한다. 두 번째 결과는 티보르 라도가 1932년에 발견했다. 그는 만약 경계 곡선이 평면의 볼록 곡선에 단순 사영될 수 있으면, 이 경계 곡선은 하나의 원반 유형의 극소곡면만을 경계로 할 수 있다는 것을 보여주었다.

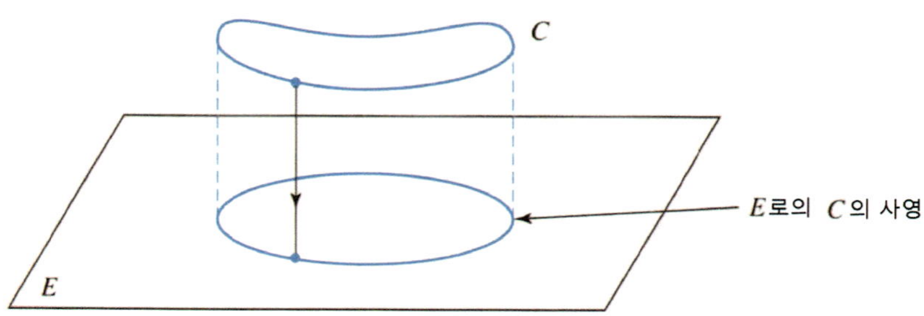

평면에 볼록하고 단순하게 사영되는 곡선. 사영이 단순하다는 것은 각 점이 곡선 위의 단 하나의 점에만 대응한다는 것을 의미한다.

유일성에 관한 세 번째이자 유일한 다른 수학적 결과에는 *공간 곡선의 전곡률* 개념이 필요하다. 이는 전체 경계 곡선이 얼마나 휘었는지를 측정하는 수이다. 예를 들어, 반지름 길이가 1인 원은 전곡률이 2π이다. 경계 곡선의 일부만 매우 휘었으면, 전곡률은 너무 크지 않을 것이다. 다음과 같은 결과가 알려져 있다:

> 주어진 경계 곡선의 전곡률이 4π보다 작으면, 그 경계 곡선에 의해 경계 지어지는 원반 유형의 극소곡면은 많아야 하나이다.

따라서 *너무 복잡하지 않은* 경계 곡선을 가로지를 수 있는 원반 유형 극소곡면의 수에 대해 적어도 상계를 찾을 수 있기를 기대할 수 있다. 그러나 이는 완전히 좌절되었다. 왜냐하면 주어진 임의의 수 N (예: $100, 5000, 10^{100}$ 등)과 작은 양수 ϵ (예: $1/10, 1/8000, 10^{-200}$ 등)에 대해, 전곡률이 $4\pi + \epsilon$보다 작으면서 적어도 N개의 원반 유형 극소곡면을 둘러싸는 경계 곡선이 존재하기 때문이다. 이 놀라운 정리는 곡선의 전곡률이 4π보다 약간만 커도 매우 야생적이고 상상할 수 없는 일이 발생할 수 있다는 것을 보여준다.

방금 언급한 세 가지 유일성 결과를 제외하고는 주어진 비평면 경계 곡선을 가로지를 수 있는 극소곡면의 개수 또는 원반 유형의 극소곡면의 개수에 대해 알려진 바가 없다. 경계 지어지는 모든 극소곡면이 알려진, 두 개 이상의 극소곡면을 경계로 하는 곡선의 예는 없으며, 그럴듯한 답을 제시하는 예도 없다. 그러나 종수 0의 경우 정확히 세 개의 원반 유형 극소곡면을 경계로 하는 경계 곡선의 예가 있다.

다음 쪽의 상단 그림에서 동일한 간단한 경계 곡선을 가로지르는 두 개의 극소곡면을 볼 수 있지만, 이 경계 곡선에 의해 경계 지어지는 극소곡면이 얼마나 더 있는지는 알려져 있지 않다.

원반 유형 극소곡면을 무한히 많이 경계로 할 수 있는 경계 곡선이 있는가라는 흥미로운 질문에 대한 답이 이제 나온 것 같다. 직관적으로 고정된 경계 곡선은 그러한 곡면을 유한하게만 경계로 할 것 같지만, 수학에서 직관은 종종 오해를 불러일으킬 수 있다! 실제로 원반 유형

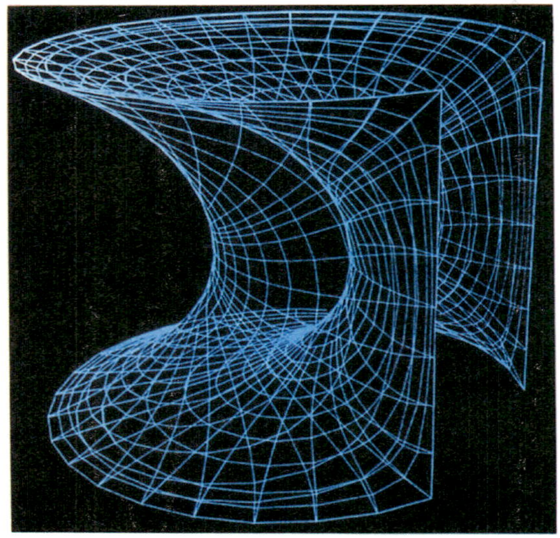

같은 닫힌 둘레를 가로지르는 두 곡면.

극소곡면을 무한히 많이 경계로 할 가능성이 있는 흥미로운 곡선인 155쪽에 묘사된 괴물 곡선이 있다.

이 곡선이 어떻게 구성되는지 보자. 먼저, 다음 쪽의 맨 위 그림에 있는 경계 곡선을 택하자. 이 곡선은 최소 두 개의 안정적인 원반 유형 극소곡면을 둘러싼다(150쪽 여백의 그림을 참조하라). 다음으로, 곡선 C_2는 C_1의 절반 크기이고, C_3은 C_2의 절반 크기이며, 같은 방식으로 계속되는 (다음 쪽의 두 번째 그림을 참조하라) 동일한 종류의 곡선의 무한 수열 $C_1, C_2, C_3, \ldots$을 생각한다.

다음 쪽의 세 번째 그림에 표시된 것처럼, 작은 다리로 곡선 C_1과 C_2를 연결하고, 단순 닫힌 곡선 C^*가 형성되도록 각 곡선의 일부를 잘라낸다. 그런 다음 다리를 가로지르는 작은 리본을 추가하여 곡선 C_1을 가로지르는 두 개의 안정적인 극소곡면 각각을 곡선 C_2를 가로지르는 두 개의 안정적인 극소곡면 각각에 연결할 수 있다. 따라서 C^*에 의해 경계 지어지는 원반 유형 곡면의 조합은 적어도 $2 \times 2 = 4$개이다. 이제 다리가 충분히 작다면, 연결 절차에 의해 생성된 네 개의 *연결 곡면* 각각에 매우 가까운 곳에 안정적인 극소곡면이 존재할 가능성이 있다.

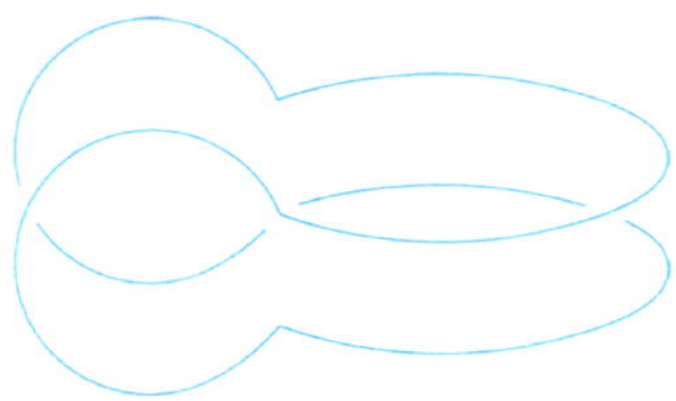

적어도 두 개의 곡면을 경계로 하는 단순 닫힌 곡선.

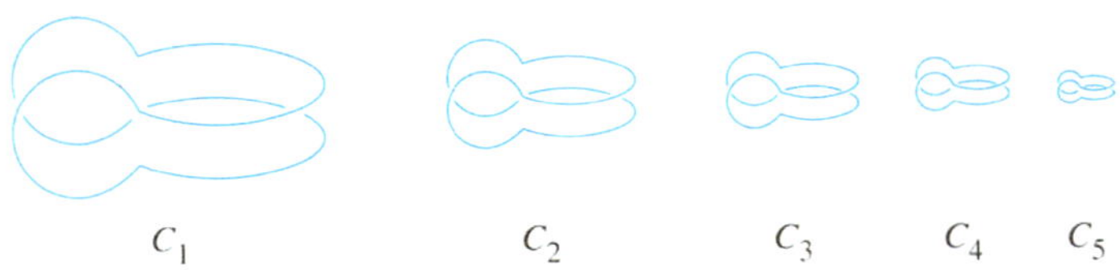

크기가 점점 작아져서 한 점으로 수렴하는 경계 곡선의 무한 수열 $C_1, C_2, C_3, \ldots$ (C_{j+1}은 C_j의 절반 크기).

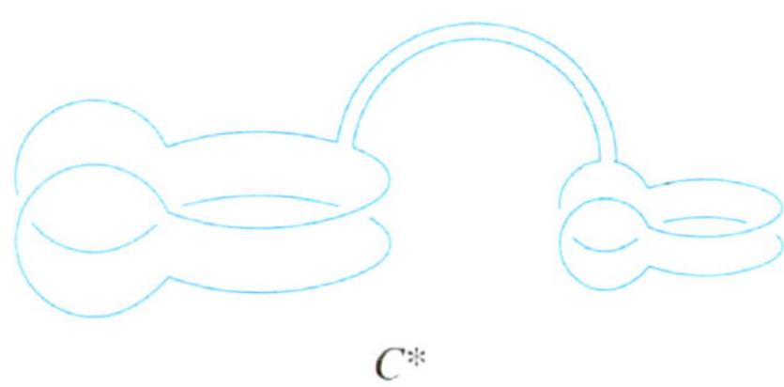

다리로 연결된 두 곡선.

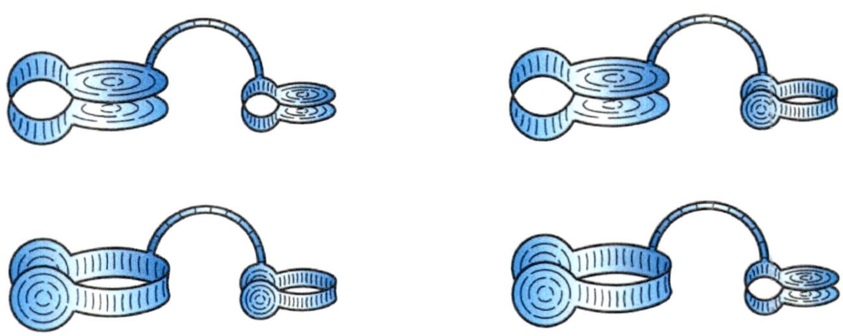

위의 그림에 나오는 합성 곡선 C^*을 가로지르는 네 곡면.

이렇게 해서 우리는 곡선 C_1과 C_2로부터 원반 유형의 서로 다른 네 개의 안정적인 극소곡면의 경계를 이루는 새로운 단순 닫힌 곡선을 구했다. 왜 여기서 멈출까? 경계 곡선 C^*에 수열의 세 번째 곡선 C_3을 앞에 것보다 크기가 절반인 두 번째 다리로 연결한다. 그러면 이전과 같은 그럴듯한 논증에 따라 적어도 $2 \times 2 \times 2 = 8$개의 원반 유형의 안정적인 극소곡면의 경계를 이루는 또 다른 단순 닫힌 곡선을 구한다. 다음으로 C_4, C_5, C_6 등을 점점 작아지는 크기의 다리로 연결한다. 이 과정을 무한히 반복하여 155쪽에 그림으로 나타난 유한 길이의 단순 닫힌 곡선 C에 도달한다. 연결 절차의 각 단계에서 새로운 경계 곡선 내에서 이전 경계 곡선 내에서 계산한 것보다 최소 두 배 이상의 극소곡면을 구한다. 따라서 C가 무한히 많은 원반 유형의 극소곡면을 경계로 한다고 주장할 수 있으며, 이는 사실 엄밀히 증명되었다.

다른 한편으로는, 상황이 지금 보이는 것만큼 나쁘지는 않다. 사실, 최근 몇 년간 *만약 무작위로 단순 매끄러운 경계 곡선을 선택하면 이것이 무한히 많은 원반 유형의 극소곡면의 경계가 될 확률이 0인 것*이 증명되었다. 다시 말해, *나쁜 곡선*은 극히 드물며, 거의 모든 매끄러운 곡선은 유한하게만 원반 유형의 극소곡면의 경계가 된다. 이 결과는 괴물 곡선이 무한히 많은 극소곡면의 경계가 된다는 진술과 모순되지 않는다. 왜냐하면 그것이 나쁜 곡선의 집합에 속할 수 있기 때문이다. 게다가 모든 다리를 매끄럽게 연결하더라도 괴물 곡선은 매끄러운 곡선이 아니다. 괴물 곡선의 꼬리 끝은 일종의 비틀임인 극히 비정칙점이다.

(수학 용어로는 *해석적 곡선*인) *매우 매끄러운* 곡선에 대해서는 더 많은 것이 알려져 있다. 이러한 경계 곡선은 원반 유형의 모든 곡면 중에서 유한한 수의 극소 넓이 곡면만의 경계가 될 수 있다.

고정된 경계 곡선을 가로지르는 극소곡면에 대한 대수적 공식

앞 절에서 논의된 모든 기이한 특성에도 불구하고, 고정된 철사를 경계로 하는 모든 가능한 원반 유형의 극소곡면에 대한 사항이 최근에 발견되었다. 이 결과를 설명하기 위해, 161쪽 그림에 표시된 평면 위에 위치한 변형된 강철 그릇의 간단한 모형으로 돌아가 보자. 이 그릇에 대해 평면 위의 높이 h를 생각하면, h에 대한 세 개의 평형점이 있는데, 이는 두 개의 극소점 P_1과 P_2 그리고 하나의 불안정한 평형점 P_3이다. 거미가 이 그릇의 내부를 따라 걷는 것을 상상해 보자. 만약 거미가 P_1이나 P_2에서 시작하면, 걷는 방향에 관계없이 평면 위의 높이가 증가할 것이다. 그러나 P_3에서는 상황이 다르다. 거기에서 거미는 평면 위의 높이를 감소시키는 방향을 선택할 수 있다. 4장에서 스키어처럼, 거미는 잠재 에너지를 감소시키고 있다. 평형점에서 멀어지면서 높이를 감소시킬 수 있는 상호 수직인 방향의 최대 수에 이름을 붙여 보자. 이를 평형점의 *특성수*라고 부르겠다. P_1과 P_2의 특성수는 0이고, P_3의 특성수는 1이다.

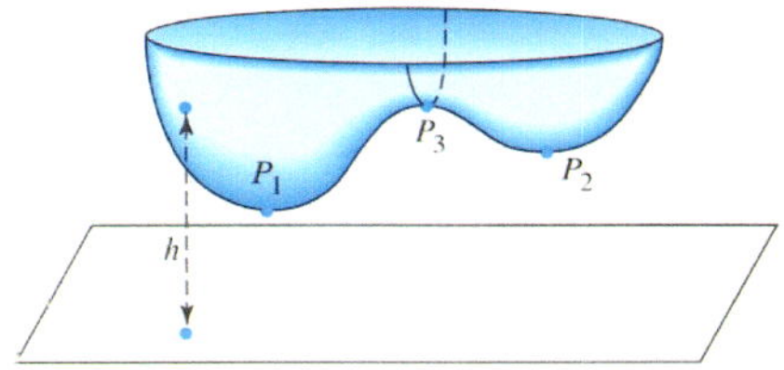

변형된 그릇.

오른쪽 그림은 평면 E 위에 있는 뒤집힌 그릇을 보여준다. 유일한 평형점은 뒤집힌 그릇의 꼭대기인 P이다. 거미가 P에서 기어가는 방향에 상관없이 높이가 줄어들기 때문에 P의 특성수는 2이다.

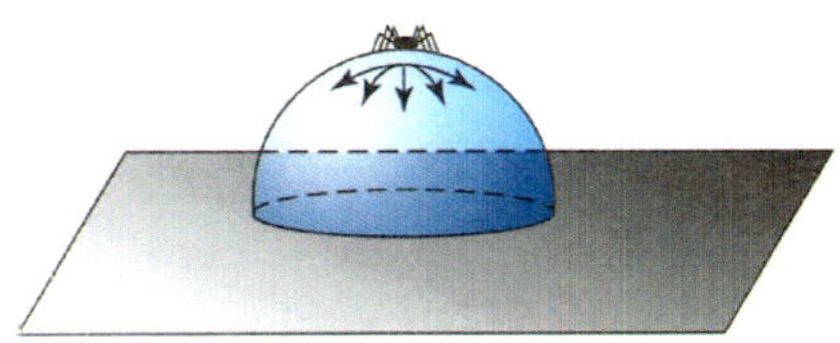
뒤집힌 그릇 위의 거미.

이제 처음 그릇으로 돌아가 보자 (위의 그림을 참조하라). 여기에는 특성수가 $\lambda_1 = 0, \lambda_2 = 0, \lambda_3 = 1$인 세 개의 평형점이 있다. 그러면 합

$$(-1)^{\lambda_1} + (-1)^{\lambda_2} + (-1)^{\lambda_3} = 1 + 1 - 1 = 1$$

이 성립한다. 이제 (경계를 그대로 두고) 반구형 그릇을 변형시켜서 몇 개의 구덩이, 통로, 또는 봉우리가 생기며, 이로 인해 특성수가 각각 $\lambda_1, \ldots, \lambda_n$인 n개의 평형점 $p_1, \ldots, p_n$이 있다고 가정하자. (오른쪽 그림을 참조하라).

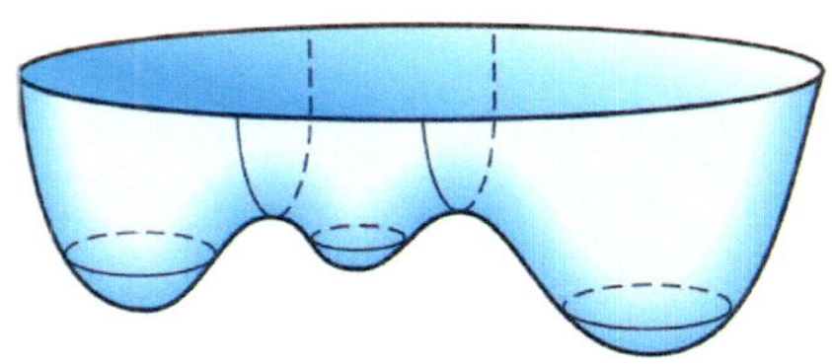
세 개의 구덩이가 있는 계곡.

독자는 이 모든 예에서 다음의 놀라운 방정식

$$(-1)^{\lambda_1} + (-1)^{\lambda_2} + \cdots + (-1)^{\lambda_n} = 1$$

이 성립한다는 것을 알 수 있다. *모스 방정식*이라고 불리는 이 방정식은 그릇의 위상적 성질에 숨겨진 몇몇 수학적 구조에 따라 성립된다.

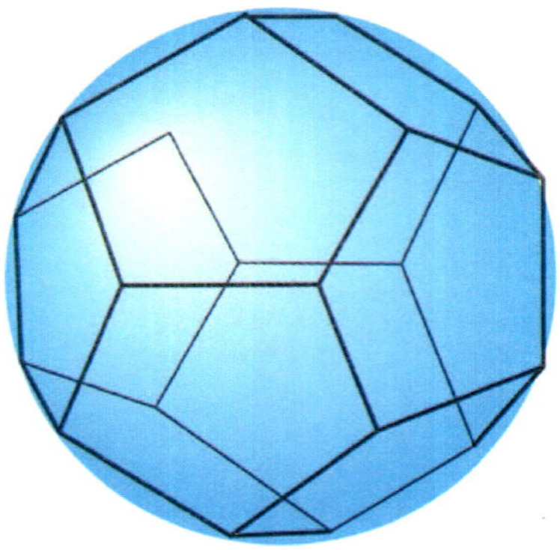

구에 내접할 수 있는 다면체.

모스 방정식의 더 깊은 의미를 이해하는 열쇠는 레온하르트 오일러의 발견이다. 그는 만약 다면체가 구에 내접하면

$$V - E + F = 2$$

를 알게 되었다. 여기서 V는 다면체의 꼭짓점 개수, E는 모서리 개수, F는 면의 개수이다. 이는 모든 내접 다면체에 대해 항상 참이므로 이 등식은 구의 위상학 성질에 속해야 한다.

유사한 것이 (위상학적으로는 하나의 구멍이 있는 구인) 반구인 열린 변형되지 않은 그릇에도 성립한다. 이 그릇 안에 임의의 다면체라도 내접시키되, 위 부분이 열려 있다는 것을 염두에 두라. 단순화를 위해 (그릇의 열린 위 부분에 해당하는) 밑면이 없는 뒤집힌 삼각뿔을 생각해 보자. 여기서 $V = 4$, $E = 6$, $F = 3$이며, 따라서

$$V - E + F = 1$$

이다. 같은 수가 모스 방정식에서 평형점과 그들의 특성수를 세는 데서도 구해진다. 게다가, 모든 그러한 내접 다면체에 대해 $V - E + F = 1$이다. 이러한 두 합 사이의 항등성

$$(-1)^{\lambda_1} + (-1)^{\lambda_2} + \cdots + (-1)^{\lambda_n} = V - E + F$$

은 약 50년 전에 수학자 마스턴 모스가 발견한 심오한 사실이다 (그리고 현재 모스 이론이라고 불리는 것의 기초이다). 프린스턴 고등연구소의 수학 교수였던 마스턴 모스(1892–1977)는 위상과 변분법에서

그릇 안의 밑면 없는 뒤집힌 피라미드.

평형점 사이의 연결을 확립하는 그의 업적으로 유명하다. 그는 이러한 발상을 극소곡면에 처음으로 적용한 사람 중 하나였다.

하지만 이 모든 것이 극소곡면과 무슨 관련이 있을까? 이 장의 앞부분에서 언급한 유한성 정리에 따르면, 거의 모든 경계 곡선이 유한개의 원반 유형의 극소곡면만을 경계로 한다는 의미에서 *합리적으로* 행동한다. 이러한 합리적인 하나의 곡선을 C로 놓자. 그러면 어떤 정수 N이 존재하여 정확히 N개의 원반 유형 극소곡면이 C를 가로지른다. 우리는 그들을 $S_1, S_2, \ldots, S_N$으로 놓는다. 이 중 일부만 실제로 넓이에 대해 극소일 수 있다.

상당한 수학적 발전이 필요한 정리에 따르면, 이러한 극소곡면 각각 S_i에 대해 우리 그릇 모델의 특성수와 유사한 의미의 특성수 λ_i가 할당된다. 특히, S_i의 넓이가 극소이면, $\lambda_i = 0$이다. 위상수학 및 변분법의 발상을 결합하여, 모스 방정식

$$(-1)^{\lambda_1} + (-1)^{\lambda_2} + \cdots + (-1)^{\lambda_n} = 1$$

이 성립한다는 것을 증명할 수 있다. 이 방정식은 앞서 언급한 두 개의 극소점의 존재가 세 번째 불안정한 극소곡면의 존재를 암시한다는 결과에 대한 새로운 증거를 제공한다 (162쪽 맨 위 그림에서 (C)는 불안정한 극소곡면을 나타낸다). 이를 모두 보려면, 합리적인 경계 곡선을 가로지르는 두 개의 극소 넓이 곡면이 있고 다른 극소곡면이 없다고 가정해 보자. 그러면 각 극소점의 특성수가 0이기 때문에 모스 방정식의 좌변은

$$(-1)^0 + (-1)^0 = 1 + 1 = 2 \neq 1$$

와 같은데, 이는 모스의 항등성을 무너뜨린다. 따라서 홀수 특성수가 있는 다른 극소곡면이 있어야 한다. 그러므로 이 다른 곡면은 국소 최소점일 수 없으며 불안정해야 한다. 일반적으로 모스 방정식에 따라, 경계 곡선을 가로지르는 n개의 극소 넓이인 극소곡면의 존재는 동일한 경계 곡선에 따라 경계 지어지는 다른 $n-1$개의 불안정한

극소곡면이 있어야 한다는 것을 암시한다.

현수면와 나선면

앞 절에서 단일 닫힌 곡선으로 경계 지어진 극소곡면을 생각했다. 이제 경계 곡선이 두 개 이상인 극소곡면을 조사해보자. 넓이가 극소인 이러한 곡면은 여러 개의 철사로 경계 지어진 비누막에 해당한다.

두 개의 원형 철사를 비누 용액에 담근 다음 꺼내면 어떤 일이 일어날까? 각각의 철사 안에 하나씩 두 개의 별개 비누막이 생길 수도 있고, 운이 좋다면 아래에 보이는 것처럼 두 철사에 따라 경계 지어진 *하나의 연결된 비누막*을 볼 수도 있다. 여기 사진 속의 연결된 비누막은 고리 모양의 것과 위상적 유형이 같으며, 이는 다시 두 개의 구멍이 있는 구(153쪽의 그림 C를 보라)와 위상 유형이 같다.

스스로 실험해보면, 철사가 너무 멀리 떨어져 있으면 이러한 곡면을 구하는 것이 불가능할 수 있다; 철사가 서로 가까워도 매끄럽게 연결된 비누막이 아니라, 다음 쪽 위에 보이는 것처럼 세 개 극소곡면의 체계를 구할 수 있다. 이러한 비누막 체계는 원래의 경계 곡선을 가로지를 수 있는 수학적 곡면 목록에 포함되지 않았기 때문에, 다시 한번 우리의 곡면 정의를 확장해야 한다. 안정적 평형에서는 비누막 체계에는 액체 모서리에서 세 개의 곡면만 만날 수 있으며, 이들은 120°의 각도로 교차해야 하는 특성이 있다. 이 현상은 다음 절에서 더 길게 논의할 것이다.

두 개의 철사를 가로지르는 세 개 비누막의 체계는 넓이가 상대적

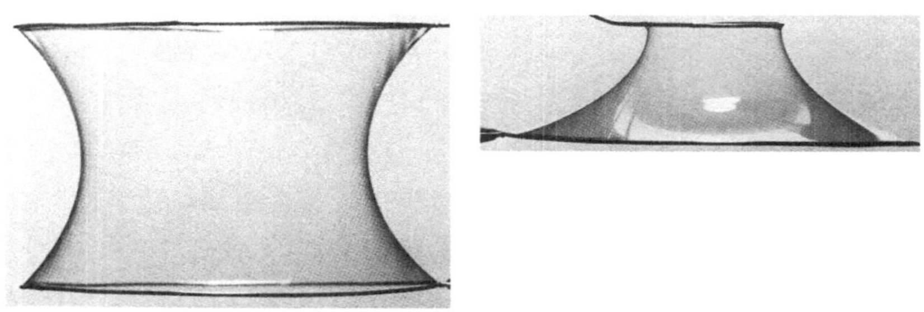

두 개의 원형 철사를 가로지르는 비누막.

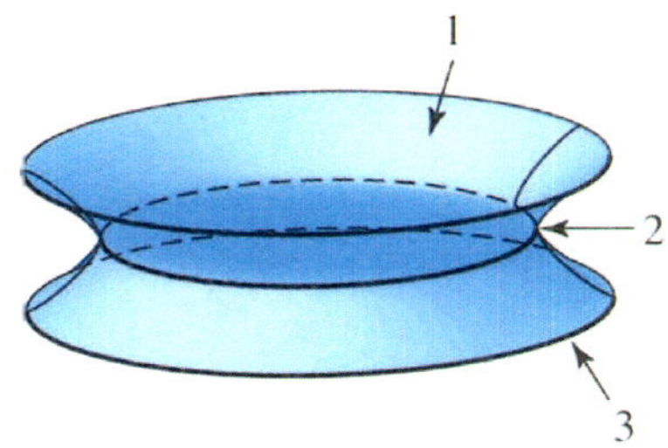

경계 곡선이 두 개의 원인 세 개 극소곡면의 체계.

최소이지만, 매끄럽게 연결된 고리 모양의 막보다는 넓이가 더 크다. 비누막 실험에서 체계가 아니라 고리형 곡면이 형성되도록 강제하는 간단한 방법이 있다. 철사를 비누 용액에서 꺼내기 전에 막대기(또는 손가락)를 철사에 넣어 두라; 그러면 철사를 꺼낼 때 고리형 곡면이 나타날 것이다.

이 고리형 극소곡면과 잘 알려진 역학적 곡선 사이에는 놀라운 관계가 있다. 회전면을 생각해보자. 곡면을 생성하는 가장 간단한 방법 중 하나는 고정된 축을 중심으로 곡선을 회전시키는 것이다. 회전면인 극소곡면이 있을까? 하나의 후보는 명백하다: 평면이다. 이는 직선 L을 L과 수직으로 만나는 축을 중심으로 회전시켜 구할 수 있다.

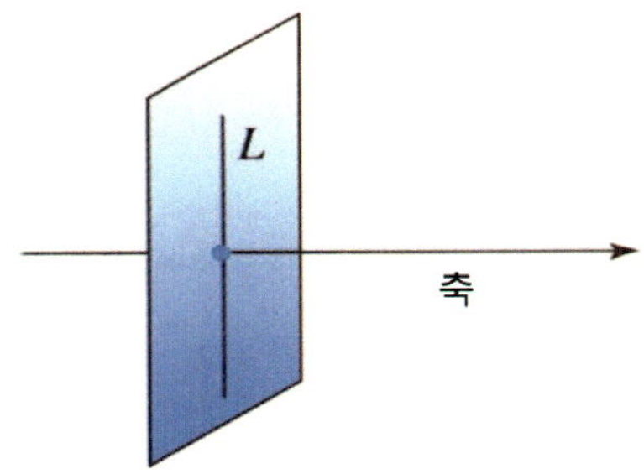

회전면으로서의 평면.

명백한 평면 곡면, 즉 평면과 원판 외에 평균 곡률이 0인 다른 회전면이 있을까? 정확히 하나의 다른 유형이 있으며, 이는 다음과 같이 생성될 수 있다. 막대기 양쪽 끝에 사슬을 걸어두라. 사슬이 정지 상태에 있을 때, 현수선[2]이라고 불리는 곡선을 생성하게 된다. 이 극선을 사슬 아래의 막대기와 평행한 축을 중심으로 회전시키면, 회전면인 유일한 비평면 극소곡면을 구하게 된다. 단, 현수선의 가장 낮은 점이 회전축 위에 높이 $h = \sqrt{b^2 - l^2}$에 있어야 한다. 여기서 l은 사슬 길이의 절반을 나타내고, b는 막대기와 회전축 사이의 거리이다. 회전면 중에서 유일한 굽은 극소회전면인 이 극소곡면은 1744년 오일러에

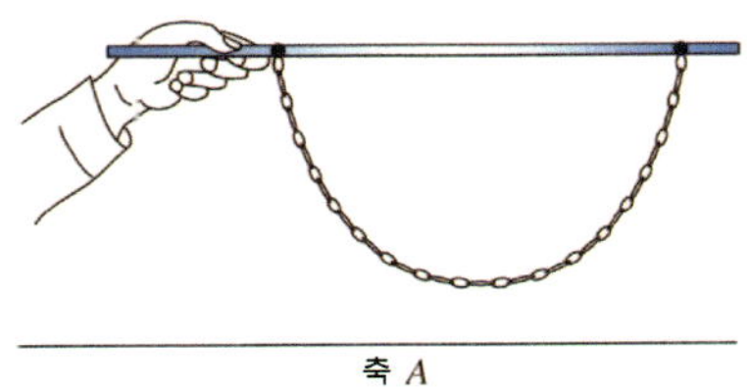

수평 막대기에 걸린 사슬, 현수선 형태로 늘어짐.

2 영어로는 'catenary'인데, 이는 '사슬'을 뜻하는 라틴어 단어 'catena'에서 유래했다.

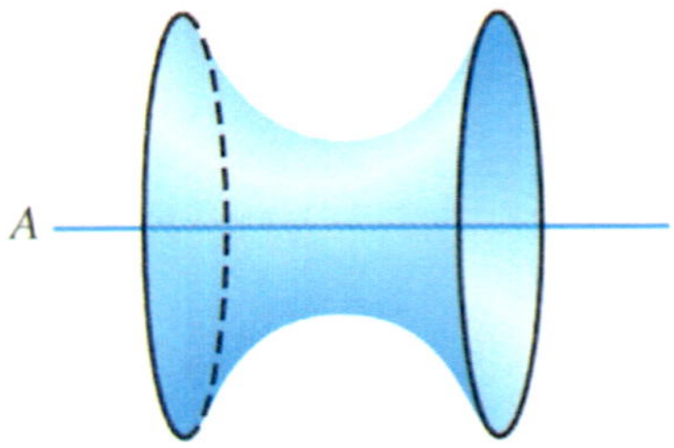

회전면으로서의 현수면.

의해 발견되었다. 명백한 이유로, 이는 현수면이라고 명명되었다. 다음 하단 그림에서 볼 수 있듯이, 현수면은 서로 다른 반지름 길이의 원으로 경계 지어질 수 있다.

이미 언급했듯이 두 원이 너무 멀리 떨어져 있으면 연결된 극소곡면이 형성되지 않는다. 만약 우리가 현수면에서 시작하여 두 경계 원 C_1과 C_2를 멀리 떨어뜨리면 어떻게 될까? 비누막으로 해당 실험을 수행하면, 두 동축 철사 C_1과 C_2 사이의 임계 거리에서 막이 끊어져 각각 C_1과 C_2를 가로지르는 두 개의 원반으로 뛰어오르는 것을 알게 될 것이다. 현수면이 끊어져야 하는 거리는 정확히 알려져 있다. 예를 들어, 원형 철사 C_1과 C_2의 반지름 길이가 R로 같을 때, 임계 거리 d는 R의 약 1.325487배이다.

사실, 두 원은 그 거리가 임계 수 d보다 작은 경우 두 개의 현수면의 경계가 되지만, 하나만 안정적이다 (불안정한 것은 더 안쪽으로 굽는다). 따라서 두 원형 철사에 따라 하나의 연결된 비누막만 지지될 수 있다. 다른 안정적인 구성은 C_1과 C_2를 가로지르는 한 쌍의 원반이다. 따라서 두 개의 안정적인 비누막의 존재가 세 번째 불안정한 비누막의 존재를 암시한다는 것을 다시 알 수 있다.

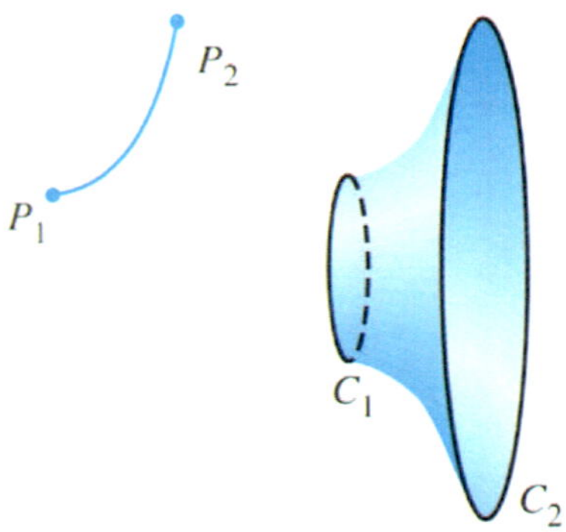

반지름 길이가 서로 다른 두 원이 경계하는 현수면.

현수면으로 매우 기이한 실험을 수행할 수 있다. 먼저 플라스틱 재료로 이 곡면의 모형을 만든다. 그런 다음 모형을 하나의 경선을 따라 자르고, 자른 두 끝을 부드럽게 당겨 곡면을 비틀어 다음 쪽에 표시된 것처럼 한다. 이렇게 하면 현수면를 왜곡 없이 구부려서 다른 유명한 극소곡면인 *나선면*의 조각으로 변형할 수 있다. 현수면을 나선면으로의 등거리 변형 또는 굽힘은 더욱 놀랍다. 왜냐하면 굽힘 과정에서 모든 중간 곡면도 극소곡면이 될 수 있기 때문이다!

현수면 다음으로, 나사면은 두 번째로 오래된 굽은 극소곡면의 예이다. 프랑스 기하학자 뫼스니에가 1776년에 이 곡면의 평균 곡률이 0인 것을 발견했을 때 이미 나선면은 잘 알려져 있었다. 실제로 건축가들은 나선면의 일부를 사용하여 나선형 계단을 만들었으며, 이러한 계단의 놀라운 예는 몇몇 유럽의 대저택에서 찾을 수 있다.

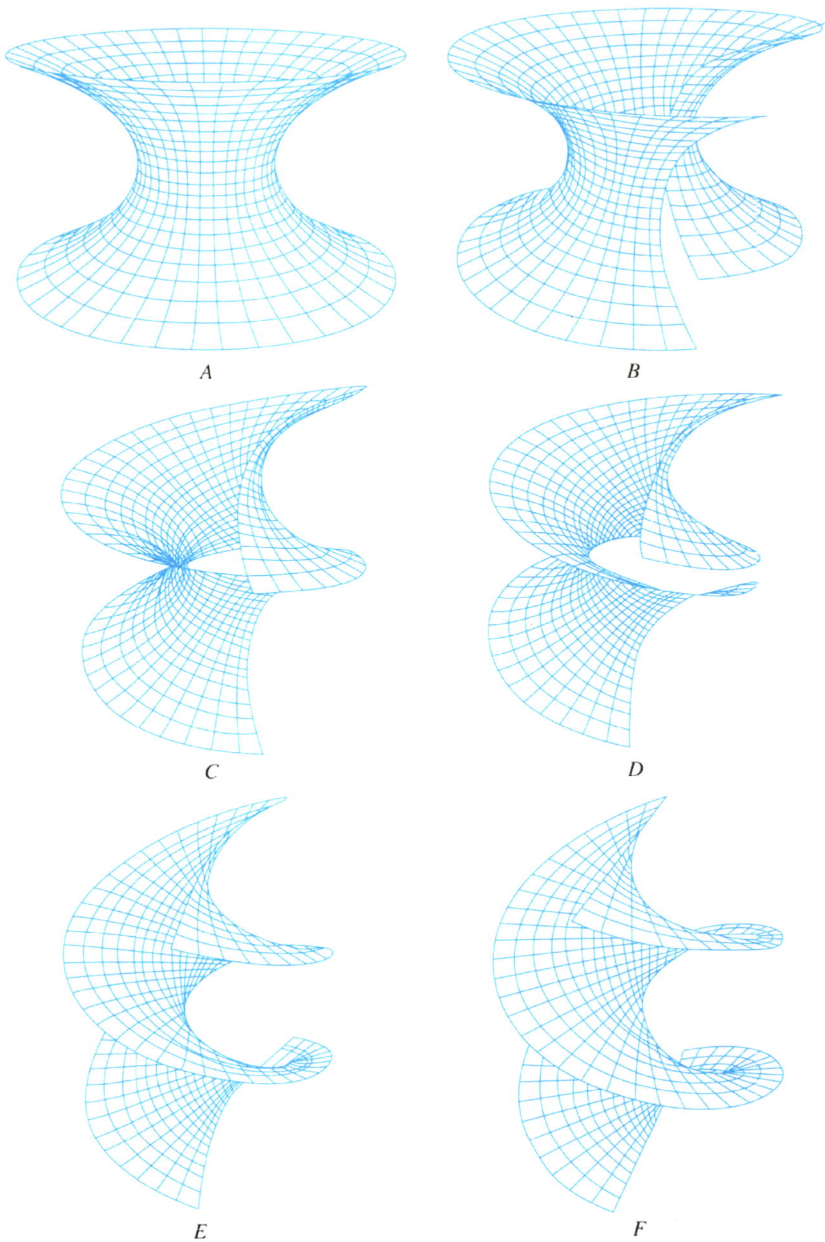

현수면에서 나선면으로의 등거리 변형.

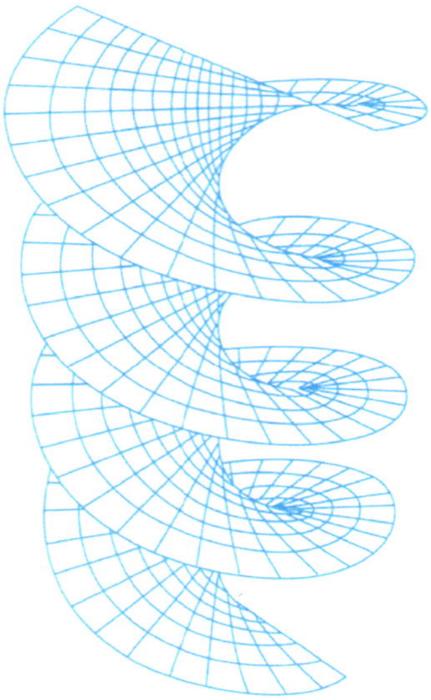

나선형 계단 설계에 사용될 수 있는 나선면.

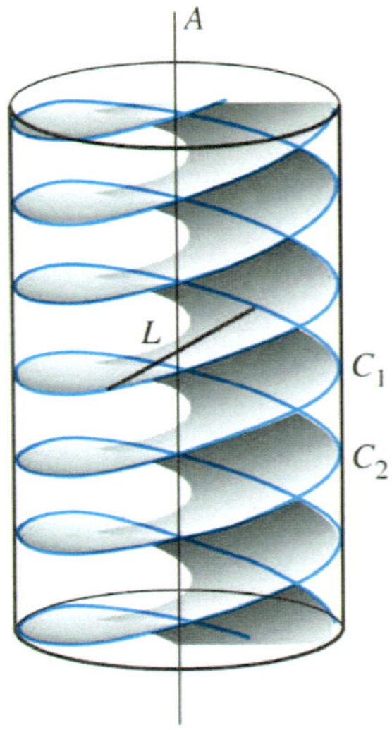

나선면의 생성.

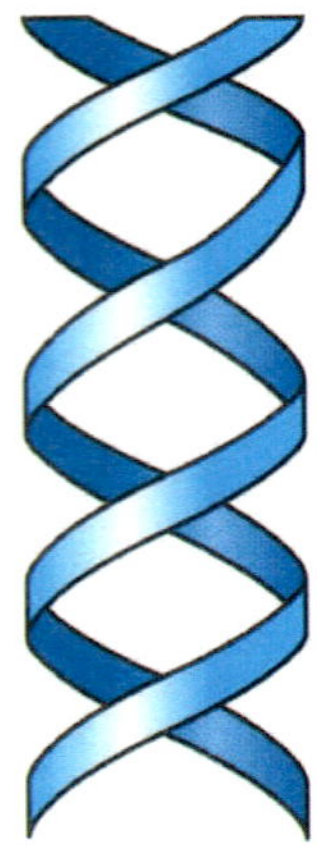

이중 나선.

이중 나선. (인쇄자의 표시, 아라투스 오브 솔리의 *현상*, 파리, G. 모렐 1559년)

나선면의 구성 원리는 비교적 이해하기 쉽다. 어떤 고정된 축 A에 수직으로 만나는 선분 L을 취한다. 그런 다음 L을 일정한 속력으로 A 주위에서 회전시키고, 동시에 L과 A의 교점 P를 일정한 속력으로 A를 따라 이동시킨다. 이 두 운동의 중첩은 직선 L의 나선 운동으로 나타나고, L에 따라 쓸려진 곡면은 나선면이 된다. 위의 중간 그림은 축이 A인 원통 안에 있는 나선면의 부분을 보여준다. 나선면은 그러한 원통을 두 개의 나선 또는 나사선인 C_1과 C_2로 교차하며, 이들은 함께 이중 나선을 형성한다. 이제 각 곡선이 위의 오른쪽 그림과 같이 얇은 종이 띠로 대체되었다고 상상해보라. 그러면 우리는 유전 암호의 전달자인 DNA 분자의 모형으로 사용되는 기하학적 도형, 즉 *이중 나선*을 구하게 된다.

현수면은 하나보다 많은 닫힌 곡선으로 구성된 구성이 경계를 이루는 극소곡면의 가장 간단한 예이다. 또 다른 예는 다음 쪽 하단 그림에 나타나며, 여기서 극소곡면은 두 개의 맞물린 철사를 가로지른다. 철사 체계는 또한 동일한 위상적 유형의 무한히 많은 극소곡면으로 가로지를 수 있는 경계 구성을 제공한다. (기억하다시피, 이것은 극소곡면

나선형 계단의 그림 (헨드릭 혼디우스, *광학에 대한 철저한 지침* (*Grondige Onderrichtinge in Optica*), 암스테르담, 1730년).

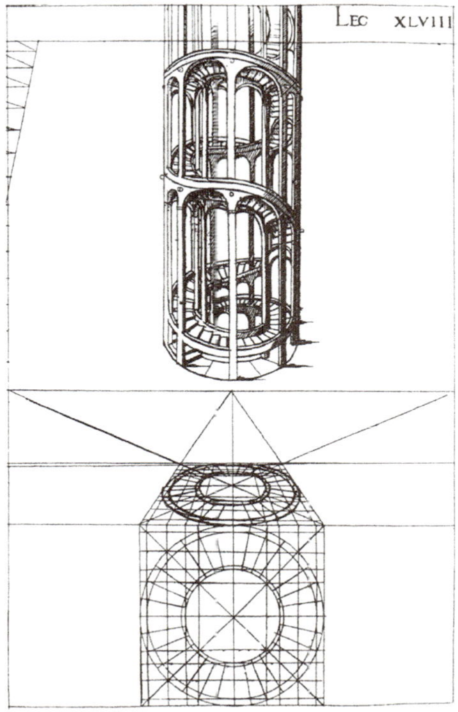

계단 설계 (자크 앙드루에 뒤 세르소, *실제적 투시법에 대한 수업* (*Leçons de Perspective Positive*), 파리, 1576년).

연구의 중심 질문 중 하나이다.) 경계로서 반지름 길이가 같고 서로 간격이 작지만 같은 세 개의 동축 원형 철사를 선택해 보자. 그러면 이 철사들에 따라 경계 지어진 종수 0의 무한한 극소곡면 군이 존재한다는 것을 보일 수 있다. 그러한 곡면 중 하나의 그림이 다음 쪽 왼쪽 가장 아래 그림에 나와 있다. 이 군의 모든 구성원은 원의 축을 중심으로 하나를 간단히 회전시키는 것으로써 구해진다. 따라서 이는 유한성에 대한 실제 반례가 아니라고 주장할 수 있다. 이 반대 의견

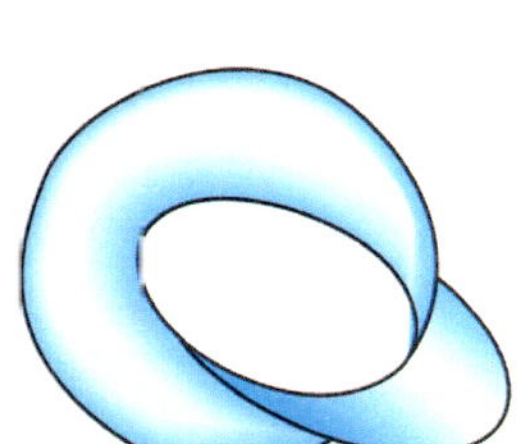

두 개의 맞물린 곡선을 가로지르는 극소곡면.

은 어느 정도 정당화된다. 두 곡면이 공간에서의 강체 운동에 따라 서로를 생성할 수 없는 경우 *정말 다른* 것으로 부를 수 있다. 동일한 위상적 유형의 얼마나 많은 *정말 다른* 극소곡면이 주어진 $1, 2, 3, \ldots$ 개 곡선의 구성에 걸쳐 있을 수 있는지에 대한 질문은 완전히 열려 있다.

액체 모서리와 세 가지 기본 각도 90°, 120°, 109°28′16″

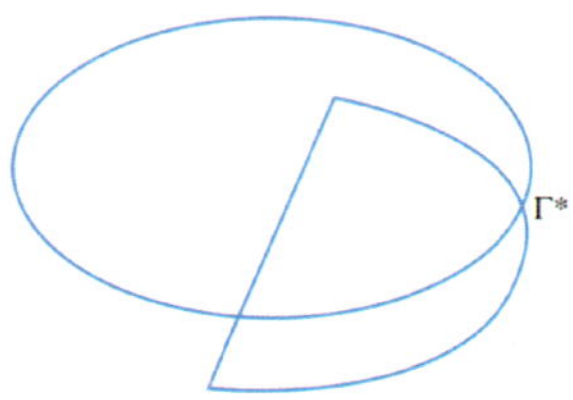

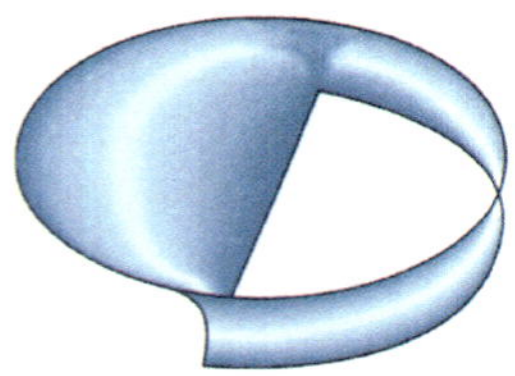

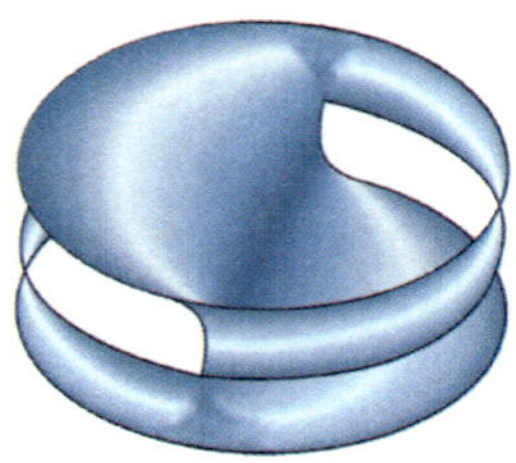

세 개의 동축 원으로 구성된 경계 곡선을 가로지르는 무한히 많은 극소곡면 중 하나 (아래). 이는 중간의 고리형 극소곡면으로 위에 나타난 두 개의 닫힌 곡선 구성을 가로지른 다음, 원 아래에 놓인 닫힌 곡선의 선분 호를 가로질러 이 곡면을 반사하여 구한다.

다음 쪽 오른쪽 상단 그림에 있는 비누막을 생각해 보자. 이 안정적인 극소곡면은 우리가 이미 만난 것들과 다르다. 그 경계가 완전히 주어진 철사에 놓이지 않고 일부는 지정된 (*지지 곡면*이라고 하는) 곡면에 놓인다. 따라서 이러한 비누막의 경계는 플라토 문제에서와 같이 완전히 지정되지 않고, 지지 곡면에서 최적의 위치를 선택할 수 있다.

이 예를 생성하기 위해, 우리는 유리나 아크릴로 만든 곡면 S를 사용했으며, 여기에 곡선 C, 즉 철사가 두 점 P_1과 P_2에 부착되어 있다. 곡면 S와 부착된 철사 C로 구성된 틀 $\langle C, S\rangle$를 비누 용액에 담갔다. 꺼내면, 철사 C에 부착된 비누막이 형성된다; 그러나 그 경계의 일부는 지지 곡면 S 위의 액체 모서리가 될 것이다. 이 액체 모서리, 즉 Σ는 비누막에 의해 생성되어 넓이가 극소가 되도록 한다. 곡선 Σ는 지지 곡면 S에서 비누막(또는 안정적인 극소곡면)의 *자유 경계*라고 한다. 다음 쪽의 상단 그림은 각각의 전체 경계가 곡면 S에서 자유 경계가 있는 비누막을 보여준다.

자유 경계 Σ의 형태에 대해 많이 말할 수는 없다. 사실, 거의 모든 S 위의 곡선이 비누막의 자유 경계의 일부가 될 수 있다. 그러나 모든 실험에서 확인할 수 있는 법칙이 하나 있다: 비누막의 매끄러운 부분은 오른쪽 중간 그림에 표시된 것처럼 매끄러운 지지 곡면과 직각으로 교차한다.

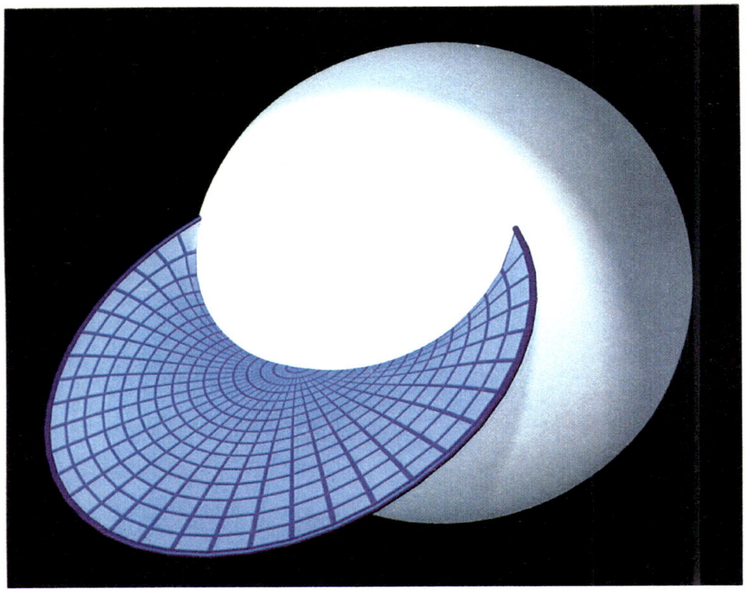

구 *S*와 직각으로 교차하는 극소곡면 (컴퓨터 모의 실험 해).

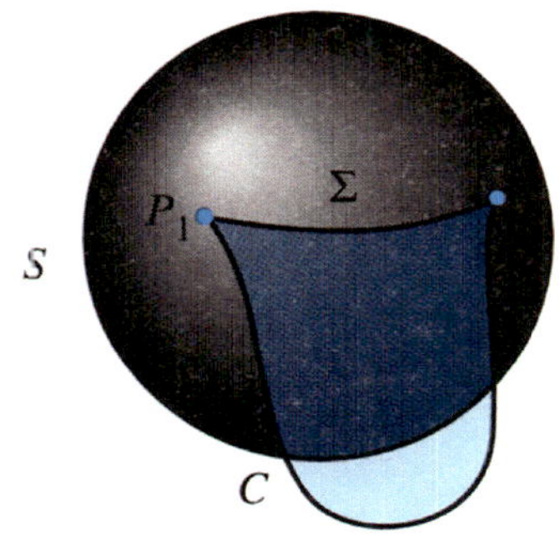

부분적으로 자유 경계가 있는 극소곡면.

플라토가 비누막에 대해 실험적으로 관찰한 극소곡면에 대한 이 사실에 대해 H. A. 슈바르츠는 엄밀히 수학적 증명을 제시했다. 따라서 다음과 같은 법칙이 성립한다.

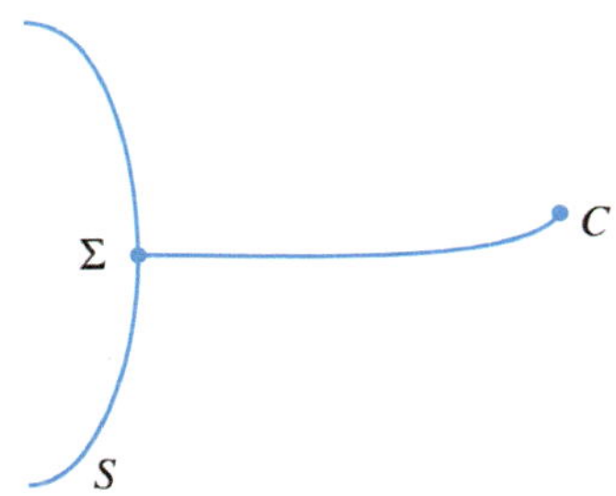

자유 경계에서의 직각 (단면도).

■ **법칙 1.** *극소곡면의 자유 경계 Σ가 지지 곡면 S에 놓이면, 극소곡면은 곡선 Σ를 따라 S와 직각으로 만난다.*

이것이 90° 법칙이며, 우리는 이것을 계속해서 접하게 될 것이다.

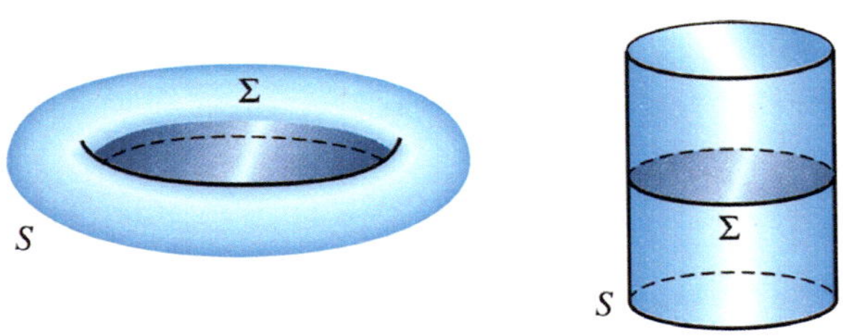

완전하게 자유 경계가 있는 극소곡면.

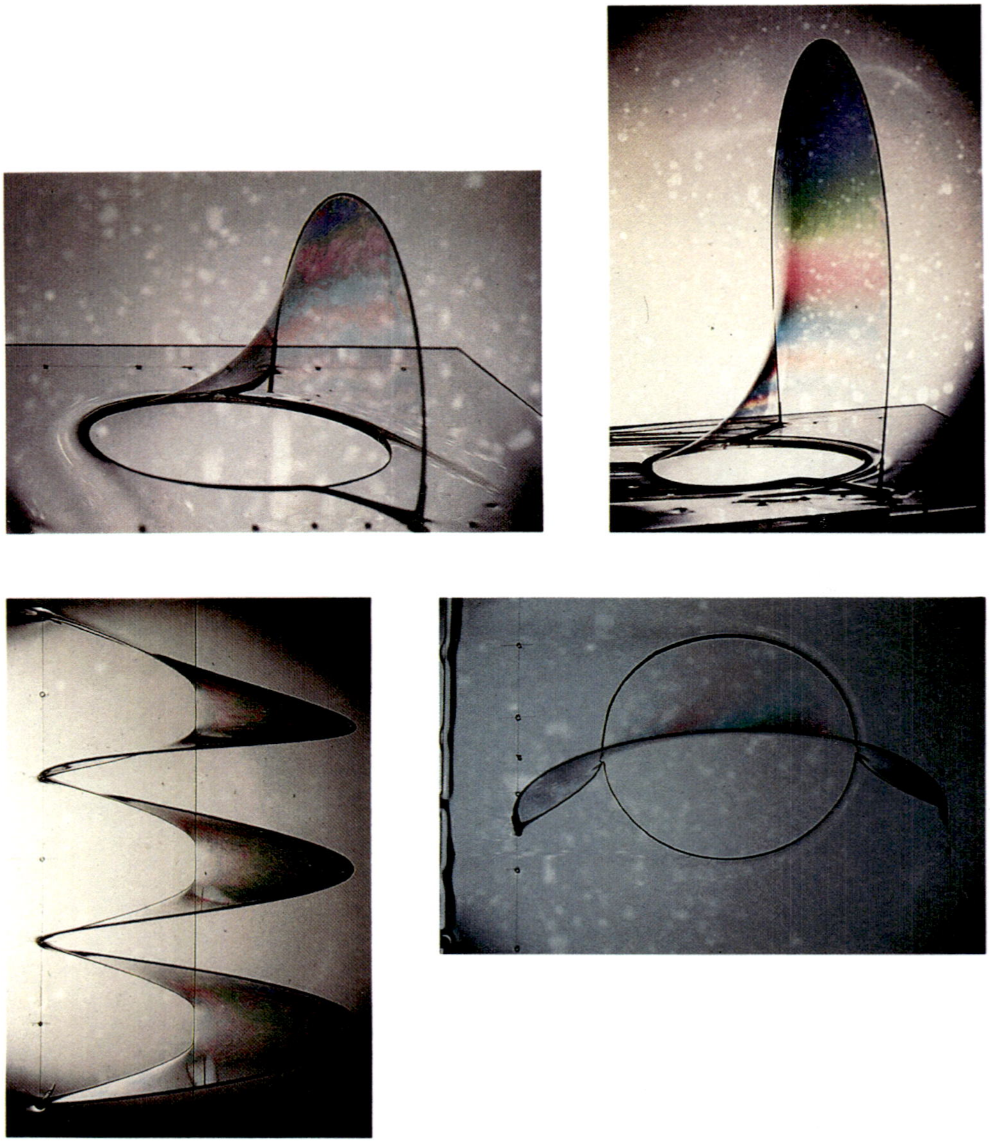

부분적으로 자유 경계 문제의 해를 보여주는 네 가지 비누막 실험.

자유 경계가 있는 극소곡면에 대한 가장 오래된 문제는 1816년 프랑스 수학자 J. D. 게르곤에 의해 제기되었다:

> 정육면체를 (오른쪽 그림에서 청녹색으로 표시된) 곡면 M 을 사용하여 두 부분으로 나누되, M이 정육면체의 반대면에 있는 두 대각선 C_1과 C_2에 부착되며, M의 넓이가 최소가 되도록 한다.

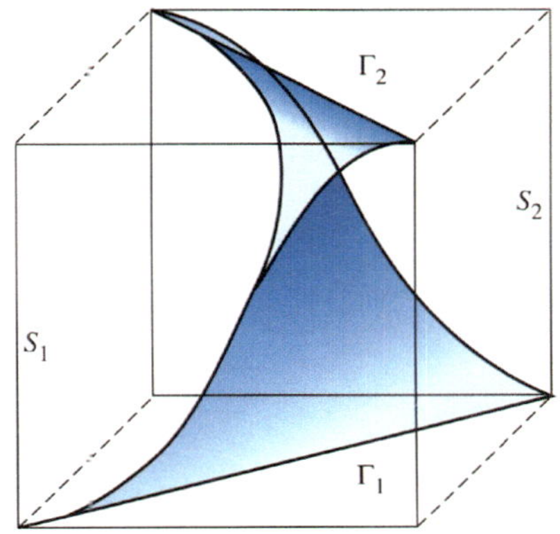

게르곤의 곡면.

이 질문에 대한 첫 시도들에는 오류가 있었고, 1872년에 슈바르츠가 해답을 발견했다. 이 극소곡면은 슈바르츠에 의해 발견되었지만, 일반적으로 *게르곤의 곡면*이라고 불린다. 이 곡면은 정육면체의 두 다른 면 S_1과 S_2에 직각으로 부착된다.

나선면으로 형성된 무한히 많은 *정말 다른* 해답을 가진 경계 구성 $\langle C_1, C_2, S\rangle$는 원기둥 곡면 S와 서로 다른 높이에서 원기둥 축을 통과하는 두 개의 수직 선분 C_1과 C_2로부터 구할 수 있다.

해(컴퓨터 모의 실험 해)가 왼쪽에 표시되어 있는, 부분적으로 자유 경계 문제의 경계 구성 $\langle C_1, C_2, S\rangle$.

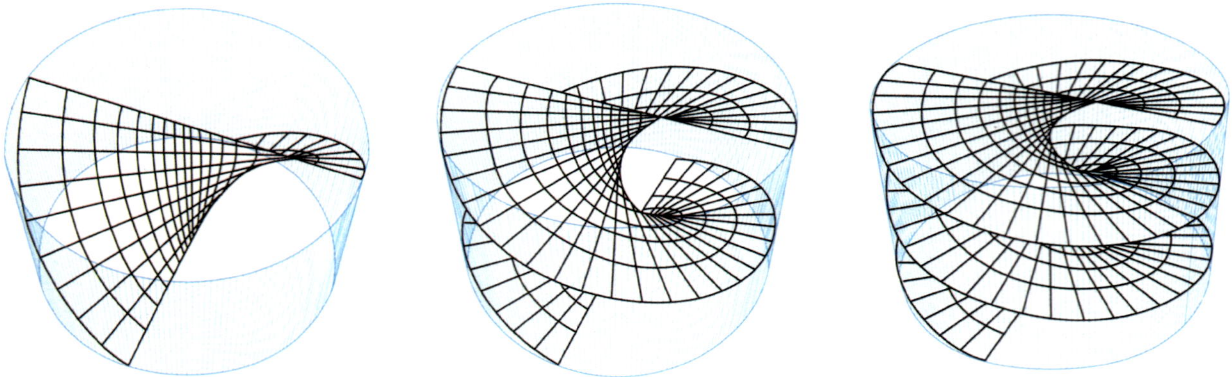

특정 경계 구성을 가로지르는 무한히 많은 *정말 다*른 극소곡면 중 세 가지.

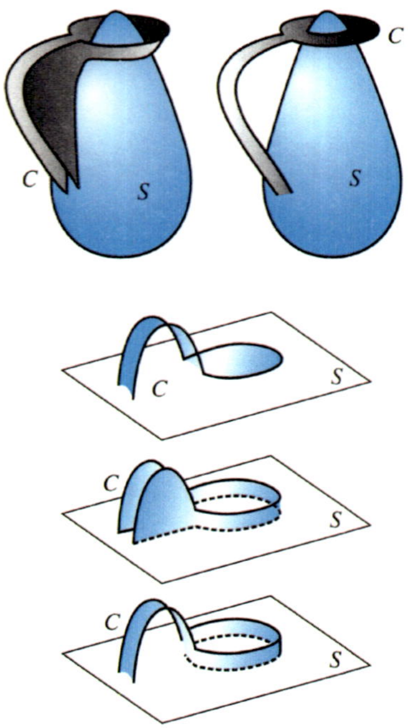

자유 경계가 있는 극소곡면에 대한 존재 이론은 1940년 리처드 쿠란트에 의해 시작되었고, 1951년 한스 레비가 자유 경계 Σ에 대한 첫 번째 상세한 연구를 수행했다. 그러나 슈바르츠와 핀란드 수학자 네오비우스, 스테니우스, 탈퀴스트는 이미 S가 평면이고 C가 끝점이 이 평면 위에 있는 다각형인 경우에 대해 구성 $\langle C, S\rangle$를 가로지르는 극소곡면의 존재를 증명했다.

쿠란트는 우리가 주어진 틀 $\langle C, S\rangle$를 가로지르는 비누막(즉, 넓이의 극소곡면)을 구할 수 있으며, 이는 실제로 다르고 심지어 다른 위상적 유형일 수 있다는 것을 알아차렸다 (왼쪽 아래 그림 참조).

새로운 상황은 지지 곡면 S 자체에 일부 경계가 존재하고 비누막이 적어도 부분적으로 그 경계에 부착된 경우 발생한다. 이 경우 법칙 1은 더 이상 맞지 않는다. 왜냐하면 비누막이 이제 완전히 자유롭게 움직일 수 없기 때문이다. S의 경계가 장애물을 형성한다. 그러나 비누막은 여전히 지지 곡면 S의 *내부 부분*과 직각으로 만날 것이다. 일반적으로 비누막의 자유 경계는 S의 경계에 접선으로 부착된다는 점은 흥미롭다. 이는 실험(다음 쪽의 사진 참조)과 엄밀한 수학적 증명에 따라 확인되었다.

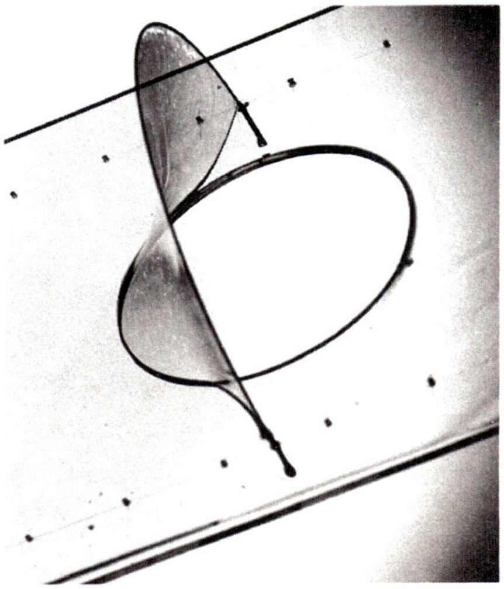

자유 경계는 지지 곡면의 경계에 접선으로 부착된다.

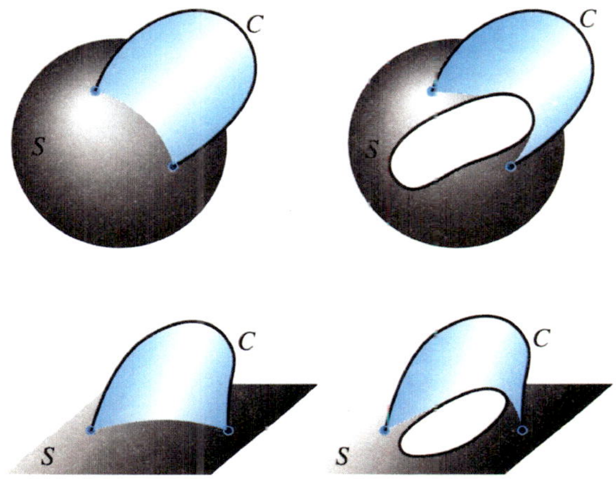

왼쪽: 부분적으로 자유 경계 문제의 두 가지 해.
오른쪽: 지지 곡면에 구멍을 내면, 문제가 장애물 문제로 바뀌며 그 해는 장애물 역할을 하는 구멍의 경계에 부착될 수 있다.

장애물 문제의 실험적 해를 보여주는 비누막 실험.

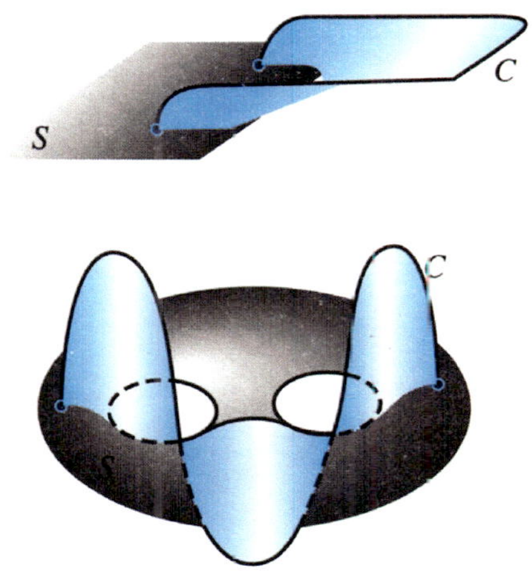

지지 곡면 위의 장애물

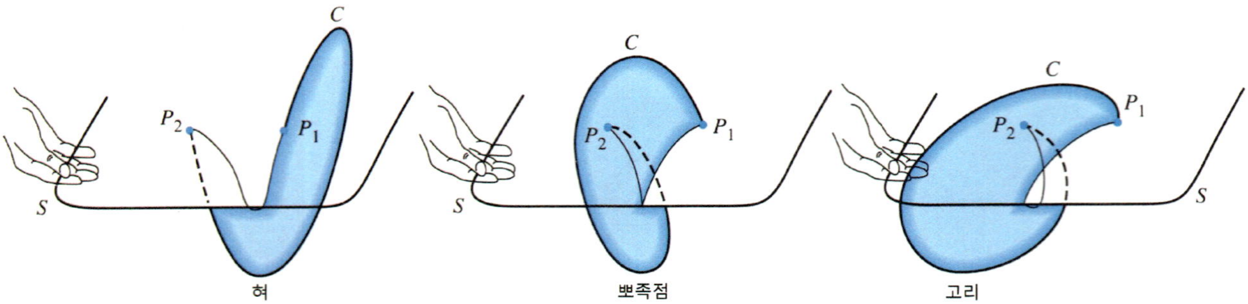

비누막의 자유 경계가 형성할 수 있는 세 가지 구성: 혀 모양, 뽀족점, 고리—이는 판과 판 주위를 둘러싼 철사로 구성된 환경 안에서 형성될 수 있다.

그러나 자유 경계 Σ는 매우 특별한 경우에 뽀족점 형태의 특이점(즉, Σ에 접선이 없는 점)이 있을 수 있다. 이는 다음과 같은 방식으로 생성될 수 있다. 유리판 S를 가져온다; 철사 C를 S의 윗면의 한 점 P_1에 고정하고, C를 S의 모서리를 지나게 한 다음 S의 아랫면의 한 점 P_2에 부착한다 (위의 그림 참조). C가 한 점에서 절단된 원처럼 보이고 두 느슨한 끝이 약간만 떨어져 있는 한, 형성된 비누막의 자유 경계는 *혀* 모양을 만든다. 그러나 철사 C가 *판 S 위에서는* P_2*쪽으로, 아래에서는* P_1*쪽으로* 변형되어 뒤틀리면, 혀는 고리 모양으로 변한다. 이 실험을 매우 신중하게 수행하면, 철사의 중간 위치로서 뽀족점이 나타나게 된다. 아래 사진에서 세 단계를 볼 수 있다.

비누막 실험에서 나타나는 혀 모양, 뽀족점, 그리고 고리.

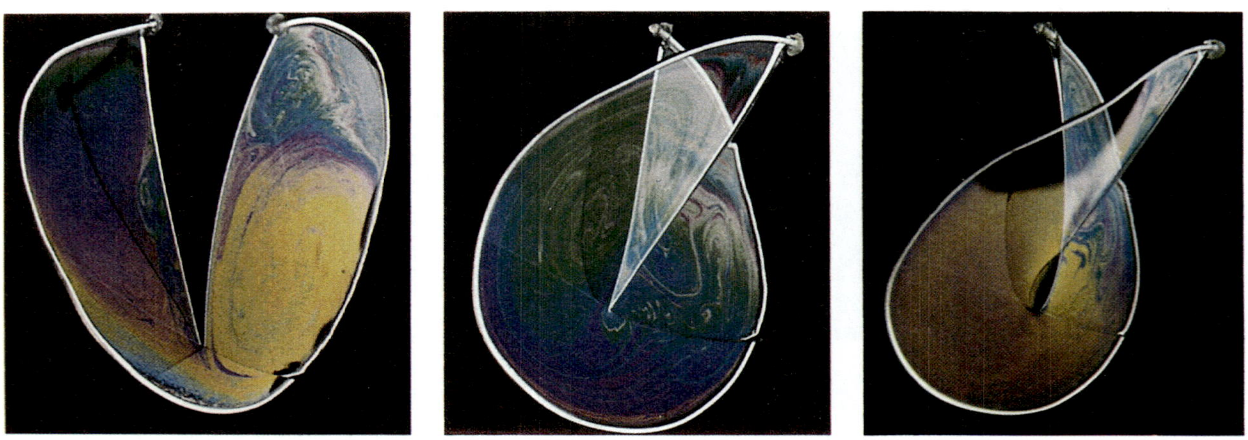

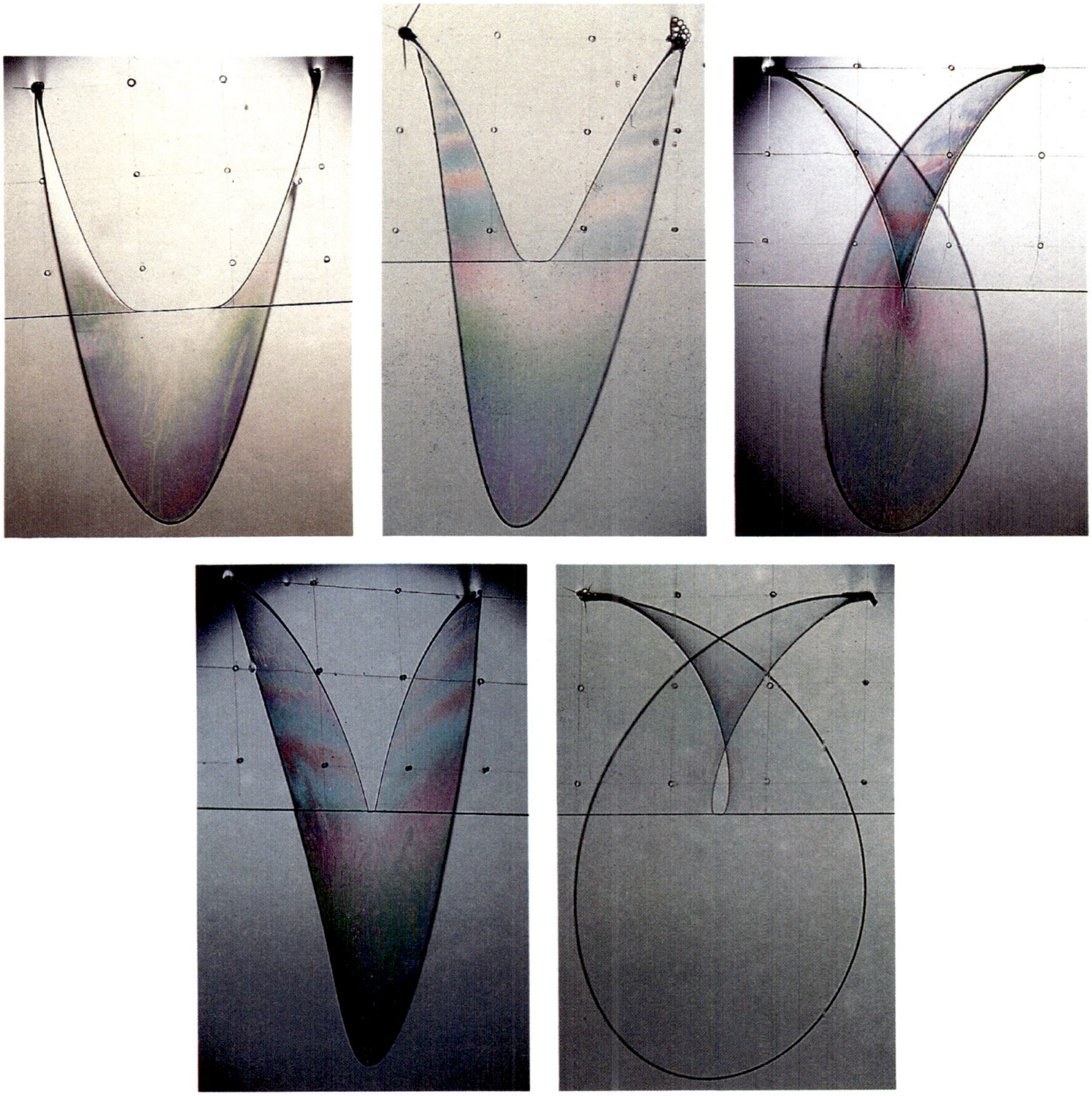

극소곡면의 부분적으로 자유 경계 문제에서 혀 모양-뾰족점-고리의 발생을 보여주는 또 다른 비누막 실험 배열.

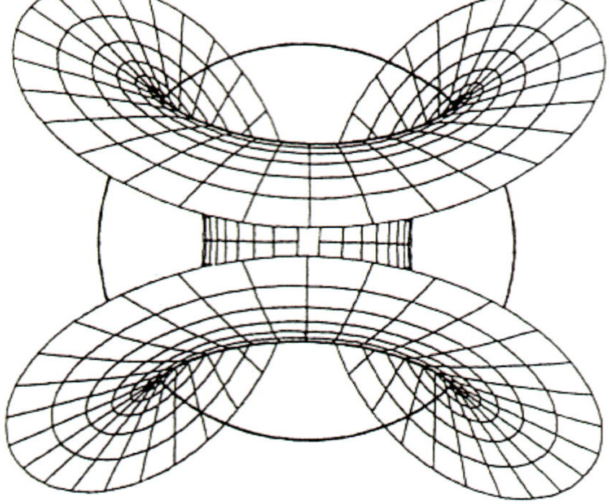

헤네베르크 곡면의 수반 부분 중 하나로, 원반을 직각으로 교차하여 소행성, 즉 네 개의 점이 있는 별 모양을 형성한다. 이 극소곡면을 지탱하는 경계 구성은 닫힌 곡선과 원반으로 구성된다 (아래 왼쪽 그림 참조).

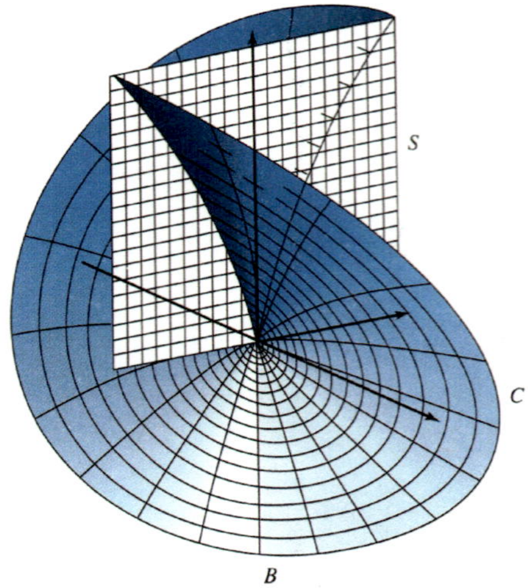

헤네베르크 곡면.

게다가, 위의 오른쪽 그림은 반평면 S와 곡선 C로 구성된 틀을 나타내고 있으며, 이는 극소곡면의 경계를 구성한다. 이때 자유 경계에는 뾰족점이 존재한다. 이 곡면은 1876년 헤네베르크에 의해 발견되었으며, 비누막으로 모형될 수 있다. 그 자유 경계는 *닐 포물선* 또는 *반입방 포물선*이라고 불리는 곡선이다 (아래 참조). 그 두 가지 분지는 $y = x^{3/2}$와 $y = (-x)^{3/2}$로 설명될 수 있으며, 일반적인 포물선은 $y = x^2$로 주어진다.

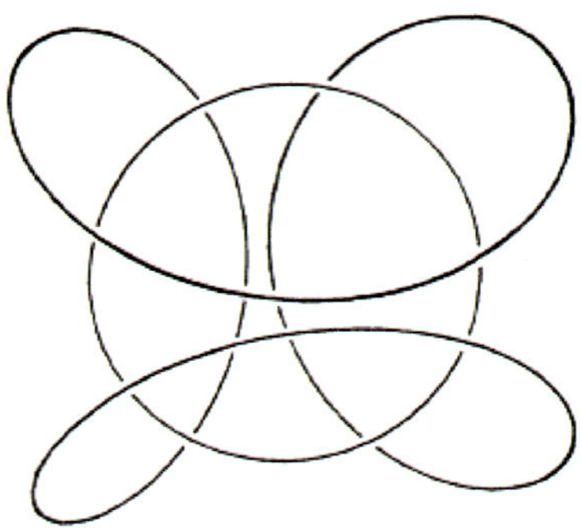

위 왼쪽에 그려진 극소곡면의 경계 구성.

닐의 포물선

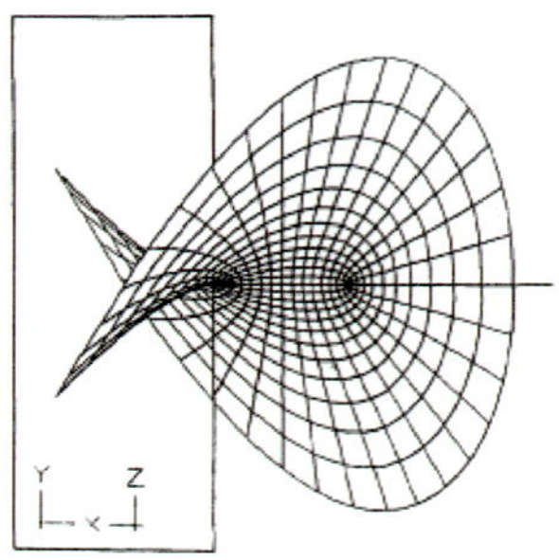

위 오른쪽에 그려진 헤네베르크 곡면의 부분에 대한 또 다른 시각.

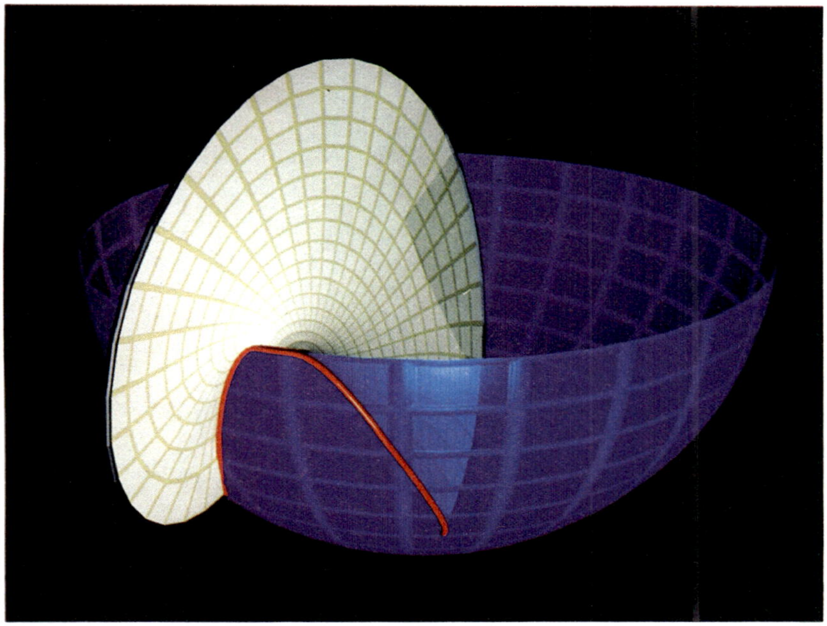

호(녹색)와 반구(파란색)에 따라 경계 지어진 비누막(밝은 색상). 비누막은 자취(빨간 선)를 따라 반구와 직각으로 교차하지만, 자취가 적도, 즉 반구의 경계와 접하는 부분에서는 혀 현상이 나타난다.

지지 곡면 S 위의 자유 경계는 비누막의 액체 모서리가 될 수 있는 유일한 상황이 아니다. 틀 안의 여러 비누막이 하나 이상의 모서리에서 만나 안정적인 막 배열, 즉 주어진 경계 구성 안에서 넓이를 최소화하는 곡면 체계를 형성할 수 있다. 예를 들어, 두 점에서 만나는 세 개의 호 C_1, C_2, C_3 (오른쪽 그림 참조)은 공통 액체 모서리 Σ가 있는 비누막 체계에 따라 가로질러질 수 있으며, 여기서 세 막의 각 쌍은 120°의 각도를 형성한다.

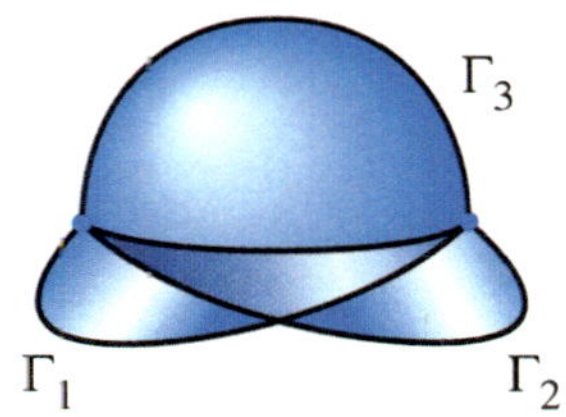

A

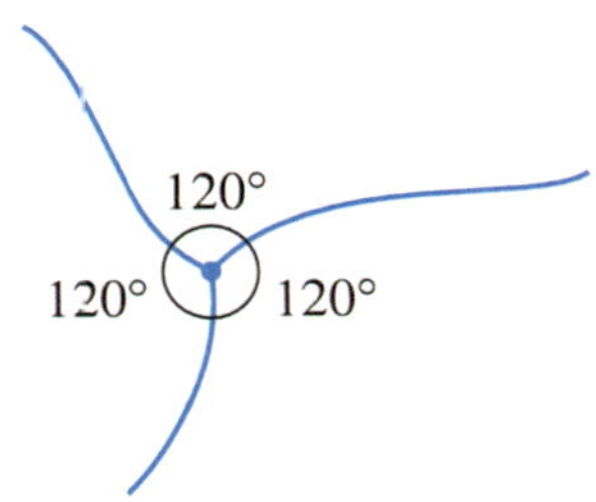

B

A. 120°로 만나는 세 곡면.

B. 이들의 공통 액체 경계의 단면도.

또 다른 예는 사면체 틀에 따라 제공된다 (다음 쪽 사진 참조). 이는 네 개의 액체 모서리가 있는 여섯 개의 비누막 체계를 경계로 한다. 이 경우에도 동일한 모서리를 따라 만나는 두 개의 막은 120°의 각도로 만나야 한다. 더욱이, 네 개의 액체 모서리는 정확히 하나의 꼭짓점을 공유하며, 각 모서리 쌍은 109°28′16″의 각도 φ로 만난다; 정확히 말하면, φ는 $-1/3$의 코사인인 각도이다.

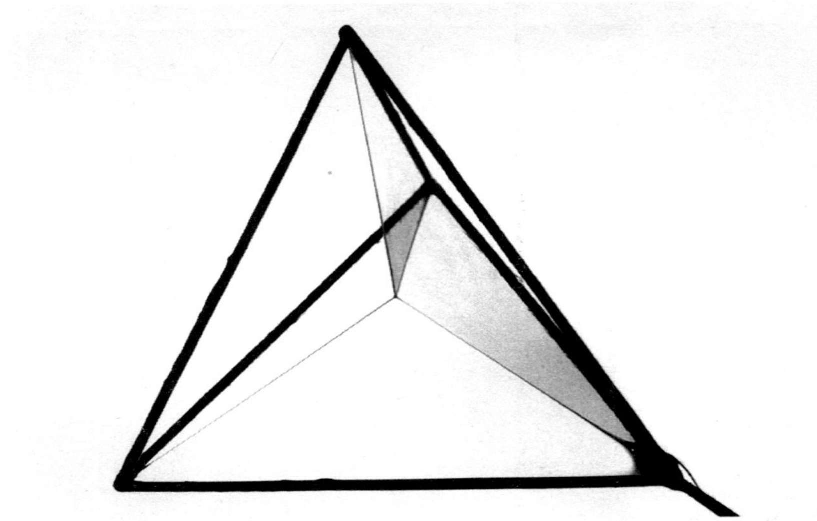

사면체 안의 비누막 체계.

플라토는 실험을 통해 이 두 예가 전형적이며, 다른 일은 일어나지 않는다는 것을 발견했다. 따라서 우리는 비누막의 안정적인 구성을 위한 두 번째 법칙을 구하게 된다:

■ **법칙 2.** *넓이 최소화 체계의 세 개의 매끄러운 극소곡면은 매끄러운 선에서 120°의 각도로 교차한다. 세 곡면의 교차로 형성된 이러한 선은 네 개만이 한 점에서 교차할 수 있다. 그러한 점에서 인접한 두 선 사이의 각도는 109°28′16″이다.*

120°와 관련된 법칙의 부분에 대한 엄밀한 수학적 증명은 오래전부터 알려져 있으며, 교차선이 이미 매끄러운 것으로 알려져 있는 한 구하기 쉽다. 그러나 두 번째 부분에 대한 만족스러운 증명은 최근에야 러트거스 대학교의 수학 교수인 진 테일러에 의해 제시되었다.

법칙 2의 두 번째 부분을 증명하는 데 사용된 주요 개념은 다음과 같다. 극소곡면과 그들의 교차선이 매끄럽다고 가정한다. 그런 다음 곡면 체계에서 임의의 점 P를 선택하고, P의 작아지고 작아지는 근방을 계속 동일한 크기로 확대한다. 따라서 극한에서 모든 곡면은 평평해

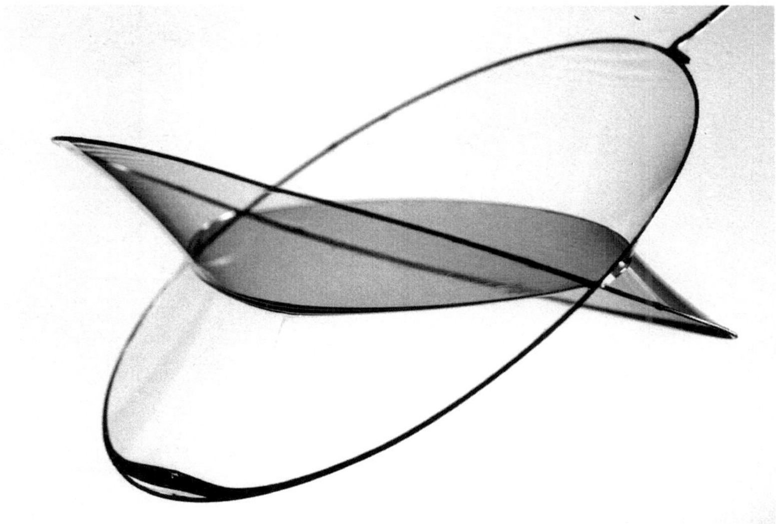

드 개의 원형 철사로 구성된 경계 구성이 있는 비누막 체계.

보이고 모든 선은 직선으로 보인다. 원래 곡면 체계의 넓이 최소화 특성은 확대에 의해 구해진 평평한 곡면의 새로운 구성이 또한 넓이 최소화인 것을 의미한다. 이제 P를 중심으로 하는 구를 그려서 평평한 곡면 구성과 교차시킨다. 교차선은 대원이다. 평평한 체계의 넓이 최소화 특성은 이러한 대원이 정점에서 120°의 각도를 형성하고 세 개를 초과하여 만날 수 없으며; 그렇지 않으면 구성의 넓이가 줄어들 수 있다.

따라서 다음 질문은, 구에서 세 개가 한 번에 만나 120°의 동등한 각도를 이루는 가능한 대원의 망들이 모두 무엇인가 하는 것이다. 이를 답하기 위해, 우리는 평면 대신 구에서 슈타이너의 문제를 해결해야 한다. 구면 삼각법을 사용하면, 그러한 측지 망은 열 개만 가능하며, 더 자세한 분석은 (구의 중심에 정점을 가진 넓이 최소화 원뿔을 지지하는 의미에서) 열 개 중 세 개만이 넓이를 최소화하는 것을 보여준다. 이는 다음 두 쪽에 나타난 열 가지 목록의 첫 세 부분(부분 A, B, C)이다. 첫 번째는 평평한 곡면에 해당하며, 두 번째와 세 번째는 191쪽 하단 그림과 이전 쪽 상단 그림에 나타난 체계에 해당한다. 이는 법칙 2를 증명한다.

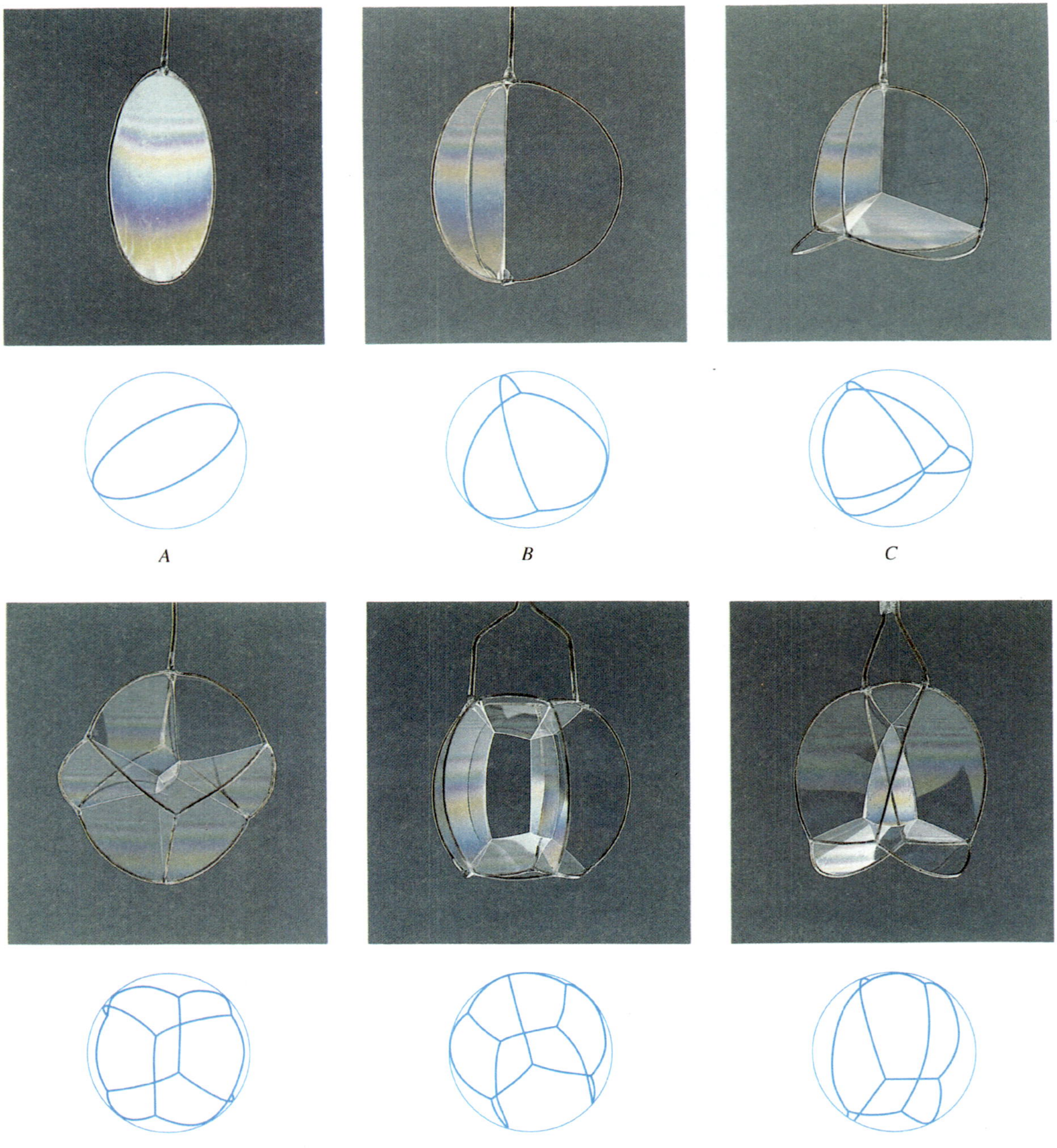
A
B
C
D
E
F

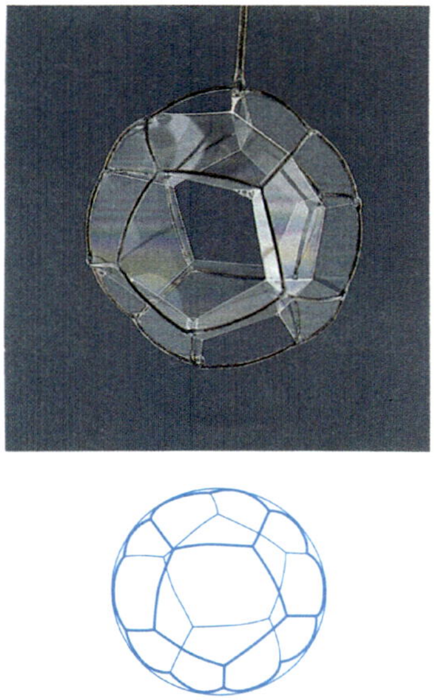

G

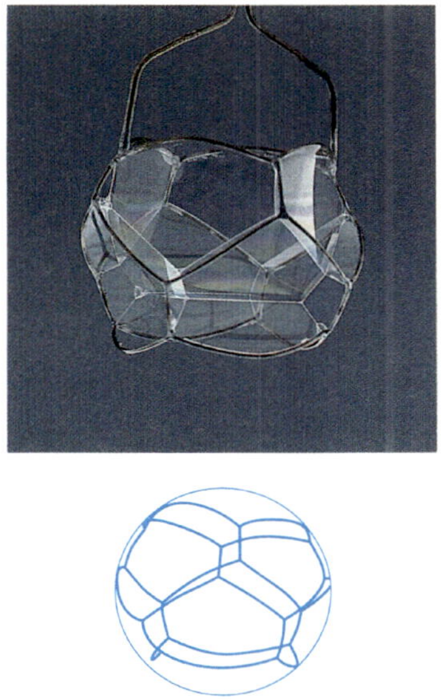

H

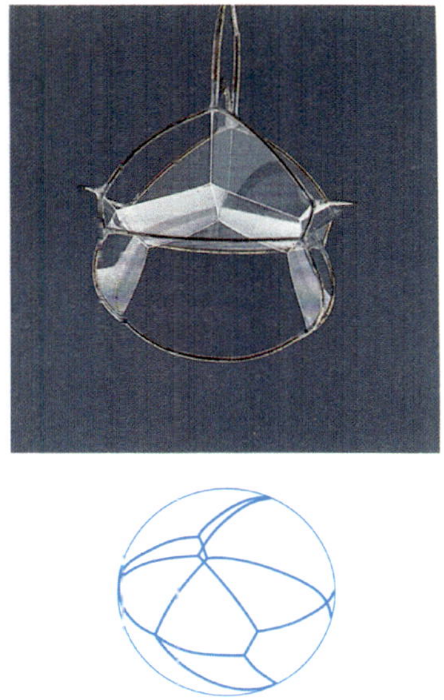

I

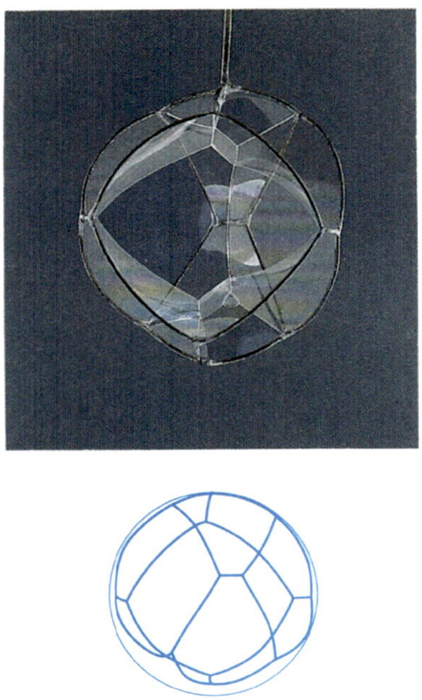

J

구 위에서 서로 120°로 만나는 대원의 가능한 망은 열 가지가 있다. 그들은 여기서 A부터 J까지의 도표에서 보여진다. 도표 A, B, C에 나타난 비누막은 *확대 절차*에 따라 구해진 곡면 체계와 일치하는 반면, 도표 D부터 J까지의 비누막 체계는 구의 중심에서 구 망의 점들로 그려진 모든 직선 호에 따라 생성된 *원뿔*이라는 대응하는 *확대 객체*와 다르다. 이러한 관찰은 도표 A, B, C에 대한 원뿔이 넓이를 최소화하는 반면, D부터 J까지의 원뿔은 그렇지 않다는 사실에 대한 *물리적 증명*을 제공한다. 이 사실에 대한 엄격한 수학적 증명도 존재한다.

열 가지 망 A부터 J까지는 다음과 같이 간단히 설명될 수 있다: 도표 A는 하나의 대원이고; B는 대원 세 개의 절반이며; C는 구형 사면체이고; D는 구형 육면체이며; E는 밑면이 오각형인 구형 각기둥이고; F는 삼각형 위에 놓인 구형 각기둥이며; G는 구형 십이면체이고; H는 두 개의 사각형과 여덟 개의 합동 오각형으로 구성되어 있으며; I는 네 개의 합동 사각형과 네 개의 합동 오각형으로 구성되어 있으며; J는 세 개의 사각형과 여섯 개의 오각형으로 구성되어 있다.

다면체 틀을 가로지르는 비누막 체계는 매우 아름다운 곡면 구성을 형성한다. 틀은 여러 다른 비누막 구성의 경계가 될 수 있으며, 심지어 여러 *정말 다른* 구성도 가능하다. 이 현상의 매우 놀라운 예는 팔면체 틀을 사용하는 경우에서 나타난다. 이 틀을 가로지르는 다양한 비누막 구성은 비누 용액에서 철사 틀을 다양한 방식으로 꺼내는 것으로써 생성될 수 있으며; 모두 물리적으로 실현되기 전에 약간의 실험이 필요하다.

비누막 구성은 종종 곡면을 부드럽게 불어 다른 구성으로 변경할 수 있지만, 때로는 틀을 흔드는 것도 효과가 있을 수 있다.

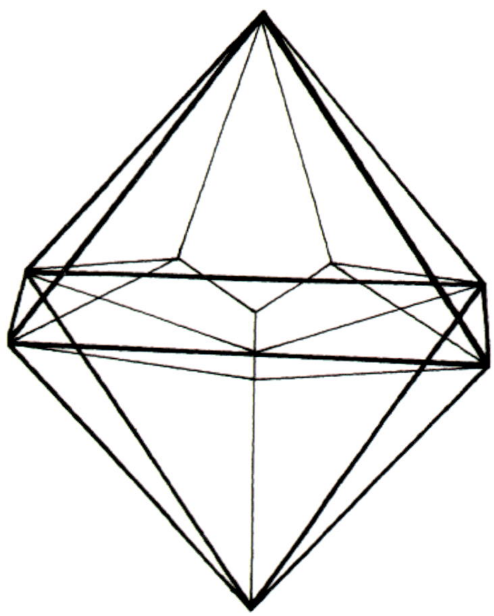

팔면체 안의 비누막: 틀(굵은 선)과 액체 모서리(가는 선). 4쪽의 그림도 참조하라.

팔면체 안의 비누막.

90° 및 120° 원칙의 흥미로운 조합은 비누막을 통해 평면에서 슈타이너의 일반 문제를 실험적으로 해결하는 데 사용될 수 있다. 이 문제에서는 *n*개의 점이 주어지고, 그 다음에 모든 주어진 점을 연결하고 총 길이를 가능한 가장 작은 선들의 망를 찾아야 한다.

두 개의 평행한 유리 또는 투명 플라스틱 판으로 구성된 틀을 만든다고 가정해 보자; 이들은 두 판에 수직으로 만나는 동일한 크기의 *n*개의 평행한 핀에 의해 연결된다. 이 틀장치를 비누 용액에 담갔다가 꺼내면 평면 비누막 체계가 형성된다. 이러한 막은 핀에 부착되어 있으며 두 가지 종류의 액체 모서리가 있으며, 이때 모서리는 둘 다 선분이다. 한 유형은 유리(또는 플라스틱)에 부착되어 있으며, 이는 지지 곡면에서 자유 경계이기 때문에 90°의 각도로 만난다. 다른 유형은 세 개의 막이 만나 120°의 세 각을 형성하는 곳이다 (오른쪽 그림 참조). 이제 하나의 판에 주어진 *n*개의 점의 위치를 표시한 다음, 이러한 표시에서 핀을 고정한다고 가정해 보자. 그러면 어느 판에서나 액체 모서리의 하위 체계가 주어진 슈타이너 문제의 실험적 해결책을 제공할 것이다. 이러한 모서리는 슈타이너 해결책과 동일한 규칙의 적용을 받기 때문이다. 더욱이 비누막 체계의 총 넓이는 명백히 두 판의 거리와 하나의 판에 놓인 액체 모서리의 총 길이를 곱한 것과 같다. 비누막 체계가 넓이를 최소화하기 때문에, 하나의 판에서 모서리의 하위 체계는 주어진 *n*개의 점 간의 모든 연결 중에서 길이를 최소화해야 한다.

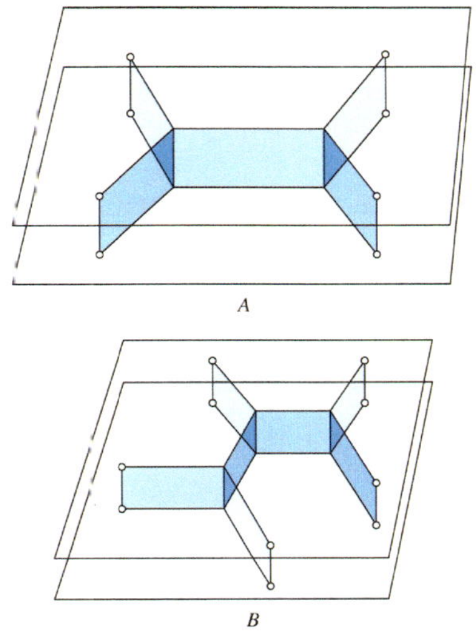

(A) 네 점과 (B) 다섯 점에 대한 슈타이너 문제의 비누막 해법.

주기적인 극소곡면

H. A. 슈바르츠는 한 평면에 놓이지 않는 가장 단순한 경계 곡선 *C*에 대한 플라토 문제를 처음으로 해결했다. 이는 네 개의 모서리가 있고 그 모서리의 네 꼭짓점이 하나의 평면에 놓이지 않는 다각형이다. 이러한 곡선을 사변형이라고 부른다. 슈바르츠는 매우 특정한 사변형, 즉 정사면체의 여섯 모서리 중 네 개를 둘러싼 회로를 선택했다. 그는 1865년에 자신의 결과를 발표했으며, 자신이 제작한 세 개의 모형도

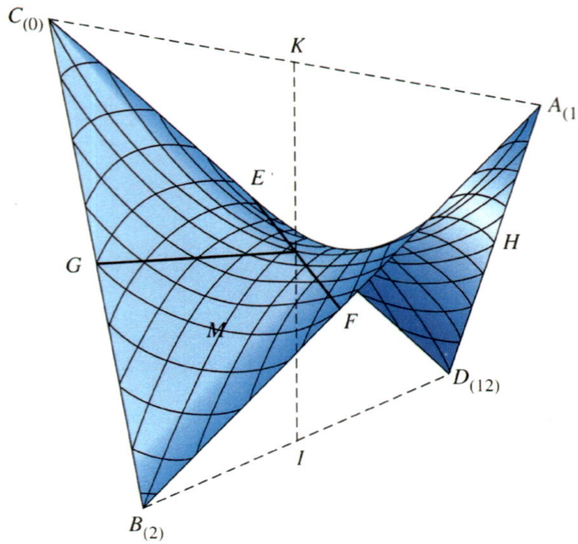

등변 틀에 있는 슈바르츠 곡면. 여기서는 이 극소곡면을 둘러싸는 네 개의 선분이 연결된 배열을 볼 수 있다.

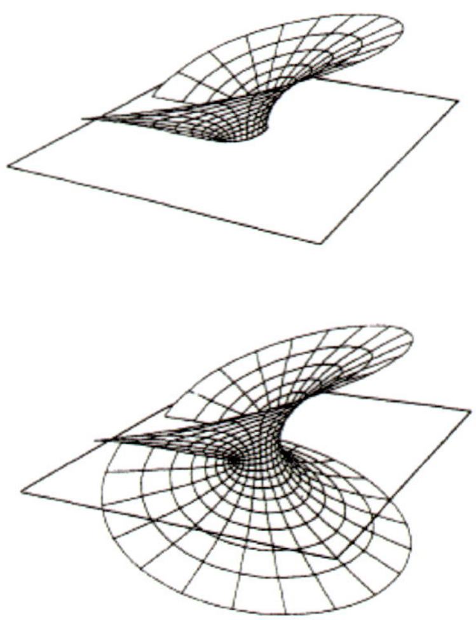

평면을 가로지르는 극소곡면의 반사.

제시했다. 이 모형들의 틀은 가는 철사로 만들어졌고, 이를 가로지르는 극소곡면은 젤라틴 같은 막으로 구성되었다. 첫 번째 모형은 위 그림에 나와 있다.[3]

슈바르츠는 곡면 S에 자유 경계가 있는 비누막은 S와 수직으로 만나야 한다는 것을 발견했다. 이는 그에게 다음 문제를 생각하게 했다. $\langle C_1, \ldots, C_k, S_1, \ldots, S_l \rangle$이 k개의 선분 $C_1, \ldots, C_k$와 l개의 평면 $S_1, \ldots, S_l$로 구성된 연결 배열, 즉 *슈바르츠 사슬*이라고 하자. 이는 사슬에 경계가 있고, 액체 모서리를 따라 $S_1, \ldots, S_l$과 90° 각도로 교차하는 극소곡면을 결정한다. 이러한 종류의 문제는 슈바르츠 시대에 명시적으로 해결될 수 있었다. 게다가, 슈바르츠는 두 가지 중요한 *극소곡면에 대한 반사 원리*를 발견했다: 선분을 가로지르는 극소곡면의 반사와 평면을 가로지르는 반사이다. 두 반사 원리는 작은 조각에서 큰 극소곡면을 구축할 수 있게 해준다. 이러한 반사 원리는 다음과

[3] 이 연구를 설명하는 논문은 1867년 베를린 아카데미에 제출되어 아카데미의 상을 받았다. 슈바르츠의 논문은 여전히 수학 문헌의 경이로움 중 하나이다. 현대 독자도 그 아름다운 방식과 완벽한 발표 덕분에 이를 즐길 수 있을 것이다. 베른하르트 리만도 1861–1862년에 이 문제를 해결했으나 그는 결과를 출판하지 않았다. 그의 학생 하텐도르프가 1866년에 리만의 원고를 수정하여 1867년에 사후 출판했다.

같이 공식화될 수 있다.

■ **법칙 3.** *극소곡면 M의 경계 일부가 선분에 포함되어 있으면, 그 선분을 가로지르는 반사 M^*도 극소곡면이며, M과 M^*의 합집합은 또한 매끄러운 극소곡면을 형성한다.*

■ **법칙 4.** *극소곡면 M이 평면과 직각으로 만나면, 그 평면을 가로지르는 거울 상 M^*은 극소곡면이며, M과 함께 매끄러운 극소곡면을 형성하는 확장된 곡면을 이룬다.*

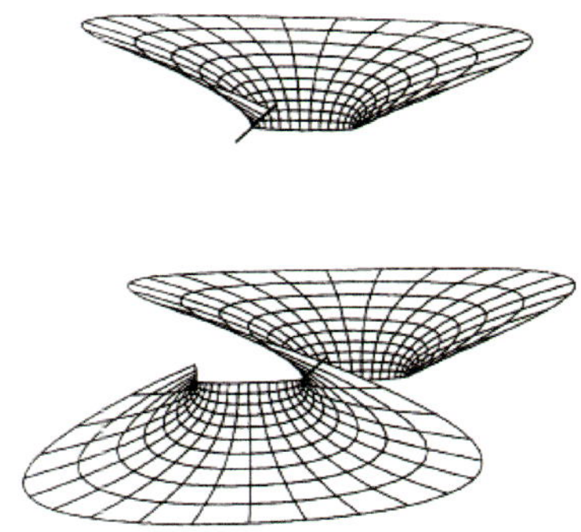

선분을 가로지르는 극소곡면의 반사.

이제 경계가 선분에 놓이거나 *M*과 직각으로 만나는 평면에 놓인 여러 조각으로 구성된 극소곡면 *M*을 생각해 보자. 그러면 우리는 경계의 각 선분 조각을 가로질러 *M*을 반사할 수 있으며, *M*이 직각으로 부딪히는 평면을 가로질러 *M*의 모든 거울 상을 형성할 수 있다. 이렇게 하여 새로운 곡면을 구한다; 이는 기본 단위인 원래의 곡면 *M*과 법칙 3과 4에서 설명한 반사를 사용하여 생성된 반사 및 거울 상으로 구성된다. 새로운 곡면은 매끄러운 극소곡면이며, 그 경계는 (기본 단위 *M*의 모든 반사 및 거울 상의 것과 같이) *M*의 경계와 동일한 특성이 있다. 즉, 그 경계는 선분에 놓이거나 곡면과 직각으로 만나는 평면에 놓인 유한한 조각으로 구성된다. 따라서 이 확장 과정을 계속할 수 있다: 기본 단위의 각 반사 및 거울 상은 두 반사 규칙을 적용할 수 있는 새로운 기본 단위로 간주될 수 있다.

확장 과정은 어느 단계에서든 반사가 수행될 수 있는 경계가 남아 있지 않으면 종료된다. 예를 들어, 기본 단위가 반평면이면 하나의 반사만 가능하다. 그러나 *유한한 기본 단위에 대해 확장 과정이 결코 끝나지 않는다*는 것을 증명할 수 있다.

슈바르츠 주기적 표면의 일부.

따라서 우리는 *무한 확장*된 극소곡면에 도달할 것으로 기대할 수 있다. 그러나 이 곡면은 일반적으로 *자기교차*가 있을 것으로 예상해야 한다. 매우 특별한 슈바르츠 사슬만이 기본 단위로 간주될 때 *자기교차가 없는 무한 확장 극소곡면*으로 이어진다; 이러한 대상을 *주기적 극소곡면*이라고 한다.

(a)

(b)

(c)

(d)

(a-c) 슈바르츠의 두 번째 주기적 극소곡면의 일부 (앨런 소엔이 제작한 모델). (d) 그의 또 다른 주기적 극소곡면인 자이로이드 모형과 함께 있는 앨런 소엔.

이미 1867년에 슈바르츠는 198쪽 그림의 사변형을 가로지르는 (유일하게 결정된) 극소곡면이 주기적 극소곡면의 기본 단위쪽인 것을 지적했다.

슈바르츠 및 다른 저자들은 추가적인 주기적 극소곡면을 발견했으며, 그 중 일부는 위와 맞은편 쪽의 사진에 나타나 있다. 우리 사진에 나타난 모형은 1968–69년에 미국 물리학자 앨런 H. 소엔에 의해 설계 및 준비되었다.

(e)

(f)

(g)

(e) 소엔의 자이로이드 모형.

(f) 자이로이드의 다면체 근사.

(g) 기본 영역당 종수 29의 주기적 극소곡면 (앨런 소엔의 모형).

주기적 극소곡면 및 관련 구조는 생물학자들에게 흥미로울 수 있다. 생물학자들은 극피동물(불가사리, 성게 및 관련 생물) 골격 내의 유기 및 무기 물질 사이의 분리벽이 특정 유형의 주기적 극소곡면과 유사하다는 것을 발견했다.

올림픽 경기장의 내부 모습.

올림픽 경기장의 지붕
(뮌헨, 1972)

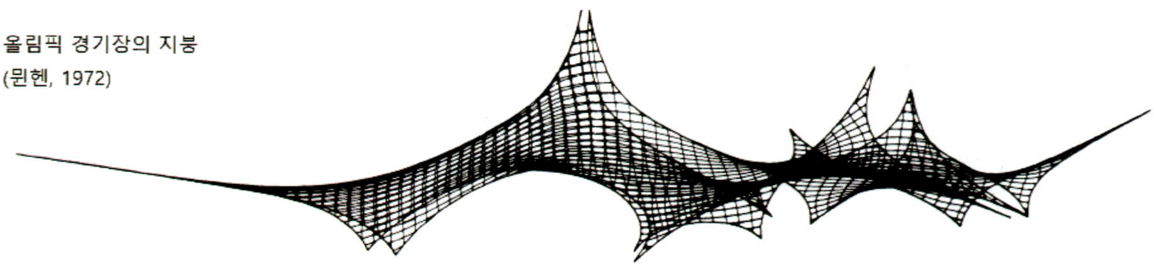

지붕과 텐트로서의 극소곡면

지난 30년 동안 건축가 프라이 오토와 그의 동료들이 설계한 우아한 구조물들은 당연히 잘 알려지게 되었다. 그들의 건축물은 고전적인 건축의 의미에서의 구조물이 아니라 텐트의 배열에 가깝다. 예를 들어, 프라이 오토와 롤프 구트브로트가 설계한 1967년 몬트리올 세계

올림픽 육상 경기장 외관 (뮌헨, 1972년).

박람회의 독일관은 변화하는 높이의 단일 막으로 형성된 초자연적인 풍경을 닮았다. 그 경계 곡선은 높은 지점에서 기둥으로 지지되고, 낮은 지점에서는 막이 땅에 고정된다. 투명한 재료로 구성되고 강철선을 넣어서 강화된 막은 강철 철망으로 지지되며, 이는 모서리 밧줄, 능선, 쇠줄고리 체계에 의해 돛대 꼭대기와 기준점에 연결된다. *눈고리*는 (그 중요성은 나중에 설명할 것이다) 투명한 플라스틱으로 채워져 있다.

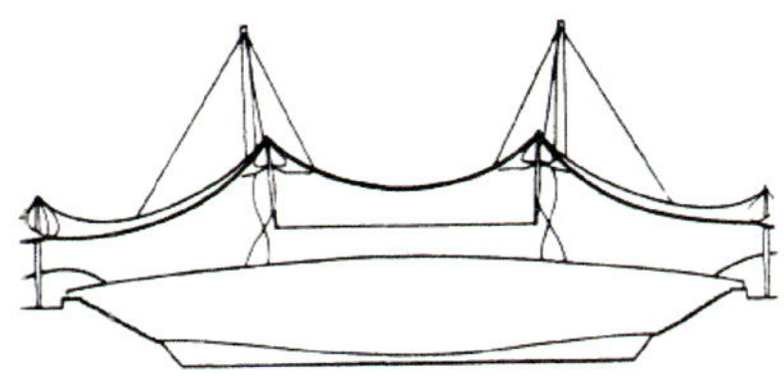

올림픽 육상 경기장 지붕(뮌헨, 1972년)에서 극소곡면의 다섯 개 주요 구성, 여덟 개의 고리 구성, 두 개의 완충점, 두 개의 중앙 보조점, 여덟 개의 지지점, 스물아홉 개의 기준점을 볼 수 있다. 최대 폭은 443피트, 최대 높이는 180피트이다.

또 다른 유명한 설계는 뮌헨의 올림픽 경기장 지붕이다. 이 역시 두 개의 완충점, 두 개의 지지 기둥, 다양한 기준점, 그리고 길이 1,443피트의 단일 전면 모서리 케이블로 구성된 안장형 그물로 형성된 텐트 같은 구조이다. 그물은 반투명 아크릴 시트로 덮여 있다. 강철 기둥은 높이 190피트이며, 지붕의 폭은 최대 213피트이다. 올림픽 육상 경기장과 올림픽 수영 경기장의 지붕도 같은 유형의 두 가지 다른 구조물이다.

텐트와 프라이 오토의 지붕 사이의 유사성은 우연이 아니다. 그들에는 몇 가지 공통된 건설 원칙이 있다. 첫째, 둘 다 가능한 최소한의 건축 자재를 사용하여 경제적이도록 설계된 경량 구조물로 구상되

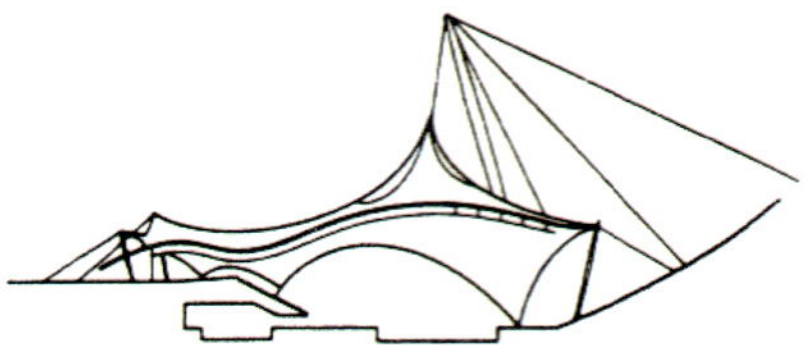

올림픽 수영 경기장 지붕(뮌헨, 1972년)에서 하나의 완충점과 열세 개의 안정화 및 기준점이 있는 극소곡면을 볼 수 있다. 최대 폭은 279피트, 최대 높이는 164피트이다.

었다. 둘째, 쉽게 설치, 해체 및 운반할 수 있도록 설계되었다. 셋째, 이러한 지붕에 작용하는 주요 힘은 *인장 응력*이다; 기둥이나 지지 아치와 같은 몇몇 부분만이 압축에 노출된다. (팽팽하게 당긴 밧줄이나 펼쳐진 텐트에서 응력을 찾을 수 있으며, 기둥이나 벽에서는 압축을 찾을 수 있다.)

따라서 텐트와 경량 지붕은 대부분의 기존 건물과 본질적으로 다르다. 기존 건물에서는 사용된 자재의 양이 실제 건물의 하중 요구 사항에 비해 일반적으로 불균형하다. 일반 건물은 큰 어려움 없이 다른 위치로 이동할 수 없다. 더욱이, 돌이나 벽돌과 같은 대부분의 자재는 압축력에는 견딜 수 있지만, 응력에는 견딜 수 없다. 이러한 건물의 굽히는 및 찌그리는 힘은 일반적으로 많은 양의 추가 자재를 사용하여 처리되어 불가피한 낭비와 불필요한 비용을 초래한다.

올림픽 수영 경기장 외관 (뮌헨, 1972).

이미 보았듯이, 자연은 주어진 경계 곡선 안에서 곡면의 최적 형태를 감지하기 위한 유용한 장치를 제공한다. 바로 비누막이 원하는 경계 구성을 가로지를 수 있게 하는 것이다. 쉽게 부서지지 않는다면, 그것은 안정된 평형 상태에 있을 것이다. 그것은 넓이를 최소화하는 극소곡면이다. 프라이 오토와 그의 동료들은 건축 설계를 위한 주요 도구로 비누막을 사용했다. 그들은 실제 건물로 변형될 수 있는 우아한 형태를 찾기 위해 많은 실험을 수행했다.

올림픽 수영 경기장 외관 (뮌헨, 1972).

이 실험들 대부분은 원칙적으로 플라토와 다른 연구자들에게 이미 알려져 있었지만, 프라이 오토의 비누막 지지 경계의 기하학적 설계에 대한 기발한 변형은 이전에 생각하지 못했던 놀라운 새로운 형태를 이끌어냈다.

실로 구성된 체계에 의해 경계 지어진 비누막.

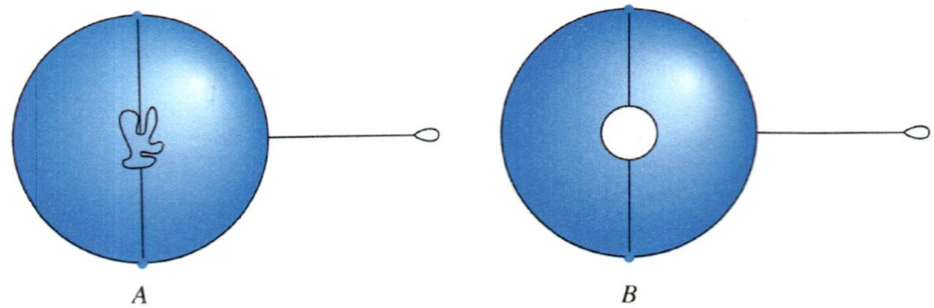

원반 형태의 극소곡면 위의 실; (A) 느슨한 실; (B) 팽팽하게 조인 실.

프라이 오토가 이러한 실험에서 사용한 한 종류의 재료는 바늘이나 얇은 막대기의 끝에 묶인 머리카락처럼 가는 실이며, 이는 다시 아크릴 판의 구멍에 고정된다. (앞 쪽 아래 그림을 보라.) 이러한 구성을 비누 용액에 담갔다가 꺼내면, 비누막은 실을 팽팽하게 당겨 최소 넓이 위치를 달성하려고 할 것이다. 실을 서로 다른 높이의 바늘에 고정함으로써, 우리는 장관인 텐트 모양을 얻게 된다.

이러한 비누막 모형을 건축 형태로 변환하려면, 이를 신중하게 사진 찍고 측정해야 한다. 그런 다음 실물 모형을 제작하고 풍동에서 테스트한다. 특수 측정 장치는 바람과 눈의 영향 하에서 발생할 수 있는 응력에 대해 실험자에게 정보를 제공한다. 실제 건설에서는 비누막 모형에서 사용된 머리카락처럼 가는 실 대신 얇고 강한 강철 케이블을 사용하고, 막은 보통 합성 재료로 만들어진다.

아래 절차를 통해 매우 흥미로운 미적 효과를 얻을 수 있으며, 이는 직접 수행할 수 있다. 평면 곡선 형태의 철사를 가져와 손잡이를 부착하고 비누 용액에 담갔다가 꺼내어 (평면) 비누막을 형성한다. 그런 다음 얇은 실 고리를 막 위에 놓으면, 이는 구겨져 긴장이 없는 상태로 놓이게 된다. 둔한 도구와 약간의 섬세함으로, 고리 안의 비누막을 파괴하지 않고 깰 수 있다. 비누막은 넓이를 줄이려고 하므로, 실을 팽팽하게 당겨 원형 모양을 만든다. 이러한 방식으로 형성된 원은 다음 쪽 상단에 표시되어 있다. 여기서 실은 위에 표시된 것처럼 외부 곡선에 끈으로 부착되지 않고, 하나의 점 P가 바늘에 묶여 있고, 이는 땅에 고정되어 있다. 바늘을 내리면, 다음 쪽의 사진처럼 실은 평면 위치에서 벗어나 공간 곡선이 되며, 이는 우연히도 곡률이 일정한 매우 매끄러운 곡선이 된다. 단, 바늘이 부착된 점 *P*와 함께 붙어 있는 고리 부분은 예외이다. 외부 경계 곡선과 *눈 고리*에 의해 경계 지어진 비누막은 이제 비평면 곡면이며, 그 곡률은 이후 건축적 사용을 위한 안정적인 형태를 제공한다. 예를 들어, 209쪽의 사진은 슈투트가르트에 있는 프라이 오토의 연구소가 어떻게 구상되었는지를 보여준다. 모형에서 외부 경계 곡선은 판에 삽입된 바늘에 묶인 실로 형성되었다. 더욱이, 교수대 같은 위쪽 바늘은 비누막이 부착된 고리를 지지했다. 실제 건물에서는 실이 강철 케이블로 대체되었고, 고리의 내부는 투명한 플라스틱 재료로 채워져, 지상층의 창문과 함께 내부에 자연광을 채운다.

원형 실에 의해 경계 지어진 평면 극소곡면.

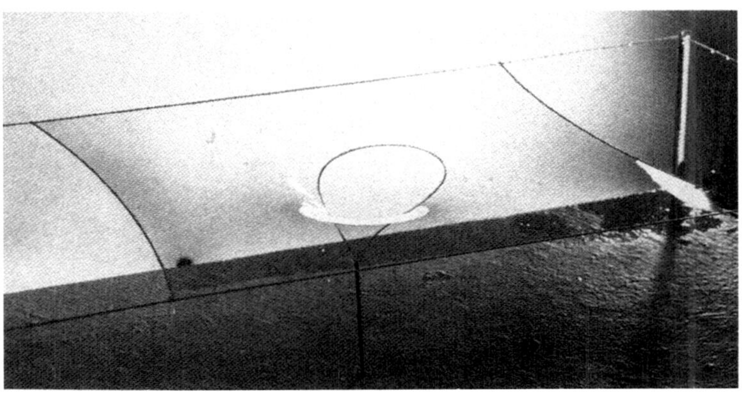

수직 응력을 받는 실 (아래로 당겨짐).

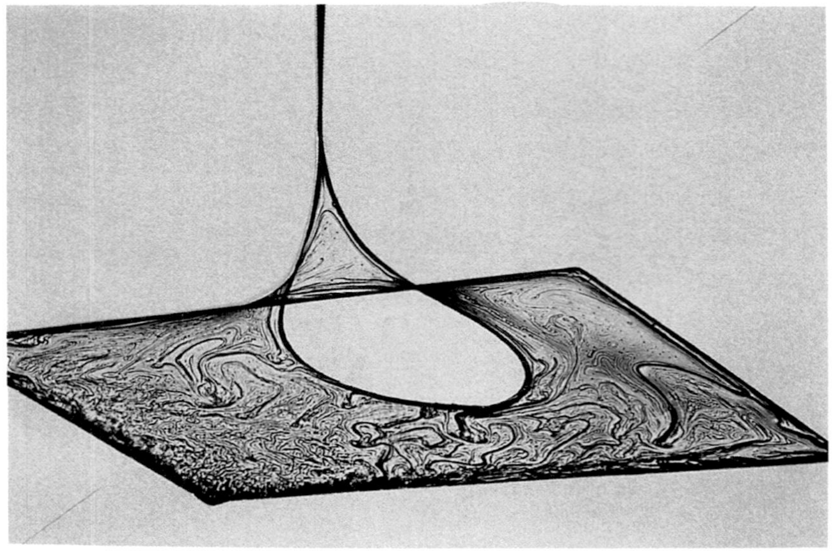

위로 당겨진 실이 *눈 고리*를 형성한다.

이제 프라이 오토가 뮌헨의 올림픽 경기장 지붕과 몬트리올의 독일관에서 사용한 설계 및 건설 원칙을 쉽게 이해할 수 있다. 여기에는 (단일 교수대 대신) 전체 지지 기둥 체계가 있으며, 따라서 많은 눈 고리가 있다. 그 결과는 매우 우아한 텐트형 지붕이다. 지지 눈 고리 외에도 능선, 융기, 밧줄과 같은 다른 지지 요소도 사용된다(210쪽의 그림 참조).

비누막을 손가락과 같은 둔한 물체로 밀 수 있지만, 비누막을 뚫는 바늘로는 밀 수 없다는 것은 잘 알려져 있고 쉽게 확인할 수 있다. 반면에, 날카로운 칼날 모서리 또는 매우 얇은 실을 사용하여 비누막을 들어 올릴 수 있다. 이는 어떤 물체가 비누막을 들어 올리는 데 사용될 수 있으며, *우연의 일치 집합*(물체가 비누막과 접촉하는 점의 집합)이 정확히 어떻게 생겼는지에 대한 질문을 제기한다.

슈투트가르트 경량 구조 연구소: (왼쪽 위) 모형; (오른쪽 위) 망; (아래) 완성된 건물.

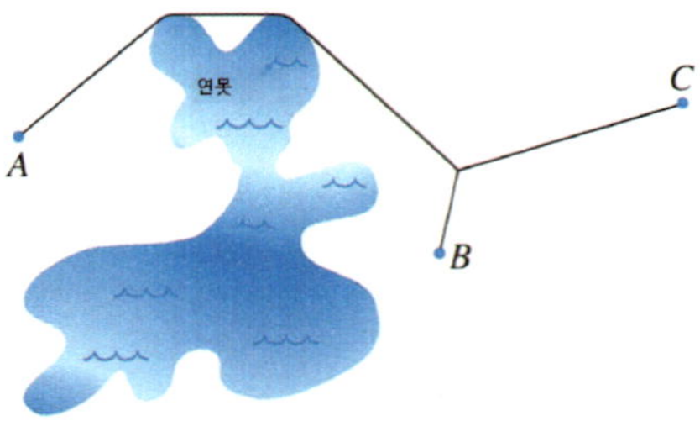

슈타이너 문제의 일반화: 호수가 있는 풍경에서의 최소 도로 체계.

이러한 종류의 문제를 *장애물 문제*라고 하며, 이는 수학 연구의 중요한 분야로서 변분법에서 많은 새로운 흥미로운 기술의 발전을 이끌었다. 이러한 문제를 연구하는 것은 명백히 유용하다. 예를 들어, 우리는 여러 도시를 가장 짧은 총 길이의 도로 체계로 연결할 계획이지만, 도로가 몇몇 호수, 산악 지역 및 국립공원을 피해야 한다면, 우리는 장애물을 고려해야 하는 슈타이너 문제의 일반화에 직면하게 된다(왼쪽 그림 참조). 이러한 보조 조건 하에서 최적화 문제를 해결하는 것은 응용 수학에서 가장 중요한 문제 중 하나로 밝혀졌다. 우리는 자유 경계인 극소곡면을 고려할 때 또 다른 유형의 장애물 문제를 만났다.

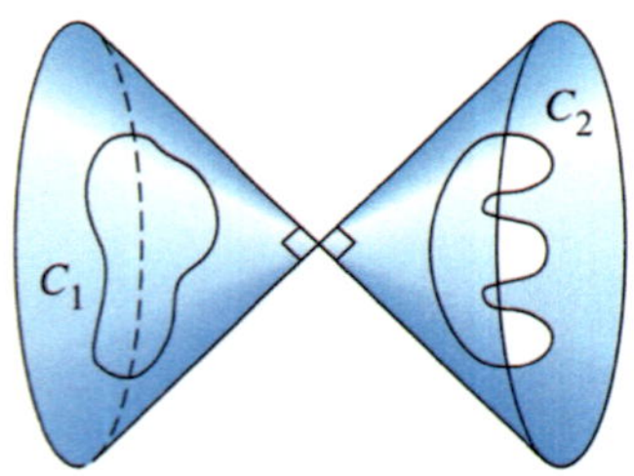

두 개의 원뿔에서 존재하지 않는 결과를 볼 수 있다.

프라이 오토 또는 *실* 실험과 관련된 많은 문제는 실험적으로 해결되었지만 수학적으로는 해결되지 않았다. 예를 들어, 비누막이 눈 고리에 의해 평면 경계 곡선에서 들어 올려질 때 도달할 수 있는 가장 높은 지점은 어디일까? 우리는 두 곡선 C_1과 C_2가 너무 멀리 떨어져 있으면 연결된 비누막으로 가로지를 수 없다는 것을 보았다. 사실, C_1과 C_2는 두 곡선이 직각으로 만나는 두 직선 쌍을 회전시켜 생성된 원뿔에 의해 분리될 수 있다면 그러한 극소곡면을 경계로 할 수 없다(왼쪽 그림 참조). 눈 고리의 길이와 외부 경계 곡선 C의 위치가 주어지면, 우리는 다음 쪽 왼쪽 상단 그림의 극소곡면의 지면 위 높이에 대한 상한을 쉽게 도출할 수 있다. 그러나 최대 높이의 정확한 값을 찾는 것은 흥미로울 것이다.

경량 건물의 구조 요소들에 의해 형성된 장애물 문제.

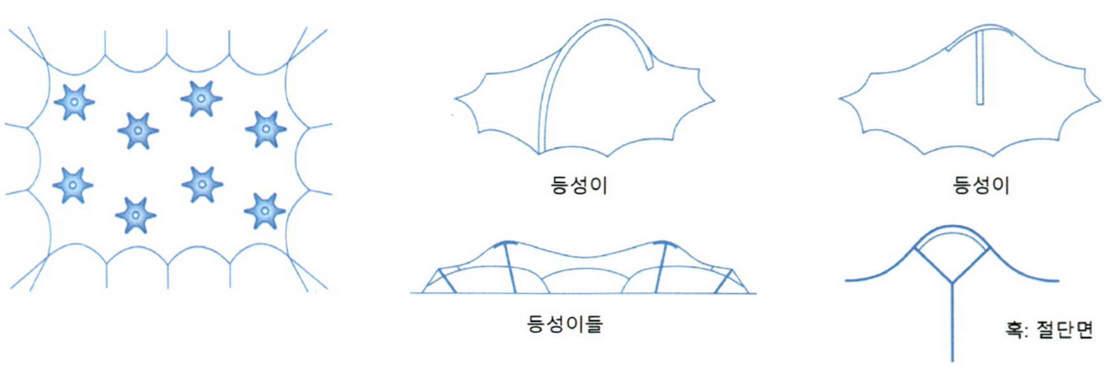

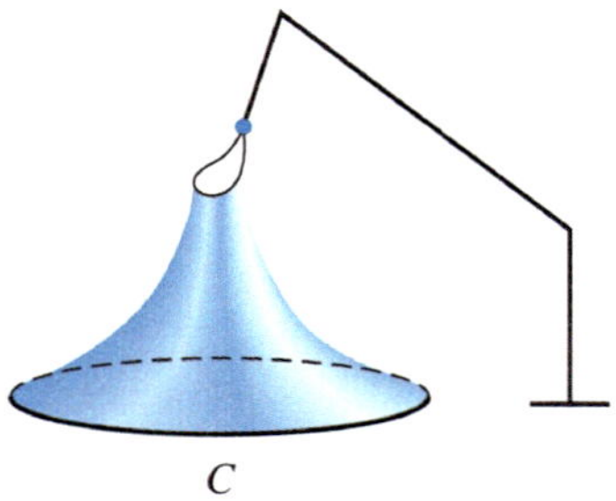

눈 고리는 비누막을 얼마나 높이 들어 올릴 수 있을까?

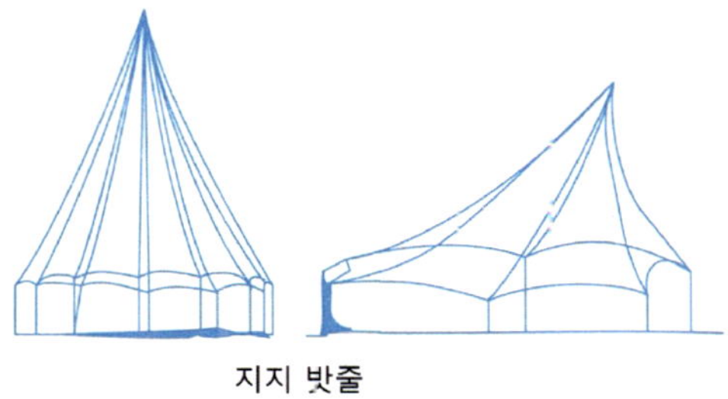

밧줄에 의해 지지되는 극소곡면, 장애물 문제. (경량 건물의 구조 요소.)

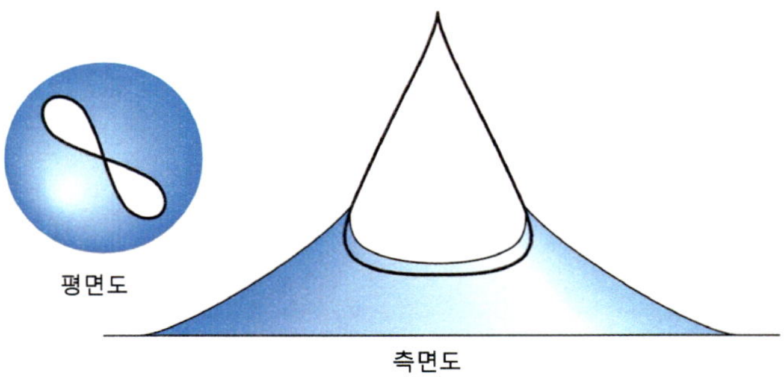

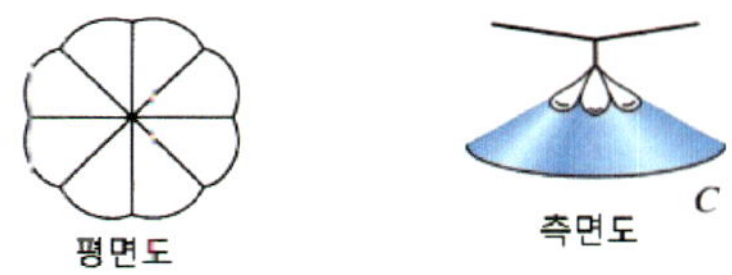

한 지점에 여러 개의 눈 고리가 부착된 극소곡면.

우리는 또한 동일한 점에 여러 개의 고리를 부착하거나(위 그림 참조), 주어진 호의 끝점에 실을 고정할 수 있다. 그러면 비누막은 넓이를 최소화하는 방식으로 실을 가로지르게 되고, 실은 *C*에 부착되지 않은 부분에서 일정한 곡률의 곡선을 형성할 것이다. 오른쪽 사진에서 나선형 철사와 나선의 몇몇 점에 묶인 실에 의해 부분적으로 경계 지어진 비누막을 볼 수 있다.

이 장에서는 다양한 기하학적 형태와 액체 막의 위상학적 모양에 익숙해졌으며, 이는 모두 이러한 막의 표면 장력과 그 경계 구성의 구조 사이의 상호작용 결과이다. 모세관 현상이 비누막이라는 가장 단순한 형태에서도 이러한 다양한 형태를 만들어낼 수 있다는 것은 매우 놀라운 일인 것 같다. 다음 장에서는 비누막의 한쪽에 공기 압력을 가하면 어떤 일이 발생하는지 조사하는 것으로 시작한 다음, 다른 평형 구성, 특히 액체의 평형 구성에 주의를 기울이겠다.

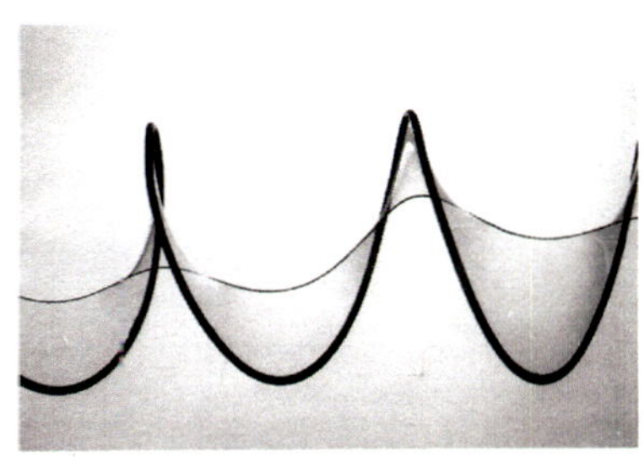

실이 있는 나선.

두 소년이 비눗방울을 불고 있는 유리 그림의 일부 (쾰른, 1530년 경). 월라프 수집품, 슈뇌겐 박물관, 쾰른. 화가는 에라스무스가 그의 속담 모음집인 *아다지아*에 포함시킨 고대 속담 *인간은 비눗방울과 같다*(*homo bulla*)를 그림으로 표현했다.

6 최적 설계

자연은 아무 것도

헛되이 하지 않으며,

적어도 충분할 때

더 많은 것은 헛된 것이다;

자연은 단순함을

좋아하며, 불필요한

원인의 과시를

추구하지 않기 때문이다.

(아이작 뉴턴, *프린키피아*)

등주 문제

기원후 5세기에 그리스 철학자 프로클로스는 “원은 첫 번째이자, 가장 단순하고, 가장 완벽한 도형이다”라고 썼다. 원의 완벽한 대칭성은 이 진술을 정당화하며, 디도 여왕이 발견한 아름다운 성질도 이를 뒷받침한다. 즉, 둘레가 동일한 모든 평면 도형 중에서 원(즉, 원반)의 넓이가 최대이다. 이 원의 성질은 종종 *원의 등주 성질*(*isoperimetric property*)[1]이라고 불린다.

[1] 이는 그리스어(*isos* = 같은, *peri* = 주위에, *metron* = 측정)에서 유래한 단어로서 우리가 둘레가 같은 측정값인, 즉 둘레의 길이가 같은 도형을 살펴본다는 사실을 암시한다.

최대 특성 대신 최소 특성으로 원을 특징짓는 일종의 이중 공식으로 이 놀라운 사실을 표현할 수 있다:

> 넓이가 동일한 모든 평면 도형 중에서 원반의 둘레가 최소이다.

디도의 최대 특성에서 원의 최소 특성을 도출하기 위해 흥미로운 부등식을 유도하자. 이를 위해 둘레가 L인 임의의 닫힌 곡선 C를 생각하자. 곡선 C가 넓이가 A인 영역을 둘러싸고 있다고 가정하자. 둘레가 L인 원의 반지름 길이를 r로 놓자; 즉 $L = 2\pi r$이다. 이러한 원은 넓이가 πr^2인 원반을 둘러싸고 있다. 원의 등주 특성에 따라 곡선 C에 의해 둘러싸인 영역의 넓이 A는 πr^2보다 클 수 없으며, 만약 C가 원이면 그리고 이 경우에만 넓이 A는 πr^2과 같다. 다른 한편으로,

$$\pi r^2 = \frac{1}{4\pi}(2\pi r)^2 = \frac{1}{4\pi}L^2$$

이다. 따라서 유명한 *등주 부등식*

$$A \leq \frac{1}{4\pi}L^2$$

가 성립한다. 이는 임의의 닫힌 평면 곡선의 둘레 L과 그에 의해 둘러싸인 영역의 넓이 A 사이의 관계를 나타내며, 등호는 원일 때만 성립한다. 이 부등식으로부터 쉽게 알 수 있듯이, 넓이가 동일한 모든 평면 도형 중에서 원반의 둘레 길이가 최소이다. 이를 이해하기 위해 둘레가 L이고 넓이가 A인 임의의 평면 도형을 생각하자. 넓이가 A이고 둘레가 l인 원반을 D로 놓자. 그러면 $l^2 = 4\pi A$이다. 따라서 $L \geq l$이 성립한다. 왜냐하면 $L < l$이라면 부등식 $L^2 < 4\pi A$를 의미하게 되어 등주 부등식을 위배하게 된다. 사실, 이로부터 원반의 *최소*와 *최대* 특성화가 원의 등주 특성의 두 가지 동등한 공식인 것을 알 수 있다. 이 *최소* 특성화는 또한 왜 국물 위의 기름 방울이 삼각형이나 육각형이 아니라 원형인지 설명한다. 분자력은 둘레가 가장 작은 도형—즉, 주어진 양의 기름에 대해 잠재 에너지가 가장 작은 도형—을 생성하며, 이는 원반이다. 두 개의 떠 있는 기름 방울이 서로 부딪히면,

빠르게 하나의 더 큰 기름 방울로 합쳐진다.

놀랍지 않게도, 원에는 여러 가지 다른 최적의 특성이 있다. 예를 들어, *주어진 넓이의 모든 평면 영역 중에서 원반은 가장 큰 모래 더미를 지탱할 수 있다.* 이는 모래성을 쌓는 것을 좋아하는 자녀나 손주들에게 유용한 정보가 될 수 있다.

유사한 문제가 가소성 이론에서도 발생한다: *최대 비틀림 모멘트(즉, 비틀림의 최대 양)를 견딜 수 있는 완벽한 탄성 기둥의 단면은 무엇일까?* 여기서도 단면은 원형이어야 한다.

또한, 원반의 또 다른 아름다운 특성은 영국 물리학자 레일리 경이 관찰했다. 이는, 예를 들어 드럼을 두드려 생성되는, 막의 음악 소리와 관련이 있다. 아시다시피, 막의 주요 주파수는 *그 크기를 증가시켜*, 즉 넓이를 증가시켜 낮출 수 있다. 그렇다면 주어진 넓이의 모든 평면 막 중에서 가장 낮은 주요 주파수를 발생시키는 막은 무엇일까; 즉, *주어진 단면 넓이의 모든 드럼 중에서 가장 낮은 음을 내는 것은 무엇일까?* 실험을 통해, 레일리(1877)는 원형 막에서 이러한 최소 특성이 성립한다고 추측했지만, 이 추측이 증명된 것은 거의 반세기 후인 파버와 크란(1923–1924)에 의해서였다.

(심벌즈와 같이) 경계가 다른 기구로 고정된 금속판에 대해서도 유사한 명제가 증명되었다:

> 주어진 넓이의 모든 고정된 판 중에서 원반 모양의 판의 주요 주파수가 최소이다.

사실, 음향학 분야에는 변분법의 흥미로운 응용이 많이 있다. 심지어 순수 음의 이론, 즉 피타고라스 물리학의 매우 기초가 되는 이론이 변분법의 하위 분야에 불과하다고 말할 수 있다.

진동하는 판과 종의 클라드니 도형. (E.F.F. 클라드니의 *소리의 이론에 대한 발견*에서 발췌한 판화, 라이프치히, 1787년.) 일부 판은 수평으로 지지되고, 다른 것들은 고정되어 있다; 3번과 5번은 진동하는 종 안의 물의 움직임을 보여준다.

클라드니는 음향학의 창시자 중 한 명이다. 그의 유명한 논문 음향은 1802년에 출판되었다. 클라드니는 죔쇠에 고정된 금속이나 유리로 만든 판에 모래를 뿌렸다. 그런 다음 바이올린 활을 이러한 판의 모서리에 적용하여, 모래 알갱이가 정지 위치에 모여 결절선을 만들었다. 임의의 판의 결절선의 크기와 모양에 대한 이론적 예측을 하는 것은 여전히 대부분 해결되지 않은 문제이다. 따라서 바이올린과 같은 악기의 설계와 제작은 과학이 아니라 예술이다.

원의 등주 성질에 대한 유사 증명

원의 등주 성질에 대한 증명을 아직 보지 못했으므로, 1836년 야코프 슈타이너가 제시한 추론을 살펴보겠다.

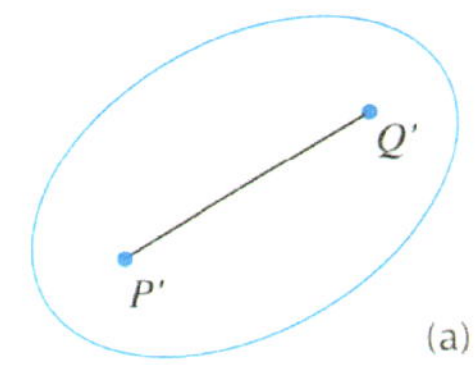

볼록 곡선

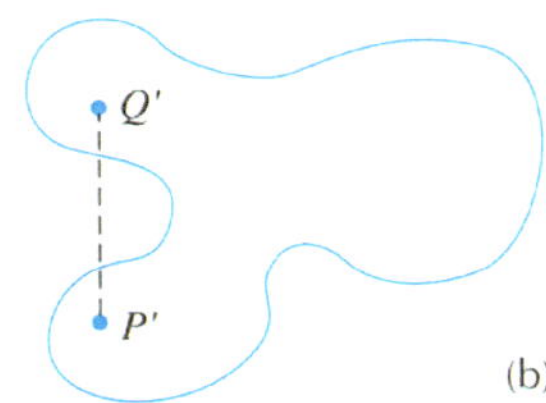

볼록하지 않은 곡선

등주 문제의 해가 존재한다고 가정하자. 그러면 *주어진 길이의 모든 닫힌 곡선 중에서 최대 넓이의 영역을 둘러싸는 곡선 C가 존재한다.* 이 곡선이 원인 것을 보이고자 한다. 먼저, 이 곡선은 볼록 곡선인 것에 주목하자; 즉, 곡선 C 내부의 두 점 P'와 Q'를 연결하는 모든 선분 연결은 곡선에 의해 둘러싸인 영역 내에 완전히 포함된다. (오른쪽 그림의 (a)와 (b) 부분을 비교하라.) 그렇지 않으면 곡선 C는 곡선 위의 점 P와 Q를 지나는 직선 L의 한쪽에 위치하게 되며, L의 P와 Q 사이에 있는 점들은 곡선 C에 속하지 않게 된다. (그림 (c) 부분 참조.) 그런 다음, 그림 (d)에서 표시된 것처럼, 둘레가 동일하면서 곡선 C보다 더 많은 넓이의 영역을 둘러싸는 새로운 곡선 C^*를 구성할 수 있다. 그러나 이는 곡선 C가 최대 넓이의 영역을 둘러싼다는 가정에 모순된다. 따라서 해 곡선은 볼록해야 한다.

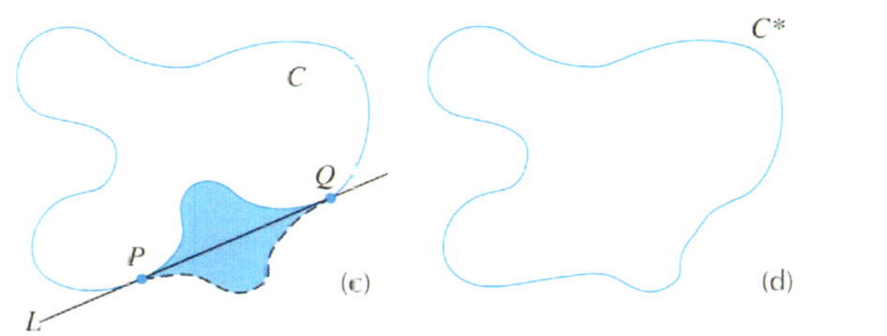

만약 C가 볼록하지 않다면, L을 따라 반사하여 (d) 부분에 표시된 것처럼 새로운 곡선 C^*를 만들 수 있다. 이 새로운 곡선은 곡선 C와 길이는 같지만, C보다 더 많은 넓이의 영역을 둘러싸고 있다.

다음으로, 볼록 곡선 C 위의 두 점 R과 S를 선택하여 이 점들이 C를 같은 길이의 두 호 C'와 C''로 나누도록 한다. R과 S를 지나는 직선은 C의 내부를 오른쪽 아래 그림에서와 같이 B'와 B'' 두 조각으로 나눈다. 곡선 C의 최적 성질은 B'와 B''의 넓이가 동일하다는 것을 암시한다. 이를 다음과 같이 볼 수 있다. 예를 들어, B'의 넓이가 B''보다 크다고 가정해 보자. 그러면 영역 B'를 선분 RS에 반사시키면 B'의 새로운 영역, 즉 거울 상이 된다. B'와 그 거울 상의 합집합은 C 내부의 넓이보다 더 큰 도형을 만들게 되며, 그 둘레는 C의 길이와 같다. 그러나 이는 곡선 C의 최적성에 대한 가정에 모순된다; 따라서 B'와 B''의 넓이는 같아야 한다.

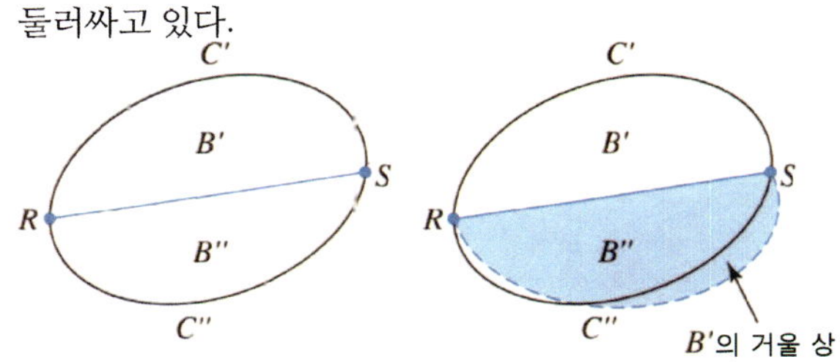

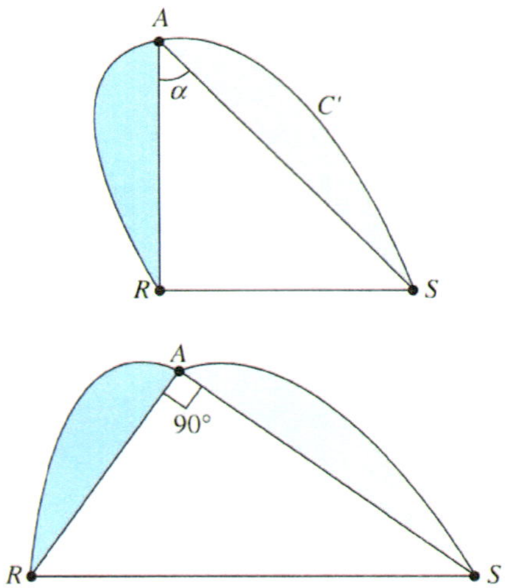

원의 등주 성질에 대한 증명을 완성하기 위해 기계적 논증을 사용하기.

곡선 C가 원인 것을 증명하기 위해서는 C'와 C''가 반원인 것을 보이면 충분하다. 다시 한 번, 우리는 모순을 통해 논증할 것이다. 두 호 중 하나, 예를 들어 C'가 반원이 아니라고 가정하자. 그러면 탈레스의 고전적인 정리에 따르면, 삼각형 RAS의 꼭지점 A에서의 각도 α가 90°가 *아닌* 점 A가 C' 위에 존재한다는 결론에 이르게 된다. 이제 변 AR과 AS가 A에 설치된 경첩에 의해 움직일 수 있다고 상상해 보자. 그래서 우리는 연결점에서의 각도를 줄이거나 늘릴 수 있다. 게다가 그림의 왼쪽에 색으로 표시된 두 초승달 모양의 초승도형이 경첩의 팔에 견고하게 부착되어 있어 열리거나 닫힐 때 함께 움직인다고 가정하자. 그러면 경첩의 개방을 원래의 각도 α에서 90°로 변경하여 삼각형 RAS의 넓이를 증가시킬 수 있다. (A에 경첩이 있는 *가위*의 각도가 변경되면 두 초승도형의 끝에 있는 R과 S의 위치가 달라질 것이다.) 부착된 초등도형과 함께 한 새로운 도형은 A에서의 각도가 α인 이전 도형보다 넓이가 더 클 것이다. 그러나 앞서 보았듯이, 이전 도형의 넓이는 곡선 C 내부의 넓이의 절반이었다. 따라서 새로운 도형을 R과 S를 지나는 직선에 반사하고, 그것을 그 거울 상과 통합하면, 둘레가 동일하면서 더 큰 넓이의 영역을 얻을 것이다. 이는 있을 수 없는 일이므로, 호 C'는 반원이어야 한다. 동일한 방식으로 C''도 반원인 것을 알 수 있으며, 따라서 C는 원이다.

따라서 원이 등주 문제의 유일한 해인 것을 증명했다. 슈타이너에게는 이 단계에서 문제가 해결되었다. 전해지는 바에 따르면, 그의 동료 디리클레는 증명이 완전하지 않다는 것을 설득하려 했지만 성공하지 못했다. 보았듯이, 합리적인 기하학적 문제의 해가 존재하는 것은 전혀 명백하지 않으며; 사실 때때로 해가 존재하지 않을 수도 있다. 그러나 등주 문제의 경우, 해의 존재를 확인할 수 있다. 따라서 *둘레가 동일한 모든 닫힌 곡선 중에서 넓이를 최대화하는 유일한 곡선은 원이다.* 이 책의 범위를 벗어나기 때문에 우리는 존재 증명을 제시하지 않을 것이다. 결론적으로, 원의 등주 성질에 대한 우리의 증명은 불완전하며, 따라서 단지 *유사 증명*일 뿐이다.

공과 비눗방울

수학자들에게 공은 표면이 구인 입체이다. 이는 모든 측면에서 동일하게 보이는 완벽하게 둥근 물체이다. 균일한 공의 경우, 기하학적 중심이 무게 중심과 일치한다. 따라서 수평 평면에서 이러한 공의 평형 위치는 항상 결정되지 않는다. 모든 위치에서 정지할 수 있지만; 약간의 충격이 가해지면 어떤 방향에서든 굴러가게 된다. 또한 땅의 약간의 불균형으로 인해 방향이 바뀔 수 있기 때문에 어떤 경로를 택할지 확신할 수 없다. 그래서 공은 변덕스러운 여신 포르투나의 속성 중 하나가 되었다. "그녀는 찬양해야 할 사람들조차 비난하는 여신이며, 나쁜 평판을 받는다. 그러나 그녀는 복 받고 듣지 않으며; 다른 태고의 생물들과 함께 그녀의 구체를 다스리며 행복해한다" (단테, *신곡, 지옥편*, 제7곡, *탐욕스러운 자와 낭비하는 자*, 91–96절).

알브레히트 뒤러의 *작은 행운*.

덧없는 운명의 또 다른 상징은 비눗방울이다. 이 공기 같은 창조물은 지속되는 동안에는 베르누이의 가상 일의 원리의 결과이다. 앞서 보았듯이 이 법칙에 따라 안정한 평형 상태에서 잠재 에너지는 최소가 되어야 한다. 비눗방울에서는 일정량의 공기가 최소 넓이인 비누막에 의해 둘러싸여 있다. 이는 *주어진 부피의 모든 고체 중에서 공의 겉넓이가 가장 작다*라는 수학적 정리에 대한 물리적 증거이다. 이 결과는 원의 최소 특성의 명백한 공간적 유사 성질이다: 주어진 넓이의 모든 평면 도형 중에서 원의 둘레가 가장 짧다.

같은 이유로, 동일한 밀도의 액체에 떠 있는 기름 방울(또는 만유인력장이 거의 없는 우주 공간에 놓인 경우)은 완벽한 공 모양을 형성한다. 이는 실험에서 볼 수 있으며, 이와 관련된 수학적 정리는 엄격히 증명되었다.

1919년, 스웨덴 수학자 토르스텐 칼레만은 공이 정지 상태에 있는 자기만유인력 액체의 유일한 평형 형태인 것을 보여주었다. 거대한 질량에서는 뉴턴의 법칙에 의해 예측된 강력한 자기인력의 힘이 표면 장력과 같은 다른 힘들을 지배하여 무시할 수 있게 된다. 행성이 식으면서 굳어진 액체 덩어리에서 발생했다고 가정해 보자. 그렇다면

선의 사각 의자와 포르투나의 둥근 의자. 찰스 드 부엘레스의 *오페라*에서 발췌한 목판화, 파리, H. 스테파누스, 1510.

비눗방울들. 장 자크 드 보이시외의 동판화, 1799.

공은 정지 상태의 행성이 달성할 수 있는 유일한 형태이다. 지구, 다른 행성 및 대부분의 위성처럼 천체가 회전하는 경우 상황은 다르다. 이 상황은 나중에 생각할 것이다.

반지름 길이가 r인 공의 부피는 $V = (4/3)\pi r^3$이고, 겉넓이는 $A = 4\pi r^2$이다. 이로부터 관계식 $36\pi V^2 = A^3$를 구할 수 있다. 이를 통해 등주 부등식의 증명과 유사한 논증을 사용하여 부등식

$$V^2 \leq \frac{A^3}{36\pi}$$

을 도출할 수 있다. 여기서 V는 임의의 입체의 부피이고, A는 그 겉넓이이다. 등호는 오직 공에 대해서만 성립한다. 이 추정치는 등주 부등식의 공간적 형태이다. 따라서 원과의 유사성을 통해 공의 다음과 같은 최대 특성을 구할 수 있다:

유리공 불기.

주어진 겉넓이의 모든 입체 중에서 공의 부피가 가장 크다.

경계 곡선이 같은 세 개의 비눗방울.

주어진 부피의 영역을 둘러싸는 최소 넓이의 곡면을 찾는 문제를 적절한 경계 조건을 추가하여 변경할 수 있다. 예를 들어, 어떤 주어진 평면에 접하는 경계 부분은 계산하지 않을 때 겉넓이가 주어진 최대 부피의 입체를 찾는 문제를 생각할 수 있다. 이 문제의 해는 반구로, 반사 논증을 통해 증명할 수 있다.

다음 문제는 이에 밀접하게 관련되어 있다. 평행한 평면 사이에 끼워진 입체를 생각해 보자. 그러한 입체의 *감소된 곡면 영역*은 두 평면 중 어느 한쪽에도 놓이지 않은 곡면의 부분으로 구성된다. *감소된 곡면 영역의 주어진 겉넓이에 대해 두 평면 사이에 끼워진 최대 부피의 입체는 무엇일까? 또는, 고정된 부피의 끼워진 입체 중 감소된 곡면 영역의 겉넓이가 최소인 것은 무엇일까?*

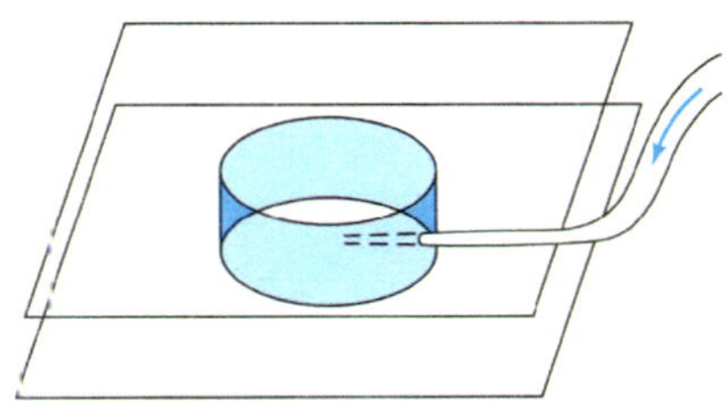
원의 등주 성질에 대한 비누막 시연.

이 문제는 두 젖은 유리판 사이에 비눗방울을 불어 실험적으로 해결할 수 있다. 두 젖은 유리판 중 하나에 놓인 반구 형태의 비눗방울로 시작한다. 반구 안에 공기를 더 불어넣어 두 번째 판에도 닿을 때까지 확장한다. 그러면 오른쪽의 그림에서와 같이 비눗방울은 양쪽 판에 수직으로 만나고 만나는 부분이 원형인 원기둥으로 변한다. 그런 다음 슈타이너 문제에 대한 *실험적* 해법에 사용된 동일한 논증을 사용하여, 원이 주어진 넓이의 영역을 둘러싸는 가장 짧은 곡선인 것을 결론지을 수 있다. 이 사실은 원의 등주 특성과 동등하다.

판 실험을 사용하여 슈타이너 문제와 등주 문제 사이의 흥미로운 연결을 확립할 수 있다. 두 유리판이 동일한 길이의 세 개의 평행 핀으로 연결되어 있고, 핀이 두 평면에 수직으로 만난다고 가정하자. 그런 다음 빨대를 사용하여 두 젖은 판 사이에 원기둥형 비눗방울을 불어, 원기둥형 비누막이 그림과 같이 세 개의 핀을 모두 포함하도록 한다.

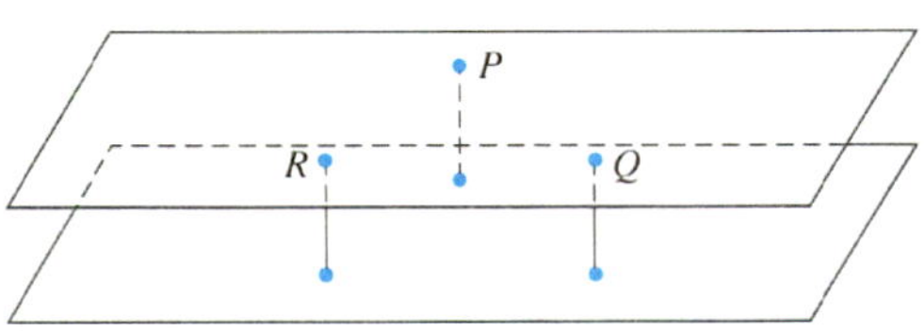

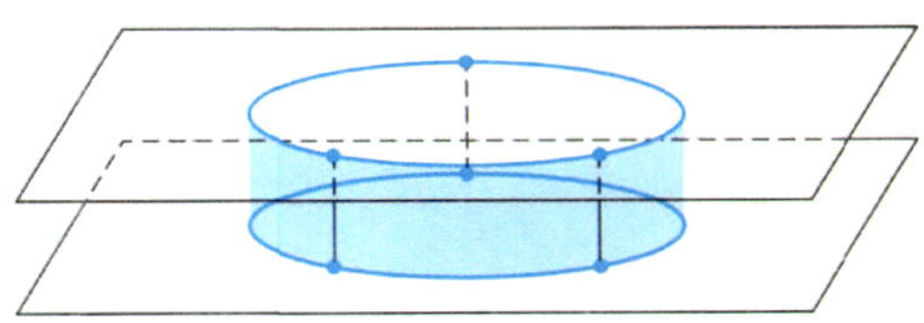

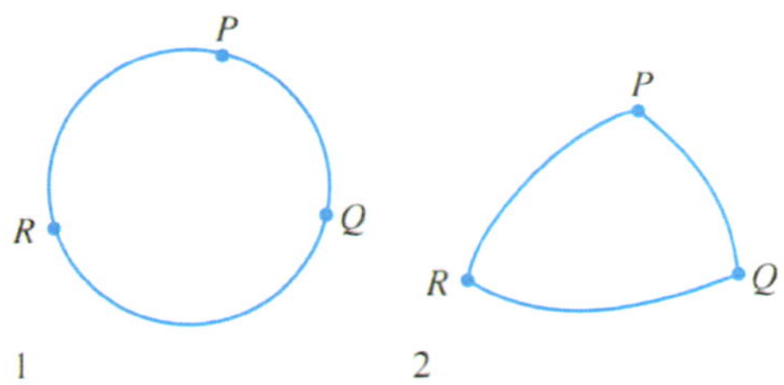

세 개의 같은 길이의 핀에 의해 떨어져 있는 두 판 사이의 원기둥형 비눗방울은 슈타이너 문제와 원의 등주 성질 사이의 관계를 보여준다.

그런 다음 비눗방울에서 천천히 공기를 빼낸다. 원기둥형 모양은 구성의 배열을 통해 연속적으로 변화하며, 결국 세 개의 비누막이 두 유리판을 수직으로 만나는 체계가 된다. 이 과정 중 다양한 단계에서 비누막 구성의 액체 모서리가 위에 그림으로 표시되어 있다; 이는 등주 문제와 슈타이너 문제를 연결한다. 각 구성에서 액체 모서리는 선분이나 원호가 되는데, 이는 평면과 원기둥형 비누막만이 형성되기 때문이다.

톰 노디가 만든 비눗방울 무리 내의 거의 12면체.

톰 노디가 만든 비눗방울 무리 내의 거의 입방체 비눗방울.

이제 같은 크기의 원기둥을 판 위에 놓고 가능한 한 밀집하게 배열해 보자. 그러면 육각형 형태가 만들어지는데, 이는 동일한 크기의 원형 물체를 평면에서 가장 밀집하게 배치할 수 있는 방법이기 때문이다 (여백의 위쪽 그림에서, 중앙 원은 정확히 여섯 개의 이웃과 접촉한다). 이 흥미로운 *밀집 포장* 특성은 육각형, 120° 각도, Y형 형태가 자연에서 자주 나타나는 또 다른 이유이다.

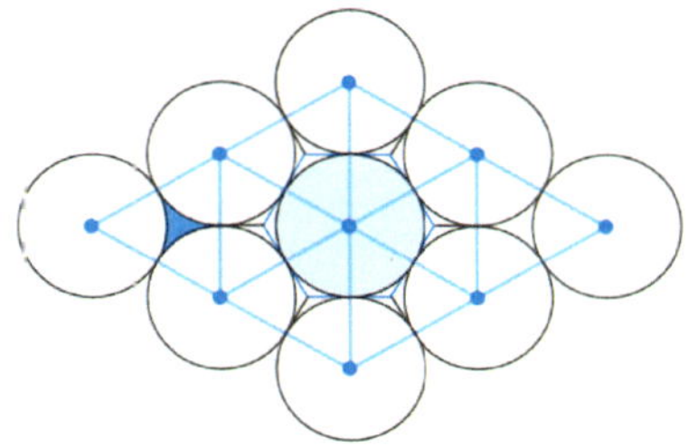

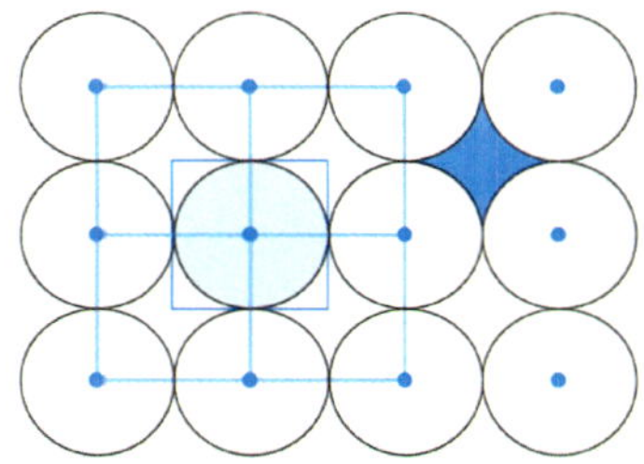

가장 조밀한 원의 배열. (동전과 같은) 원반의 육각 배열은 (아래 그림과 같은) 사각 배열에서 남는 공간에 비해 그들 사이에 남는 공간을 최소화한다.

유사하게, 두 판 사이에 같은 크기의 공을 밀집하게 배치하면 육각형 배열이 만들어진다. 각 공을 가능한 한 많이, 동일한 양만큼 확장하려는 살아있는 세포로 상상해 보자. 그러면 육각형 세포 형태가 만들어지는 것이 명백해 보인다. 사실, 이것은 세포 성장에서 매우 자주 볼 수 있는 현상이다. 외부 압력이 균일하게 가해지면 동일한 결과를 초래할 수 있다.

그러나 육각형 형태는 완전히 다른 방식으로도 구할 수 있다. 두 평행한 판 사이에 같은 크기의 비눗방울을 불어 넣어 보자. 비눗방울은 곧 합쳐질 것이다. 이 상황에도 적용되는 비누막 체계에 대한 법칙 1과 2에 따라, 우리는 액체 모서리가 90°와 120° 법칙을 따르는 비누막 체계를 볼 수 있다(5장, 183쪽 및 192쪽 참조). 게다가, 비눗방울의 크기가 동일하면 인접한 두 세포 간에 압력 차이가 없다; 따라서 모든 내부 막은 평균 곡률이 0이어야 하며, 실제로 평면 곡면이다. 따라서 육각형 세포 배열이 만들어지며, 오직 가장 바깥쪽 막만이 원기둥형이다. 이는 바깥쪽과 세포 내부의 압력 차이가 있기 때문이다 (오른쪽 사진 참조).

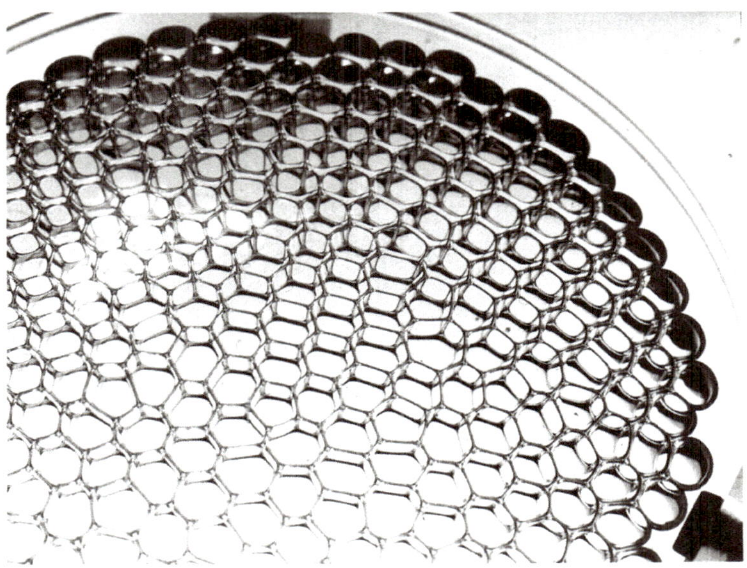

두 개의 평행한 판 사이의 비눗방울 배열.

벌집.

욘조-킬림 (19세기, 북서부 아나톨리아, 터키).

우리는 육각형 형태가 서로 다른 이유로 형성될 수 있다는 것을 안다; 즉, 최소 넓이 구성이 균일한 압력이나 표면 장력과 같은 매우 다른 힘에 의해 생성될 수 있다. *따라서 관찰된 형태만으로는 어떤 힘이 작용하는지 추론할 수 없다.*

그럼에도 불구하고, 자연학자 다르시 톰슨이 *성장과 형태에 대하여*에서 지적했듯이, 과학자들은 벌집의 기하학적 구조를 설명하려고 할 때 정확히 그러한 부주의한 추론을 했다. 우리가 모두 알다시피, 가장 아름다운 육각형 배열 중 하나는 꿀벌이 만든 벌집이다. 파푸스에 적힌 글로부터 고대 그리스인들이 이미 최적 원리를 통해 벌집 방의 규칙성을 설명하려고 했다는 것을 알수있다. 프랑스 물리학자 R. A. F. 드 레오뮈르(1683–1757)도 꿀벌의 벌집 구조가 최소 원리에서 비롯되어야 한다고 생각했다: 벌은 가능한 적은 양의 밀랍을 사용하기 위해 최대한 경제적으로 벌집을 짓는다. 드 레오뮈르는 그의 가설을 나중에 모페르튀이와 대립하게 되는 사무엘 쾨니히에게 제기했다. 코니히는 드레오뮈르가 제안한 최소 원리에서 120°와 109°의 각도가 도출되었다는 것을 발견했으며, 이는 실제 꿀벌 방의 측정과 일치하는 것처럼 보였다. 이에 대해 프랑스 아카데미의 서기였던 폰테넬은 꿀벌이 지능이 없다고 선언했지만, "신의 인도와 명령에 따라 맹목적으로 최고의 수학을 사용하고 있다"고 말했다. 다르시 톰슨은 "꿀벌의 아름다운 건축의 규칙성이 물리적 힘의 자동적 작용 때문이라고 생각하는 것이, 꿀벌이 의도적으로 밀랍을 절약하는 방법을 찾고 있다고 생각하는 것보다 더 합리적이다"라고 언급했다.

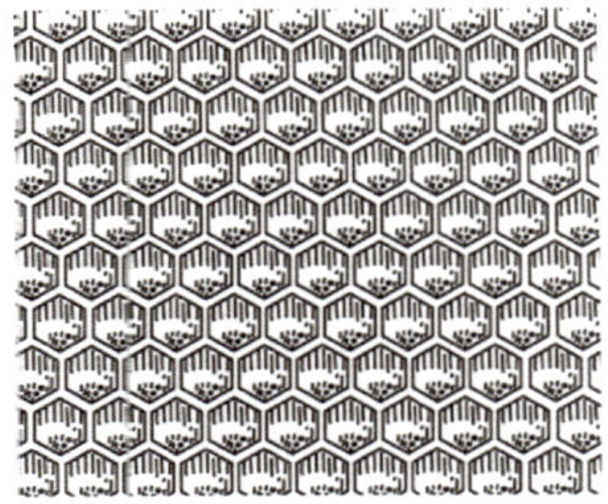

벌집의 단면.

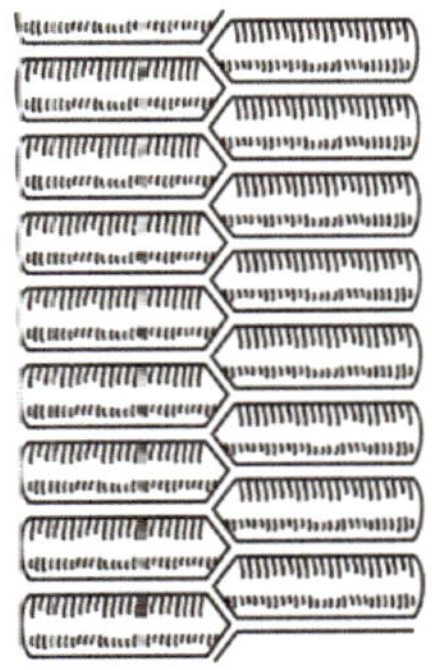

벌집의 세로 단면.

개별 벌 방 (뚜껑).

그러나 이 모든 것은 꿀벌이 어떻게든 최적의 벌집을 발견했다고 가정한다. 정말로 그랬을까? 이 질문은 헝가리 수학자 페예시 트트가 1964년에 조사했다. 그의 논문 *꿀벌이 아는 것과 모르는 것*에서 그는 벌집을 두 평행 평면 사이의 공간을 중첩 없고 간격 없이 채우는 합동 볼록 다면체(벌집 방)의 집합으로 정의했다. 이때 합동 볼록 다면체는 방이라고 불린다. (1) 각 방에는 두 평면 중 하나에만 있는 (기저 또는 개구라고 하는) 면이 존재하며 (2) 모든 방의 쌍은 기저가 서로 대응되도록 합동이다.

꿀벌이 만든 방은 개구부(및 단면)가 정육각형인 각기둥 용기이며, 바닥은 세 개의 동일한 마름모로 구성된다(오른쪽 그림 참조). 꿀벌은 방의 육각형 개구부가 두 평면 중 하나에 부착되도록 벌집을 구성한다. 꿀벌이 만든 지그재그 바닥 표면이 가장 경제적인가? (확실히 평면보다 유리하다.)

문제를 정확히 설명하기 위해, 우리는 (페예시 토트를 따라) *벌집에 대한 등주 문제*를 다음과 같이 공식화한다:

> 두 숫자 V와 W에 대하여, 방의 겉넓이가 가장 작으면서 방의 부피가 V인 폭 W의 벌집을 찾으라.

(폭 W는 벌집을 경계로 하는 두 평행 평면 사이의 거리이다.)

우리는 아직 해답이 무엇인지 모르지만, 그것이 꿀벌의 방은 아니라는 점은 분명하다. 왜냐하면 페예시 토트는 약간 더 나은 결과를 제공하는 다른 방을 발견했기 때문이다. 이 방의 바닥은 두 개의 육각형과 두 개의 마름모로 구성되어 있다(다음 쪽 위 왼쪽 그림 참조). 페예시 토트의 방은 개구부 면적의 0.35% 미만을 절약한다. (방의 겉넓이 중 훨씬 작은 비율을 절약한다.) 따라서 꿀벌의 실용적인 결과가

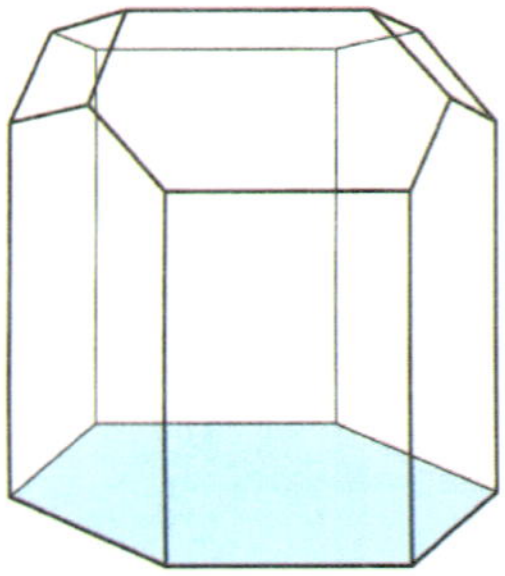

페예시 토트의 방.

오차 범위를 생각할 때 여전히 최적일 수 있지만, 꿀벌이 꽤 잘하지만 완벽하지는 않다고 말할 수 있다.

다양한 종류의 틀을 가로지르는 비누막, 비눗방울, 또는 비눗방울의 조합의 많은 구성에 대한 생각으로 돌아가 보자. 우리는 비눗방울 구성이 놓이거나 떠 있을 곳으로 철사, 유리판, 또는 액체 표면을 사용할 수 있다. 또한 지지 곡면, 곡선(철사), 이동 가능한 선(실)을 결합할 수 있다. 가능한 몇 가지 구성은 228–231쪽에 표시되어 있다.

접시 위의 두 개의 비눗방울.

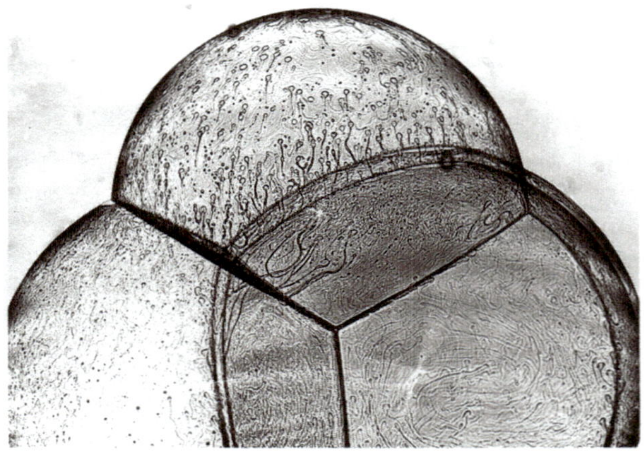

네 개의 비눗방울.

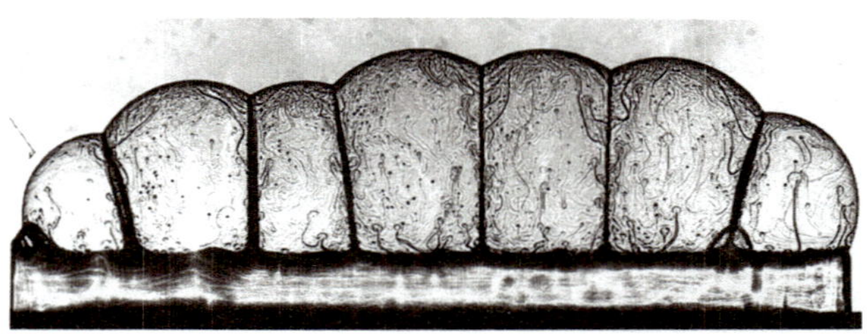

일곱 개의 비눗방울으로 이루어진 *벌레*.

톰 노디가 만든 열일곱 개의 비눗방울로 이루어진 *벌레*, 그의 기록은 열여덟 개의 비눗방울이다.

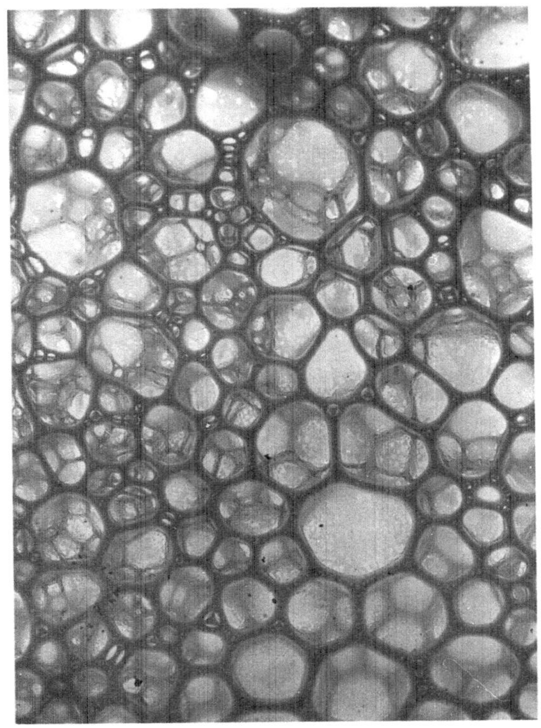

비눗방울의 집합체.

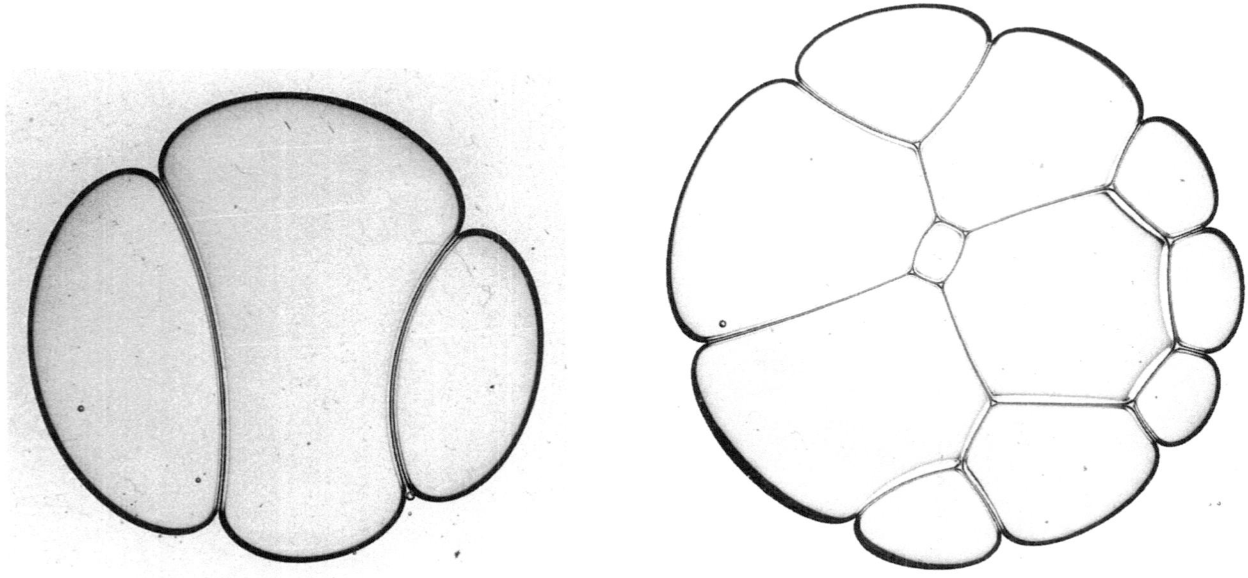

두 개의 평행한 판과 수직 벽 사이의 비눗방울 집합체의 단면 (검은 선은 단면을 나타냄).

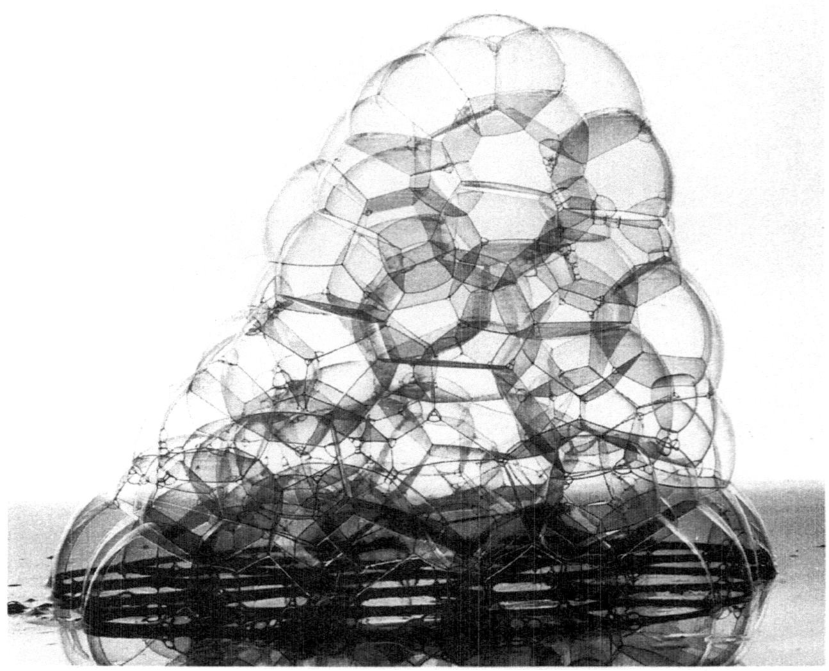

비눗방울의 무리.

실 속의 비눗방울, 석고 모형.

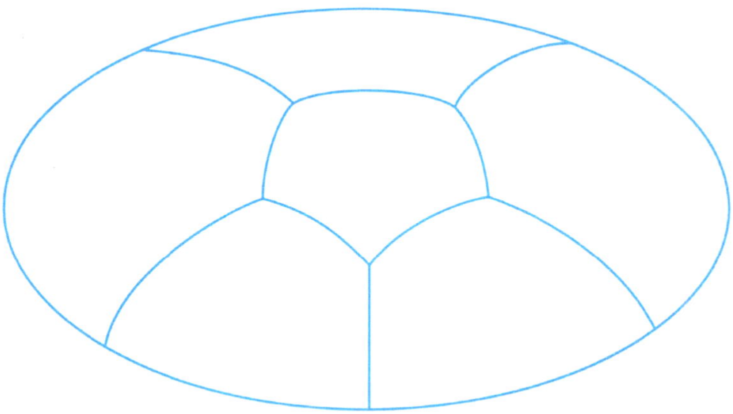

비눗방울을 잡고 있는 실의 도표.

비눗방울 또는 비누막과 비눗방울의 구성을 설명하는 수학적 문제를 생각해 보자. 이미 알고 있듯이, 문제는 (고정적이거나 이동 가능한) 주어진 틀을 가로지르고 특정 부피의 공간을 둘러싸는 곡면들로 구성된 모든 구성 중에서 겉넓이를 최소화하는 것이다. 이러한 수학적 문제의 해는 하나 또는 더 많은 평균 곡률이 상수인 곡면으로 구성된다. 극소곡면은 평균 곡률이 0인 곡면을 의미하며, 반면 구와 원기둥은 평균 곡률이 0이 아닌 일정한 수이다. 따라서 *수학적 모형 문제의*

해는 평균 곡률이 서로 다른 곡면들의 집합체이다. 이들은 실험에서 관찰되는 비누막/비눗방울 배열의 모형이다. 극소곡면은 양쪽에서 동일한 압력을 받는 비누막에 해당하며, 평균 곡률이 0이 아닌 곡면은 한쪽에서 더 많은 압력을 받는 비누막에 해당한다.

이러한 수학적 곡면은 물리적 현실에 대한 좋은 근사치이지만, 그것과 동일시되어서는 안 된다. 물리적 현상을 수학적 모형과 구별하는 것이 중요한데, 이는 특히 수학적 개념이 실제로 실험으로 실현할 수 있는 것보다 훨씬 더 큰 영역의 객체를 포괄할 수 있기 때문이다. 예를 들어, 평균 곡률이 상수인 곡면이 안정성이 부족하면 비누막으로 물리적으로 구현될 수 없다. 이미 (특정 현수면과 같은) 불안정한 극소곡면이 비누막으로 물리적으로 구현될 수 없다는 것을 보았다. 유사하게, 원기둥의 표면은 그 길이가 둘레와 같거나 이를 초과할 때 불안정해진다. 여기서 원기둥의 둘레는 π 곱하기 지름이다. 이는 다소 섬세함이 요구되는 실험으로 쉽게 입증할 수 있다(다음 쪽의 설명 참조). 동축 고리 사이의 원기둥형 비눗방울을 생각해 보자. 원기둥형 막이 불안정해지면, 두 개의 다른 크기의 구형 비눗방울로 분해된다. 긴 원기둥의 불안정성은 실험으로 입증될 수 있을 뿐만 아니라, 수학적 모형에서도 엄격하게 증명될 수 있다.

플라토에 의해 발견된 원기둥형 비눗방울의 불안정성은 모두가 익숙한 유사한 물리적 현상과 밀접한 관련이 있다: 모든 물줄기는 일련의 물방울로 분해된다. 이 현상은 분수에서나 정원에서 스프링클러를 보면서 관찰할 수 있다. 물줄기가 물방울의 물보라로 분산되는 것은 전기장이나 음파 진동에 의해 유발되는 방해에 매우 민감하다. 영국 물리학자 C. V. 보이스는 자신의 고전적인 책 *비눗방울, 그 색깔, 그리고 그것을 형성하는 힘들*에서 물줄기나 비눗방울로 할 수 있는 많은 간단한 실험을 설명한다. 보이스의 책은 1889–1990년에 이 뛰어난 실험가가 행한 세 번의 강연에서 비롯되었으며, 그는 때때로 그의 실험실 창문에서 놀란 보행자에게 거대한 연기 고리를 발사하여 그들을 고리로 둘러싸는 것을 즐겼다.

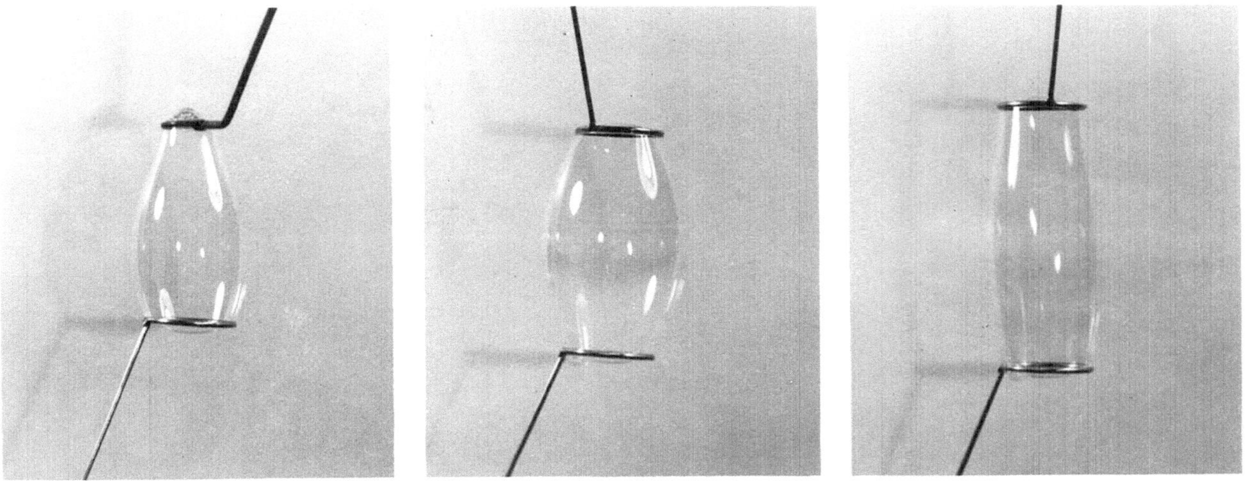

A B C

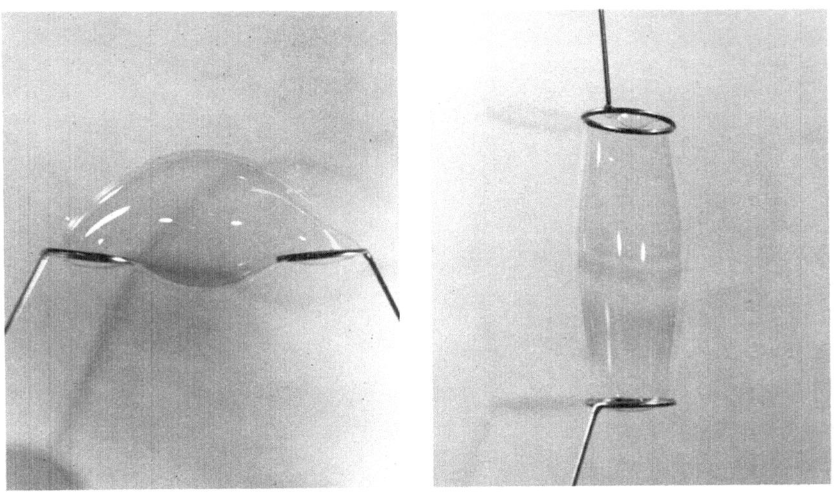

D E

(A) 두 동축 고리 사이의 비눗방울. 일반적으로 원기둥이 아니라 허리 부분이 발달했거나 위의 사진처럼 볼록하게 되어 있다. (이 현상의 설명은 231–233쪽에 있다.) 허리나 볼록한 부분이 있는 비눗방울에서 원기둥을 얻으려면 공기를 추가하거나 빼야 한다.
(E) 평면에서 두 고리를 연결하는 비눗방울. (드 고리도 구형 뚜껑으로 덮여 있다.)

현실과 수학적 모형의 차이를 설명하기 위해, 겉보기에는 단순한 예인 구형 비눗방울을 생각해 보자. 자연은 공중에 불어넣을 수 있는 유일한 매끄러운 (인위적인 경계 없는) 비눗방울이 구라는 것을 보여주는 데 어려움이 없다. 그러나 1984년까지 우리는 구가 유일한 평균 곡률이 상수인 유한 완비곡면인지 알지 못했다. (무한한 원기둥도 평균 곡률이 상수인 완비곡면이지만 유한하지 않다; 이것은 양쪽으로

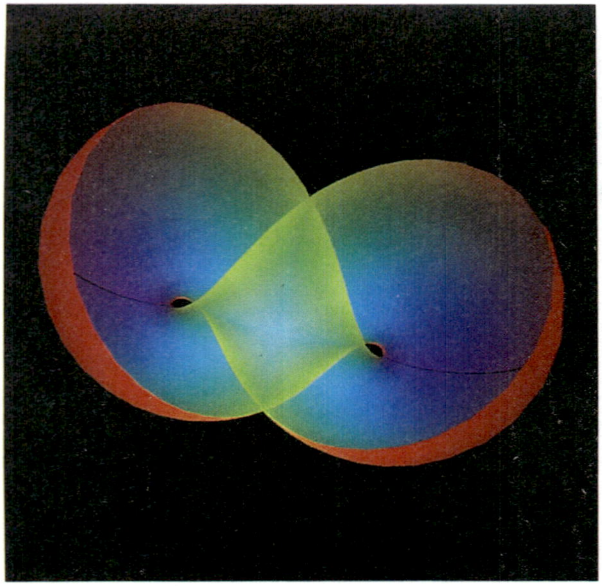

H. C. 웬트는 1984년에 평균 곡률이 상수이고 종수가 1인 닫힌 유한 곡면을 발견했다. 이 컴퓨터 생성 그림에서 웬트의 곡면은 세 개의 빌딩 블록에서 단계별로 구성된다. (경계가 없는) 유한 닫힌 웬트 곡면은 자체 교차가 어떻게 생성되는지를 드러내지 않는다. 구성을 이해하려면 왼쪽에서 오른쪽으로 이어지는 네 개의 그림 배열을 살펴봐야 한다. 이 쪽의 두 그림은 서로 다른 두 위치에서의 빌딩 블록을 보여준다.

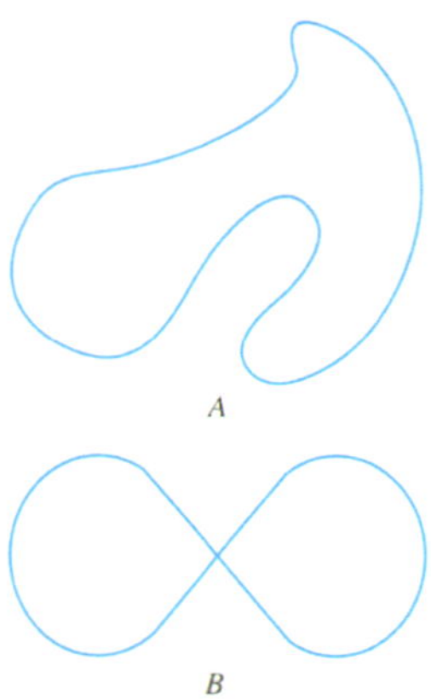

자기교차가 없는 닫힌 곡선 (A)과 자기교차가 있는 닫힌 곡선 (B).

무한히 확장된다.) 대부분의 수학자는 "그렇다, 구가 유일하다"고 추측했으며, 다양한 부분 결과가 증명되었다. 예를 들어, 구는 유한 완비곡면 중에서 유일하게 평균 곡률이 상수인 *볼록한* 곡면이라는 것을 알고 있었다. A. D. 알렉산드로프는 심지어 종수가 (0보다 큰) 유한인 비자기교차 손잡이체 곡면은 평균 곡률이 일정할 수 없다는 것을 증명했다. 그러나 수학자들은 완전히 일반적인 결과를 구하고자 했다. 이를 위해 자기교차가 있는 곡면도 생각해야 했다. 이러한 곡면을 허용하면, 하인츠 호프는 자기교차가 있더라도 경계가 없고 종수 0인 유한 곡면은 구임을 보여줄 수 있었다. 그러나 최근 이 추측은 반증되었다: 예를 들어, 종수가 1이고 평균 곡률이 상수인 유한 완비곡면이 존재하지만, 이는 자기교차가 있다.

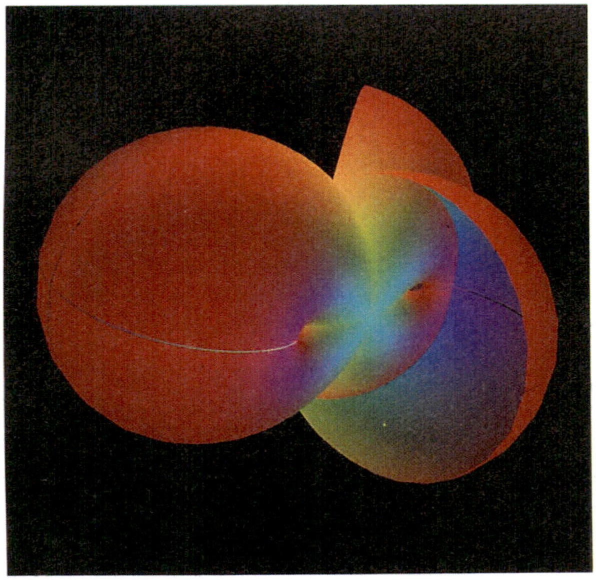

함께 결합된 두 개의 빌딩 블록.

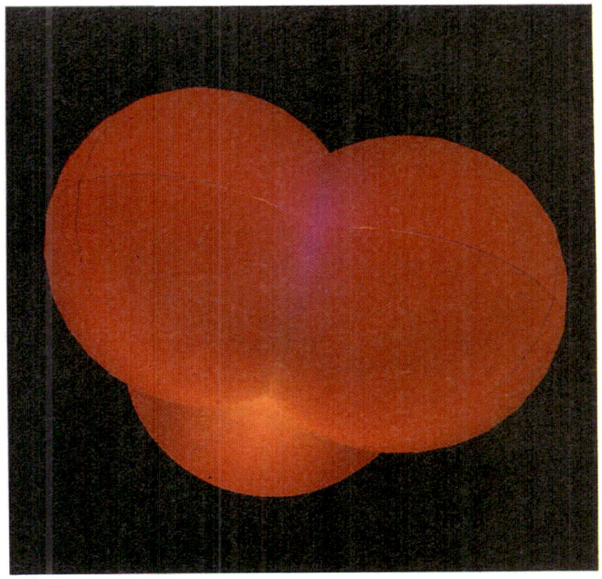

세 개의 빌딩 블록으로 구성된 최종 웬트 원환체.

상수 평균 곡률의 회전 대칭인 곡면 (H-회전면)

평균 곡률이 상수인 곡면은 비누막, 비눗방울, 그리고 아마도 자연에서 나타나는 다른 형태들의 모형이다. *H*-곡면에 의해 설명되는 자연 형태를 결정하기 위해, 특히 이러한 곡면 중에서 원반, 현수면, 원기둥과 같이 회전 대칭인 곡면을 찾아내는 것이 매우 유용하다. 우리는 이러한 곡면을 *H-회전면*이라고 부를 것이다. 플라토는 실험적으로 정확히 여섯 가지 종류의 *H*-회전면(평면과 (평균 곡률이 0이 아닌) 현수면, 구, 원기둥, 파동면, 그리고 (평균 곡률이 0인) 결절면)이 있다는 것을 발견했다.

1841년에 프랑스 수학자 들로네는 이 *H*-회전면 목록이 완전하며, 더 나아가 이들 모두가 간단한 규칙에 의해 생성될 수 있다는 것을 증명했는데, 이를 다음과 같이 설명할 수 있다. *회전축*으로 사용할 직선을

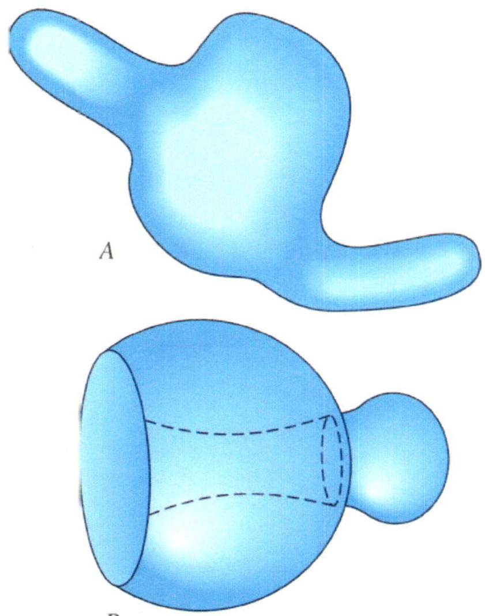

자기교차가 없는 닫힌 곡면 (A)과 자기교차가 있는 닫힌 곡면 (B).

H-회전면의 생성 곡선들. 원의 장식선은 원기둥을 생성하고, 타원의 장식선은 파동면를 생성하는 등의 과정.

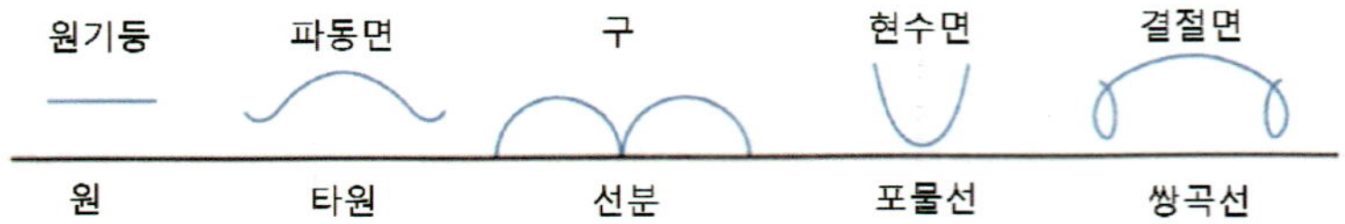

고정한다. 그런 다음, 하나의 원뿔 곡선—즉, 타원, 원, 포물선, 쌍곡선—을 선택하고, 그 원뿔 곡선이 축을 따라 구른다고 상상한다. 그러면 그 원뿔 곡선의 초점의 진행으로 초점의 *장식선*이라고 불리는 곡선이 만들어진다. 이 곡선을 축을 중심으로 회전시키면 여섯 가지 *H*-회전면 중 하나가 생성된다. (생성 곡선 중 다섯 개가 위쪽에 표시되어 있다.) 예를 들어, 원의 초점은 축에 평행한 선분을 설명하며, 해당 회전면은 *원기둥*이다.

타원이 축을 따라 구르면, 각 초점은 축에 닿지 않는 물결 모양의 곡선을 생성하며, 이 곡선을 회전시키면 *파동면*이 생성된다. 타원의 초점이 서로 멀지 않으면 각 물결 모양 곡선의 형태는 약간의 물결 모양이며, 초점이 가까워지면 파동면은 원기둥에 점점 더 가깝게 근사한다.

타원의 반대 극단은 선분으로, 두 초점이 가능한 멀리 떨어져 있는 타원의 퇴화된 형태로 생각할 수 있다: 이 선분의 끝점이 초점이다. 이 선분의 장식선은 (한쪽 끝이 아래로 내려가고, 다른 쪽이 돌며 반원을 그리는 식으로) 반원의 배열을 생성하며, 회전하면 일련의 동등한 *구*의 배열이 생성된다.

여러 *H*-회전면 (원기둥, 파동면, 구).

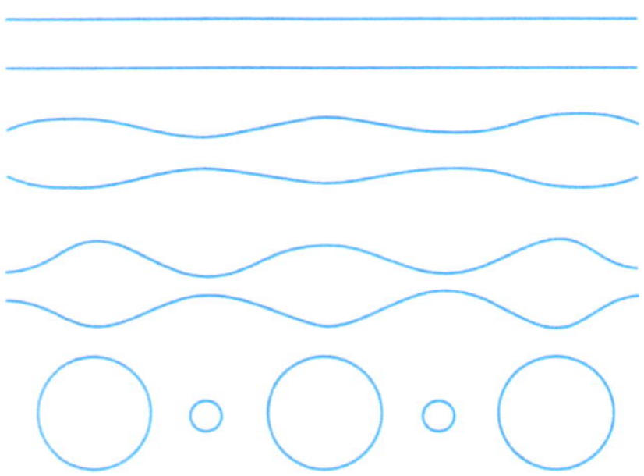

타원의 한 초점이 유한하게 남아있고 다른 초점이 무한대로 이동하면, 타원은 포물선으로 변한다. 그 초점의 장신선은 현수선이며, 이는 우리가 본 바와 같이 *현수면*의 경선이다.

마지막으로, 쌍곡선의 초점 중 하나의 장식선이 어떻게 생성되는지 설명하겠다. 쌍곡선의 두 가지가 단단히 연결되어 한 덩어리로만 움직일 수 있다고 상상해 보자. 쌍곡선의 한 가지를 축의 윗 쪽에서, 예를 들어 오른쪽으로, 한 점근선[2]에서 다른 점근선까지 굴리고,그런 다음

[2] 점근선은 쌍곡선의 가지가 다가가지만 결코 접하지 않는 한계선이다.

다른 가지를 축의 아랫 쪽에서 오른쪽으로 굴려 다시 한 점근선에서 다른 점근선까지 이동시킨다. 계속해서 오른쪽으로 이동하며 반복해서 굴리고, 한 초점의 흔적을 따라가면 오른쪽으로 무한히 확장되는 곡선을 얻는다. 유사한 방식으로 이 곡선은 왼쪽으로 무한히 확장될 수 있다. 따라서 우리는 무한히 많은 고리가 있는 매끄러운 곡선을 얻으며, 이는 회전면으로서 *결절면*을 생성한다.

*평면*은 직선을 직각으로 교차하는 축을 중심으로 회전시켜 얻을 수 있다. 그러나 이러한 수직선은 반지름이 무한대로 증가하는 타원의 수열의 *극한*으로 볼 수 있다. 따라서 수직선은 무한히 길고 무한히 얇은 타원의 장식선으로 해석될 수 있다.

여기서 고대 그리스인들이 잘 알려진 곡선을 다른 곡선 위에서 굴려 새로운 곡선을 구성하는 방법을 떠올리지 않을 수 없다. 이는 2장에서 논의한 바와 같다.

우주선에서 목욕하는 방법

가상 일의 원리에 따르면 비누막 구성은 평균 곡률이 일정한 곡면으로 이루어져 있다. 또한 이 원리로부터 만유인력의 영향을 받지 않는 액체의 자유 곡면도 그러한 곡면이라는 결론이 나온다.

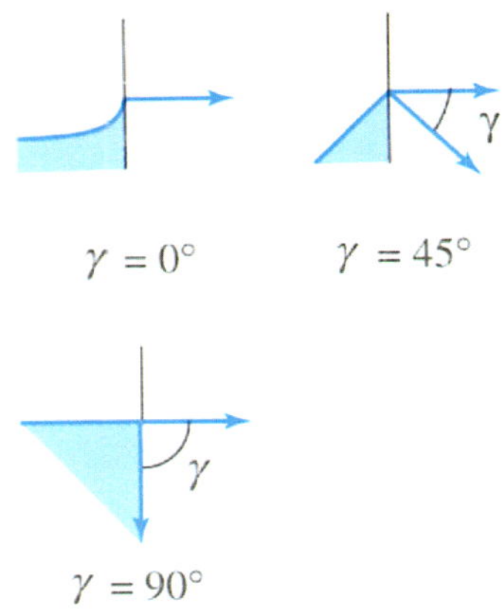

접촉각 γ의 세 가지 특별한 경우.

만유인력을 어떻게 차단할 수 있을까? 우리는 액체가 담긴 용기를 우주 공간으로 쏘아 올리거나 엘리베이터에 넣고 자유 낙하시키는 방법을 사용할 수 있다. 후자의 실험은 실제로 수행되었으며, 다양한 수학적 예측의 인상적인 확인을 이끌어냈다. 알다시피, 우주 공간의 우주비행사들은 만유인력이 없는 상황에서 발생하는 이상한 어려움에 직면할 수 있다. 예를 들어, 우주비행사들이 만유인력이 없는 상태에서 목욕을 하고 싶다면 어떤 욕조를 추천하겠는가?

명백히, 우주비행사들은 물을 튀기지 않아야 한다; 떠다니는 물방울을 모아서 다시 용기로 되돌리기가 어려울 것이기 때문이다. 그러나 더 심각한 문제는 욕조가 젖는 액체를 평형 상태로 유지할 수 없을 수도 있다는 것이다. (*젖음*은 용기의 벽이 액체에 *당기는 힘*을 가하는

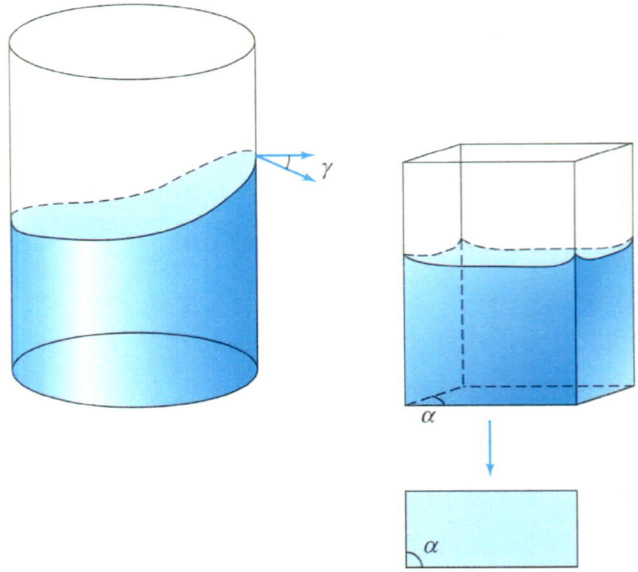

것을 의미한다.) 다음과 같은 일이 발생한다: 젖는 액체의 자유 곡면은 용기의 벽과 (0°에서 90° 사이에 있는) 일정한 *접촉각* γ를 형성한다 (다음 쪽의 그림을 보라). 용기에는 수평 바닥과 수직 측벽이 있어 모든 수평 단면이 동일하게 보인다고 가정하자. 측벽에 모서리가 있으며, 모서리의 내부 각도를 α라고 놓자. 그러면 만약 $\alpha/2 + \gamma < 90°$이면 젖는 액체는 용기 내에서 평형 상태가 될 수 없다. 다시 말해, 우주비행사의 욕조에 있는 물이 용기의 상단 모서리를 넘어갈 가능성이 높다; 젖음 각도 γ가 45° 미만이고 욕조의 단면이 직사각형인 경우에는 확실히 그렇게 될 것이다.

많은 상황에서, 유리와 물 같은 액체의 경우 젖음 각도 γ가 0에 가까울 것이라고 가정할 수 있다. 따라서 다음에 달로 가는 비행에서 단면이 사각형인 유리잔으로 (식전에 마시는) 반주를 마시려고 하면 옷을 망치게 될 것이다. 이는 수학적 동화가 아니라, 이론적 추론으로부터 유추된 공식 $\alpha/2 + \gamma < 90°$가 NASA 낙하탑에서 수행된 실험들에 의해 잘 입증되었기 때문이다.

액체가 용기의 벽을 타고 올라갔다 (콘커스와 핀이 고안하고 매시카가 오하이오주 클리블랜드의 NASA 낙하탑에서 수행한 실험); $\alpha = 60°$, $\gamma = 25°$.

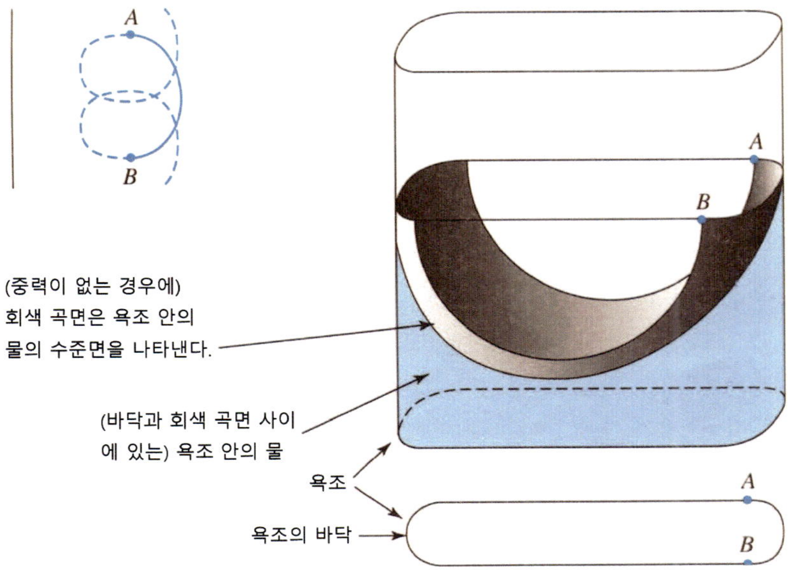

우주비행사의 욕조: 쌍곡선의 장신선(왼쪽)은 물이 달라붙는 곡선(오른쪽)이다.

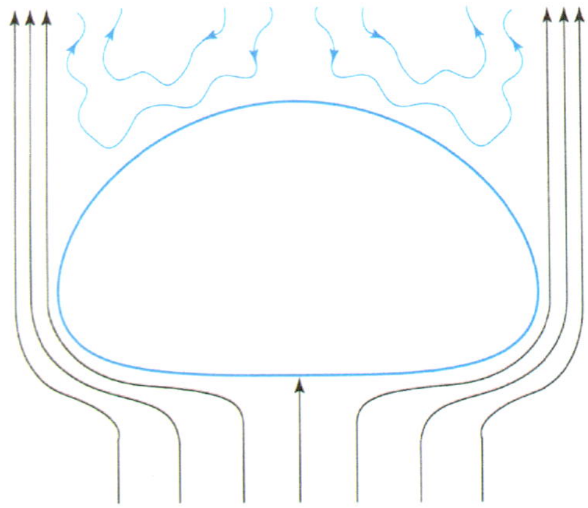

떨어지는 빗방울과 (빗방울에 대한 상대적인) 공기의 흐름선.

239쪽 하단의 그림은 1974년 폴 콘커스와 로버트 핀이 제안한 *우주비행사의 욕조*의 수직 단면을 보여준다. 이 단면 경계의 곡선 부분은 쌍곡선의 초점에 의해 생성된 장식선의 두 부분으로 구성된다. 욕조 안의 액체에 의해 형성된 자유 곡면도 표시되어 있으며, 물이 경계 벽을 0°의 각도로 만나는 것으로 가정한다; 수위는 결절면의 일부이다.

그러나 중력을 제거하는 세 번째 방법이 있다: 조사할 액체(예를 들면, 기름)를 다른 액체(알코올과 물의 적절한 혼합물)에 넣는 것이다. 이 액체는 첫 번째 액체와 섞이지 않지만, 두 액체의 밀도는 동일하다. 예를 들어, 관이나 피펫을 사용하여 소량의 기름을 알코올-물 혼합물에 넣을 수 있다. 그러면 기름은 즉시 완벽한 구형을 형성할 것이다.

만약 진공에서 떨어진다면 모든 떨어지는 빗방울은 당연히 구형이어야 한다. 그러나 공기 저항은 떨어지는 방울을 비구형으로 만든다. 게다가, 각 떨어지는 방울에는 내부 운동이 있다.

중력은 방울에 강한 영향을 미친다. 예를 들어, 유리판 위에서는 수은과 같은 젖지 않은 액체의 방울이 매우 작을 때는 거의 구형이지만, 더 큰 덩어리는 자신의 무게로 인해 상당히 납작해지고, 많은 양의 수은은 흩어져 매우 평평한 웅덩이를 형성한다. (젖지 않은 액체는 유리 지지대에 의해 반발된다.)

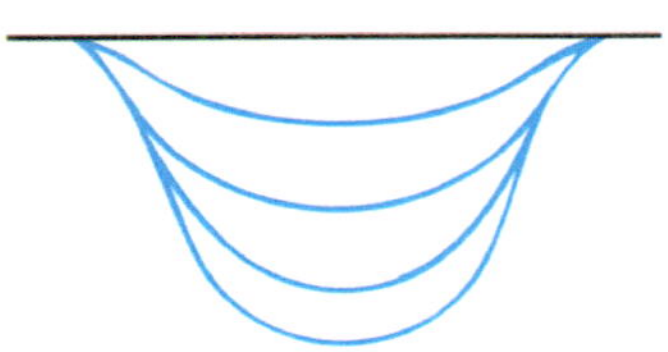

매달린 물방울.

젖는 액체의 *매달린 방울*(옆의 그림 참조)은 여러 면에서 *앉아 있는 방울*과 다르다. 우리는 모두 매달린 방울이 *너무 커질 수* 없다는 것을 알고 있다. 즉, 탄성 피부는 소량의 액체 무게만 지탱할 수 있으며, 더 무거운 무게는 피부를 찢는다. 실제로 매달린 방울이 성장할 수 있는 명확한 크기가 있다. 이 크기에 도달하면 작은 교란이 방울을 떨어뜨린다. 이 현상은 방울이 안정성 한계에 도달하여 안정한 평형에서 불안정한 평형으로 전환되었다고 설명할 수 있다. 이것이 약용 스포이드에서 나오는 모든 방울이 동일한 크기인 이유이다. 약 100년 전,

매달린 방울에 대한 수치적 조사가 강력한 수치적 기법의 개발로 이어졌으며, 이는 이제 많은 응용 과학 분야에서 수치 분석가들에 의해 널리 사용되고 있다.

행성, 회전하는 액체 방울, 원자핵

베르누이의 가상 일의 원리에 기초한 단일 변분 원리에 의해 세 가지 다른 현상이 설명될 수 있다. 이들 현상은 처음에는 공통점이 많이 있어 보이지는 않는 천문학, 유체역학, 핵물리학 분야에 속한다. 구체적으로, 우리는 균일한 밀도의 *회전하고 자기만유인력에 의해 유지되는 액체 덩어리, 표면 장력이 있는 회전하는 액체 방울*, 그리고 각운동량이 있거나 없는 *원자핵*을 생각할 것이다.

이 모든 고려사항은 다음과 같은 일반적인 문제로 요약될 수 있다. 균질한 유체의 일정량이 하나 또는 여러 덩어리로 분포되어 있다고 상상해 보자(수학자들은 연결되거나 연결되지 않은 영역에 분포한다고 말한다). 유체의 각 부분은 (공과 같은) 단일 연결일 수도 있고 (고체 고리 또는 고체 프레첼과 같은) 다중 연결일 수도 있다.

우리는 (중력 등의) 외부 힘이 액체에 작용하지 않고, 모든 활성 힘은 유체 자체에 의해 생성된다고 가정한다. 이는 극도로 큰 질량의 액체에만 영향을 미치는 *자기만유인력* 현상을 배제하지 않는다. 자기만유인력은 뉴턴의 만유인력 법칙에 따라 유체의 각 부분이 다른 모든 부분에 대해 작용하는 인력에 의해 발생한다. 이 힘은 액체를 한 덩어리로 유지하려고 한다. 또한, *표면 장력*이 역할을 할 수 있다고 가정해 보자. 다시 말하면, 우리는 표면이 액체에 수축 영향을 미치는 탄성 막으로 덮인 액체를 생각한다. 게다가, 두 가지 분산력인 정전기와 원심력이 이러한 인력에 대항한다고 가정할 것이다. 액체에 *균일 전하*가 있다면, 쿨롱의 법칙에 따라 각 부분은 모든 다른 부분을 밀어내게 된다. 액체가 움직이면, 우리는 심지어 전자기 현상도 생각해야 한다. 마지막으로, 액체가 자이로스코프처럼 질량 중심을 중심으로

달. 캘리포니아 릭 천문대에서 촬영한 사진 (36인치 굴절 망원경).

*균일한 각속도로 회전*하고 있다면[3] (액체 가스 물질로 구성된 거대한 회전 자이로스코프인 목성을 생각해 볼 수 있다), 각 부분은 액체를 분산하려는 원심력을 받게 될 것이다.

회전하는 액체체가 자이로스코프처럼 회전할 때, 즉 액체 내부에 *내부 운동*이 없을 때, 이를 *강체선회 운동의* (또는 *상대적*) *평형 상태*에 있다고 한다. 액체 내부 어딘가에 앉아 외부 세계와 연결되지 않은 관찰자는 회전을 알아차리지 못할 것이다; 그는 그 입체가 정지해 있다고 생각할 것이다. 따라서 강체선회 운동의 평형에서는 네 가지 종류의 힘이 서로 균형을 이루게 된다: *표면 장력*과 *자기만유인력*의

[3] 이것이 합리적인 가정인지 여부는 또 다른 문제이지만, 첫 번째 근사로는 특정 경우에 받아들일 수 있을 것이다.

수축력은 *정전기*와 *원심력*의 분산력을 상쇄한다.

자연스럽게 묻게 되는 질문은, *강체선회 운동의 평형 상태에 있는 액체체의 가능한 형태는 무엇인가*이며, *어떤 입체가 안정적인 강체선회 운동의 평형 상태에 있는가*이다.

1918년 6월 8일 와이오밍주 그린 리버에서의 개기일식 동안 촬영된 태양의 코로나, 캘리포니아 헤일 천문대

베르누이의 가상 일의 원리에 따르면, 평형 상태는 잠재 에너지의 정지 상태이며, 안정적인 평형은 잠재 에너지의 최소값에 해당한다. 액체체의 총 잠재 에너지는 네 가지 항의 합

총 에너지 = 표면 에너지 + 만유인력 에너지 + 전자기 에너지 + 회전 에너지

이다. 여기서 표면 장력의 잠재 에너지는 액체체의 겉넓이에 비례하며, *회전 에너지*는 원심력의 잠재 에너지를 나타낸다.

역사적으로 생각한 최초의 예는 행성의 모형으로 사용되고 나중에는 별과 성운의 모형으로 사용된 회전하는 액체체였다. 여기서 만유인력에 의해 발생하는 자기인력의 힘은 너무 커서 표면 장력의 영향을 무시할 수 있다. 처음에는 전하가 없는 천체만 생각하였다; 이 경우 잠재 에너지는 만유인력 에너지와 회전 에너지의 합으로 줄어든다.

회전하는 천체의 이론은 아이작 뉴턴, 콜린 맥로린, 알렉시스-클로드 클레로의 업적에서 시작되었다. 그러나 천체의 회전에 대한 실험적 관측은 사실 훨씬 이전에 이루어졌다. 태양의 암점은 망원경 없이도 오랫동안 관찰되었으며, 암점이 실제로 위치를 변경한다는 것이 알려져 있었다. 유럽의 위도에서는 태양의 암점이 왼쪽에서 오른쪽으로 이동한다. 이러한 관측은 천문학자들이 굴절 망원경을 통해 태양을 볼 수 있게 되면서 훨씬 더 정확해졌다. 1611년 독일 천문학자 파브리키우스는 관측 결과 암점이 태양의 일부분이며, 그 움직임이 *태양의 회전*에 의해 발생한다고 결론지었다. 이는 극적인 발견이었다! 1612년 이탈리아의 갈릴레오, 영국의 토마스 해리엇, 독일 예수회 크리스토프 샤이너는 그들만의 관측 결과를 발표했다. 갈릴레오는 파브리키우스와 동일한 암점의 움직임을 설명했으며, 반면 샤이너는 그것들이 태양 주위를 도는 작은 행성이라고 주장했다. 1613년 출판된 논문 *태양의 흑점 및 그 현상에 관한 역사와 증명*(*Istoria e Dimostrazioni Intorno alle Macchie Solarie e Loro Accidenti*)에서 갈릴레오는 샤이너의 추론을 반박하고, 처음으로 코페르니쿠스의 태양 중심설을 공개적으로 지지했다. 결국 갈릴레오가 옳았음을 인정한 샤이너는 갈릴레오보다 훨씬 더 정확한 관측을 진행하여 태양이 27일 만에 한 바퀴를 완전히 회전한다는 것을 발견했다.

회전하는 별에 대한 수학적 이론은 뉴턴의 *프린키피아*에서 시작되었다. 이 책은 천천히 회전하는 액체체가 반드시 (회전축을 결정하는 두 지점인) 극지점에서 납작해져야 한다는 것을 보여주었다. 이전에 보았듯이, 모페르튀이에 의해 이 예측이 검증되면서 뉴턴 물리학이 결국 받아들여지게 되었다. 처음에는 모페르튀이의 업적을 열렬히 축하했던 볼테르는 나중에 악의적인 시를 썼다.

> 당신은 지루하고 진흙투성이인 곳에서 뉴턴이 그의 연구실을 떠나지 않고도 알았던 것을 확인했다.

주어진 V가 부피인 회전하는 균질 액체체의 평형 구성은 무엇일 수 있을까? 구 외의 가장 단순한 공간 구성은 *납작한 회전타원체*(즉, 편구면)일 것이다. 이는 오른쪽 그림과 같이 단축 주위를 회전하는 타원에 의해 생성된 입체이다. 회전타원체는 입체 *타원체*의 특별한 경우이다. 즉, 평면 절단면이 모두 타원(또는 타원의 특별한 경우인 원)으로 경계 지어진 입체이다. 각 타원체에는 서로 수직인 *세 개의 주축*이 있으며, 이들은 타원체의 중심을 통과한다. *주반지름 길이* a, b, c는 중심에서 주축의 타원체 표면에 놓인 끝점까지의 거리이다. 이 세 숫자 중에서 가장 큰 수를 a로 놓고 가장 작은 수를 c로 놓자—즉, $a \geq b \geq c$이다. 그러면 중심에서 표면까지 a는 가장 큰 거리이고 c는 가장 작은 거리이다. 납작한 회전타원체는 관계식 $a = b > c$로 특징지어지며, 반대로 길쭉한 회전타원체는 $a > b = c$를 성립시킨다.

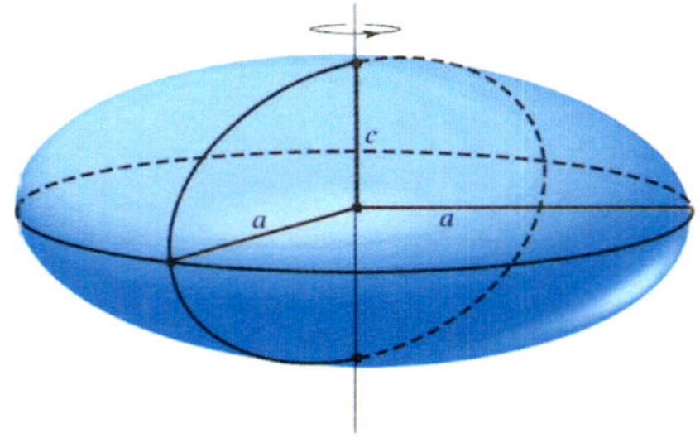

납작한 회전타원체, 여기서 회전축은 타원의 단축이며, 장축은 따라서 타원체의 원형 단면의 반지름이다.

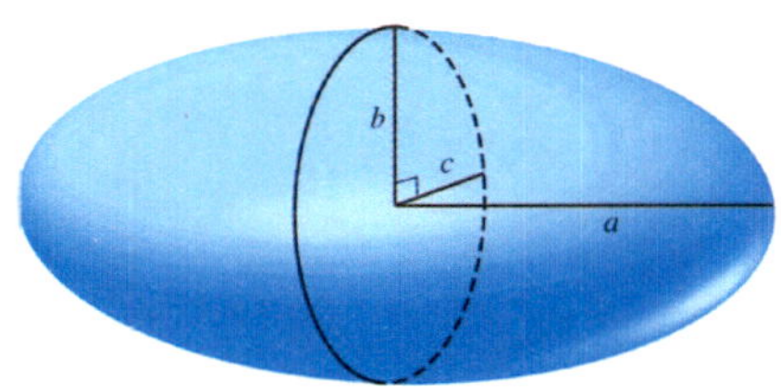

주축이 있고 주축의 주반지름 길이가 각각 a, b, c인 일반적인 타원체.

본질적으로 유체 평형에 대한 일반 이론이 개발되지 않았던 시기인 1742년, 콜린 맥로린은 다음과 같은 아름다운 결과를 보여주었다:

> 모든 부피 V와 너무 크지 않은 각속도 ω에 대해, 강체선회 운동의 평형에 있는 두 개의 서로 다른 납작한 회전타원체가 존재한다.

위: 머리털자리의 측면 나선은하. 헤일 천문대 (200인치).

여기서 *너무 크지 않다*는 것은 각속도가

$$\omega_L = 1.188\sqrt{GD}$$

을 초과하지 않아야 한다는 것을 의미한다. 여기서 D는 액체의 밀도를 나타내고, G는 뉴턴의 만유인력 상수이다. 만약 ω가 극한 ω_L에 가까워지면, 두 개의 맥로린 회전타원체의 형태는 동일한 회전타원체의 형태에 가까워지며, 이 타원체는 각속도 ω_L로 회전한다.

ω가 0에 가까워지면(즉, 회전 속도가 0으로 느려질수록), 맥로린 회전타원체의 한 가지는 점점 더, 절대 정지 상태($\omega = 0$)에서 잘 알려진 평형 구성인, 부피 V의 공과 닮아갈 것이다. 반면, 다른 가지는 *무한한 직경*의 원반으로 성장해 갈 것이다.

거의 한 세기 동안 맥로린 타원체가 강체선회 운동의 평형에 있는 균질 액체의 균일 회전체에 가능한 유일한 형태라고 믿어졌다. 라그랑주 마저도 다른 평형 구성이 있을 수 없다고 주장했다; 그렇지만 이는 사실이 아니었다. 1834년, 야코비는 다음과 같은 사실을 발견했다:

> 모든 부피 V와 0이 아니고 너무 크지 않은 모든 각속도 ω에 대해, 가장 작은 주반지름 길이 c의 축을 중심으로 회전하는 비대칭 타원체($a > b > c$)의 형태인 평형 구성이 존재한다.

정확히 말하면, 만약 액체체가 각속도 ω로 자이로스코프처럼 회전하는 진정한 삼축 타원체($a > b > c$)의 형태이면, ω는

$$\omega_J = 1.084\sqrt{GD}$$

보다 작아야 한다. 여기서 ω_J는 ω_L보다 작다.

만약 ω가 ω_J에 가까워지면 야코비 타원체는 결국 (ω_J로 회전하는) 맥로린 타원체 중 하나와 닮아가며, 만약 ω가 0에 가까워지면, 야코비 타원체는 무한히 긴 바늘과 닮아간다. 매우 얇고 매우 길며 매우 느리게 회전하는 행성에서의 삶은 어떨까?

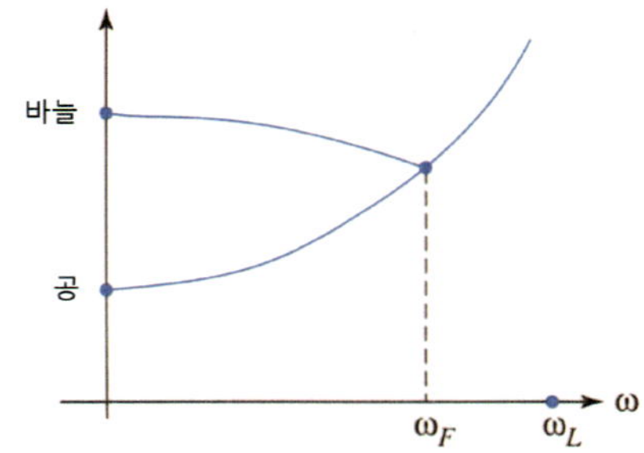

야코비 분기 도표.

다른 흥미로운 사건은 1885년 앙리 푸앵카레(1854–1912)에 의해 발견되었다. 그는 배 모양 평형 구성의 새로운 가지가 야코비 타원체 계열에서 갈라져 나온다는 것을 발견했으며, 이는 야코비 타원체가 맥로린 회전타원체의 한 계열에서 갈라져 나오는 것과 유사하다. 푸앵카레는 *배 모양 입체의 분기가 안정적이고 지속적으로 위성에 의해 동반되는 행성으로 이어진다*고 추측했다. 그는 또한 야코비 계열을 따라 다른 안정적인 가지를 생성하는 다른 분기점이 있어 결국 두 개, 세 개 이상의 위성이 있는 행성으로 발전할 것이라고 선언했다. 이렇게 해서 푸앵카레는 갑작스러운 재앙이 아니라 진화 과정을 통해 태양계의 탄생을 설명할 수 있는 거대한 계획을 구상했다.

칸트와 라플라스의 우주 생성 가설을 따르면, 우리의 태양계는 처음에 매우 낮은 밀도의 거대하고 천천히 회전하는 가스 구체였다. 자기만 유인력은 가스의 수축을 초래하여 밀도와 각속도를 증가시켰고, 그 물질은 가스 상태에서 액체 상태로 변했다. 밀도와 속도가 증가함에 따라, 원래 구형이었던 물질은 점점 더 납작한 맥로린 회전타원체가 되었으며, 야코비 타원체의 분기점에 도달했다. 이 지점에서 맥로린 타원체는 안정성을 잃었지만, 야코비 타원체는 안정적인 구성을 유지했다. 이 때문에 액체체는 야코비 타원체로 변하고, 더 강한 수축과 함께 배 모양의 입체로 변해 결국 주체와 위성으로 분열하게 된다.

배 모양의 입체에서 푸앵카레 분기.

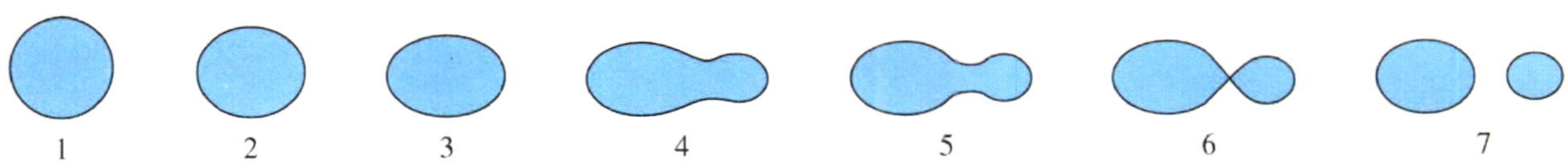

A. M. 랴푸노프 (1857–1918)

그러나 푸앵카레는 그러한 각본을 입증하는 데 필요한 상세한 계산을 하지 않았다. 대신 조지 다윈(1845–1912)이 그러한 계산을 수행했으며, 배 모양의 형태의 안정성을 증명했다고 주장했다. 불행히도, 알렉산더 랴푸노프(1857–1918)가 다윈의 계산을 반박할 수 있었으며, 다른 과학자들도 같은 결론에 도달했다. 따라서 푸앵카레의 멋진 모형은 붕괴했다. 그럼에도 불구하고, 푸앵카레, 랴푸노프, 그리고 나중에 리히텐슈타인이 개발한 평형 구성 이론은 비선형 분석에서 *분기 이론*의 시작이었다. 이 중요한 이론은 유체 역학, 수학적 생물학, 탄성 이론과 같은 다양한 분야에서 주요 도구이다.

회전하는 액체 방울로 돌아가 보자: 각속도 ω가 너무 크면 평형 상태에 있을 수 없다는 것도 알려져 있었다. 사실, ω^2가 $2\pi GD$보다 크면 가능한 강체선회 운동의 평형은 없다. 이 딜레마에서 벗어나는 유일한 방법은 액체가 내부 운동을 하고 있지만 형태가 변하지 않는 회전하는 액체체를 생각하는 것이다. 이는 훨씬 *약한 유형*의 평형이지만, 더 현실적인 것일 가능성이 크다. 이는 1858년부터 1860년까지 디리클레와 리만에 의해 연구되었다. 이 작업은 1960년대에 찬드라세카르에 의해 계속되었다.

이제 플라토에 의해 고안된 대로, 동일한 밀도의 다른 액체에 떠 있는 작은 기름 방울을 생각해 보자. 이 경우 표면 장력이 지배적인 힘이며, 자기인력은 사실상 없다. 또한, 기름 방울이 전하를 띠지 않는다고 가정한다. 그러면 잠재 에너지는 표면 에너지와 회전 에너지의 합이다 (원래 액체의 마찰 영향은 무시된다).

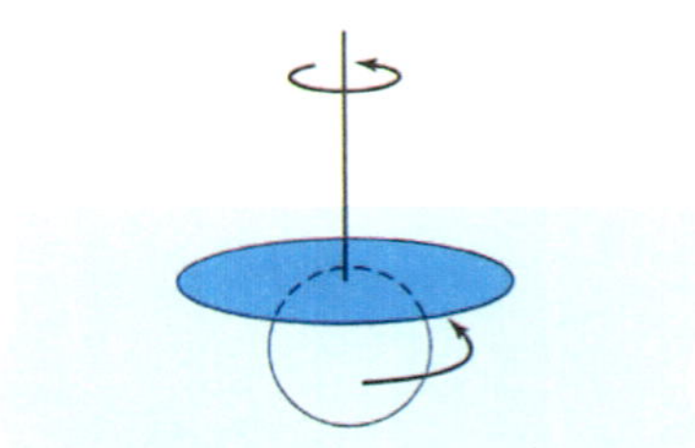

액체 내에서 물방울을 회전시키기 위한 플라토의 장치.

플라토의 실험을 따르기 위해, 떠 있는 기름 방울이 왼쪽 그림에서와 같이 작은 원반에 닿는다고 상상해 보자. 이 원반은 얇은 철사에 부착되어 회전할 수 있어 방울이 마찰에 의해 회전하게 된다. 각속도가 증가함에 따라 원심력의 영향이 점점 강해진다. 처음에는 기름 방울이 극지점에서 납작해지고 적도에서 부풀어 오른다. 더 높은 속도에서는 고리가 방울에서 분리되지만(다음 쪽의 위 그림 참조), 속도가 줄어들면 중앙 방울과 다시 결합한다. 그러나 속도가 더 증가하면 고리는 *여러 크기*의 작은 방울로 분리된다.

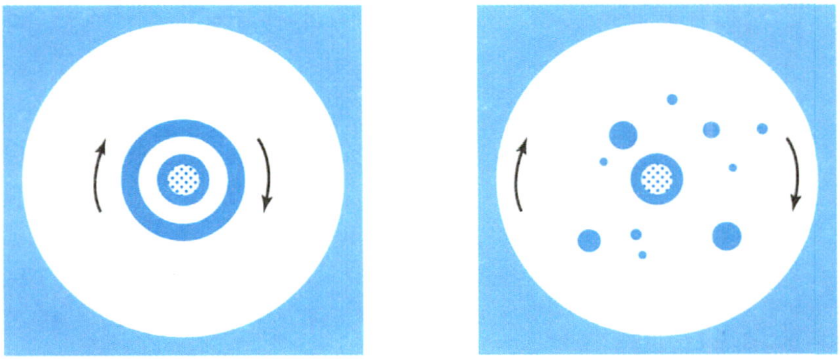

회전하는 물방울은 먼저 물방울과 고리로 분해되고, 그 다음에는 작은 물방울 위성들이 있는 물방울로 분해된다.

이 상황은 작은 위성이 둘러싸고 있는 큰 중앙 입체가 있는 태양계를 떠올리게 한다. 고리는 토성이나 목성의 고리와 유사하다. 그러나 두 상황에서 작용하는 힘이 상당히 다르기 때문에 이 실험으로부터 우리 태양계에 대해 결론을 내릴 수는 없다.

최근에 패서디나의 제트 추진 연구소 과학자들에 의해 플라토의 실험이 반복되고 개선되었다. 플라토의 축대칭 및 고리 형태의 그림 외에도, 그들은 두 개, 세 개, 네 개의 잎이 있는 평형 형태를 발견했다. 속도가 증가함에 따라 모든 도형이 하나의 잎이 있는 형태로 붕괴되는 것을 관찰했다. 사실 주 액체와 기름 방울 사이의 마찰은 무시할 수 없기 때문에, 이 현상을 설명할 만족스러운 방법은 현재 없다. 이 마찰은 내부 흐름을 발생시키며, 잎이 있는 형태에서 상당히 중요해진다.

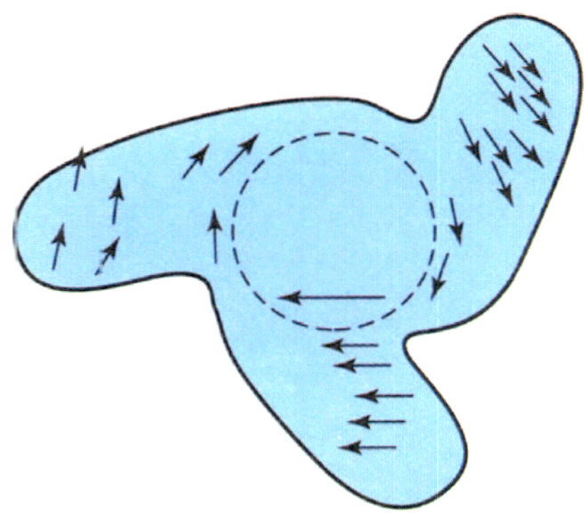

세 개의 잎이 있는 도형; 화살표는 물방울 내 추적자의 각속도를 나타낸다.

마지막으로 원자핵을 살펴보겠다. 1929년, 조지 가모프는 원자핵에 대한 첫 번째 모형인 *낙하 모형*을 개발했다. 우리는 원자핵을 표면 장력이 있고 균일하게 전하를 띠는 방울로 상상할 수 있다. 이 모형은 정지 상태일 수도 있고, 더 미세한 모형에서는 회전할 수도 있다. 다음 쪽 상단의 그림은 비회전하는 원자핵의 잠재 에너지 지형을 묘사한다. 여기서 잠재 에너지는 원자핵의 해당 상태 위의 *높이*로 표시된다.

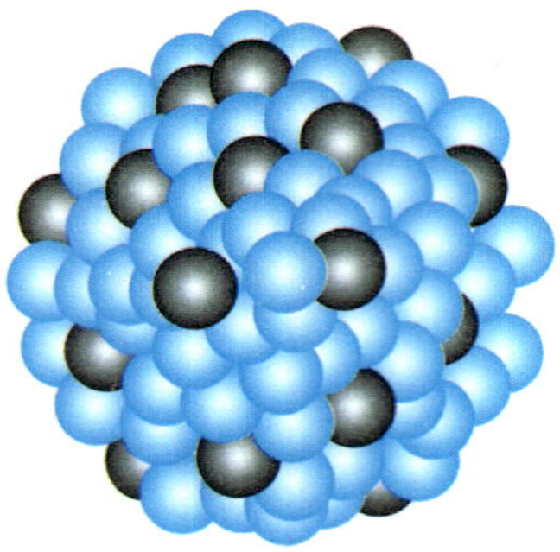

물방울 모형에서 정지 상태에 있는 핵의 형태.

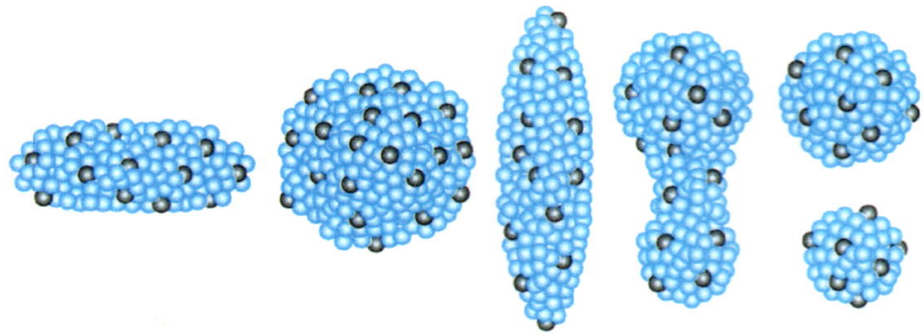

진동하는 핵의 다양한 형태.

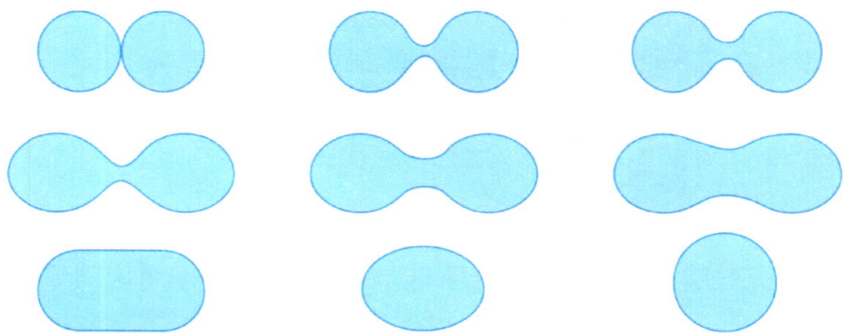

물리적 매개변수의 다른 값에 해당하는 다양한 모래시계 형태.

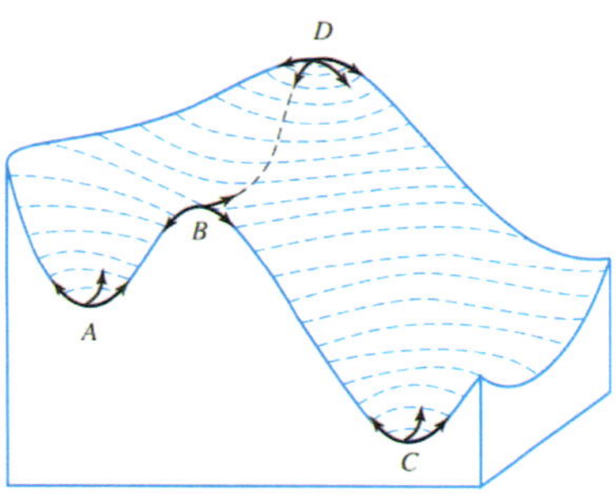

에너지 지형.

만약 방울이 공 형태를 취하면 방울은 잠재 에너지의 절대 최소에 있을 것이다. 만약 전하가 없다면, 두 개 이상의 공도 잠재 에너지의 국소 최소를 제공할 것이다. 그러나 만약 공들이 전하를 띠고 있다면, 공들은 서로 반발하여 무한대로 밀려나게 된다. 따라서 *무한대*에 있는 여러 개의 공(즉, 서로 충분히 멀리 떨어져 있는 공)은 또한 평형 구성이며, 그리고 *산길 보조정리*에 따르면 에너지 지형에서 무한대에서 하나 이상의 전하를 띤 공들을 나타내는 *구덩이*들 사이 어딘가에 안장점(산길)이 있어야 한다. 이 산길은 불안정한 평형의 물리적 상태를 나타낸다. 단일 구형 구성이 두 개의 공이 무한대에 있는 이진 계곡과의 통로에 의해 분리된 에너지 지형에서, 그 통로는 두 개의 같은 구근이 있는 대칭 모래시계 도형에 해당한다. 모래시계 도형의 형태는 물리적 매개변수의 값에 따라 달라진다. 단일 구형 구덩이 위의 안장점의 높이는 단일 구형 핵을 핵분열에서 분리하는 *에너지*

*장벽*이다. 만약 우리가 (예를 들어 중성자로 충돌시켜) 핵에 에너지를 도입하면 핵의 진동을 유발할 수 있다; 이러한 진동이 에너지 장벽을 넘으면 핵은 두 부분으로 분리된다.

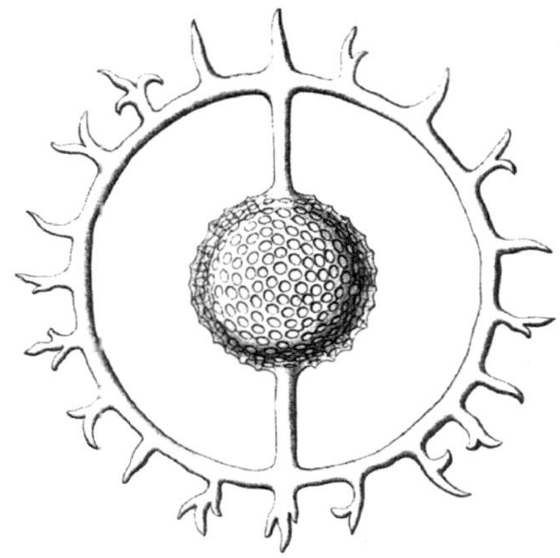

사투르날리아(*Saturnalis*) 속의 방사선 조류.

살아 있는 세포의 형태

여기서는 물리적 힘이 살아 있는 존재에 미치는 영향과 형성력을 생각해 보겠다. 이는 예기치 않은 경이로움으로 가득 찬 광대한 분야이며, 우리는 몇 가지 매혹적인 예를 제시하고 다르시 톰슨의 *성장과 형태에 대하여*[4]에 대한 관심을 끄는 것 이상의 많은 것을 할 수는 없다. 이 작품은 생물학 연구의 주류에 있지 않았고, 유전학과 생화학을 무시했음에도 불구하고, 자연 철학의 고전이 되었다. 생물학자들은 그것이 *무형적이고 간접적*이지만 큰 영향을 미쳤다는 것을 인정했다. 반면에 수학자들은 톰슨의 생각에 매료되었으며, 아직도 여전히 그러하다.

> 따라서 살아 있든 물질이든 죽어 있는 물질이든 그 물질의 형태와 그리고 그것의 움직임과 성장에서 나타나는 형태의 변화는

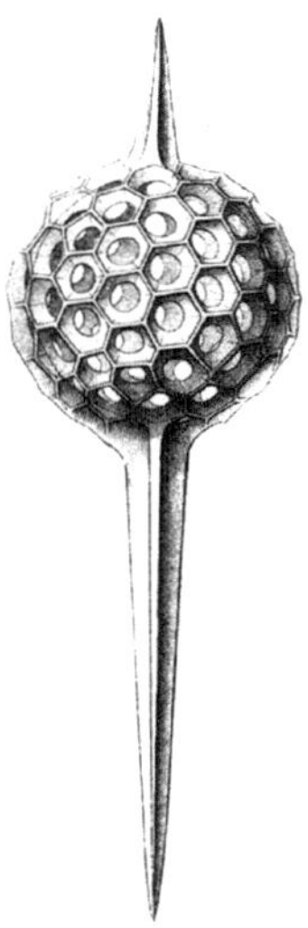

십호스틸루스(*Xiphostylus*) 속의 방사선 조류.

[4] 이 책은 1917년에 처음 출판되었다. 그 지속적인 매력에는 여러 가지 이유가 있다. 다르시의 동료 중 한 명인 G. E. 허친슨은 이를 다음과 같이 표현하려고 했다: "*성장과 형태에 대하여*는 위대한 책이다. 왜냐하면 그것은 우리에게 과학을 전통적인 활동으로 보여주고, 전통이 대담함과 상상력의 것이라는 것을 알려주기 때문이다. ... 문명화된 인간의 가치를 육성하기 위해서는 많은 재능이 필요하며, 그중 많은 부분을 소유한 사람은 드물다. 다르시 웬트워스 톰슨은 우리 대부분보다 더 많은 재능을 가졌으며, 그것들을 훌륭하게 사용했다. 그가 쓴 것은 아마도 다른 어떤 작가의 작업보다 과학적 정신에 문명화된 것이 무엇을 의미하는지를 전한다; 그가 제시한 파노라마의 장관은 우리가 하려고 하는 일에 가치를 부여하며, 이를 통해 그는 몇몇 사람들에게 주어진 보상을 얻었다."

다른 동료인 P. B. 메다워는 다르시의 책을 "영어로 기록된 모든 과학의 역사에서 최고의 문학 작품"이라고 간주했다.

다르시의 아버지는 고전학자로 아들의 교육을 직접 맡았으며, 따라서 다르시는 후일 과학뿐만 아니라 아리스토텔레스의 *동물학*을 번역하고, *그리스의 새 사전*과 *그리스의 물고기 사전*을 작성하여 고대 그리스 문학에 언급된 모든 새와 물고기를 수집하고 분류하여 그의 동물학 지식과 고전을 융합할 수 있었다. 메다워는 이렇게 썼다. "그는 영국과 웨일즈, 스코틀랜드의 고전 학회 회장이 될 만큼 충분한 학식을 가진 고전학자였으며; 왕립 학회에 의해 출판 승인을 받은 전적으로 수학적인 논문을 쓸 정도로 충분한 수학자였고; 64년 동안 중요한 교수직을 맡았던 자연학자였다. ... 다른 말로, 다르시는 영국 전통에 따라 자연 철학자였다."

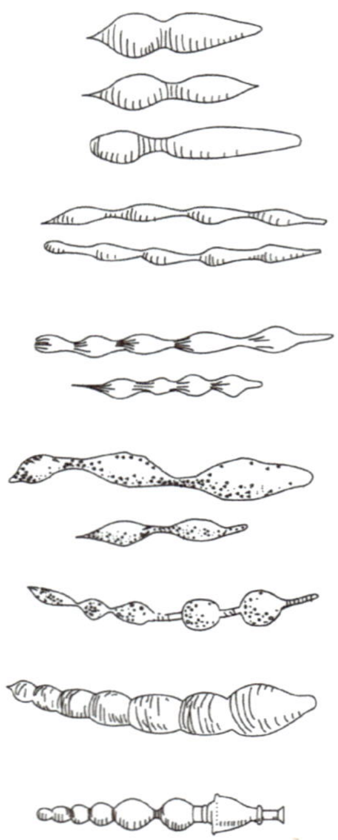

단세포 생물로서의 *H*-회전면 (236쪽의 그림과 비교하라).

트리딕티오푸스(Tridiktyopus) 속의 방사선조류.

> 모두 힘의 작용에 기인한다고 설명할 수 있다. 요컨대, 물체의 형태는 *힘의 도표*이며, 적어도 이 의미에서 우리는 그것으로부터 그것에 작용하고 있거나 작용했던 힘을 판단하거나 추론할 수 있다: 이 엄밀하고 구체적인 의미에서, 그것은 도표이다—고체의 경우, 그것의 형태가 생성될 때 가해진 힘들과 그것의 형태를 유지할 수 있게 하는 힘들의 도표이며; 액체(또는 기체)의 경우, 그것의 고유한 이동성을 억제하거나 균형을 유지하기 위해 순간적으로 작용하는 힘들의 도표이다. 크거나 작은 유기체에서는 (동역학에 따른) 힘의 측면에서 해석해야 하는 것은 살아 있는 물질의 운동의 성질뿐만 아니라, 정역학에서 설명한 바와 같이 힘의 상호작용이나 균형에 의해 그 영속성이나 평형이 설명되는 유기체 자체의 형태도 포함된다.

두 가지 사실을 명심해야 한다: 생물학적 현상은 매우 복잡하고, 명백해 보이는 모든 것이 진실은 아니다. 이러한 현상의 수학적 모형은 비유로만 받아들여야 하며, 천문학이나 물리학의 *법칙*으로 받아들이면 안 된다. 그러나 언젠가 생물학적 형태와 과정이 물리학에서와 같은 수학적 정밀도로 설명될 수 있는 날이 올지도 모른다.

단세포 생물에 대한 표면 장력의 영향을 생각해 보자. 단세포 생물은 대략적으로 말해서 물에 떠 있는 점액질의 방울—즉 매우 점성 있는 유체—이다. 따라서 우리는 그것들이 구형일 것으로 기대해야 한다. 사실, 많은 단순한 유기체에서 이를 볼 수 있다.

그러나 톰슨이 관찰한 바에 따르면, 구형은 일반적으로 수동적이며, 구형에서 크게 벗어난 단세포 생물은 상당히 이동성이 있고 자주 편모나 섬모 형태의 작은 채찍을 가지고 있는 것처럼 보인다. 톰슨의 의견에 따르면, 이러한 채찍은 그렇지 않으면 불안정할 수 있는 형태를 지지하는 경향이 있으며, 비누막과 비눗방울 실험에서 경계 구성(틀)과 같은 역할을 하는 것처럼 보인다. 또한, 톰슨은 단세포 생물 중에서 *H*-회전면의 모든 유형을 발견했다. 그가 언급한 바에 따르면, 이러한 형태는 *자유 모서리*에서 영구적으로 운동하는 섬모가 아니었다면 종종 불안정했을 것이다.

그는 이러한 모든 현상이 *진정한 표면 장력*에 의해 발생하는지 아니면 *막 장력*이 역할을 하는지 확실하지 않다고 신중하게 언급했다 (표면 장력이 있는 액체 막과 달리 막은 일정 부분까지 수축하고 더 이상 수축하지 않는다). 현대 실험 연구는 실제로 두 가지 종류의 장력이 세포의 경계에서 작용함을 보여주었다. 그러나 톰슨이 언급했듯이, 넓은 범위 내에서 두 힘은 매우 유사한 형태를 만들어낸다.

톰슨은 또한 방산충의 규산질 골격을 조사하고, 이러한 골격이 어떻게 형성될 수 있는지 설명하는 방향으로 나아갔다. 그는 방산충의 입체를

> 바닷물과 거의 다르지 않은 액체로 채워져 있는 다수의 폐포 또는 액포(작은 공동)로 부풀어 오른, 비눗방울이 이는 원형질

에 비유했다.

> 표면 장력 조건에 따라, 이러한 액포는 다소 고립되고 구형으로 나타날 수 있으며, 또는 다면체 세포의 *비눗방울*에서 결합될 수 있다; 후자의 경우가 일반적이며, 이 세포들은 크기가 동일한 경향이 있으며, 그 결과 다각형의 그물 세공이 아름답게 규칙적이다.

(비눗방울 거품은 플라토가 실험적으로 발견한 두 가지 법칙이 성립해야 하며, 이는 이전 5장에서 설명되었다.)

톰슨은 거품의 모서리에서 흡착력이 특히 강하다고 제안했으며, 이는 무기 물질이 이러한 모서리를 따라 퇴적되어 방산충 골격의 규산질 틀을 생성한다고 보았다. 따라서 *골격의 놀라운 규칙성은 플라토의 두 가지 규칙의 구체화에 불과했다.* 그러나 이 제안은 왜 방산충의 많은 종들 사이에 이렇게 다양한 골격 형태가 있는지를 설명하지 못한다. 우리는 여전히 에른스트 헤켈이 현미경으로 연구한 방산충의 4,700개 그림을 그렸을 때 느꼈을 당혹감을 가지고 있다. 그러나 이 작은 *바다의 난초*라고 불리는 것들은 진화의 농담이 아니다. 반대로, 방산충은 지구상에서 가장 오래된 생물 중 하나이기 때문에 일종의 살아있는 화석이며, 그들의 골격은 매우 견고한 구조일 것이다. 불행히도, 우리는

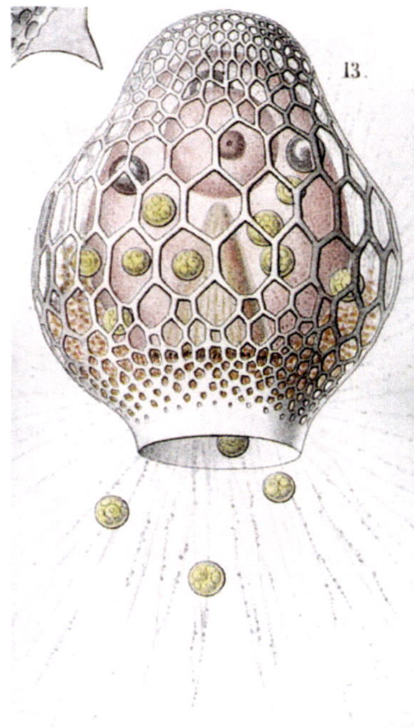

시르토칼피스(Cyrtocalpis) 속의 방사선조류.

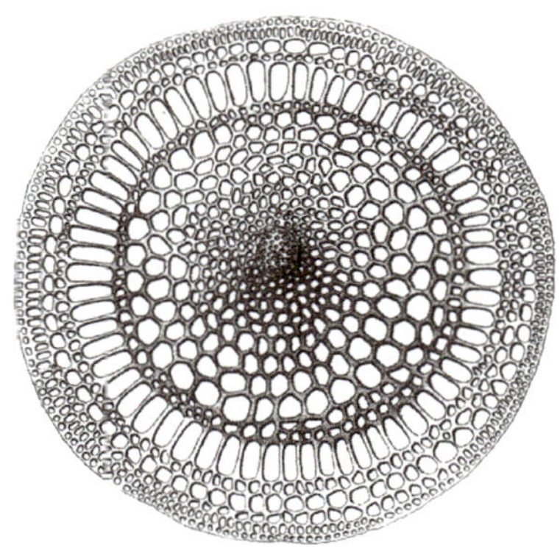

세크리팔리움(Cecryphalium) 속의 방사선조류.

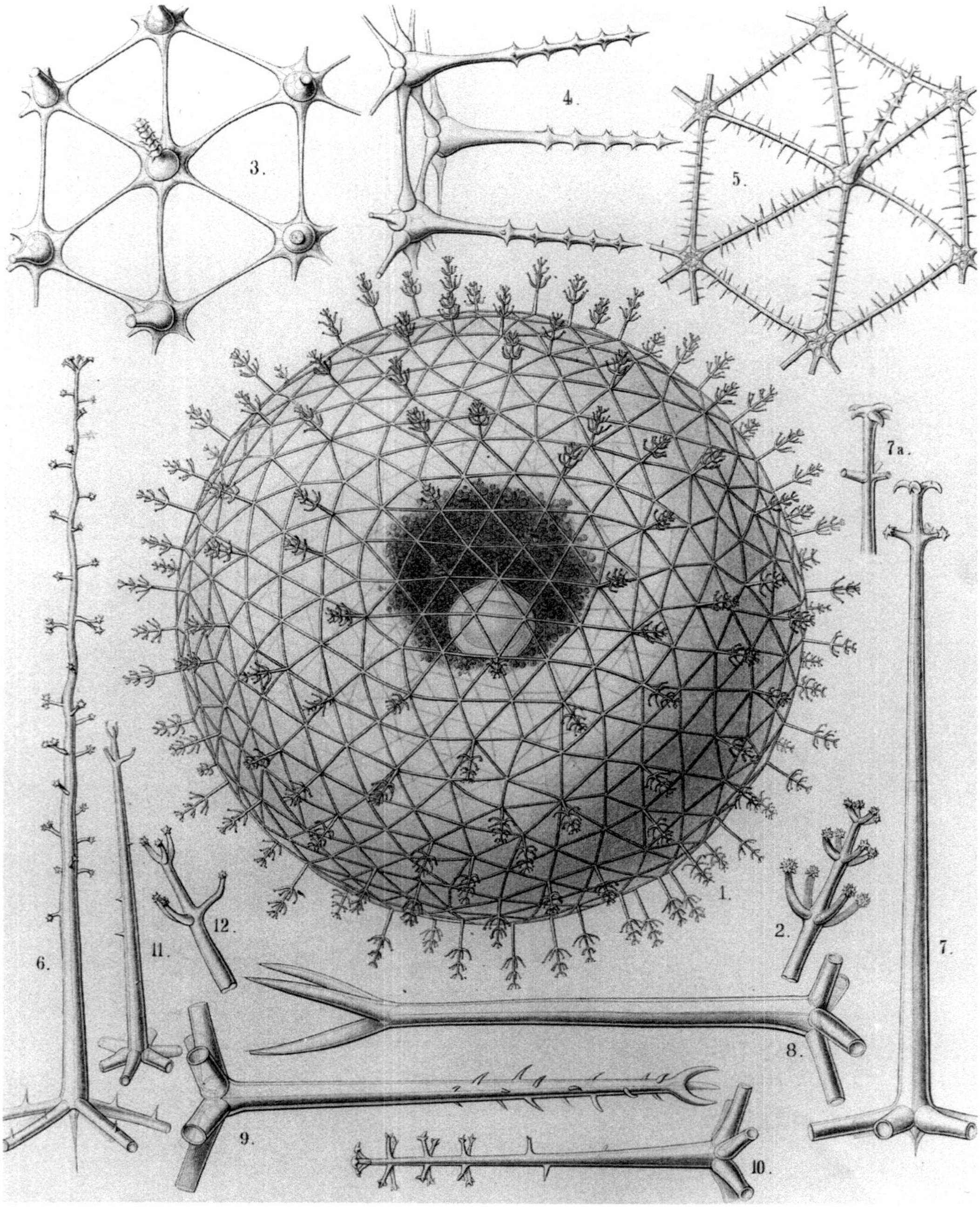

관규조류(Aulosphaera) 속의 방사선조류, 에른스트 헤켈이 그림 *(H.M.S. 챌린저호가 1873–1876년에 수집한 방사선조류에 대한 보고서).*

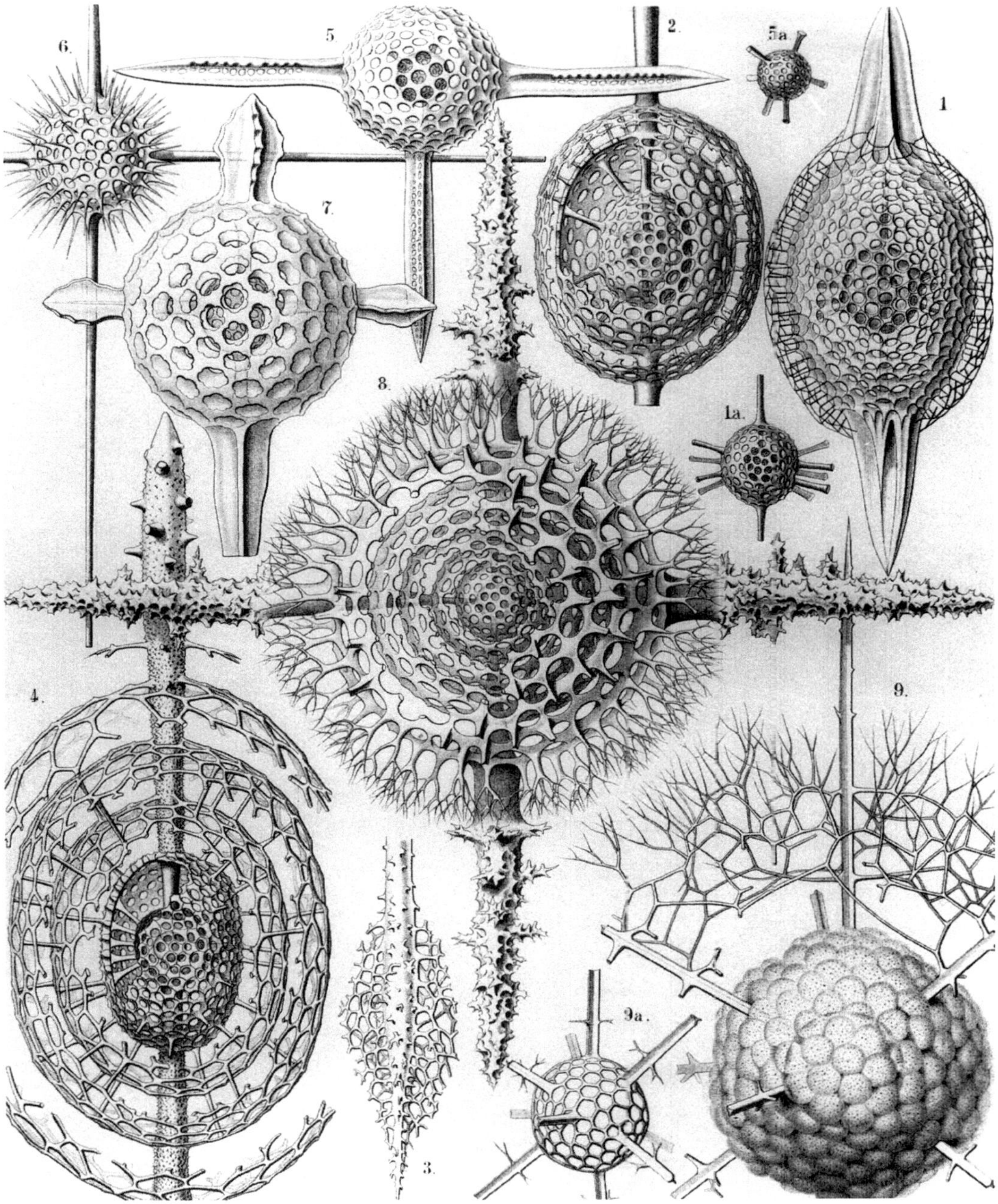

스타일로크로미움, 카리오스틸로스, 스타우롤론케, 스타우로카리움, 그리고 리조플레그마 속의 방사선조류, E. 헤켈이 그림 (*H.M.S. 챌린저호가 1873–1876년에 수집한 방사선조류에 대한 보고서*).

만프레드 카게가 준비한 두 개의 방사선조류 골격의 전자현미경 사진.

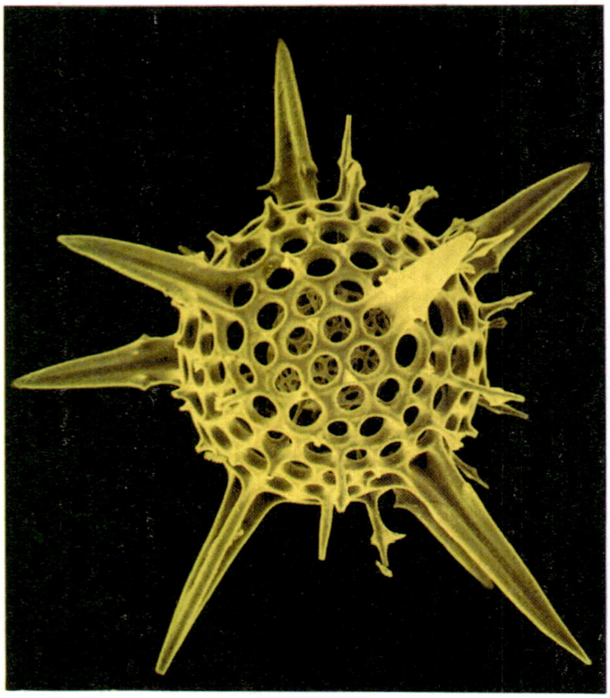

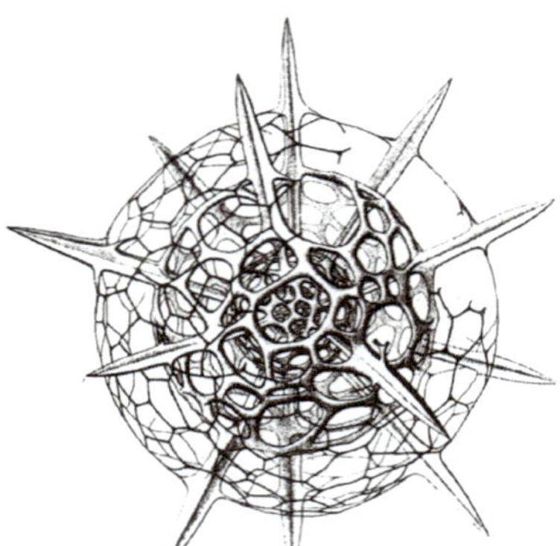

E. 헤켈이 그린 방사선조류의 그림.

자연이 왜 이러한 형태에 도달했는지 알지 못하지만, 경험으로부터 우리는 방산충에게 그러한 형태가 어떤 식으로든 유익할 것이라고 기대하도록 했다.

살아있는 방산충을 전자현미경으로 조사한 최근 연구는 그들의 기하학에 대한 또 다른 놀라운 사실을 밝혀냈다. 각 방산충은 매우 얇고 탄력적이며 완전히 선분인 많은 (때로는 수백 개의) (축족(*axopodes*)이라고 불리는) 실을 확장하며, 이는 대사에 필요하고 골격의 작은 구멍을 통해 전달된다. 물질의 운반은 *미세관*이라고 불리는 매우 좁은 관을 통해 세포에 의해 수행된다. 놀랍게도 이러한 미세관은 매우 규칙적이다. 예를 들어, 일부 단면은 벌집 형태와 같은 완벽한 육각형 배열을 보여주었다. 육각형으로 정렬된 미세관은 펌프 역할을 하는 다리로 연결되어 있다.

A.

B.

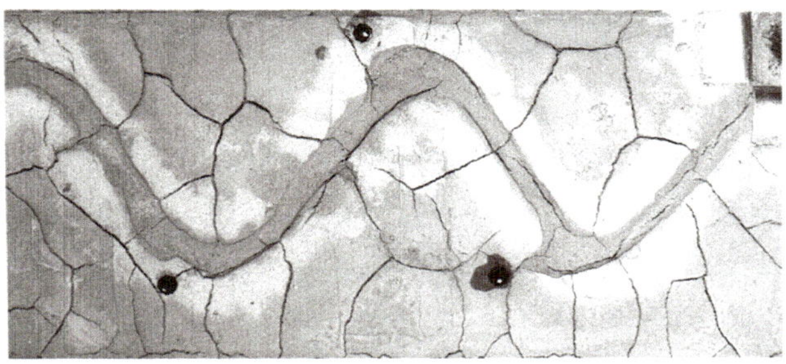

C.

A. 소금 껍질에서 120° 양식으로 형성된 균열이 육각형 양식의 세포(직경 약 1야드)를 형성함. 데스밸리의 데빌스 골프 코스.
B. 네바다의 건조한 땅에서 태양에 의해 형성된 균열의 테셀레이션.
C. 젖은 흙으로 채워진 용기에서의 진흙 균열

따라서 자연이 가장 작은 구조에서도 질서와 규칙성을 선호하는 것처럼 보인다. 오늘날에는 세포 표면에서의 장력만으로는 그 형태를 부분적으로만 설명할 수 있다는 것이 입증된 것으로 보인다; 미세관과 같은 내부 구조가 세포 형태에 크게 영향을 미치는 것으로 보인다.

균열과 틈

골절과 골절 양식은 자연에서 자주 발생한다. 등산가들은 특히 눈으로 덮여 숨겨진 빙하 틈을 싫어한다. 오래된 나무의 껍질이나 집 지붕을 지지하는 목재 기둥에는 균열이 있다. 특히 흥미로운 것은 건조한 진흙, 오래된 그림의 광택제, 도자기 광택제, 유약에서 볼 수 있는 다각형 균열 양식이다. 이러한 양식은 콘크리트, 현무암, 석회암,

치아의 플라크 수축에 의한 균열 형성.

건조한 지역, 동결된 땅에서도 발견된다. 일부 양식은 작은 타일로 구성되어 있으며; 다른 것들은 거대한 다각형으로 구성되어 있다. 미국 서부의 빅 베이슨 지역의 건조 호수인 플라야스에서는 폭이 100에서 300 피트의 다각형이 항공 사진으로 촬영되었다. 알래스카의 지반 얼음 쐐기와 극지방의 영구 동토층에서 볼 수 있는 툰드라 다각형은 잘 알려진 현상이다.

현재 대부분의 과학자는 다각형 양식이 건조나 냉각, 또는 둘 다로 인해 부피가 변하는 물질에서 나타나는 것으로 보인다고 동의한다. 그중 더 신중한 사람들은 이러한 과정에 대해 잘 이해하지 못한다고 인정한다. 다른 사람들은 베르누이의 가상 일의 원리가 작용하는 것을 본다; 그러나 이 원리에서 도출된 결론은 과학자마다 다르다. 어떤 사람들은 균열이 서로 직각으로 교차해야 한다고 주장하고; 다른 사람들은 균열 다각형이 오각형 또는 육각형이어야 한다고 주장한다. 특히, 세 개 각도가 120°인 육각형 양식은 이 역학적 원리의 결과로 간주된다. 오일러의 공식은 잠재적인 테셀레이션에 제한을 가하므로 (174쪽 참조) 모든 평면 영역이 육각형 타일로 채워지는 것은 아니다; 일반적으로 많은 육각형 사이에 몇몇 오각형을 발견하게 된다. 마찬가지로, 주로 육각형 세포로 이루어진 방산충의 골격은 결코 순수하게 육각형이 아니며, 몇몇 오각형과 칠각형을 쉽게 찾아볼 수 있다.

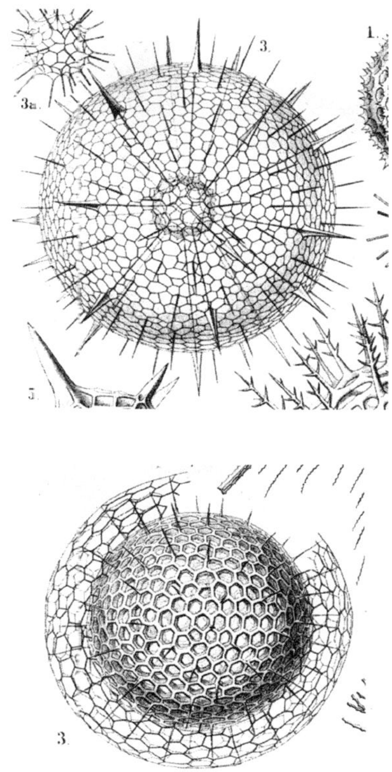

방사선조류 골격 내의 오각형과 육각형.

우리는 이러한 *이론적* 결론이, 아마도 어느 정도의 진실을 포함하고 있을 것임에도 불구하고, 설득력 있지도 않고 잘 확립되지 않았다고 생각한다. 강한 점성 또는 취약성 물질의 찢김과 갈라짐의 이론은 잘 개발되어 있지 않다. 게다가, 우리는 물질의 가장 미세한 불규칙성이 모든 이론적 계산을 무효화할 수 있다는 것을 알고 있다. 예를 들어, 모서리가 곧은 종이 띠를 양쪽 끝을 잡아당겨 찢는 것은 꽤 어렵지만, 모서리에 작은 흠이 있으면 찢기가 쉬워진다.

대부분의 물질에서 불규칙성이 나타나는 것은 잘 알려져 있다. 따라서 불규칙성이 균열 형성에서 중요한 역할을 한다고 가정하는 것이 안전할 것 같다. 대다수의 지표 균열은 땅 위에 무작위로 분포하는 것처럼 보이며, 이전에 균열이 없었던 지역의 새로운 균열은 땅의 무작위로 형성된 약점 지대에서 발생한다. 게다가, 균열은 일반적으로 모두 동시에 나타나는 것은 아니다. 처음에는 몇몇 균열만이 발생한다. 균열 지대의 접선 응력은 여전히 상당히 강력한 반면, 수직 응력은 균열 형성에 의해 해소된다. 따라서 2차 균열은 최대 장력에 수직으로 형성되어 1차 균열과 직각으로 교차하는 경향이 있다. 3차 균열은 1차 및 2차 균열과 직각으로 만나게 된다. 이렇게 해서 직각으로 교차하는 무작위로 분포된 균열 망이 형성된다. 따라서 균열 양식의 역사는 잘 문서화되어 있다. 우리는 보통 어느 균열이 먼저 발생했고, 어느 것이 나중에 발생했는지를 결정할 수 있다.

불행히도, 일반적인 상황은 그렇게 명확하지 않다. 첫째, 균열이 엄격히 120° 각도를 형성하는 물질이 있다. (자세히 살펴보면, 1차 균열과 직각으로 만나는 훨씬 좁은 2차 균열이 보인다.) 둘째, 신중한 조사 결과 90°, 120°, 60° 각도가 나타날 수 있다는 것이 밝혀졌다. 예를 들어, 매켄지 삼각주 섬에서 측정된 많은 균열 교차점 중 80%가 수직이었으며, 60° 각도가 그다음으로 흔했지만, 120° 각도인 삼방향 교차점은 거의 발견되지 않았다(다음 쪽 그림 참조).

가상 일의 원리에 따라 60° 각도를 설명할 수 있는 방법이 있다. 등결된

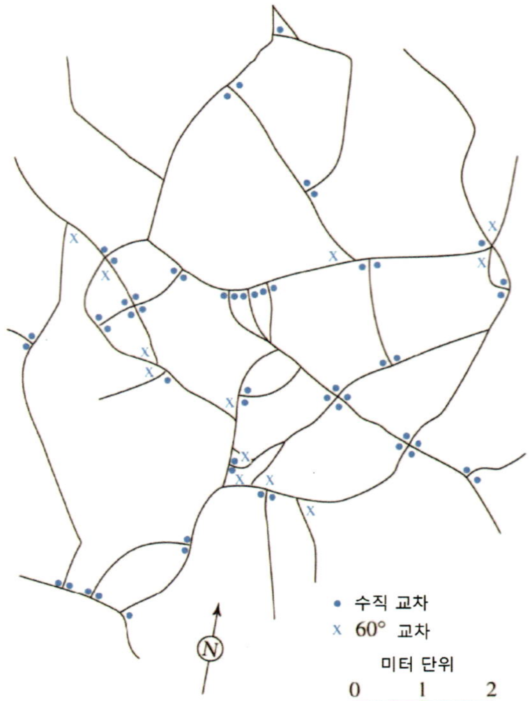

캐나다 노스웨스트 준주 켄달 섬의 초기 균열 후 양식.

땅이 120° 각도인 삼방향 배열을 형성하기 시작했다고 가정해 보자. 그러면 동결된 토양의 불균형이 적절한 세 번째 선의 형성을 방해했을 수 있다. 이것이 충분한 설명이라면, 균열 형성의 역학적 원리를 구할 수 있다. 따라서 균열은 단일 균열(최대 장력 방향에 수직)로 형성되거나, 균질한 물질에서 120° 각도인 삼중 균열(최소 변형으로 최대 응력 해소)을 이루거나, 60° 각도가 *흠 효과*에 의해 발생한 혼성 형태로 형성된다. 이후 균열은 이에 따라 생성되지만, 이전 균열과 직각으로 교차하게 된다. 독자들이 자연 균열을 주의 깊게 관찰하고 이에 대한 자신만의 이론을 세우기를 제안한다.

거인의 둑길, 아일랜드. 단면이 대체로 정육각형인 현무암 기둥으로 이루어진 화산암 지형.

결정의 기하학

자연에서 가장 감탄스런 형태 중 하나는 결정 구조이다. 결정은 종종 깊고 풍부한 색채를 방사하며, 수집가들만큼 과학자들에 의해 연구된다. 결정의 모양이 변분 원리에 의해 설명될 수 있는지 묻는 것은 자연스러운 질문이다. 성장하는 결정의 형태는 물질의 수송 구조, 응축, 확산, 화학 반응 속도와 같은 여러 동적 요인에 의해 결정된다는 것이 알려져 있다. 따라서 표면 구조에 대한 완전한 이해는 어렵다.

테네시 주 엘름우드 광산에서 나온 방해석 쌍정 결정.

A.

B.

C.

D.

E.

E.

결정들. (A) 녹석류석, 일종의 회반 석류석. (이 결정들은 석류석 계열에 속한다). (B) 황철석. (C) 첨점석. (D) 예추석. (E) 형석. (F) 방붕석.

그러나 작은 결정이거나 표면 불규칙성이 적은 결정의 경우, 자유 표면 에너지를 낮추려는 결정의 경향이 형태 형성에서 지배적인 요인인 것으로 보인다. 따라서 우리는 *고정된* 부피의 작은 결정이 자유 표면 에너지를 최소화하기 위해 어떤 형태를 취할 것인지 묻게 된다. 이는 3차원의 등주 문제를 떠올리게 하며, 그 해답은 구이다. 이 경우 잠재 에너지는 표면적에 비례하며, 부피는 고정되어 있다. 완전히 매끄럽고 대칭적인 구는 분명히 결정 구조와는 매우 다르다. 그럼에도 불구하고, 결정이 작을 때 그 형태는 등주 문제와 유사한 변분 원리에 의해 어느 정도 설명될 수 있으며, 구조의 놀라운 차이는 해당 잠재 에너지의 차이에서 비롯된다.

이에 대한 수학적 문제는 다음과 같이 공식화할 수 있다. 매끄러운 곡면 조각의 유한한 집합으로 경계 지어진 공간의 영역을 생각한다. 이러한 입체는 *조각별로 매끄럽다*고 한다. 이러한 조각별로 매끄러운 곡면의 거의 모든 점에는 접평면이 있다. 결정 구조의 표면 에너지는 특정 결정의 화학적 특성에 따라 달라지며, 우리는 이 에너지가 공간에서 접평면의 향에만 의존한다고 가정할 것이다.

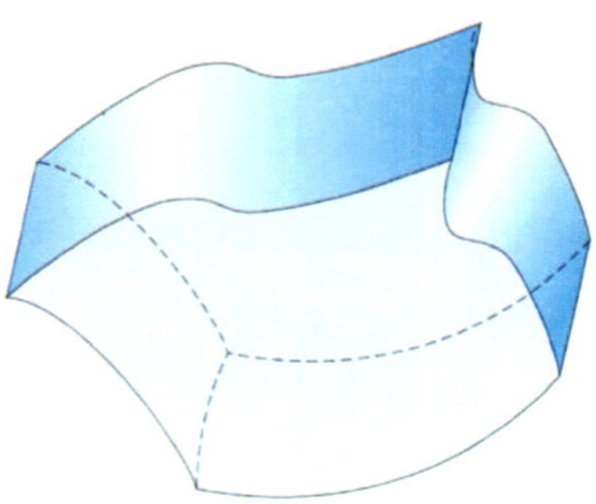

조각별로 매끄러운 입체.

그런 다음 고정된 부피에 대해 *총* 표면 에너지가 최소인 구조 또는 형태를 찾는다. 1901년 결정학자 게오르그 울프가 발견한 주목할 만한 점은, 표면 에너지의 수학적 특성에 대한 몇 가지 합리적인 가정을

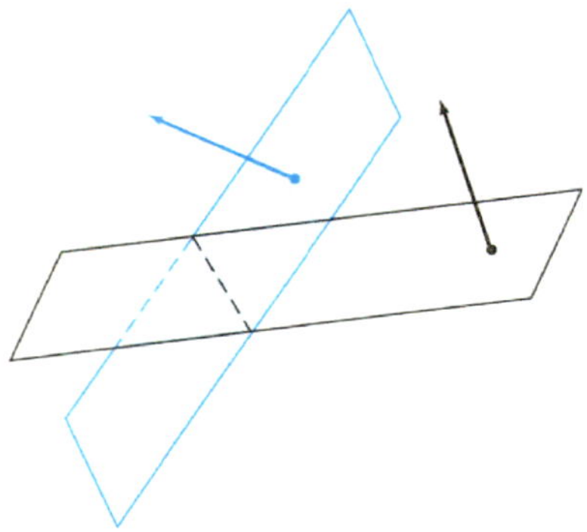

A

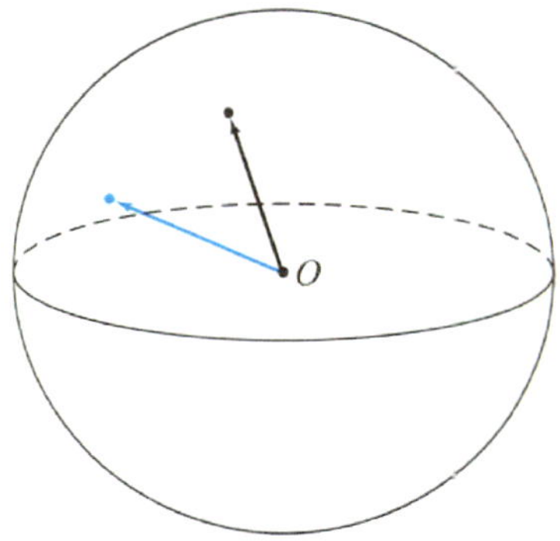

B

모든 평면에 수직인 방향들이 구를 형성한다.

생각할 때 다음이 성립한다는 것이다:

> 모든 주어진 부피에 대해, 평면 면으로 구성된 유일한 볼록체가 존재하며, 이것의 경계 곡면은 동일한 부피의 다른 조각별 매끄러운 입체의 경계 곡면보다 에너지가 적다.

이 정리는 두 가지 면에서 주목할 만하다. 첫째, 가능한 표면 에너지는 무한하지만; 각각의 허용 가능한 에너지에 대해 유일한 최솟값은 평면으로 경계 지어진 볼록 영역이다. 둘째, 수학에서 명시적 해를 찾기 어려운 대부분의 문제와 달리, 우리의 최소 문제, 즉 최적의 결정 영역의 해는 울프 구성이라는 간단한 절차로 결정할 수 있다.

울프의 구성은 두 가지 가정에 기반한다. 첫째,

> 곡면의 임의의 점에서 단위 면적당 표면 에너지는 해당 점의 곡면에 대한 접평면의 향에만 의존한다.

공간에서 각 평면에 대해, 평면에 수직인 길이 1의 *벡터*(또는 화살표)를 연결할 수 있다. 이러한 화살표는 공간에서 평면의 향을 나타내며, 위의 그림 *A*에 표시되어 있다. 이제 공간에서 점 *O*을 고정하고, 각 화살표의 방향을 변경하지 않고 평행이동시켜서 그 꼬리를 *O*에 고정할 수 있다. 따라서 각 화살표는 그 끝점에 의해 완전히 결정된다. 이러한 끝점의 집합은 공간에서 구를 채우게 되며, 이는 그림 *B*에 표시되어 있다. 이러한 대응을 통해, 우리는 표면 에너지를 구의

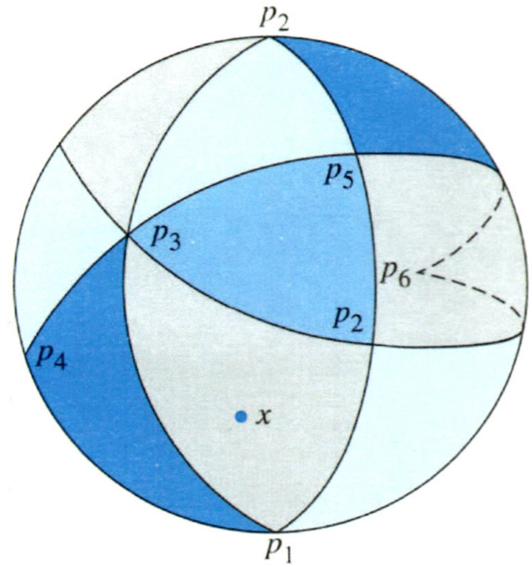

구의 삼각분할. (254쪽도 참조하라.)

각 점 x에 양의 값(조각별 매끄러운 입체의 단위 면적당 에너지)를 할당하는 규칙으로 생각할 수 있다.

울프의 구성이 기반한 두 번째 가정은 다음과 같다:

> 주어진 결정에 대해, 수직 향의 구 위에서 N개의 서로 다른 점 $p_1, p_2, \ldots, p_N$이 있으며, 이 점들을 구형 삼각형의 꼭짓점으로 하는 *삼각화*가 있다. 구형 삼각형의 내부의 임의의 점 x에서의 에너지 값 $E(x)$에 대해 x가 위치한 삼각형의 꼭짓점에 대해 특정 부등식이 성립한다. 간단히 말해, 만약 p_1, p_2, p_3이 그러한 삼각형의 꼭짓점이라고 하면
>
> $$x = a_1 p_1 + a_2 p_2 + a_3 p_3$$
>
> 인 양수 a_1, a_2, a_3가 존재한다.

가정은

$$E(x) > a_1 E(p_1) + a_2 E(p_2) + a_3 E(p_3)$$

이다. 만약 x가 그러한 삼각형의 변 위에 있다면, 유사한 부등식이 성립한다고 가정한다. 에너지 E가 구의 점에 양의 값을 할당하기 때문에,

우리는 E를 구 위에 *그래프*로 나타내는 것으로 생각할 수 있다.

이 그래프는 다음과 같이 구한다. 구의 각 점 z에 대해, z를 지나가는 방사선에 따라 z에서 $E(z)$ 거리만큼 바깥쪽으로 이동한다. 이러한 그래프는 시각화하기 어렵다. 그러한 그래프가 2차원에서 어떻게 보이는지를 나타내는 단면은, 오른쪽에 표시된 것처럼 구 위의 그러프가 평면과 교차하게 하여 구할 수 있다. 이제 가능한 총 표면 에너지가 최소인 결정형 모양의 구성을 진행할 수 있다. 구의 각 꼭짓점 p_i에 대해, 구의 중심에서 p_i를 지나가는 방사선에 따라 바깥쪽으로 p_i에서 $E(p_i)$ 거리까지 이동한다. 그런 다음 이 새로운 점에서 이 방사선에 수직인 평면을 그린다. 최적 형태는 이러한 모든 평면에 의해 결정된 경계된 볼록 집합이다.

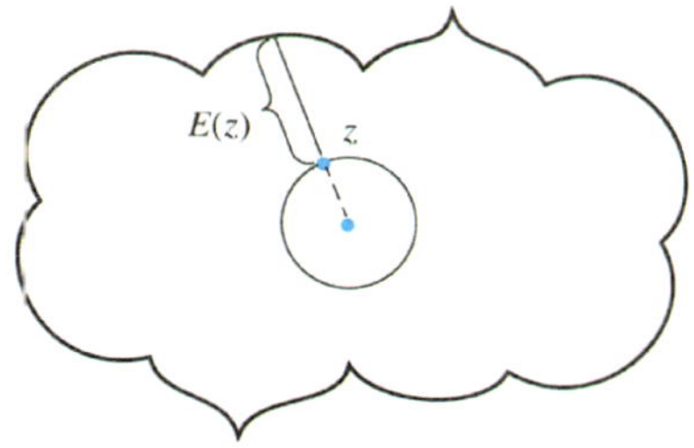

결정 에너지 함수 그래프의 단면.

이러한 모양의 평면 단면이 오른쪽에 묘사되어 있다. 그러나 이 모양의 부피는 요구된 값일 수 없다. 문제를 해결하는 결정체는 원하는 부피를 둘러싸도록 이 모양을 다시 조정하여 구한다. 울프는 이 결과에 대한 완전한 증명을 가지고 있지 않았다. 1914년에 하인리히 리브만은 결정에 평형 모양이 있다면 울프 구성에서 얻은 다면체여야 한다고 보여주었다; 따라서 존재 문제는 다시 열려 있었다. 결국 1944년에 알렉산더 딩하스는 울프 구성에 의해 구한 것과 다른 모양은 총 표면 에너지가 더 높다는 것을 증명했다. 따라서 행성, 비눗방울, 기름 방울에서 보는 구형 및 타원형 형태와 마찬가지로, 우리가 석영과 다이아몬드에서 보는 톱니 모양의 아름다운 결정 형태도 어떤 면에서 최소 원리에 의해 설명될 수 있다.

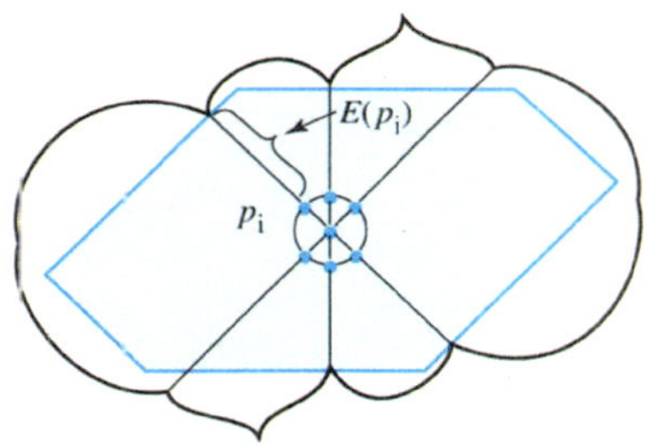

불프 구성.

아이작 뉴턴 (1642–1727). I. 반더뱅크의 그림 (1725). 런던, 국립 초상화 미술관.

끝맺는 말

동역학과 운동

앞의 장들에서는 다양한 물리적 상황에서 변분 원리의 적용과 수학적 분석 발전에 대한 그들의 영향을 논의했다. 지금까지 주로 *정지 상태*에 있는 물리 체계, 즉 평형 상태에 주의를 기울였지만, 운동의 설명도 똑같이 중요하다.

우리는 그리스인들이 공중에 던져진 돌의 궤적과 행성의 궤도 모양에 대해 궁금해했다는 것을 알고 있다. 그러나 그리스 과학의 강조점은 천체 경로의 기하학적 모양에 더 있었고, 이러한 궤도를 따라 *시간에 따른 운동*에는 덜 있었다. 만약 천문학에서와 같이 그러한 운동이 특별히 관심을 끌었다면, 그것은 균일한 운동으로 설명되었거나, 관측에서 얻은 천문 자료를 맞추었던 주전원 이론에서와 같이 균일한 운동의 조합으로 더 복잡하게 설명되었다.

고대 그리스 철학자들이 예를 들어 행성의 운동과 떨어지는 돌의 운동 사이의 관계를 보지 못했다는 것을 이해하는 것이 중요하다. 그러한 연결은 17세기, 즉 케플러, 갈릴레오, 하위헌스, 뉴턴의 시대에 이르러서야 그려졌다. 그리스인들에게 행성은 천구에 부착되어 있었고, 그것들을 계속 움직이게 하는 것이 무엇인지에 대한 설명은 제공되지 않았다. 지상 물체에 관해서, 아리스토텔레스는 물체가 그들의 자연스러운 장소, 즉 무거운 물체의 경우 지구의 중심으로, 연기의 경우 하늘로 향한다고 말했다. 그리스인들이 미분학과 유사한 도구를 발명하지 못했기 때문에, 그리스인들이 정확한 운동학, 즉 시간에 따른 모든 가능한 운동의 설명을 개발하지 못한 것은 놀라운 일이 아니다. 확실히, 아르키메데스는 적분학과 유사한 착상을 사용하여 몇몇의 넓이과 부피를 계산할 수 있었지만, 미분학에서 사용된 개념은 고대에 개발되지 않았다. 따라서 그리스인들은 운동 변화에 대한 정확한 설명에 도달하지 못했으며; 예를 들어 *가속도*는 말할 것도 없고 속도의 개념을 명확히 이해하지 못했다. 뉴턴과 라이프니츠에 의한 미분학의 발견과 베르누이 및 오일러에 의한 정교화만이 과학자들에게 물리적 운동 이론을 형성할 수 있게 하는 결정적인 수학적 도구를 제공했다.

이러한 이론의 기초는 아이작 뉴턴에 의해 1687년에 출판된 그의 논문 *자연 철학의 수학적 원리*(*Philosophiae Naturalis Principia Mathematica*) 에서 마련되었다. 이는 아마도 가장 중요하고 확실히 가장 영향력 있는 과학 책 중 하나일 것이다. 이 걸작에서, 뉴턴은 물리적 물체의 모든 가능한 운동을 그들에 작용하는 *힘*의 영향으로 설명했다; 결과적으로 이 이론은 (그리스어로 *힘* 또는 *세력*를 의미하는 단어 *dynamis*에서 유래된) *동역학*(*dynamics*)이라고 불린다.

뉴턴의 논문을 살펴보면, 우리는 동역학이 미분학(또는 뉴턴의 용어로는 *양적 급수, 유율 및 미분에 대한 해석*)을 통해 발전되었을 것으로 기대할 수 있다. 그러나 실제로는 거의 그렇지 않다; 사실, 유율(즉, 미분)에 의한 분석은 거의 보이지 않는다. 반대로, 뉴턴은 모든 결과를 그리스 수학의 형식으로 공식화하여, 각 증명을 기하학적–종합적 방식으로 제시했다. 그럼에도 불구하고, *프린키피아*의 수학적 구조는 완전히 비고전적이며, 고대에는 알려지지 않은 다양한 양의 분수에 대한 *극한 연산*을 통해 구축되었으며, 이는 유클리드 기하학의 기본 자료와 결합되어 있다. 그는 드물게 1671년에 쓴 무한 급수와 유율에 대한 초기 작업을 적용했다. 그러나 미적분의 발견을 둘러싼 라이프니츠와의 우선권 논쟁이 일어났을 때, 뉴턴은 자신이 처음부터 그의 미적분을 물리학 문제에 적용했으며, 더욱이 *프린키피아*의 모든 명제가 *양적 급수*에서 개발된 그의 분석적 방법에 의해 구해졌다는 것을 증명하고자 했다. 그는 이렇게 썼다:

> 이 명제들은 . . . 해석에 의해 의도되었다; 그러나 . . . 나는 내가 발명한 것을 . . . 기하학적으로 진정성이 있고 대중에게 적합하도록 구성했다. . . . 그러나 해석을 이해하는 사람이 명제의 증명을 명제의 구성에서 해석으로 되돌린다면 . . . 그는 명제가 어떤 해석 방법에 의해 발명되었는지를 볼 수 있을 것이다.

그의 우선권에 대한 주장은 우리의 과학 문헌에 스며들었지만, 그것이 정확히 어떻게 입증되었는지는 알 수 없다. 뉴턴의 *여러 수학 논문*의 편집자인 데릭 토머스 화이트사이드는 뉴턴이 *프린키피아*의 수학적 결과를 *프린키피아*에서 발견된 전통적 기하적 형식으로 바꾸기 전인 *프린키피아* 이전에 그의 유율에 의해 *처음* 구했다는 것을 증명할 수 있는 어떤 원고도 찾지 못했다고 말했다. 이는 *프린키피아*의 *정신*이 미적분학의 정신이라는 사실과 모순되지 않는다. 실제로, 마이클 나우엔버그는 최근 *프린키피아* 시기와 그 이전에 뉴턴이 역학 문제를 해결하기 위해 미적분을 사용했다는 충분한 증거가 있다고

ANALYSIS
Per Quantitatum
SERIES, FLUXIONES,
AC
DIFFERENTIAS:
CUM
Enumeratione Linearum
TERTII ORDINIS.
LONDINI:
Ex Officina Pearsoniana. Anno M.DCC.XI.

1711년 W. 존스에 의해 출판된 뉴턴의 *해석 노트*의 속표지.

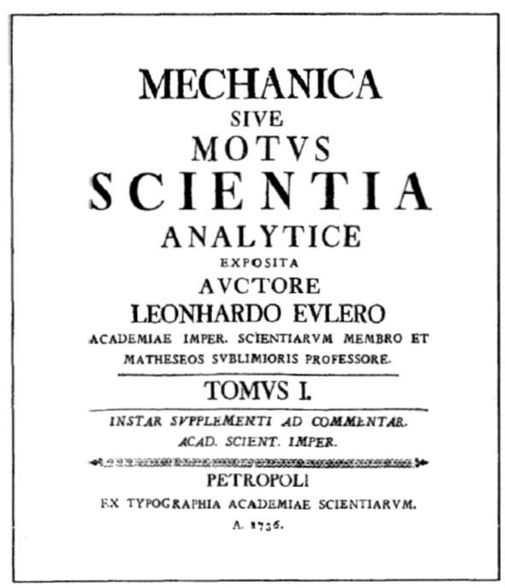
MECHANICA
SIVE
MOTVS
SCIENTIA
ANALYTICE
EXPOSITA
AVCTORE
LEONHARDO EVLERO
ACADEMIAE IMPER. SCIENTIARVM MEMBRO ET
MATHESEOS SVBLIMIORIS PROFESSORE.
TOMVS I.
INSTAR SVPPLEMENTI AD COMMENTAR.
ACAD. SCIENT. IMPER.
PETROPOLI
EX TYPOGRAPHIA ACADEMIAE SCIENTIARVM.
A. 1736.

오일러의 *역학* (1736).

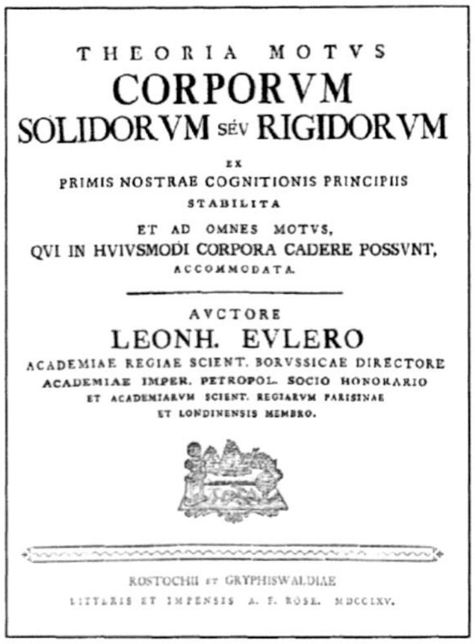

THEORIA MOTVS
CORPORVM
SOLIDORVM SEV RIGIDORVM
EX
PRIMIS NOSTRAE COGNITIONIS PRINCIPIIS
STABILITA
ET AD OMNES MOTVS,
QVI IN HVIVSMODI CORPORA CADERE POSSVNT,
ACCOMMODATA.

AVCTORE
LEONH. EVLERO
ACADEMIAE REGIAE SCIENT. BORVSSICAE DIRECTORE
ACADEMIAE IMPER. PETROPOL. SOCIO HONORARIO
ET ACADEMIARVM SCIENT. REGIARVM PARISINAE
ET LONDINENSIS MEMBRO.

ROSTOCHII ET GRYPHISWALDIAE
LITTERIS ET IMPENSIS A. F. ROSE. MDCCLXV.

오일러의 *운동 이론*(1765)의 속표지.

지적하면서, 화이트사이드의 진술에 이의를 제기했다.

미분학과 적분학에 기초하여 역학을 체계적으로 설명한 최초의 문헌은 오일러의 1736년 논문 *역학 또는 운동 과학 해석*이었다. 뉴턴 역학의 이 놀라운 재구성은 약 30년 후 오일러의 두 번째 역학서 *운동 이론*(1765)에 의해 보완되었다. 뉴턴의 *프린키피아*가 발표된 지 한 세기 후, 라그랑주는 그의 유명한 *해석 역학*(1788)을 출판했다. 여기서 역학의 기본 법칙은 변형된 *변분 원리*, 즉 최소 작용의 원리의 형태로 표현되었다. 라그랑주는 이를 요한 베르누이의 가상 일의 원리의 유사체로 공식화했다(4장 참조). 이 원리는 약간 다른 형태로 장 르 롱 달랑베르에 의해 이미 언급되었다(1743). 예를 들어, 강체 체계의 운동을 연구할 수 있게 해주므로, 라그랑주의 작용 원리는 뉴턴의 원래 점 역학의 진정한 확장으로 볼 수 있다.

라그랑주의 역학 접근 방식에서 흥미로운 특징 중 하나는 시간을 세 공간 차원에 상응하는 또 다른 차원으로 해석한 것이다. 처음에는 이 관점이 그저 수학적 장치에 불과했지만, 라그랑주의 발상은 몇 가지 놀라운 물리적 실험과 함께 결국 상대성 이론으로 이어졌다. 물리학자들과 수학자들은 4차원 세계에 익숙해졌으며, 1908년 헤르만 민코프스키는 *공간과 시간*에 대한 강의를 다음과 같은 말로 시작했다:

> 지금 이 시간부터, 공간과 시간은 그 자체로는 단순한 그림자일 것이며, 둘의 결합만이 여전히 자율성을 유지할 것입니다.

헤르만 민코프스키 (1864–1909).

정역학이 우리의 오래된 3차원 세계의 기하학과 같은 것처럼, 민코프스키의 관점에서 동역학은 4차원 세계의 기하학이다. 따라서 고대 그리스인들이 믿었던 물리적 세계의 모든 것이 기하학으로 환원된다는 믿음이 어떤 의미에서는 실현된 것이다. 아인슈타인의 기본 *장 방정식*은 뉴턴의 오래된 법칙을 대체하며, 민코프스키의 4차원 공간의 형태를 결정하는 *작용 원리*에서 나온다. 작용 원리는 사실 순수하게 기하학적인 변분 원리이다.

이제 뉴턴의 역학으로 이어지고 그 후 아인슈타인의 상대성 이론으로 이어진 여러 발상을 살펴보고, 그들의 여러 변분 원리와의 연결을 살펴보겠다.

뉴턴 이전의 동역학과 프린키피아의 출처

17세기 전반기에 케플러와 갈릴레오가 행성이 어떻게 타원 궤도를 따라 균일하지 않은 속력으로 움직이는지, 또는 돌이 어떻게 포물선 궤적을 따라 지구로 떨어지는지를 설명하는 정확한 법칙을 제시하면서 역학의 새로운 시대가 시작되었다. 거의 같은 시기에 데카르트는 새로운 *자연 철학*을 구상했다. 그는 모든 물리적 현상을 *보존 법칙*과 *충돌 법칙*의 결과로 설명하려고 했다. 데카르트주의자의 세계 모형은 거의 한 세기 동안 프랑스 과학을 지배했으며, 이후 뉴턴의 이론으로 대체되었다.

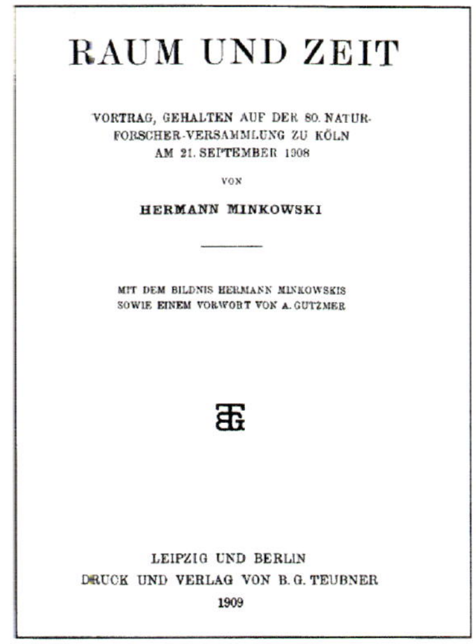
RAUM UND ZEIT

VORTRAG, GEHALTEN AUF DER 80. NATURFORSCHER-VERSAMMLUNG ZU KÖLN AM 21. SEPTEMBER 1908

VON

HERMANN MINKOWSKI

MIT DEM BILDNIS HERMANN MINKOWSKIS SOWIE EINEM VORWORT VON A. GUTZMER

LEIPZIG UND BERLIN
DRUCK UND VERLAG VON B. G. TEUBNER
1909

1909년 민코프스키 논문의 속표지.

충돌 법칙은 데카르트의 첫 번째 시도 이후, 영국 수학자 존 월리스(1616–1703), 크리스토퍼 렌(1632-1723, 런던 세인트 폴 대성당의 건축가), 특히 크리스티안 하위헌스에 의해 연구되었으며, 하위헌스는 가장 놀라운 결과를 얻었다. *총 에너지 보존 법칙*을 사용하여 하위헌스는 탄성 충돌뿐만 아니라 물리적 진자의 진동도 성공적으로 다루었다. 그는 이러한 연구에서 힘의 개념을 사용하지 않았지만, 이 개념은 갈릴레오의 사상에서 중요한 역할을 했다. 갈릴레오는 이렇게 썼다:

> 아무 힘도 물체에 작용하지 않고 물체가 정지해 있다면, 그것은 계속 정지해 있을 것이다; 아무 힘도 작용하지 않고 물체가 움직이고 있다면, 그것은 일정한 속력으로 직선으로 계속 움직일 것이다.

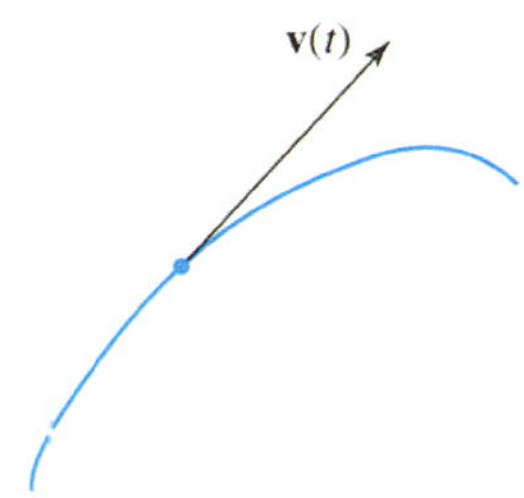

도로 위를 움직이는 자동차의 속도 벡터 $\mathbf{v}(t)$는 크기가 시간 t에서 자동차의 속력과 같고, 방향은 자동차가 움직이는 방향을 나타내는 화살표이다.

17세기 중반에는 *속도의 변화가 힘을 필요로 한다*는 것이 완전히 이해되었다. 그러나 속도의 변화와 작용하는 힘 사이의 관계는 아직 명확하지 않았다. 곡선 운동에서 속도 변화에 대한 면밀한 연구가 필요했다. 예를 들어, 만약 관찰자가 직선을 따라 일정한 속력으로 움직인다면, 그의 *속도 벡터*는 변하지 않으며, 관찰자는 정지 상태와 다른 어떠한 힘도 느끼지 않는다. 반면에, 만약 그가 회전목마와 같은 원형 경로를 일정한 속력으로 움직인다면, 그의 속도 벡터는 항상 변하고 *원심력*의 영향을 느낄 것이다. 데카르트는 이미 회전하는 막대에 앉은 개미는 꼭 붙잡아야 하며, 회전하는 튜브 안의 돌은 운동의 중심에서 멀어지려 한다고 말했다.

1665년, 하위헌스는 반지름 길이가 r인 원을 일정한 속력 v로 움직이는 점질량에 작용하는 원심력 F를 조사했다. 그는 이러한 양들 간의 올바른 관계, 즉 F가 v^2/r에 비례한다는 것을 발견했다:

$$F \sim \frac{v^2}{r}.$$

이 관계는 회전하는 바퀴의 중심각 크기의 변화율인 *각속력* ω를 도입하면 약간 다른 형태로 쓸 수 있다. 우리는 속력 v가 $v = \omega r$이라는 공식을 통해 주어진다는 것을 알 수 있으며, 따라서 원심력은 $\omega^2 r$에 비례한다:

$$F \sim \omega^2 r.$$

하위헌스는 그의 결과를, 우리가 3장에서 언급했던, 1673년에 출판된 그의 진자 시계에 관한 논문 *진자 시계*에서 발표했다.

1644년 프랑스 과학자 드 로베르발은 모든 물질적 물체가 서로에게 인력을 작용한다고 가정했으며, 그는 태양의 인력을 이러한 힘의 특수한 경우로 설명했다. 더욱이, 1666년 5월 23일에 새로 설립된 왕립 학회의 회원들에게 주어진 강의에서, 영국 물리학자 로버트 훅(1635–1703)은 태양 주변의 행성 궤도의 곡률을 태양의 인력의 결과로 해석했으며, 그는 진자 실험을 통해 자신의 이론을 뒷받침했다. 1674년에 훅은 천체 운동의 동역학을 공식화했으며, 태양으로부터 거리가 멀어짐에 따라 감소하는 태양에 의해 작용되는 인력의 존재를 가정했다. 그러나 이 이론은 단지 질적이었으며, 훅은 태양과 그 행성 중 하나 사이의 인력이 그들의 거리와 어떻게 관련되는지에 대해 추측만 할 수 있었다. 훅은 돌에 대한 지구의 인력의 강도가 돌의 높이에 따라 어떻게 달라지는지를 측정하기 위한 실험을 수행했다; 그러나 런던의 가장 높은 탑에 올라가도, 그는 답을 유추할 수 있는 어떤 측정 가능한 효과도 찾을 수 없었다. 인력의 강도의 차이는 너무 작아서 그의 시대의 기술로는 이를 확립할 수 없었다.

1679–1680년 동안 훅은 만유인력에 대한 자신의 발상을 뉴턴과 논의했으며; 이 서신은 보존되어 지금까지 출판되었다. 훅의 일기에서 그는 몇몇 수학자들에게 자신의 물리적 원리를 사용하여 행성의 운동을 계산할 수 있는지 물었지만, 도움을 찾지 못했다는 것을 알 수 있다. 그래서 그는 뉴턴에게 조언을 구했다. 1679년 11월 24일, 그는 뉴턴에게 이렇게 썼다: "하지만 나의 가정은 인력이 항상 중심으로부터의 거리의 제곱에 반비례한다는 것입니다." 이것은 훅이 만유인력의 힘 F가 방사 거리 r의 제곱에 반비례한다고, 즉

$$F \sim \frac{1}{r^2}$$

이라고 믿는다고 처음으로 언급한 것이다.

만유인력의 힘이 이러한 형태를 갖게 되는 것은 간단한 추론에 의해 이끌어진다. 행성이 반지름 길이가 r인 원을 따라 태양 주위를 각속력 ω로 균일하게 움직인다고 가정해 보자(이는 타원 궤도의 특수한 경우이다). 그러면 케플러의 제3법칙(2장 참조)에 따라 $\omega^2 r^3 = K$이고 수 K는 모든 행성에 대해 동일하므로

$$\omega^2 \sim \frac{1}{r^3}$$

이다. 다른 한편으로, 행성이 원형 궤도를 균일하게 움직이려면, 원심력 $F \sim \omega^2 r$이 태양을 향한 동일한 크기의 구심력에 의해 균형을 이루어야 한다는 것을 알고 있다. 따라서 태양의 인력은 $1/r^2$에 비례해야 한다.

이것이 대략 훅, 렌, 핼리가 *만유인력의 역제곱 법칙*으로 이끌린 추론이다. 그러나 그들은 이 만유인력의 형태에서 세 가지 케플러 법칙을 유도할 수 없었다. 특히, 태양에 의해 $1/r^2$ 법칙에 따라 끌리는 행성이 태양을 초점 중 하나로 하는 타원 궤도를 따라 움직인다는 것을 보여야 했다.

1680년 1월 17일, 훅은 뉴턴에게 이렇게 썼다: "당신의 뛰어난 방법으로 그 곡선(즉 $1/r^2$ 법칙에 따라 끌리는 행성의 궤도)이 무엇이어야 하는지, 그 속성과 이 비율의 물리적 이유를 쉽게 찾을 수 있을 것이라 의심치 않습니다. . . ."

뉴턴은 결국 문제를 해결했지만, 훅의 그 편지에 대답하지 않았고, 훅으로부터 배운 것이 없다고 부인했으며, 단지 훅의 편지가 그로 하여금 천체 역학의 기본 문제를 재조사하게 했다고 인정했다. 대신, 그는 젊었을 때 만유인력의 수수께끼를 일찍 풀었다고 암시했으며, 따라서 전설적인 떨어지는 사과 이야기는 뉴턴의 이러한 후일의 설명으로 거슬러 올라갈 수 있다.[5]

에드먼드 핼리 (1656–1743)는 혜성이 주기적으로 움직일 수 있다는 것을 발견했으며, 몇몇 역사적인 혜성을 동일한 혜성의 재출현으로 설명했다. 예를 들어, 그는 1680/81년의 혜성(*핼리 혜성*)이 1456년, 1531년, 1607년의 혜성과 동일하다고 예측했다.

훅과의 서신 이후, 뉴턴의 천체 역학에 대한 관심은 일시적으로 가라앉았다. 그것은 후에 에드먼드 핼리(1656–1743)가 렌의 도전을 뉴턴에게 전했을 때 다시 불타올랐다. 그는 이론적으로 행성의 경로를 결정하라고 도전했다. 뉴턴이 문제를 정확히 언제 해결했는지는 확실하지 않지만, 1684년 8월, 핼리가 케임브리지의 뉴턴을 방문하여 역제곱 법칙의 영향을 받는 행성의 궤도가 무엇인지 물었을 때, 그는 타원이어야 한다고 대답했다. 놀란 핼리가 어떻게 알았냐고 묻자, 뉴턴은 "왜냐하면, 내가 계산했기 때문입니다."라고 대답한 것으로 전해진다. 핼리는 뉴턴에게 그의 결과를 출판할 것을 요청했다. 뉴턴은 중앙 힘에 의해 끌리는 물체의 운동에 대한 주요 결과를 설명한 논문 *운동에 대한 결과*(*Propositiones de Motu*)를 썼다. 왕립 학회가 이 작업을 받았을 때, 훅은 매우 화가 났으며 주요 발상이 자신의 것이라고 주장했다. 뉴턴은 이해할 만하게도 분노했다. 그의 감정은 핼리에게 보낸 1686년 6월 20일자 편지에 표현되어 있다: " . . . 이게 아주 멋진 일이 아닙니까? 모든 일을 찾아내고, 해결하고, 수행하는 수학자들은 아무것도 아닌 건조한 계산자와 고역을 치르는 사람으로

[5] 그러나 마이클 나우엔버그는 뉴턴이 *프린키피아*의 주요 명제를 논의하기 위해 미적분을 사용했다고 주장하며, "1677년에 유율의 역법으로 행성들이 타원으로 움직인다는 증명을 발견했다는 뉴턴의 주장은 오늘날 많은 뉴턴 학자들의 견해처럼 거짓 역사로 치부될 수 없다"고 말한다. (참고: Archive for History of Exact Sciences, 46권, 1993-94, 221-256쪽, 특히 249쪽.)

만족해야 하고, 아무것도 하지 않고 모든 것을 주장하고 움켜쥐려는 다른 사람이 모든 발명을 가져가야 합니다. . . .”

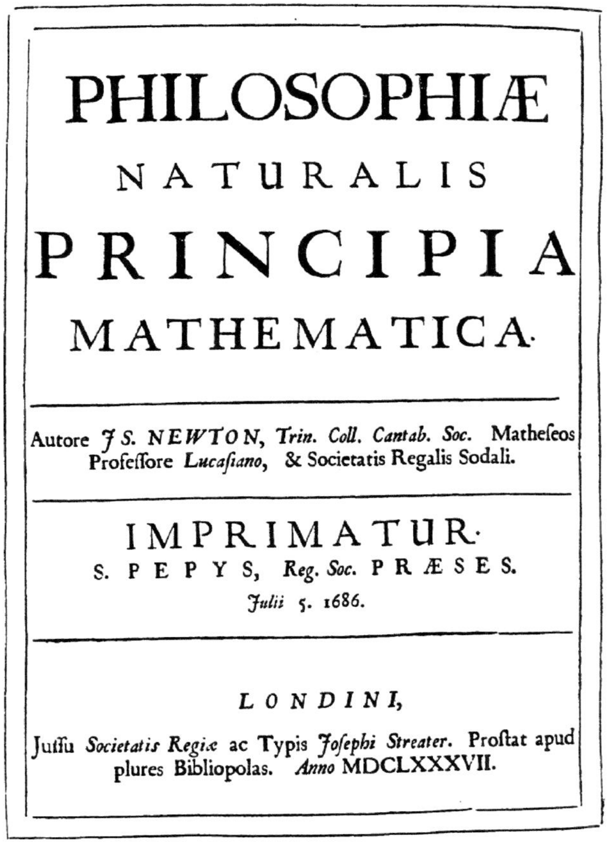
PHILOSOPHIÆ

NATURALIS

PRINCIPIA

MATHEMATICA.

Autore *J S. NEWTON*, *Trin. Coll. Cantab. Soc.* Matheſeos Profeſſore *Lucaſiano*, & Societatis Regalis Sodali.

IMPRIMATUR.

S. PEPYS, *Reg. Soc.* PRÆSES.

Julii 5. 1686.

LONDINI,

Juſſu *Societatis Regiæ* ac Typis *Joſephi Streater*. Proſtat apud plures Bibliopolas. *Anno* MDCLXXXVII.

"Prostat apud plures Bibliopolas"라는 인쇄물이 있는 *프린키피아*의 두 줄 인쇄의 속표지. 이 인쇄물은 때때로 초판의 *첫 번째 발행*이라고 불리며, *수출용 사본*(“Prostant Venales apud Sam Smith . . . aliosq; nonnullos Bibliopolas”라는 세 줄과 함께)은 초판의 두 번째 발행이라고 불린다. 첫 번째와 두 번째 발행의 구분은 근거가 없는 것 같다. 핼리가 스미스와 외국 판매에 관한 합의를 했다는 제안이 있었다; 실제로, 스미스의 50부 대부분은 대륙에서 판매된 것으로 보인다.

핼리는 뉴턴에게 그의 결과를 책으로 만들 것을 권유했으며, 여러 면에서 뉴턴을 아낌없이 지원했다. 뉴턴은 *운동에 대한 결과*를 *프린키피아*로 확장했으며, 1686년 4월 28일에 원고가 왕립 학회에 제출되었다. 학회의 이사회는 5월 19일에 “뉴턴 씨의 작업이 즉시 출판되어야 한다”고 결정했다. 학회의 재정이 이전에 물고기 습관에 관한 책 출판을 위한 지출로 인해 자금이 부족했기 때문에, 핼리는 자신의 돈으로 출판 비용을 지불했다. 그렇게 해서 1687년에 뉴턴의 *프린키피아* 초판이 등장했으며, 이는 자신도 위대한 과학자였던 라플라스가 나중에 *모든 시대를 통틀어 가장 뛰어난 인간 천재의 산물*이라고 부른 작품이다. *프린키피아* 초판의 규모가 얼마나 컸는지는 알려지지 않았다; 추정치는 250에서 400부 사이이며, 약 200부가 여전히 존재하는 것으로 알려져 있다.

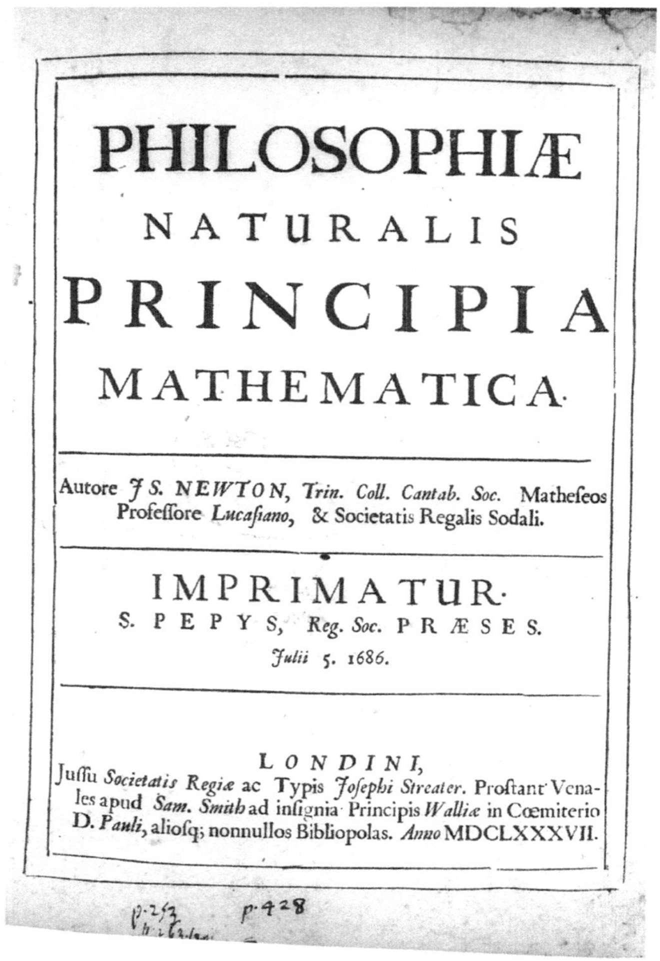

PHILOSOPHIÆ
NATURALIS
PRINCIPIA
MATHEMATICA.

Autore *J S. NEWTON*, *Trin. Coll. Cantab. Soc.* Matheſeos Profeſſore *Lucaſiano*, & Societatis Regalis Sodali.

IMPRIMATUR.
S. PEPYS, *Reg. Soc.* PRÆSES.
Julii 5. 1686.

LONDINI,
Juſſu *Societatis Regiæ* ac Typis *Joſephi Streater*. Proſtant Venales apud *Sam. Smith* ad inſignia Principis *Walliæ* in Cœmiterio D. *Pauli*, aliosq; nonnullos Bibliopolas. *Anno* MDCLXXXVII.

*프린키피아*의 특별한 사본의 속표지. 이것은 라이프니츠의 여백 메모가 있는 유명한 사본으로, 1969년 스위스 과학사학자 E. A. 펠만에 의해 재발견되어, 스위스 제네바 근처 콜로니의 보드메리나 도서관에 보관되어 있다. 그림은 *수출용 사본*의 세 줄 속표지를 보여준다.

이 책은 영국에서 잘 받아들여진 것으로 보인다. 대륙에서는 주요 수학자와 천문학자들이 읽었지만, 데카르트주의자 철학이 여전히 유럽 대륙을 지배하고 있었기 때문에 그렇게 잘 받아들여지지 않았다. 데카르트주의자였던 하위헌스는 만유인력의 개념을 터무니없다고 생각했고, 왜 뉴턴이 터무니없는 것들에 기초하여 그렇게 많은 계산을 했는지 궁금해했다. 우리가 보았듯이, *뉴턴 철학*의 힘이 유럽 전역에서 완전히 인정받기까지 약 50년이 걸렸다. 미분학의 발명에 대한 뉴턴주의자와 라이프니츠주의자 사이의 불행한 우선권 논쟁이 이 지연에 역할을 했을지도 모른다. 그러나 영국에서는 뉴턴이 곧 유명해졌고, 알렉산더 포프가 쓴 뉴턴의 묘비문

> 자연과 자연의 법칙은 밤에 숨겨져 있었으나, 신이 '뉴턴이 있으라!' 하시니 모든 것이 빛났다.

는 뉴턴이 그의 영국 동시대인들에게 얼마나 깊은 인상을 남겼는지를 간결하게 설명한다.

뉴턴의 동역학

*프린키피아*는 세 권으로 구성되어 있으며, 첫 번째 책은 빈 공간에서 하나 이상의 물체의 운동을 다룬다. 또한 구형 껍질과 회전체의 인력과 같은 역제곱 법칙과 관련된 수많은 문제가 다뤄진다. 진자의 운동이 논의되며, 맨 끝에서는 밀도가 다른 매질에서 *빛 입자*의 반사 및 굴절 법칙이 역학 문제로 다뤄진다. 역제곱 법칙에 따라 물체가 고정된 중심으로 끌리는 문제는 완전히 해결되었으며, 뉴턴은 두 물체가 역제곱 법칙에 의해 서로 끌릴 때 어떻게 움직이는지를 다루는 문제가 첫 번째 문제로 환원될 수 있다는 것을 보여준다. *삼체 문제*(즉, 태양과 두 행성)도 연구되었지만, 해결되지는 않았다. (이는 사실 수학에서 가장 어려운 문제 중 하나로 입증되었으며, 많은 유명한 수학자들이 이에 기여했다.)

두 번째 책은 유체와 공기 같은 저항 매체에서의 물체 운동을 다루고, 세 번째 책은 뉴턴 동역학을 행성의 운동, 태양과 달에 의해 발생하는

조수의 이론, 그리고 혜성의 궤적, 달의 운동, 지구의 모양과 같은 다양한 천문학적 질문에 적용한다.

*프린키피아*에서 현대 역학의 전체 프로그램이 내용뿐만 아니라 방식으로도 공식화되었다. 뉴턴은 질량과 운동량과 같은 기본 개념의 정의를 먼저 제공하고, 그로부터 모든 것이 따르게 될 세 가지 기본 법칙 또는 공리를 공식화하는 것으로써 수학자처럼 시작했다:

제1법칙. *모든 물체는 가해진 힘에 의해 이 상태를 변경하도록 강요받지 않는 한, 그 정지 상태 또는 동일한 방향의 균일한 운동 상태에 머물러 있다.*

제2법칙. *운동의 변화는 가해진 운동력에 비례하며, 둘째로, 그 힘이 가해진 직선 방향으로 발생한다.*

제3법칙. *모든 작용에는 항상 동등하고 반대 방향의 반작용이 있다. 즉, 두 물체의 상호 작용은 동일하며 반대 방향을 가리킨다.*

뉴턴 자신은 (책의 논의 과정에서 정의되지 않은 개념을 사용하고 이전에 언급되지 않은 공리를 적용하는 등) 엄격한 접근 방식에서 벗어났지만, 그의 공리적 절차는 모든 후대 수학자와 물리학자에게 강력하고 지속적인 인상을 남겼다. 뉴턴은 기하학에서 유클리드가, 정역학에서 아르키메데스가 이룬 것을 동역학에서 이뤘다.

*프린키피아*의 모든 것이 새로운 것은 아니었다. 예를 들어, 첫 번째 법칙은 뉴턴이 자신의 공리 중 하나로 채택한 갈릴레오의 관성 법칙일 뿐이다. 첫 번째 책의 큰 부분은 이전 작가들로부터 가져온 것이지만, 그들의 지식을 체계적으로 구성했다. 그 외의 모든 것은 뉴턴 자신의 기여이며, 우리는 그가 얼마나 많은 어려운 문제에 도전했는지에 그저 감탄할 수밖에 없다.

세 가지 법칙은 동역학의 형식적 틀일 뿐이며 작용하는 힘의 본질에 대해 아무것도 말하지 않는다. 사실, 두 번째 법칙은 때때로 자명한

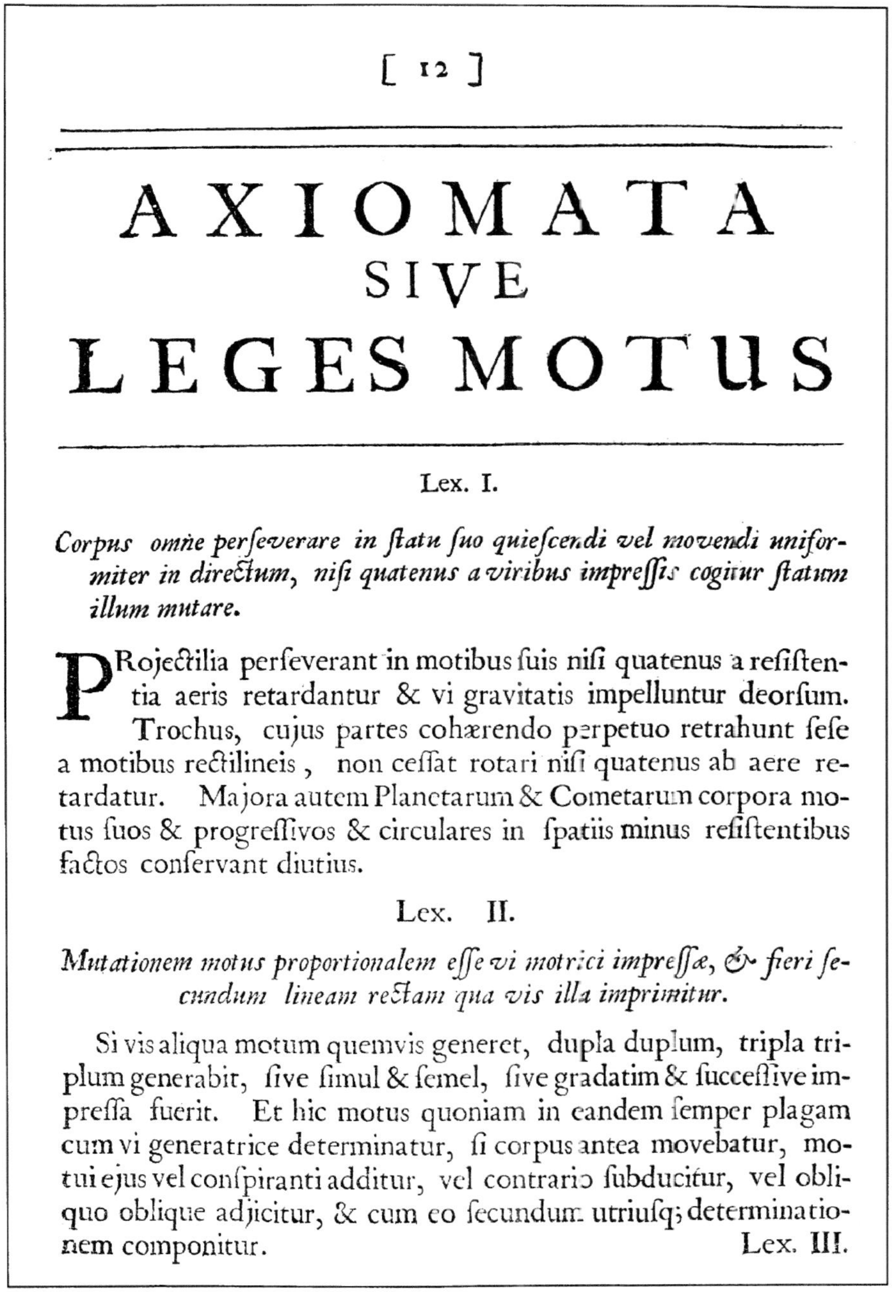

[12]

AXIOMATA SIVE LEGES MOTUS

Lex. I.

Corpus omne perſeverare in ſtatu ſuo quieſcendi vel movendi uniformiter in directum, niſi quatenus a viribus impreſſis cogitur ſtatum illum mutare.

PRojectilia perſeverant in motibus ſuis niſi quatenus a reſiſtentia aeris retardantur & vi gravitatis impelluntur deorſum. Trochus, cujus partes cohærendo perpetuo retrahunt ſeſe a motibus rectilineis, non ceſſat rotari niſi quatenus ab aere retardatur. Majora autem Planetarum & Cometarum corpora motus ſuos & progreſſivos & circulares in ſpatiis minus reſiſtentibus factos conſervant diutius.

Lex. II.

Mutationem motus proportionalem eſſe vi motrici impreſſæ, & fieri ſecundum lineam rectam qua vis illa imprimitur.

Si vis aliqua motum quemvis generet, dupla duplum, tripla triplum generabit, ſive ſimul & ſemel, ſive gradatim & ſucceſſive impreſſa fuerit. Et hic motus quoniam in eandem ſemper plagam cum vi generatrice determinatur, ſi corpus antea movebatur, motui ejus vel conſpiranti additur, vel contrario ſubducitur, vel oblique oblique adjicitur, & cum eo ſecundum utriuſq; determinationem componitur. Lex. III.

뉴턴의 *프린키피아* 초판 12쪽, 동역학의 첫 두 법칙이 포함되어 있다.

것으로 간주되었다. 동역학적 법칙을 구체적인 경우에 적용하려면 작용하는 힘을 명시해야 한다. 인력은 기본적인 힘 중 하나이며, 뉴턴은 이 힘이 어떻게 작용하는지를 설명했다:

> 모든 물질 입자는 각자의 질량에 비례하고, 그들 사이의 거리의 제곱에 반비례하는 힘으로 다른 모든 입자를 끌어당긴다.

이는 뉴턴의 *만유인력 법칙*으로 알려져 있다. (사실, 뉴턴은 이 법칙을 이렇게 일반적인 형태로 공식화하지 않았다; 대신 그는 다른 장소에서 다양한 판을 제시했으며, 이것들이 앞의 진술로 결합되었다.) 그는 질량의 인력을 *그래비타스*, 즉 무거움이나 무게라고 명명했다. 오늘날 우리는 *중력* 또는 *만유인력*이라고 부른다.

따라서 만유인력 법칙은 질량과 무게의 차이를 표현한다: 물체의 질량은 공간에서의 위치와 무관하다; 그러나 인력장이 있는 곳에 놓이면 만유인력에 의해 무게를 경험한다. 이론적으로 만유인력은 어디에나 존재하지만, 실제로 두 물체가 충분히 멀리 떨어져 있으면 한 물체가 다른 물체에 미치는 만유인력 효과는 0이다.

태양계에서 핼리 혜성의 궤도.

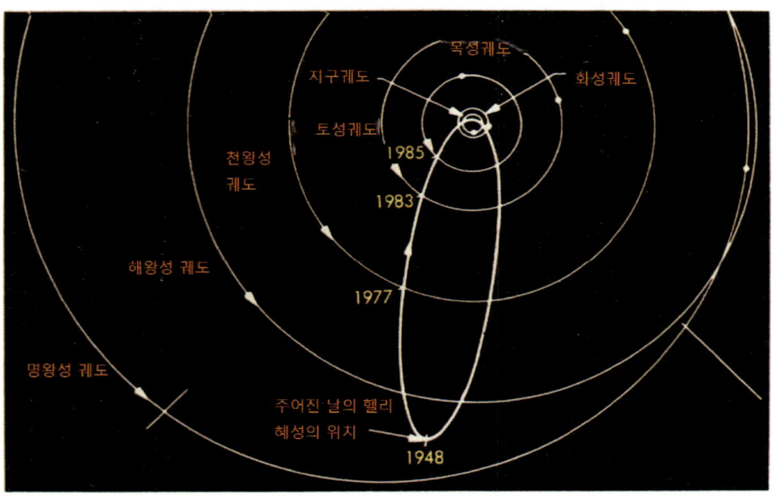

뉴턴은 두 물체가 역제곱 법칙에 따라 서로를 끌어당긴다면, 그들은 궤도로서 원뿔곡선을 따라 움직이며, 두 물체의 *무게 중심*은 이러한 원뿔곡선 각각의 초점에 위치한다는 것을 보여줄 수 있었다. 물체의 에너지가 너무 크지 않으면, 그들의 궤도는 타원이 될 것이지만, 멀리서 오는 혜성의 궤도는 쌍곡선 또는 포물선 궤도일 수 있다; 즉, 그들은 한 번 나타나고 다시 돌아오지 않을 것이다. 핼리 혜성과 같이 궤도가 타원인 혜성들은 주기적으로 돌아온다.

이제 예를 들어 태양과 지구처럼 두 물체 중 하나는 질량이 크고 다른 하나는 질량이 작다고 가정해 보자. 그러면 큰 물체의 위치는 실질적인 목적으로써 무게 중심과 동일하며, 케플러의 세 법칙은 만유인력 법칙의 결과가 된다.

뉴턴의 자연 철학은 물리적 현상을 이해하는 데 큰 기여를 했다. 그것은 이러한 현상이 어떻게 몇 가지 수학적 법칙으로부터 수학적 추론을 통해 도출될 수 있는지를 보여주었다. 따라서 세계를 수학으로 설명하려는 옛 피타고라스의 꿈이 실현에 더 가까워졌다. 라이프니츠는 뉴턴에 대해 "세상의 시작부터 뉴턴이 살았던 시대까지의 수학을 생각할 때, 그가 한 일은 훨씬 더 나은 절반이었다"고 말했고, 라그랑주는 "뉴턴은 존재했던 가장 위대한 천재였으며, 가장 운이 좋았던 사람이다. 왜냐하면 우리는 세상을 세울 수 있는 체계를 더 이상 찾을 수 없기 때문이다"라고 언급했다.

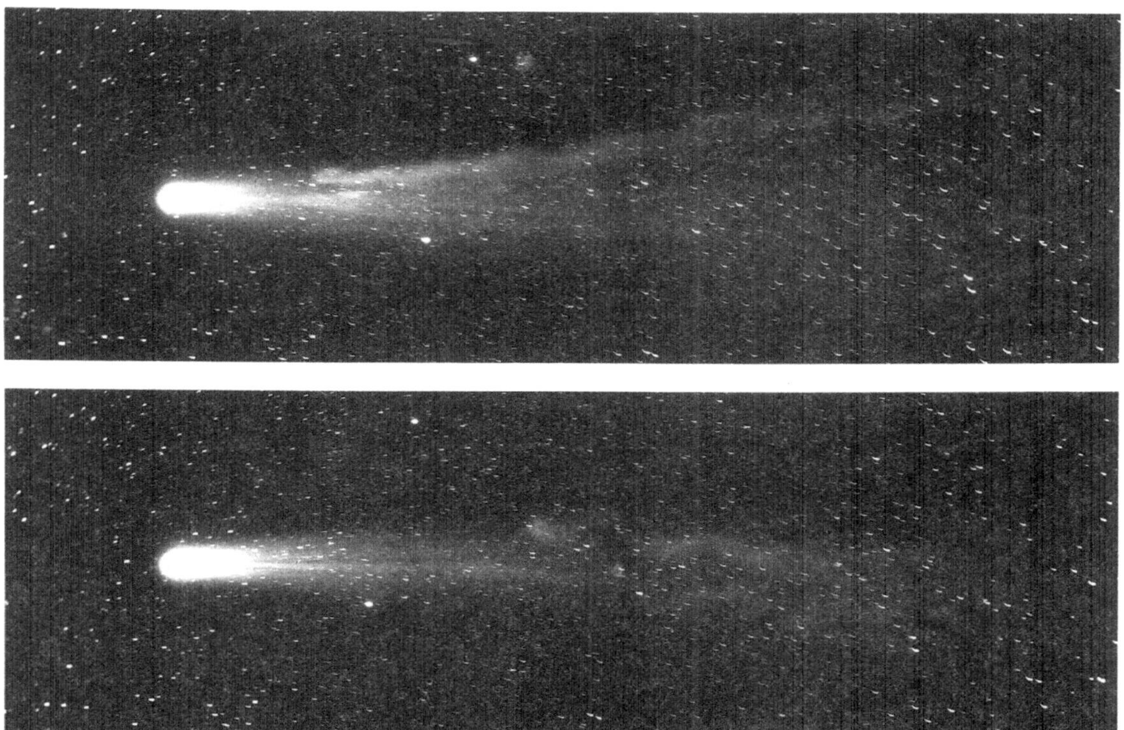

핼리 혜성. 1910년 6월 6일과 7일. 캘리포니아 릭 천문대에서 촬영한 사진.

결국, 뉴턴 동역학의 이론적 예측과 경험적 사실 간의 일치는 매우 놀라웠기 때문에, 뉴턴의 이론은 우주적으로 참으로 받아들여졌으며,

행성의 운동과 지구에서 떨어지는 돌의 운동을 똑같이 잘 설명했다. 그것은 해양 조수를 태양과 달에 의해 발생하는 만유인력 현상으로 해석했고, 지구가 극지방에서 평평해진다는 것을 예측했으며, 가장 놀라운 성공 중 하나로 춘분과 추분(그리고 하지와 동지)의 세차 운동을 설명했다. 춘분과 추분은 매년 낮과 밤의 길이가 같은 두 날이고; 하지와 동지는 낮의 길이가 최대와 최소인 두 날이다. 이 네 날은 사계절을 시작하며, 태양년을 기준으로 매 72년마다 1도씩 뒤로 밀린다. 그리스 천문학자들은 이 현상을 묘사했지만, 뉴턴이 지구의 적도 부근 팽창이 비대칭성을 이루고 있으며, 태양과 달이 만유인력으로 강한 영향을 미친다는 것을 알기 전까지는 아무도 이를 설명할 수 없었다. 이는 지구의 축을 회전시켜 원뿔을 따라 그리게 하며, 이는 회전하는 자이로스코프가 움직이는 축을 가질 수 있는 것과 정확히 같다. 지구의 축은 약 26,000년마다 한 번의 회전을 완료하며, 이 회전이 춘추분점의 세차를 초래한다.

옛날에는 혜성이 특별한 사건의 전조로 여겨졌으며, 기적을 예고하거나 더 자주 전쟁, 기근, 화재, 홍수, 전염병과 같은 인류의 큰 재앙을 예고한다고 생각되었다. J. G. 바그너의 *달 아래의 대기*에서 가져온 이 목판화는 아우크스부르크 시민들이 혜성을 보는 모습을 보여준다. 뉴턴의 이론이 혜성의 운동을 설명할 수 있게 되면서, 이러한 천상의 전령들은 많은 공포를 잃었지만, 하늘에 나타나는 것은 오늘날까지도 여전히 흥미롭다.

브룩스 혜성의 머리 부분 (1911년 10월 21일). 캘리포니아 릭 천문대에서 촬영한 사진.

*프린키피아*의 큰 성공 이전까지, 뉴턴의 삶은 조용하고 평화로웠다. 그는 1642년 크리스마스 날(우리의 달력에 따르면 1643년 1월 4일이지만, 당시 영국에서는 그레고리력을 도입하지 않았었다)에 갈릴레오가 사망한 지 1년 후, 링컨셔의 울스토프라는 작은 마을에서 태어났다. 그를 농부로 만들려는 몇몇 시도가 실패했다고 하며, 그래서 그는 1661년에 케임브리지의 트리니티 대학에 입학했다. 그는 4년 동안 조용히 일하며 학문에 몰두했다. 이 기간 동안 뉴턴이 옛 그리스 저자들을 깊이 연구하여 그의 방대한 기하학 지식을 습득했다는 주장이 있었다. 그러나 이는 사실이 아닌 것 같다. 뉴턴의 *수학 논문들*의 편집자인 D. T. 화이트사이드는 이러한 의견을 뒷받침하는 자료를 알고 있지 않다고 강조했다; 뉴턴은 아폴로니으스의 *원뿔곡선*이나 아르키메데스의 어떤 업적도 연구하지 않았다; 으히려 데카르트의 기하학에 대한 프란스 반 슈튼의 라틴어 판(1649 및 1659년)을 통해 원뿔곡선에 대한 모든 지식을 얻었다. 더욱이, *프린키피아* 첫 번째 책에서 원뿔곡선에 대한 다양한 결과는 마지막 순간에 추가된

뉘른베르크 연대기(*Nürnberger Chronik*)에 묘사된 1493년의 혜성,

것이며, 이는 뉴턴이 1685년에 드 라 이르의 *원추형 단면* 8권을 읽은 후 삽입되었다.[6] 1665년, 뉴턴은 케임브리지에서 학사 학위를 받았다. 1665–1666년 대역병이 발생한 2년 동안 뉴턴은 울스소프에 있는 집에 머물렀다. 그의 설명에 따르면, 이 시기에 그는 많은 위대한 과학적 발견을 했다. 그러나 이 마지막 진술은 아마도 보통보다 더 많은 의심을 가지고 받아들여야 할 것이다.

1669년, 아이작 배로우(1630–1677)는 케임브리지의 수학 교수직을 사임하고 그의 학생 뉴턴에게 그 자리를 넘겼고, 뉴턴은 정식으로 1701년까지 교수직을 맡았다. *프린키피아*가 출판된 후, 뉴턴은 너무나 유명해져 과학 활동에서 점점 더 멀어졌다. 그는 2년 동안 런던 의회에서 그의 대학을 대표하여 앉아 있었고, 1695년에는 조폐국의 관리인으로 임명되었으며; 4년 후에는 조폐국 국장으로 승진했다. 1696년, 그는 런던으로 이사하여 다시 의회 의원이 되었다. 1703년, 그는 왕립 학회의 회장으로 선출되었으며, 1727년 사망할 때까지 그 직위를 유지했다.

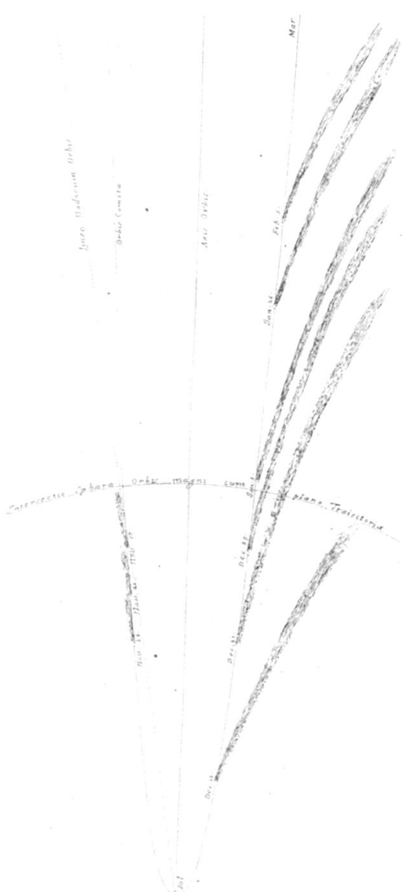

혜성의 꼬리는 항상 태양에서 멀리 향한다. (위의 판화는 1687년 *프린키피아*에서 가져온 것이며, 1680–1681년 핼리 혜성의 다양한 위치를 보여준다.)

동역학의 변분 원리

우리는 동역학의 발전을 어느 정도 길게 논의하여, 처음에는 변분 원리가 그 창조에 아무런 역할을 하지 않았다는 것을 보여주었다. 그러나 뉴턴 역학이 유럽 대륙에서 받아들여지자마자, 최초의 변분 원리가 발견되었다. 1장에서, 오일러와 모페르튀이가 최소 작용의 원리를 제시한 18세기 초반을 살펴보았다. 이제 이 원리의 현재 받아들여지는 비교적 정확한 판을, 단일 점 질량의 운동이라는 가장 간단한 경우에 대해 시도해 보자.

만유인력과 같은 *보존력의 장*에서 시간 t_1부터 t_2까지 움직이는 점 질량 m을 생각한다. *힘의 장*의 각 지점에서, 주어진 크기와 방향의

[6] *독일 수학자 협회의 연례 보고서*(*Jahresberichte der Deutschen Mathematiker-Vereinigung*) 77 (1975); 107–137쪽의 E. A. 펠만: *뉴턴의 프린키피아*를 보라.

힘이 뉴턴의 제2법칙

$$\text{힘} = \text{질량} \times \text{가속도}$$

또는

$$F = ma$$

에 따라 장에서 움직이는 각 점 질량 m에 작용한다.

어떤 점에 붙은 화살표로 힘을 시각화한다면, 힘의 장은 공간(또는 공간의 일부 영역)의 모든 점에 고정된 화살표 체계이다. 우리는 이러한 힘의 장 F가 이에 대한 잠재 에너지 U가 존재한다면 *보존적*이라고 말한다. 이는 공간의 각 점 P에 수치 값 $U(P)$를 할당하는 규칙이며, 이러한 값 U의 *음의 기울기벡터*가 점 P에서 힘 F와 같음을 의미한다. 이는 다음을 의미한다.

함수 U가 3차원 공간 위의 4차원 세계에서의 경관을 설명한다고 가정해 보자. (물론, 이것은 그릴 수 없다; 그래서 여기 있는 그림들은 단지 2차원 공간 위의 에너지 경관을 보여준다.) 이제 공간의 점 P와 P 위의 에너지 경관의 점 P^*를 생각해 보자. 만약 P^*가 산맥의 정류점이 아니라면, 우리는 P 위의 점 P^*에서 경관의 *가장 급한 상승 방향*을 나타내는 3차원 공간에서의 방향을 찾을 수 있다; 그 반대 방향으로

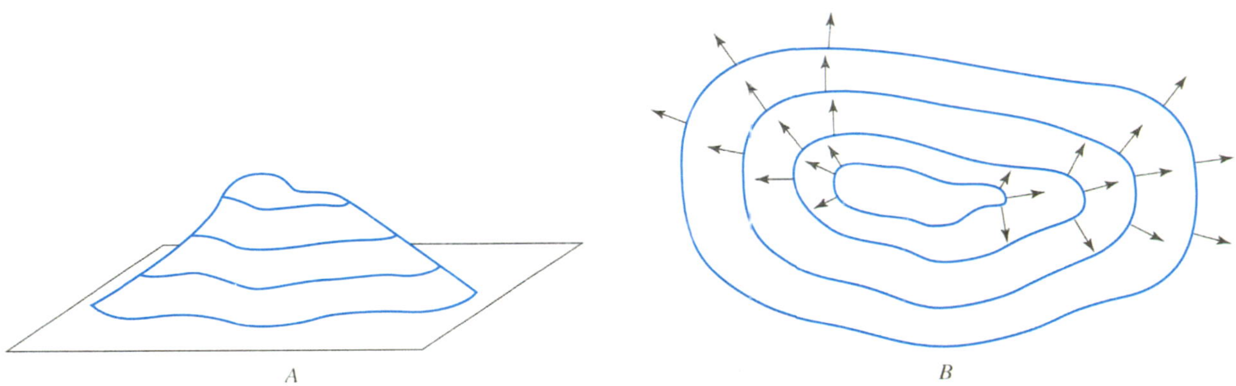

A) 평지 계곡 위의 산의 등고선, (B) 해당 지도를 보여주는 등고선. 화살표는 꼬리가 연결된 점에서 가장 급한 하강 방향을 나타낸다.

함수 U의 *가장 급한 하강 방향*이 존재한다. P에 이러한 두 방향 중 하나를 가리키는 화살표를 붙이고, 그 크기는 해당 방향에서의 U의 *변화율*과 같다. 이렇게 하면, 발이 P에 위치한 두 벡터를 정의힌다. 가장 급한 상승의 방향은 *U의 기울기벡터*를 정의하며, 기호로는 ∇U로 나타내고, 반대 방향을 가리키는 벡터는 *음의 기울기벡터*를 정의하며, 이는 ∇U의 반대 방향의 화살표이므로 $-\nabla U$로 나타낸다.

만약 P^*가 정류점, 예를 들어 산의 꼭대기라면, 함수 U는 P에서 최댓값이며, 가장 강한 상승 방향이나 가장 강한 하강 방향이 없다(이는 산 꼭대기에서 지면이 실질적으로 수평이며, 상승이나 하강이 없다는 우리의 느낌을 표현한다). 따라서 우리는 정류점에서 ∇U와 $-\nabla U$를 영벡터로 설정한다.

그렇다면 F가 잠재 에너지가 있는 보존적 힘의 장이라는 우리의 가정은 방정식

$$F = -\nabla U$$

로 표현된다. 이는 공간의 각 점에서 성립해야 한다.

이제 점 질량 m이 절대값 v의 속력으로 공간을 움직인다고 가정해 보자. v는 시간에 따라 변할 수 있으므로, 시간 t의 함수라고 생각되어야 한다. 그러면 우리는 각 순간에 점 질량의 *운동 에너지*를

$$T = \frac{mv^2}{2}$$

와 같이 정의할 수 있다. 식

$$E = T + U$$

는 각 순간에 점 질량의 *총 에너지*라고 불린다.

약간의 미적분학을 사용하면, 방정식 $F = ma$와 $F = -\nabla U$로부터 총 에너지 E가 일정하다는 것을 증명할 수 있다; 다시 말해, 보존적 힘의 장에서 점 질량은 총 에너지가 매 순간 동일한 수치 h가 되도록

움직인다. 이것이 *에너지 보존 법칙*이며, 방정식

$$E = h$$

로 표현된다.

이 법칙은 힘의 장에 적용된 *보존적*이라는 용어를 설명한다. 우리는 보존적 힘의 장의 두 가지 중요한 모형 사례를 살펴본다. 첫 번째는 지구 표면의 만유인력 장으로, 공중에 던져진 돌의 궤적 문제를 생각한다. 여기서는 인력의 크기가 각 점에서 동일하며, 간단하게 평면으로 간주되는 지구 표면을 향해 항상 수직으로 가리킨다고 가정한다. 이 힘의 장의 잠재 에너지 U는 지면 위의 높이 h에 대한 선형 함수이며, 높이가 증가함에 따라 증가한다. 이는 법칙

$$U(P) = mgh + c$$

로 설명된다. 여기서 m은 만유인력 장에서 움직이는 점의 질량, c는 임의로 선택된 눈금 상수이며, g는 측정에 따르면 값이 약 $9.81\ \mathrm{m/s^2}$인 양의 상수이다.

또 다른 모형은 고정된 점 Q에 위치하고, Q 주위를 움직이는 점 질량 m을 끌어당기는 큰 질량 M의 만유인력 장이다. 이 장의 잠재 에너지 $U(P)$는 점 P에서 식

$$U(P) = -\frac{GmM}{r} + c$$

로 주어진다. 여기서 $r = \overline{PQ}$는 P에서 중심점 Q까지의 거리이며, G는 뉴턴의 만유인력 상수로, 실험을 통해 매우 정확하게 측정되었으며, c는 임의로 선택할 수 있는 수이다.

점 질량이 시간 t_1에서 t_2까지의 운동 동안 수행한 *작용* A는 적분

$$A = \int_{t_1}^{t_2} 2T\, dt$$

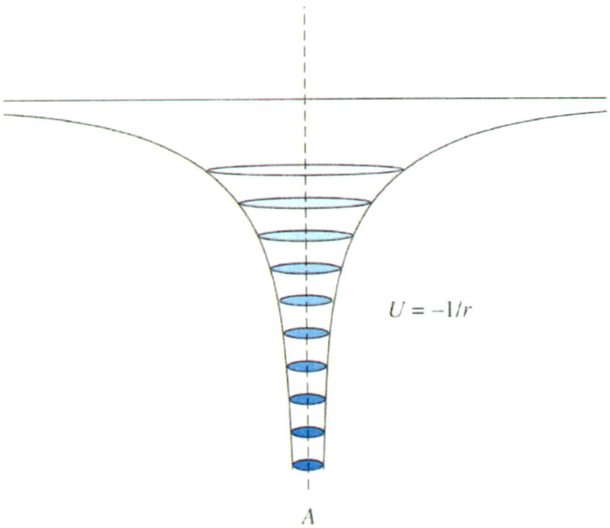

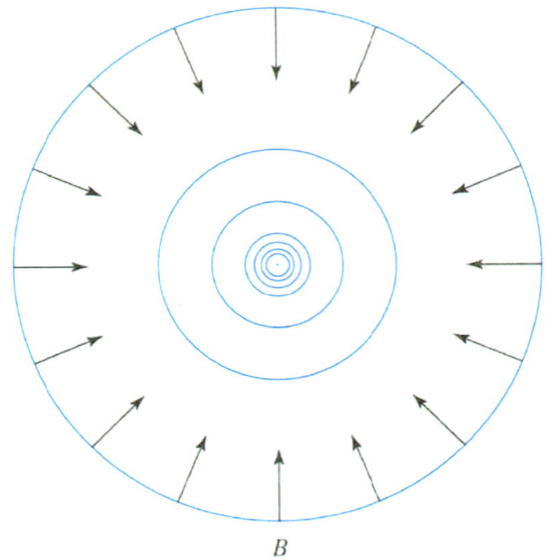

(A) 점 질량의 뉴턴 잠재 에너지는 함수 $U = -1/r$에 비례하며, 이 함수의 그래프는 특정 쌍곡선을 그 비대칭선 중 하나인 수직 축을 중심으로 회전시켜 얻은 곡면이다.
(B) 동심원은 뉴턴 잠재 에너지의 등고선을 나타내며, 그 그림은 (무한히 긴) 깔때기처럼 보인다. 깔때기가 중심에 가까워질수록 점점 더 가파르게 되기 때문에, 같은 간격의 등고선이 중심으로 점점 더 집중된다.

로 정의된다. (이 공식의 오른쪽에 있는 기호 $\int_{t_1}^{t_2} 2T\,dt$는 291쪽 중간 그림에 표시된 함수 $2T(t)$의 그래프와 t-축 사이의 음영 영역의 넓이를 나타낸다.)

이제 점 질량 m이 보존적 힘의 장의 영향 아래 점 P_1에서 점 P_2로 이동한다고 가정해 보자. 실제 운동을 원칙적으로 가능하지만 실제로는 발생하지 않는 다른 모든 운동과 구별하는 것은 무엇일까?

뉴턴에 따르면, 초기 자료가 알려진 경우 방정식 $F = ma$로부터 실제 운동을 결정할 수 있다. 또한 첫 번째와 개념적으로 완전히 다른 방식으로 실제 운동을 결정할 수 있다.

모페르튀이에 따르면, 힘의 장 $F = -\nabla U$의 영향 아래 점 질량 m이 P_1에서 P_2로 이동하는 실제 운동은 작용 A에 대해 정지 값을 제공하는 특성으로 다른 모든 운동과 구별된다. 실제로 여기서 우리는 모페르튀이의 최소 원리

작용 A를 최소화하는 운동을 찾아라

를

작용 A에 대해 정지 상태인 운동을 찾아라

와 같이 다소 약한 요구사항으로 대체했다.

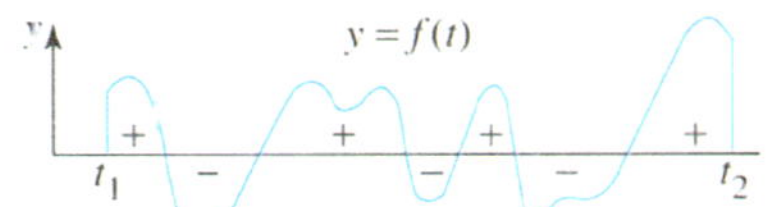

함수 $f(t)$에서 양수와 음수 값이 모두 있는 경우, t_1에서 t_2까지의 적분 $\int_{t_1}^{t_2} f(t)\,dt$은 *향이 있는 넓이*이다. t-축 위의 넓이는 양수로 계산되고, 아래의 넓이는 음수로 계산된다. 우리의 예에서 적분은 회색 넓이의 합에서 파란색 넓이의 합을 뺀 값이다.

그러나 있는 그대로 이 원리는 순전히 말도 안 되는 것이다. 왜냐하면 작용하는 힘이 A의 표현식 어디에도 나타나지 않기 때문이다. 올바른 설명은 P_1에서 P_2로의 모든 운동 중에서 A의 정지 값을 찾을 필요가 없지만, 각 순간 동일한 총 에너지 E, 즉 실제 운동과 같은 $E = E_0$를 가진 운동 중에서만 찾는다는 것이다. (*에너지 상수* E_0를 계산하기 위해 실제 운동을 알 필요는 없다; 예를 들어 초기 자료나 다른 완전한 자료 집합에서 얻을 수 있다.)

또 다른 복잡한 점이 있다: 일반적으로 초기 시간 t_1과 최종 시간 t_2를 지정하면 고정된 총 에너지의 운동으로 주어진 점 P_1에서 다른 주어진 점 P_2로 가는 것이 불가능하다. 따라서 총 에너지 E가 동일하고, 초기 시간 t_1이 동일하고, 최종 시간 t_2가 동일한 점 질량의 모든 가능한 운동 중에서 작용의 값을 최소화하라는 요구는 말이 되지 않는다. 왜냐하면 그러한 운동이 없을 수도 있기 때문이다. 이 딜레마에서 벗어나는 방법은 총 에너지가 고정된 P_1에서 P_2로의 모든 가능한 (또는 가상적인) 운동 중에서 작용을 최소화하는 것이다. 여기서 출발 시간과 도착 시간은 고정되어 있지 않다.

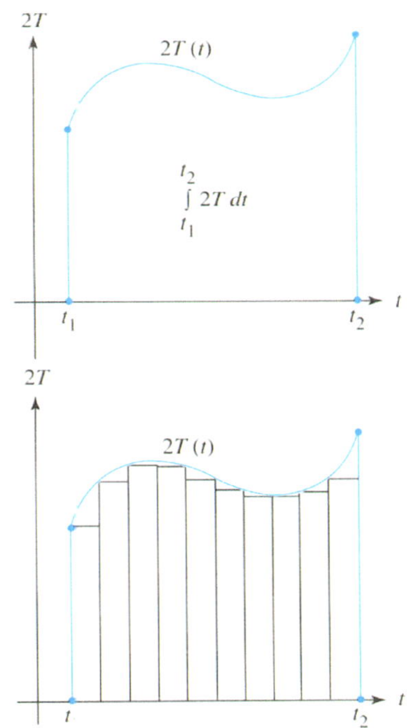

적분은 위 그림의 음영 영역의 넓이를 나타낸다. 적분 기호는 라이프니츠에 의해 도입되었으며, 합(sum)을 의미하는 양식화된 S이다. 이 기호는 근사 직사각형의 폭이 0에 가까워질 때 위의 음영 영역의 넓이가 근사 직사각형 넓이의 합으로 근사될 수 있다는 것을 나타낸다.

이 형태에서 작용 원리는 올바른 것으로 드러나지만, 종종 다루기 쉽지 않다. 따라서 라그랑주가 고안한 또 다른 판을 제시하겠다. 먼저 소위 *라그랑지안* 또는 *작용 밀도* $L = T - U$를 정의한다; 이는 운동 에너지와 위치 에너지의 차이다. 그러면 $E = T + U$로부터

$$2T = L + E$$

를 유추할 수 있으며, 따라서 총 에너지가 값 E_0로 일정한 운동에 대해

$$2T = L + E_0$$

를 찾는다. 이제 두 t-값 t_1과 t_2 사이에서 두 함수 $2T$와 $L + E_0$의 그래프

아래의 넓이를 생각한다. 두 그래프가 일치하기 때문에

$$\int_{t_1}^{t_2} 2T\,dt = \int_{t_1}^{t_2} (L + E_0)\,dt$$

를 유추할 수 있으며, 따라서

$$\int_{t_1}^{t_2} 2T\,dt = \int_{t_1}^{t_2} L\,dt + \int_{t_1}^{t_2} E_0\,dt$$

가 된다. 왼쪽의 적분은 작용 적분 A이며, 적분 $\int_{t_1}^{t_2} E_0\,dt$는 t-축 위의 t_1과 t_2 사이의 간격을 한 변으로 하는 높이 E_0의 직사각형의 넓이이다. 따라서 이 적분의 값은 $E_0(t_2 - t_1)$이며,

$$\int_{t_1}^{t_2} L\,dt = A + E_0(t_2 - t_1)$$

가 된다. 이 방정식에서 우리는 $\int_{t_1}^{t_2} L\,dt$ 적분이 P_1에서 P_2로의 실제 운동을 위한 변분 원리를 공식화하는 데 사용될 수 있음을 올바르게 추측한다. 이 새로운 변분 원리는 다음과 같이 말한다:

> 실제 운동이 t_1 시간에 P_1에서 시작하고, t_2 시간에 P_2에서 끝난다면, 실제 운동과 동시에 P_1에서 시작하고 P_2에서 끝나는 모든 운동 중에서 $\int_{t_1}^{t_2} L\,dt$ 적분에 대해 정지 값을 제공한다 (때로는 최솟값도 제공한다).

이 변분 원리의 새로운 특징은 첫 번째와는 달리 *보조 조건* $E = E_0$와 극한의 변동이 필요 없다는 것이다! 다시 말해, 가상 운동은 에너지 E가 일정한 운동으로 제한되지 않으며, t_1과 t_2를 고정할 수 있다. 이는 적분 $\int_{t_1}^{t_2} L\,dt$을 $\int_{t_1}^{t_2} 2T\,dt$보다 훨씬 쉽게 다루게 한다. 사실, 변분 원리

> $\int_{t_1}^{t_2} L\,dt$*에 대해 정지 운동을 찾으라*

는 더 어려운 상황과 다른 물리적 문제로 쉽게 일반화될 수 있는 작용

원리의 형태이다.[7]

독일과 프랑스에서는 이 원리를 흔히 *해밀턴의 원리*라고 불렀고, 영국에서는 *정지(또는 최소) 작용의 원리*라는 이름이 사용되었다. 현재는 두 이름이 모두 사용된다. 이상하게도 이 장의 시작에서 언급된 라그랑주의 논문 어디에서도 이 원리가 명시적으로 공식화되지 않았지만, 라그랑주의 달랑베르 원리의 재구성은 *작용* $\int L\,dt$*를 정지 상태로 만들어라*라는 원리와 동일시될 수 있으며, 이는 라그랑주가 그의 해석 역학을 작용 원리에 기반을 두었다는 우리의 이전 진술을 정당화한다. 이 작용 원리의 판은 위대한 아일랜드 수학자 윌리엄 로언 허밀턴(1805–1965)에 의해 명시적으로 공식화되었다. 그는 처음에 관련 원리를 *기하학적 광학*(즉, *광선*의 광학)에 적용했으며; 나중에 역학 문제를 유사한 방식으로 처리할 수 있다는 것을 발견했다. 점 역학 문제와 기하학적 광학 문제 간의 이러한 자연스러운 대응은 처음으로 해밀턴에 의해 완전히 실현되었으며, 이 발상의 기원은 페르마, 뉴턴, 요한 베르누이의 작업에서 찾을 수 있다. 처음에는 이 관찰이 단순히 형식적인 호기심과 유용한 장치에 불과했지만, 양자 역학과 상대성 이론에서 이는 물질의 파동적 본성과 빛의 입자적 본성을 이해하게 되었고, 결국 물질과 에너지의 동등성에 이르게 했다.

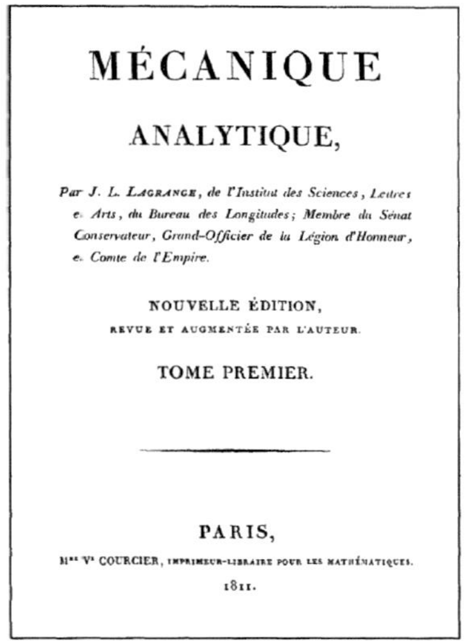
MÉCANIQUE

ANALYTIQUE,

Par J. L. Lagrange, de l'Institut des Sciences, Lettres et Arts, du Bureau des Longitudes; Membre du Sénat Conservateur, Grand-Officier de la Légion d'Honneur, et Comte de l'Empire.

NOUVELLE ÉDITION,

REVUE ET AUGMENTÉE PAR L'AUTEUR.

TOME PREMIER.

PARIS,

Mme Ve COURCIER, IMPRIMEUR-LIBRAIRE POUR LES MATHÉMATIQUES.

1811.

J. 라그랑주의 *해석 역학*(*Mécanique Analytique*), 1권, 파리, 1811년 (제2판)의 속표지.

상대성을 향하여

뉴턴의 시대에 그의 이론의 철학적 개념을 모두가 기꺼이 받아들였던 것은 아니다. 우리는 이미 하위헌스의 회의론을 언급했다. 요한 베르누이 역시 *프린키피아*를 신중히 읽었음에도 불구하고 데카르트주의자로 남았다. 그는 뉴턴에게 수많은 오류를 지적했으며, 뉴턴은 이를 2판(1713년)에서 수정했다. (*프린키피아*의 세 번째이자 최종판은 뉴턴이 사망하기 1년 전인 1726년에 출판되었다.) 베르누이는 수백만 마일의 거리에서도 공간의 진공을 통해 작용하는 힘의 개념을

[7] 하인리히 헤르츠는 이 변분 원리가 제한된 부류의 역학 문제에만 적용될 것이라고 생각했지만, 적절히 해석하면 일반적으로 참이라는 것이 1896년 오토 홀더에 의해 증명되었다.

안드로메다 은하. 릭 천문대에서 촬영한 사진 (크로슬리 반사 망원경).

믿기 어려워했다. 그는 이 힘을 물리학에서 명백하고 확실한 원칙 외에는 받아들이지 않는 사람들에게 반감을 일으키는 개념으로 보았다. 추가적으로, 라이프니츠는 만유인력을 비물질적이고 설명할 수 없는 힘으로, 철학적으로 무가치하다고 여겼다.

그러나 심지어 뉴턴도 이 힘이 어떻게 작용하는지에 대한 질문에 불편함을 느꼈으며, "나는 현상으로부터 이러한 만유인력의 속성의 이유를 추론할 수 없었고, 나는 가설을 만들지 않는다; 왜냐하면 현상으로부터 추론할 수 없는 것은 가설이라고 불려야 하기 때문이다"[8]라고 말하는 것 외에는 다른 설명을 할 수 없었다. 더욱이, 리처드 벤틀리에게 보낸 편지에서 그는 다음과 같이 썼다:

[8] 이것은 *프린키피아* 제2판의 마지막에 있는 *일반 주석*(*Scholium Generale*)에서 뉴턴이 한 유명한 진술이다(484쪽); 초판에서는 찾을 수 없다. 원문은 다음과 같다: "나는 아직 현상으로부터 이러한 만유인력의 속성의 이유를 추론할 수 없었으며, 가설을 만들지 않는다. 현상으로부터 추론되지 않은 것은 무엇이든 가설이라고 불려야 하며, 가설은 형이상학적이든 물리적이든, 숨겨진 성질에 기반하든 역학적이든, 실험 철학에서는 자리가 없다. . . . 그리고 만유인력이 실제로 존재한다는 것만으로 충분하다. . . ."

붉은 빛 속의 로제트 성운. 릭 천문대, 20인치 천체 항법도.

> 만유인력이 물질에 내재적이고 본질적이며 필수적이어서, 한 물체가 다른 물체에 거리를 두고 작용할 수 있어 그들의 작용이 서로 전달될 수 있다는 것은 나에게 너무나 큰 터무니없음이어서, 철학적 문제에 대해 적절한 사고 능력을 가진 사람이 그것에 빠질 수 없다고 믿습니다.

뉴턴은 *멀리서 작용*(*멀리서 작용하는 힘*을 의미하며 작용 원리에 나타나는 *작용*과 혼동되어서는 안 된다)이라는 용어를 만들었는데, 이 용어는 먼 거리에서의 만유인력의 신비한 효과를 설명하기 위해 사용되었다. 이 효과는 오늘날에도 뉴턴 시대와 마찬가지로 이해하기 어렵다. 우리가 보게 되겠지만, 아인슈타인은 이 개념을 더 기하학적인 모형으로 대체할 예정이었다.

뉴턴 동역학에는 더 큰 어려움이 있다. 그것은 뉴턴의 *절대 공간*과

절대 시간 개념과 관련이 있다. 따라서 이러한 개념을 살펴보도록 하겠다.

"공간이란 무엇이며, 우리가 공간에서 어디에 있는지를 어떻게 알 수 있는가?"라는 질문을 던져보자. 가장 유명한 두 천문학자가 공간적 위치를 어떻게 결정했는지 살펴보겠다.

갈릴레오는 공간에서의 각 위치를 지구의 표면에 대해 측정했으며, 우리는 여전히 많은 실험에서 이렇게 하고 있다. 이 절차는 올바르지 않지만, 이로 인해 발생하는 실수는 종종 무시할 수 있다.

케플러는 천문학적 좌표계를 사용했다. 그 중심은 태양계의 무게 중심에 고정되어 있으며, 좌표축은 하늘의 고정된 별들에 의해 방향이 정해진다. 이것은 오늘날에도 여전히 사용되고 있는 물리학의 표준 좌표계이다.

그러나 이 두 가지 해결책은 왜 하나의 좌표계가 다른 것보다 선호되어야 하는지에 대해 아무것도 말해주지 않는다. 이 질문에 대한 대답은 이론적으로 어떤 좌표계를 선택하든 상관없으며, 어떤 참조 체계이든 다른 것만큼이나 좋고, 길이, 무게, 부피를 측정할 때 야드나 미터, 파운드나 킬로그램, 쿼트나 리터를 사용하는 것이 무관한 것처럼 이 해결책을 취하든 저 해결책을 취하든 상관없다는 것이다. 실용적인 요구만이 특정한 선호를 이끈다: 목수는 자신의 제품의 길이를 킬리미터나 광년으로 측정하지 않고 미터나 센티미터로 측정할 것이며, 버스 운전사는 서울에서 부산까지의 거리가 센티미터나 나노센티미터로 표시된다면 기쁘지 않을 것이다.

그러나 이러한 대답은 다음과 같은 이유로 너무 단순하다. 뉴턴의 법칙이 어떤 참조 체계에서 성립한다고 가정하고, 어떤 이유로 좌표계를 변경하기로 결정했다고 가정해 보자. 예를 들어, 철도 객차에서 실험을 하고 있다고 가정하자; 실용적인 목적을 위해, 우리는 영국 그리니치에 고정된 지리학자의 참조 체계를 사용하는 것보다, 객차의 모서리 중 하나에서 만나는 세 모서리를 좌표계로 선택하고, 모서리와 모서리를 기준으로 위치를 측정하는 것이 더 편리하다고 생각할 수 있다.

그러면 우리는 뉴턴의 법칙이 표준 체계에서와 동일한 형태로 객차 체계에서도 성립한다고 확신할 수 있을까? 대답은 기차가 일정한 속력으로 직진하는 한 "예"이지만, 기차가 가속하면 "아니오"가 된다; 후자의 경우, 우리와 우리의 실험은 추가적인 힘의 영향을 받는다. (정확히 말하면, 기차가 속력을 줄이면 수학적 의미에서 가속하는 것이다; 그러면 가속도는 음수로 계산된다. 또한, 기차가 일정한 속력으로 곡선으로 돌 때 가속하는 것이다. 속도의 변화는 절대값이든 방향이든 가속을 의미한다.)

이러한 생각로부터 우리는 무엇을 결론지을 수 있을까? 동역학의 법칙은 서로 다른 참조 체계에서 다르게 보이며, 따라서 뉴턴의 법칙은 매우 특정한 좌표계에서만 성립할 수 있다: 이러한 체계 중 두 개는 서로 상대적으로 일정한 방향으로 일정한 속력으로 움직여야 한다. 이러한 *선호되는 좌표계*는 무엇일까? 케플러의 체계는 적어도 매우 작은 오차로 이러한 좌표계일까?

이것은 뉴턴의 역학 개념이 *절대 공간*과 같은 것을 필요로 함을 보여준다. 우리는 이를 절대 좌표계가 정지해 있는 무한히 확장된 3차원 상자로 상상하는 데 익숙하다.[9] 뉴턴의 법칙은 이 체계와 이 체계에 대해 (속력이나 방향의 변화가 없이) 상대적으로 균일하게 움직이는 모든 체계에서 성립한다. 이러한 체계를 *관성 체계*라고 한다.

뉴턴 동역학에 내재된 또 다른 개념은 *절대 시간*의 개념이다. 이는 초기 시점을 선택하면, 예를 들어 현재를 선택하면, 시간이 무한한 과거에서 무한한 미래로 흐른다고 가정해야 한다는 것을 의미한다. 더욱이, 뉴턴은 우리가 어떤 위치에 있든, 적어도 원칙적으로, 다른 물체가 공간에서 어디에 위치하는지를 말할 수 있다고 가정했다. 다시

[9] 절대 공간의 개념은 라이프니츠에 의해 거부되었으며, 그는 물질적 실체와의 관계 외에 공간의 어떤 개념도 철학적으로 필요하지 않다고 보았다. 라이프니츠와 뉴턴 철학의 지지자였던 새뮤얼 클라크는 1715–1716년 동안 유명한 편지 교환에서 이 질문을 논의했다. 버클리 주교는 뉴턴을 공격했지만, 이후 오일러와 칸트는 절대 공간의 개념을 옹호했다.

말해, 두 사건이 동시에 발생하는지 여부가 항상 명확하다는 것이다. 바로 이 뉴턴의 가정을 아인슈타인이 1905년 그의 특수 상대성 이론에서 처음으로 깨뜨렸다. 실험 자료로 인해, 그는 필연적으로 두 사건이 한 참조 체계에서는 동시에 발생할 수 있지만, 두 좌표계가 서로에 대해 균일하게 움직이더라도 다른 체계에서는 동시에 발생하지 않을 수 있다는 결론에 도달했다. 그러나 이러한 실험적 사실로부터 올바른 결론을 도출하는 데는 아인슈타인이 필요했다. 이러한 사실은 뉴턴 동역학에서 요구되는 것처럼 속도가 벡터(즉, *화살표*)처럼 더해지는 것은 아니라는 것을 의미한다.

특수 상대성 이론이 제공한 주요 통찰 중 하나는 공간과 시간을 분리할 수 없다는 것이다. 대신, 공간과 시간은 불가분하게 연결된 것으로 보아야 한다. 아인슈타인에 따르면, 물리 법칙이 성립하는 서로에 대해 일정한 속도로 움직이는 무수히 많은 관성 체계가 존재한다. 그러나 하나의 참조 체계에서 다른 체계로 변경할 때, 두 좌표계가 서로에 대해 일정하게 움직이더라도 시간을 그대로 두고 기하학적 길이를 변경하지 않는 것은 허용되지 않는다. 이는 다음과 같은 이상한 함축을 의미한다.

어떤 관성 체계에서 정지 상태인 철로가 있고 처음에는 움직이지 않는 기차가 있다고 가정해 보자. 한 관찰자는 기차의 길이를 L 미터로 측정한다. 그런 다음 기차가 출발하여 속력 v까지 가속되며 지나가는 기차를 보는 관찰자가 다시 한 번 측정한다. 그는 기차의 길이를

트램펄린 위의 강철 공.

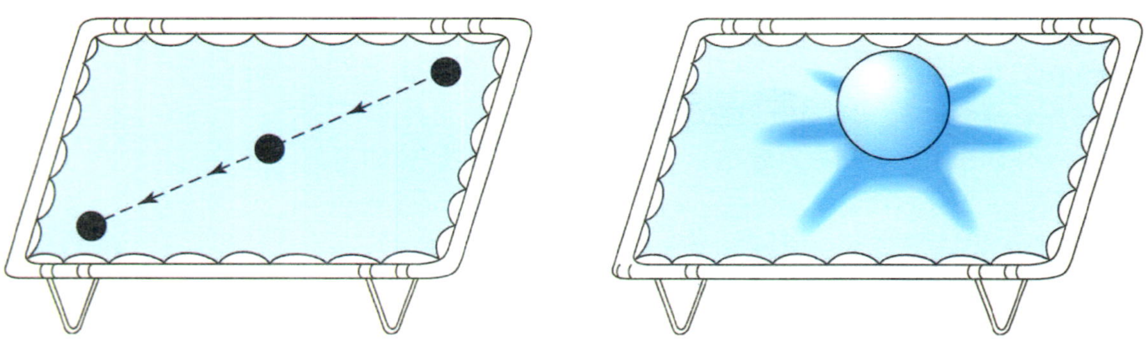

$L\sqrt{1-(v^2/c^2)}$ 미터로 결정한다. 여기서 c는 빛의 속력이다. 즉, 기차의 속력 v가 c에 가까워지면, 외부 관찰자에게는 기차의 길이가 0으로 줄어든다!

아인슈타인은 여기서 멈추지 않았다. 그는 어떤 관성 체계도 별정되지 않지만 기본 법칙이 각 시공 좌표계에서 동일한 형태로 성립하는 물리학의 공식화를 찾으려고 했다. 그래서 그는 자신의 발상에 적합한 수학적 틀을 찾으려고 했다. 그의 수학자 친구 마르셀 그로스만의 도움을 받아, 그는 이러한 틀이 놀랍게도 이미 가우스, 리만, 그리고 이탈리아, 독일, 프랑스의 후속 두 세대의 기하학자들에 의해 거발되었음을 깨달았다. 아인슈타인은 유클리드의 공리에 의해 정의된 2차원 및 3차원 공간과 같은 *평평한* 것이 아니라, 곡률이 있는 4차원 시공간 세계의 개념을 고안했다. 이 세계의 곡률은 물질과 에너지에 의해 생성된다. 많은 양의 물질 근처에서 4차원 세계의 곡률의 양은 크다; 물질에서 멀리 떨어져 있으면 거의 0이다. 한편으로는 곡률과 다른 한편으로는 물질과 에너지 사이의 정확한 관계가 아인슈타인의 *장 방정식*의 내용이다. 놀랍게도, 다비트 힐베르트가 발견했듯이, 이러한 방정식은 변분 원리를 따른다.

아인슈타인의 이론에서는 큰 거리를 통해 작용하는 힘의 개념이 시공간 세계의 곡률로 대체되었다. 아인슈타인의 계획을 명확히 하기 위해, 우리는 그의 기본 발상 중 일부를 전달하는 과도하게 단순화된 모형을 제시할 것이다. 우리는 공간을 원래 평평한(진공 상태) 트램펄

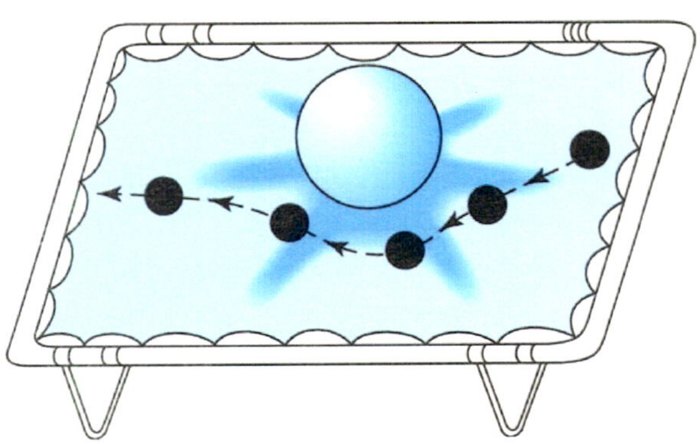

린으로 상상하고, 어느 지점에서 거대한 강철 공(태양)의 무게로 인해 크게 변형된 곡면으로 나타낸다. 트램펄린 위를 구르는 작은 강철 공이 우리의 행성 지구이다.

알베르트 아인슈타인 (1879–1955), 1905년 베른 특허청에서 책상에 앉아 있는 모습.

작은 강철 공을 평평한 트램펄린 위에서 굴리면, 직선 경로로 이동할 것이다. 그러나 이제 거대한 강철 공을 중앙에 놓으면, 트램펄린은 큰 공에서 *멀리 떨어져 있어도* 휘어질 것이다. 그런 다음 작은 공을 밀면, 더 이상 직선으로 이동하지 않고 곡선 경로로 이동할 것이다. 큰 공은 주변 공간을 휘게 함으로써 작은 공의 궤적에 영향을 미친다. 적절한 힘으로 작은 공은 한동안 큰 공을 공전할 수도 있다. 이 트램펄린 모형은 큰 물체가 공간을 휘게 하여 먼 거리에서 작은 물체에 어떻게 영향을 미칠 수 있는지를 설명한다.

더욱이, 아인슈타인의 곡선 세계에서 빛은 *측지선*을 따라 이동한다. 그는 빛이 태양 근처와 같은 큰 곡률 영역을 통과하면 휘어져야 한다고 예측했다. 보통 밝은 태양 근처에서 빛의 경로를 관찰하는 것은 불가능하지만, 개기일식은 그러한 측정을 위한 멋진 기회를 제공한다. 두 차례의 영국 탐사대가 (에딩턴과 코팅엄이 이끈) 뉴기니와 브라질 북부 소브랄로 향했다. 이들은 1919년 5월 29일의 개기일식 현상을 이용해 별에서 나오는 빛이 태양 근처를 지날 때 휘어지는지를 관찰했다. 두 원정대 모두 아인슈타인의 예측을 확인할 수 있었고, 에딩턴은 나중에 이렇게 썼다:

> 오, 현자들에게 우리의 측정을 비교하게 하자;
> 적어도 한 가지는 확실하다: 빛에는 무게가 있다.
> 한 가지는 확실하고, 나머지는 논쟁 중이다:
> 빛의 경로는 태양 근처에서 직선으로 가지 않는다.

우리는 1922년 6월 29일 베를린 아카데미에서 *라이프니츠의 날*에 맥스 플랑크가 한 강연을 인용함으로써 우리의 설명을 마치고자 한다. 청중에게 라이프니츠의 인격을 상기시킨 후, 그는 이 위대한 과학자이자 철학자의 매우 특별한 업적에 주의를 기울였다:

... *신정론*은 결국 우리 세계에서 발생하는 모든 일, 대규모든 소규모든, 자연에서든 정신적 삶에서든, 모든 것이 신성한 이성에 의해 한 번에 규제되며, 우리 세계가 가능한 모든 세계 중에서 가장 좋은 세계라는 진술로 절정에 달한다.

현재의 고통을 생각할 때, 물질적 이익을 목표로 하지 않은 많은 노력의 쓰라린 실패를 생각할 때, 오늘날 상상된 일반적인 조화가 그 실현에서 더 멀리 떨어져 있는 것처럼 보이는 부정할 수 없는 사실을 고려할 때, 라이프니츠는 오늘날에도 이 진술을 재확인할까? 의심할 여지 없이, 우리는 이 질문에 긍정적으로 대답해야 하며, 라이프니츠가 불리한 운명과 모든 종류의 실망에도 불구하고 마지막 해까지 진지하게 자신을 몰두했다는 것을 알지 못하더라도 그렇다. 그리고 우리는 그에게 생애 가장 슬픈 날들에 지지와 위안을 준 것이 바로 *신정론*이라고 가정하는 것이 틀리지 않을 것이다. 이는 외부 세계의 경험과는 무관하게 우리의 가장 심오하고 가장 신성한 원칙이 우리 내면의 영혼에 깊이 뿌리를 내리고 있다는 오래된 진실의 감동적인 또 다른 예이다.

막스 플랑크 (1858–1947).

현대 과학은 특히 인과성 개념의 발달의 영향으로 라이프니츠의 목적론적 관점에서 멀리 떨어져 있다. 과학은 특별한 예측적 이성의 가정을 버렸으며, 자연 및 정신 세계의 각 사건이 적어도 원칙적으로 이전 상태로 환원할 수 있다고 간주한다. 그러나 우리는 특히 가장 정확한 과학에서, 적어도 이 맥락에서 가장 놀라운 사실을 발견한다. 현재 이론적으로 조직된 물리학은 완전히 시공간 미분 방정식 체계에 의해 지배되며, 이는 자연의 각 과정이 그 즉각적인 시간적 및 공간적 이웃에서 발생하는 사건에 의해 완전히 결정된다고 명시한다. 이 전체적으로 풍부한 미분 방정식 체계는 역학적, 전기적, 자기적, 열적 과정을 참조하기 때문에 세부적으로 다르지만, 이제 하나의 정리, 최소 작용의 원리에 완전히 포함되어 있다. 간단히 말해, 가능한 모든 과정 중에서 실제로 발생하는 것은 최소한의 작용을 수반하는 과정이라는 것이다. 우리가 볼 수 있듯이, 최소량의 작용을 선호하는 데서 신성한 이성의 지배를 인식하는 데는 단지 짧은 단계만이 필요하며, 따라서 라이프니츠의 우주 목적론적 질서의 일부를 발견할 수 있다. 관점의 차이는 본질적인

> 차이가 아니며, 다만 해석의 차이에 불과하다. 첫 번째는 매우 작은 것에 시선을 제한하는 반면, 다른 하나는 공간과 시간의 큰 거리를 포괄한다. 이 기회에 각자는 자신이 기본적이라고 생각하는 관점을 스스로 결정해야 하며, 결국 어떤 접근 방식이 더 성공적일지를 물어야 한다.
>
> 현대 물리학에서 최소 작용의 원리는 상대적으로 작은 역할을 한다. 그것은 현재 이론의 틀에 완전히 맞지 않는다. 물론, 이는 인정된 정확한 진술이다; 그렇지만, 보통 이론의 기초로서가 아니라, 진실하지만 불필요한 부록으로 작용한다. 왜냐하면 현재 이론 물리학은 완전히 미소한 국부적 효과의 원리에 맞춰져 있으며, 큰 공간과 시간으로의 확장을 불필요하고 비경제적인 방법 처리의 복잡성으로 보기 때문이다. 따라서 물리학은 최소 작용의 원리를 물리적 지식의 기둥이라기보다는 형식적이고 우연한 호기심으로 보는 경향이 있다.
>
> 따라서 이 원리가 원래 라이프니츠[10]와 모페르튀이에 의해 역학적 정리[11]로 간주되었음에도 불구하고, 헤르만 폰 헬름홀츠에 의해 그의 시대의 전체 물리학에 아무런 제한 없이 유효하다는 것이 발견된 것은 더욱 놀라운 일이었다. 최근 다비트 힐베르트는 해밀턴의 정리 판을 사용하여 아인슈타인의 일반 상대성 이론에서 이를 확립했다. 상황이 복잡해질수록 그러한 간단한 법칙의 지배가 단순한 우연일 가능성은 줄어든다. 일반적으로 받아들여지는 간단하고 일반적인 관계를 설명할 수 없다면 그것은 접근 방식이 불완전하다는 확실한 신호이다. 발견된 모든 법칙이 그 모든 의미와 관련성을 이해하고 전체 이론 구조에 통합될 때만 우리의 이해에 대한 욕구가 만족될 것이다.

1935년 6월 27일에 열린 또 다른 라이프니츠의 날 강연에서, 플랑크는 *신정론*의 주요 문장, 즉 가능한 모든 세계 중에서 우리의 세계가 가장 좋다는 것에 대해 다시 숙고했다:

---

[10] 플랑크는 라이프니츠를 최소 작용 원리의 발견자로 여겼다.

[11] 플랑크의 이 진술은 1장에서의 설명을 통해 볼 때 완전히 맞는 것은 아니다.

> 오늘날 인류의 발전에서 합리적인 의미를 찾기가 점점 더 어려워 보이는 상황에서, 이 문장은 그 대담함으로 인해 괴기스럽게 보일 수 있다. 라이프니츠가 현재의 사건, 세계 대전의 공포, 일반적인 상호 불신과 점점 증가하는 무장을 직면했을 때도 이 문장을 유지할까? 우리는 이 질문에 대해 긍정해야 할 것이다. 라이프니츠가 그의 생애 첫 2년 동안 닥친 삼십년 전쟁의 끔찍한 참화로 인해서도 그의 철학을 잃지 않았고, 그의 나라의 후속의 깊은 굴욕으로 인해서도 그의 철학을 잃지 않았다는 것을 알지 못하더라도 말이다. 즉, 신정론의 철학은 역사에 의해 증명되거나 반증될 수 없다는 것이 사실이다. 그것은 경험의 결과가 아니라 라이프니츠의 세계관의 전제이자 출발점이다. 그의 철학적 관점에 따르면, 모든 명백한 모순, 각 고통, 세상의 모든 부당함은 우리의 제한된 인간 정신이 창조의 전체 계획과의 모든 단일 사건의 전체 연결을 인식할 수 없다는 사실로 추적될 수 있다. 일부가 파괴됨으로써 전체가 발전할 수 있는 것처럼, 국부적인 악이 일반적인 것을 개선하고 완벽하게 만드는 데 도움이 될 수 있다.

추신: 플랑크의 장남 카를은 1916년 베르됭에서 전사했다; 두 딸은 첫 아이를 출산할 때 사망했다; 막내아들 어르빈은 1944년 7월 20일에 있었던 폰 슈타우펜베르크 암살 시도에 연루되어 히틀러의 범죄 판사 프라이슬러에 의해 사형을 선고받았고, 1945년 1월에 처형되었다. 그 직후, 플랑크는 모든 개인 소지품을 잃었고, 거의 87세의 나이에 그는 그의 전후에 있는 수백만 명과 마찬가지로 서쪽으로 피난 가는 대규모 피난 행렬에 합류하게 되었다.

우주 속의 태양계. 오일러의 *행성과 혜성의 운동 이론*에 있는 베르트(F. K. 프리쉬 이후)의 판화, 베를린, 1744년.

참고문헌, 주석, 및 추가 읽기

들어가는 말

에른스트 헤켈 (1834–1912)은 1865년부터 1909년까지 독일 예나의 동물학 교수로, 독일에서 다윈주의의 초기 옹호자 중 한 사람이었다. 그는 전 세계를 통한 광범위한 과학 탐사에 참여했으며, 원시 해양 동물군을 체계적으로 조사하고 기술했다. 그의 출판물은 삽화로 유명하며, 서지학적 희귀본이다. 이 책과 관련된 몇 가지는 다음과 같다:

Reports of the Scientific Results of H.M.S. Challenger (London: 1881–1889). 헤켈의 *챌린저 보고서* 기고문은 1966년에 재인쇄되었다(뉴욕: 존슨 리프린트 주식회사).

Kunstformen der Natur (Leipzig: 1899–1904).

Das Protistenreich: Eine populäre Übersicht über das Formengebiet der niedersten Lebewesen (Leipzig: 1878; Paris: 1880).

Die Radiolarien: Eine Monographie (Berlin: part 1: 1862; parts 2 through 4: 1887–1888).

다음 책들은 자연에서 형태와 양식에 대한 다소 현대적인 설명이다:

D'Arcy W. Thompson, *On Growth and Form* (Cambridge University Press, 1917; abridged edition by J. T. Bonner, 1961).

Peter S. Stevens, *Patterns in Nature* (Little, Brown, 1974).

Wolf Strache, *Forms and Patterns in Nature*, 2d ed. (Pantheon, 1973).

Stanislaw Ulam, *Patterns of Growth of Figures: Mathematical Aspects*, in Gyorgy Kepes, ed., *Module, Proportion, Symmetry, Rhythm* (Braziller, 1966).

Frei Otto and collaborators: *Natürliche Konstruktionen* (Stuttgart: Deutsche Verlags-Anstalt, 1982).

제1장

모페르튀이의 삶과 업적, 그리고 과학사에서 그의 위치는 피에르 브루네에 의해 두 권의 단행본에서 설명되었다:

Maupertuis: Étude Biographique (Paris: Blanchard, 1929).

Maupertuis: L'oeuvre et sa place dans la pensée scientifique et philosophique du XVIIIe siècle (Paris: Blanchard, 1929).

이 단행본 중 두 번째는 모페르튀이의 출판물과 모페르튀이의 기여와 관련된 다른 저자들의 출판물을 나열하고 있다. 더욱이, 우리는 브루네의 *Étude historique sur la principe de la moindre action* (Paris, 1938)을 참조한다.

17세기와 18세기의 수학과 물리학 역사에 대한 풍부한 사실의 출처는 레온하르트 오일러의 *전집* (*Opera Omnia*, 1권에서 4권까지)이다. 70권 이상의 책이 출판되었지만, 편집은 여전히 진행 중이다. 많은 일류 수학자들이 *전집*에 주석과 역사적 언급을 추가했다.

라이프니츠와 볼테르에 대한 2차 및 3차 문헌은 너무 방대하고 쉽게 접근할 수 있어 여기에 나열하지 않겠다.

뉴턴의 전집은 현 세기에 출판되었다. *The Mathematical Papers of Isaac Newton*, D. T. Whiteside 편집 (케임브리지: 케임브리지 대학교 출판부, 1967–1976)을 참조하라. *Philosophiae Naturalis Principia Mathematica*의 초판은 1687년에, 두 번째 판은 1713년에, 세 번째 판은 1725–1726년에 나왔다. 이후의 모든 판은 뉴턴 사후에 출판되었다. F. 카조리의 영어 번역본 *Mathematical Principles of Natural Philosophy and the System of the World*는 캘리포니아 대학교 출판부(버클리: 1934)

에서 출판되었다. 아이작 뉴턴의 *프린키피아*의 세 번째 판(1726)의 결정판은 케임브리지 대학교 출판부에서 A. 코이레와 I. B. 코헨에 의해 두 권으로 출판되었다(1972). I. B. 코헨은 같은 곳에서 *프린키피아*에 대한 소개를 출판했다. 라이프니츠의 주석 전사와 함께 E. A. 펠만이 편집한 *프린키피아*의 판은 G. W. Leibniz. *Marginalia in Newtoni Principia Mathematica*. Editio prima ab E. A. Fellmann이라는 제목으로 출판되었다; (L'Histoire des Sciences. Textes et Etudes. Paris, Librairie Philosophique J. Vrin, 1973 시리즈에서). 뉴턴의 고전 전기는 데이비드 브루스터의 *The Life of Sir Isaac Newton* (런던: 1981)으로, 확대된 두 번째 판에서는 *Memoirs of the Life, Writings, and Discoveries of Sir Isaac Newton, two volumes*이라는 제목으로 출판되었다(에든버러: 1860). 뉴턴의 추가 전기는 F. 로젠버거 (라이프치히, 1895), A. 드 모건 (시카고와 런던: 1914), L. E. 무어, *Isaac Newton: A Biography* (1934; 도버 재판에서 이용 가능), W. 스터클리 (1936), 그리고 R. W. 웨스트폴의 *Never at Rest. A Biography of Isaac Newton* (케임브리지 대학교 출판부, 1980)에 의해 작성되었다.

변분법의 역사에 대해서는 다음을 참조하라.

Leonhard Euler, *Opera Omnia*, ser. 1, vol. 24.

Herman H. Goldstine, *A History of the Calculus of Variations from the Seventeenth through the Nineteenth Centuries* (Springer-Verlag, 1980), 변분법의 역사에 대한 몇몇 전기를 포함하고 있다.

17세기 이후 수학의 역사에 대한 가장 중요한 출처는 괴팅겐, 라이프치히, 뮌헨, 비엔나 학술원에서 편집한 *수학 과학 백과사전*(*Encyklopädie der Mathematischen Wissenschaften*)인데, 이 백과사전은 24권으로 구성되어 있다(토이브너, 1898–1934). 여전히 관심을 끄는 두 가지 오래된 설명은 I. 토드헌터의 *A History of the Progress of the Calculus of Variations during the Nineteenth Century*(런던: 맥밀런, 1861)와 R. 우드하우스의 *A Treatise on Isoperimetrical Problems, and the Calculus of Variations*(케임브리지, 영국: 데이턴, 1810)이다. 이 두 책은 뉴욕의 첼시 출판사에서 재출판되었다.

제2장

광범위한 수학사 연구에도 불구하고, 고대 수학에 대한 우리의 지식은 완전하지 않다. 역사 연구에 대한 비판적 태도의 예로는 오토 노이게바우어의 *The Exact Sciences in Antiquity* (프린스턴 대학교 출판부, 1956)을 추천한다.

고대 그리스 수학에 대한 입문서로는 다음을 제안한다:

B. L. van der Waerden, *Science Awakening* (P. Noordhoff, 1954).

Morris Kline, *Mathematical Thought from Ancient to Modern Times* (Oxford University Press, 1972).

Morris Kline, *Mathematics in the Modern World: Readings from Scientific American* C. H. Freeman and Company, 1968).

학문적인 설명에 대해서는 다음을 참조하라:

Moritz Cantor, *Vorlesungen über Geschichte der Mathematik*, vol. 1 (Leipzig: Teubner, 1894).

Thomas L. Heath, *A History of Greek Mathematics* (Oxford University Press, 1921).

H. G. Zeuthen, *Geschichte der Mathematik im Altertum und Mittelalter* (Copenhagen: 1896).

유클리드와 아르키메데스의 기본 번역본은 다음 작품들에 포함되어 있다:

Thomas L. Heath, *The Thirteen Books of Euclid's Elements* (Cambridge: 1926).

Thomas L. Heath, *The Works of Archimedes with a Supplement: The Method of Archimedes*, Recently Discovered by Heiberg (Cambridge: 1897,1912).

이 두 번역본은 뉴욕의 도버 출판사에 의해 재출판되었다. 아르키메데스의 삶, 그의 원고와 판본의 역사, 아르키메데스에 대한 역사적 자료, 그리고 아르키메데스 작품의 새로운 영어 번역본은 E. J. 데이크스터허이스의 *Archimedes* (Copenhagen: Ejnar Munksgaard, 1956)에 의해 제공되었다. 여기에서 독자는 시라쿠사의 방어와 불타는 거울에 대한 추가 정보를 찾을 수 있다.

천문학의 역사를 처음부터 약 1900년까지 매우 읽기 쉽게 설명한 책은 아서 베리의 *A Short History of Astronomy*(London: John Murray, 1898)이다. 이 책은 또한 아인슈타인의 상대성 이론 이전의 천문학 문헌에 대한 잘 선택된 참고 문헌을 포함하고 있다. 또 다른 하나는 R. 울프의 *Handbuch der Astronomie, ihrer Geschichte und Literatur,* 두 권 (Zurich: 1890-1893; reprint Hildesheim, 1973)이다.

등주 문제의 역사에 관해서는 헬무트 게리케의 *Zur Geschichte des Isoperimetrischen Problems, Mathematische Semesterberichte* 29 (1982): 160–187을 참조하라.

제3장

헤론의 빛 반사 원리, 슈바르츠의 삼각형 문제, 슈타이너 문제 및 관련된 변분법 질문은 다음 단행본에서 다루어진다:

Hugo Steinhaus, *Mathematical Snapshots* (Oxford University Press, 1950).

Hans Rademacher and Otto Toeplitz, *Von Zahlen und Figuren* (Berlin: Springer, 1933).

Richard Courant and Herbert Robbins, *What Is Mathematics?* (Interscience, 1941; and more recent editions).

D. Hilbert and S. Cohn-Vossen, *Anschauliche Geometrie* (Berlin: Springer, 1932).

이 중에서 첫 번째 책은 재미있고 쉽게 이해할 수 있는 수학적 질문에 대한 입문서이다. 쿠란트와 로빈스의 책은 우리가 알고 있는 가장 좋은 수학 입문서이지만, 이를 사용하려면 기본적인 수학 지식이 필요하다. 마지막으로 언급된 책은 1920–1921년 겨울 학기에 괴팅겐 대학교에서 힐베르트가 진행한 유명한 강의에서 발전한 것이다. *Anschauliche Geometrie*는 수학에 관한 가장 아름다운 책 중 하나이지만, 쿠란트와 로빈스의 책처럼 좋은 기본적인 수학 지식이 필요하다.

가케야 문제의 해답에 대해서는 다음을 참조하라:

A. S. Besicovitch, *On Kakeya's Problem and a Similar One*, *Mathematische Zeitschrift* 27 (1927): 312–320.

17세기와 18세기의 수학 발전은 다음에 광범위하게 설명되어 있다:

Moritz Cantor, *Vorlesungen über Geschichte der Mathematik*, four volumes (Leipzig: Teubner, 1880–1898).

영어로 된 출판물에는 다음이 포함된다.

F. Cajori, *A History of Mathematics* (New York: 1984; plus various past editions) .

D. E. Smith, *A History of Mathematics*, two volumes (Boston: 1923–1925; Dover reprint, 1958).

E. T. Bell, *The Development of Mathematics* (New York: McGraw-Hill, 1945).

W. W. R. Ball, *A Short Account of the History of Mathematics* (New York: Dover, 1960).

C. B. Boyer, *A History of Mathematics* (New York: Wiley, 1968).

E. E. Kramer, *The Nature and Growth of Modern Mathematics* (Princeton University Press, 1981).

추가로, 우리는 이 저작물을 참조한다:

Leonhard Euler, 1707–1783: *Beiträge zu Leben und Werk*, Gedenkband des Kantons Basel-Stadt (Basel: Birkhäuser, 1983).

이 기념집에는 오일러에 관한 2차 문헌의 완전한 참고 문헌이 포함되어 있다. 요한 베르누이가 로피탈 후작에게 판매한 미적분학에 관해서는 *Der Briefwechsel von Johann Bernoulli*, 1권 (Basel: Birkhäuser Verlag, 1955): 123–157을 참조하라.

제4장

역학의 역사에 관한 가장 영향력 있는 책 중 하나는 에른스트 마흐의 *Die Mechanik in ihrer Entwicklung*(Prague: 1883; and many later editions)이다. 마흐 작품의 많은 측면이 강하게 비판받았지만, 신중한 독자에게 이 책은 여전히 매우 유익하다. 클리포드 트루스델의 *Essays in the History of Mechanics*(Springer-Verlag, 1968)와 함께 읽어야 한다.

역학 원리의 역사에 대한 개요는 다음에서 제공된다:

István Szabó, *Geschichte der mechanischen Prinzipien* (Basel and Stuttgart: Birkhäuser Verlag, 1977).

René Dugas, *Histoire de la mécanique* (Neuchatel: 1950).

R. Taton, ed., *Histoire générale de la science*, four volumes (Paris: 1957).

마지막 논문에는 좋은 참고 문헌이 포함되어 있다.

모세관 현상의 수학적 이론은 1805년 토머스 영(*Essay on the cohesion of fluids*, London Philosophical Transactions of the Royal Society)

과 1806년 피에르 시몽 라플라스(*Supplément au livre dixième de la mécanique céleste*; Oeuvres 4, Paris: 1845)에 의해 수립되었다. 라플라스는 그의 시대의 위대한 과학자 중 한 명이었다. 그의 *Traité de la mécanique céleste*는 천체 역학의 초석이다.

현 세기 동안 모세관 현상의 수학적 이론의 발전에 대해서는 로버트 핀의 *Equilibrium Capillary Surfaces* (Springer-Verlag, 1986)를 참조하고, 이 분야에 대한 대중적인 입문서로는 C. V. 보이스의 고전 *Soap Bubbles, Their Colours and the Forces Which Mold Them* (1911; Dover reprint, 1959)을 참조하라.

제5장

극소곡면 이론에 기여한 많은 수학자들에게 충분하게 공로를 돌리는 것은 공간 부족으로 인해 불가능하다. 우리는 이 분야에 대한 개요를 제공하는 극소곡면에 대한 몇 가지 단행본만 언급할 것이다. 극소곡면 이론은 이 주제에 관한 라그랑주의 첫 번째 논문(1760)에서 시작되었으며, 요하네스 C. C. 니체의 강의 *Vorlesungen über Minimalflächen*(Berlin, Heidelberg, New York: Springer-Verlag, 1975)과 U. 디어케스, S. 힐데브란트, A. 쿠스터, O. 볼라브의 논문 *Minimal Surfaces I & II*(Berlin, Heidelberg, New York: Springer-Verlag, 1992, two volumes)에서 설명되어 있다.

오래되고 훨씬 덜 완전한 개요는 다음에서 찾을 수 있다.

T. Radó, *On the Problem of Plateau*, in *Ergebnisse der Mathematik und ihrer Grenzgebiete* (Berlin: Springer-Verlag, 1933).

R. Courant, *Dirichlet's Principle, Conformal Mapping, and Minimal Surfaces* (New York: Interscience, 1950).

R. Osserman, *A Survey of Minimal Surfaces* (New York: Van Nostrand, 1969) .

기하학적 측도 이론을 극소곡면 이론에 사용하는 기본 발상은 F. 알름그렌의 *Plateau's Problem: An Invitation to Varifold Geometry*(New York: Benjamin, 1966)와 F. 모건의 *Geometric Measure Theory-A Beginner's Guide*(Boston: Academic Press, 1988)에서 찾을 수 있다. 기하학적 측도 이론에 대한 근본적인 단행본은 H. 페더러의 *Geometric Measure Theory*(New York: Springer-Verlag, 1969)이다. 최근의 몇 가지 개요는 다음과 같다.

R. Böhme, *New Results on the Classical Problem of Plateau on the Existence on Many Solutions, Séminaire Bourbaki* 579 (1981-1982).

A. Tromba, *On the Number of Simply Connected Minimal Surfaces Spanning a Curve, Memoires of the American Mathematical Society* 12, 194 (1977).

W. Meeks, *Lectures on Plateau's Problem, Escola de Geometria Differencial* (Univ. Fed. de Ceara, 1978).

M. Struwe, *Plateau's Problem and the Calculus of Variations* (Princeton University Press, Princeton 1988).

F. Jost, *Two-dimensional Geometric Variational Problems* (New York: Wiley, 1991).

A. T. Fomenko and A. A. Tuzhilin, *Elements of the Geometry and Topology of Minimal Surfaces in Three-dimensional Space* (American Mathematical Society Translations, vol. 93, 1991).

L. Simon, *Lectures on Measure Theory* (Proceedings of the Centre for Mathematical Analysis, Australian National University, Canberra, 1984).

우리는 모자이크, 타일링, 가장 조밀한 포장, 구의 무리 등과 같은 규칙적인 구성의 이론과 밀접하게 관련된 최적성 측면을 (거의) 생략했다. 이 매력적인 분야는 많은 미해결 문제를 포함한 놀라운 문제들을 포함하고 있다. 다행히도 우리는 훌륭한 설명을 참조할 수 있다: L. 페예시 토트의 *Reguläre Figuren*(Leipzig: Teubner, 1965), 현재 영어 번역본이 제공된다.

벌집의 최적성에 대해서는, L. 페예시 토트의 *What the Bees Know and What They Do Not Know, Bulletin of the American Mathematical Society* 70 (1964): 467–481을 참조하라.

전기 자료는 다음에서 가져왔다.

J. C. C. Nitsche, *Plateau's Problems and Their Modern Ramifications, American Mathematical Monthly* 81 (1974): 945–698.

G. van der Mensbrugge, *Joseph Antoine Ferdinand Plateau, Annuaire Academie Royale Science Bruxelles* 51 (1885): 389–473.

극소곡면, 비누 거품 및 기타 최적 구조와 그들의 건축적 응용은 다음에서 논의된다.

Zugbeanspruchte Konstruktionen, Frei Otto, ed., two volumes (Frankfurt, Berlin: Ullstein Fachverlag, 1962 and 1966; an English translation is available).

Ludwig Glaeser, *The Work of Frei Otto* (New York: The Museum of Modern Art, 1972).

Frei Otto and collaborators, *Natürliche Konstruktionen* (Stuttgart: Deutsche Verlags-Anstalt, 1982).

마지막 책에는 관련 문헌이 선택되어 포함되어 있다.

결정학적 관점은 피터 피어스의 *Structure in Nature Is a Strategy for Design*(Chatsworth, Calif.: Synestructics, 1978)에서 강조된다.

제6장

등주 문제에 관한 고전은 다음과 같다.

W. Blaschke, *Kreis und Kugel* (Berlin: W. de Gruyter, 1916; and later editions) .

등주 문제와 관련된 결과에 대한 개요는 다음에서 찾을 수 있다:

T. Bonnesen and W. Fenchel, *Theorie der konvexen Korper* (Berlin: Springer, 1934; reprinted by Chelsea Publications, New York, 1948).

고전적인 등주 문제와 관련된 현상은 다음의 영향력 있는 단행본에서 연구되었다:

G. Pólya and G. Szegö, *Isoperimetric Inequalities in Mathematical Physics*, *Annals of Mathematical Studies*, no. 27 (Princeton University Press, 1951).

일반화된 등주 문제의 전형적인 예는 주어진 넓이의 평면 영역이 가장 큰 모래 더미를 지탱할 수 있는지에 관한 정리이다. 이 결과와 최대 비틀림 모멘트를 가진 탄성 기둥의 단면에 대한 정리는 다음에 의해 증명되었다.

J. Leavitt and P. Unger, *Circle Supports of Largest Sand Pile*, *Communications on Pure and Applied Mathematics* 15 (1962): 35–37.

모세관 현상에 대한 실험은 다음에서 설명된다:

J. Plateau, *Statique Experimentale et Theorique des Liquides Soumis aux Seules Forces Moleculaires*, two volumes (Paris: Gauthier-Villars, 1873).

G. Bakker, *Kapillarität und Oberflachenspannung*, *Handbuch der Physik*, vol. 6 (Akademie Verlagsgesellschaft, 1928).

*우주선에서 목욕하는 방법*이라는 절에서 설명된 일부 결과는 다음 저작물에서 찾을 수 있다:

P. Concus and R. Finn, *On Capillary Free Surfaces in the Absence of Gravity*, *Acta Mathematica* 132 (1974): 177–198.

P. Concus and R. Finn, *On the Behavior of a Capillary Surface in a Wedge*, *Proceedings of the National Academy of Sciences* 64 (1969): 292-299.

J. E. McDonald, *The Shape of Raindrops*, *Scientific American* (February 1954: 64–68).

*행성, 회전하는 물방울, 그리고 원자의 핵*이라는 절에 관해서는 다음을 참조하라:

J. L. Tassoul, *Theory of Rotating Stars* (Princeton University Press, 1978).

S. Chandrasekhar, *Ellipsoidal Figures of Equilibrium: An Historical Account*, *Communications on Pure and Applied Mathematics* 20 (1967): 251-265; and *Ellipsoidal Figures of Equilibrium* (New Haven and London: 1969).

L. Lichtenstein, *Astronomie und Mathematik in ihrer Wechselwirkung* (Leipzig: S. Hirzel, 1923).

L. Lichtenstein, *Gleichgewichtsfiguren rotierender Flüssigkeiten* (Berlin: Springer, 1933).

W. S. Jardetzky, *Theory of Figures of Celestial Bodies* (New York: Interscience, 1959).

W. J. Swiatecki, *The Rotating, Charged, or Gravitating Liquid Drop, and Problems in Nuclear Physics and Astronomy*, International Colloquium on Drops and Bubbles, Pasadena, August 28-30, 1974 (University of California, Lawrence Berkeley Laboratory, LBL 3363).

T. G. Wang, R. Tagg, L. Cammack, and A. Croonquist, *Nonaxisymmetric Shapes of a Rotating Drop in an Immiscible System* (Pasadena, Calif.: Jet Propulsion Laboratory).

*균열과 틈*이라는 섹션에 대해서는 다음을 참조하라:

L. I. Hewes, *A Theory of Surface Cracks in Mud and Lava and Resulting Geometrical Relations*, *American Journal of Science* 246 (1948): 138–149.

R. Willden and D. R. Mabey, *Giant Desiccation Fissures on the Black Rock and Smoke Creek Deserts, Nevada*, *Science* 133 (1961): 1359-1360.

A. L. Washburn, *Classification of Patterned Ground and Review of Suggested Origins*, *Bulletin of the Geological Society of America* 67 (1966): 823–866.

J. T. Neal and W. S. Motts, *Recent Geomorphic Changes in Playas of the Western United States*, *The Journal of Geology* 75 (1967): 611-625.

J. T. Neal, A. M. Langer, and P. F. Kerr, *Giant Desiccation Polygons of Great Basin Playas*, *Bulletin of the Geological Society of America* 79 (1968): 69-90.

D. E. Derfoot, *Thermal Contraction Cracks in an Arctic Tundra Environment*, *Artic* 25 (1972): 142–150.

*결정의 기하학*이라는 절에 대해서는 다음을 참조하라:

P. Curie, *Sur la formation des cristaux et sur les constantes capillaires de leurs differentes faces*, *Bulletin de la Société de Minéralogistes Franqis* 8 (1885): 145.

G. Wulff, *Zur Frage der Geschwindigkeit des Wachsthums und der Auflösung der Krystallflächen*, *Zeitschrift für Krystallographie* 53 (1914): 171–177.

M. von Laue, *Der Wulffsche Satz für die Gleichgewichtsform von Kristallen*, *Zeitschrift für Kristallographie* 105 (1943): 124–133.

A Dinghas, *Über einen geometrischen Satz von Wulff fur die Gleichgewichtsform von Kristallen*, *Zeitschrift für Kristallographie* 105 (1944): 304–314.

C. Herring, *Some Theorems on the Free Energies of Crystal Surfaces, Physical Review* 82 (1951): 87–93.

J. E. Taylor, *Existence and Structure of Solutions to a Class of Nonelliptic Variational Problems, Symposia Mathematica* 14 (1974): 499–508, Istituto Nazionale di Alti Matematica.

끝맺는 말

19세기 역학, 수리 물리학, 특수 상대성 이론의 발전에 대한 최고의 개요는 다음과 같다.

Felix Klein, *Vorlesungen uber die Entwicklung der Mathematik im 19. Jahrhundert*, two volumes (Berlin: Springer, 1926; 1927). 이것은 영어로 다음과 같이 제공된다: *The Development of Mathematics in the Nineteenth Century* (Brookline, Mass.: Math Sci. Pres, 1979).

추가 참고 문헌에는 다음이 포함된다;

J. L. Lagrange, *MécaniqueAnalytique*, two volumes, 2d ed. (Paris: 1811; 1815).

C. G. J. Jacobi, *Vorlesungen über Dynamik*, 2d ed. (Berlin: G. Reimer, 1884) .

H. Poincaré, *Sur la problème des trois corps et les équations de la dynamique: Mémoire couronné du prix de S. M. Ie Roi Oscar II, Acta Mathematica* 13, 1–27 (1889).

상대성 이론에 대해서는 다음을 참조하라:

A. Einstein, *The Meaning of Relativity* (Princeton University Press, 1922; many reprints).

H. Weyl, *Space, Time, Matter* (Dover, 1922), translation from the German.

R. W. Clark, *Einstein: The Life and Times* (Avon Books, 1972).

C. Lanczos, *The Einstein Decade*, 1905–1915 (Academic Press, 1974).

뉴턴에 대해서는 1장의 참고 문헌을 참조하라. 훅과 뉴턴 사이의 과학적 관계에 대한 흥미로운 논의는 최근 M. 나우엔베르크에 의해 제공되었다; *Hooke, Orbital Motion for Central Forces, and Newton's Principia, Am. J. Phys.* 62 (4) (April 1994): 331–350.

인용 출처

참고: 별도로 명시된 경우를 제외하고 모든 번역은 저자에 의해 이루어졌다.

vi와 vii쪽

헬렌과 한스 레비가 독일어 원문 *Korfs Verzauberung*(*코르프의 매력*)에서 번역한 내용으로, 이 작품은 크리스티안 모르겐슈테른의 *팔름스트룀*(*Palmström*)에 수록되어 있다 (베를린: 브루노 카시러 출판사, 1922).

xi쪽

조너선 스위프트, *걸리버 여행기*의 여러 먼 나라로의 여행, 제2장: *라퓨타, 발니바르비, 루그나그, 글럽더드브립, 그리고 일본으로의 항해* (1726년 초판 발행).

3과 48쪽

아리스토텔레스, *물리학 및 형이상학에 관한 소논문*(*Kleinere Schriften zur Physik und Metaphysik*), P. 골케 및 F. 쇼닝 편집 (파더본, 1957), 124쪽.

12쪽

현장의 산스크리트 *대 반야바라밀다경*의 중국어 번역본(약 서기 660년)의 아서 웨일리의 번역; *시대를 초월한 불교 경전*에서, E. 콘즈 편집 (옥스퍼드: 브루노 카시러, 1954).

16쪽

알베르트 아인슈타인, *일반화된 중력 이론에 대하여*, 사이언티픽 아메리칸, 1950년 4월호.

17쪽

P. A. M. 디랙, *물리학자의 자연에 대한 그림의 진화*, 사이언티픽 아메리칸, 1963년 5월호.

19쪽

단테의 인용문은 R. W. 레온하르트의 에세이에서 발췌된 것으로, 디 차이트, 1983년 3월호에 실렸다.

20, 21 그리고 35쪽

피에르-루이 모로 드 모페르튀이, *운동과 정지의 법칙, 형이상학의 원리에 따른* (*Le Lois du Mouvement et du Repos, Déduites d'un Principe de Métaphysique*), 베를린 아카데미 회보, 1746.

24–26쪽

볼테르, *캉디드 혹은 낙관주의*, 존 버트 번역 (뉴욕: 펭귄, 1978).

41쪽

가우스가 셰익스피어를 인용한 *발터스하우젠의 W. 사르토리우스, 가우스를 기리며* (라이프치히: 히르첼, 1856).

63쪽

요하네스 케플러, *세계의 조화* (*Harmonice Mundi*) (1619), M. 클라인의 번역, *수학과 물리적 세계* (뉴욕: 토마스 Y. 크로웰, 1951).

83쪽

G. H. 하디, *수학자의 사과* (케임브리지 대학교 출판부, 1977).

85쪽

도로시 L. 세이어즈, *그의 시체를 가져라*, 제31장: *양품점 조수의 증언* (뉴욕: 에이본 북스, 1968), 312쪽.

131과 226쪽

파푸스, *수집* (*Collectio*), 제8권. E. J. 딕스테르하위스의 *아르키메데스* (코펜하겐: E. 문크스고르, 1956), 299에서 발췌.

141쪽

힐레어 벨럭, *수서 곤충*, B. T. B.와 니콜라스 벤틀리가 삽화를 그린 *경고의 시*(뉴욕: 크노프, 1959)에서.

148쪽

리처드 쿠란트, *디리클레의 원리, 정형 사상, 그리고 극소곡면* (인터사이언스, 1950).

159쪽

가스통 다르부, *곡면의 일반 이론에 대한 강의*, 제1권 (파리, 1914), 490쪽.

226과 227쪽

다르시 W. 톰슨, *성장과 형태* (케임브리지 대학교 출판부, 1969), 111, 114, 115쪽.

245쪽

"뉴턴이 집 밖으로 나가지 않고 알았던 것을 지루함으로 가득 찬 장소에서 확인했습니다." 이 인용문은 S. 찬드라세카르의 *순수 및 응용 수학 통신*, 20권 (1967): 251–265쪽에 실려 있다.

251–253쪽

편집자 J. T. 보너는 다르시 W. 톰슨의 *성장과 형태* 서문(vii쪽)에서 다음과 같이 썼다: "그 중요성에는 의심의 여지가 없지만, 우리는 그 영향력이 무형적이고 간접적이었다고 말하는 메더워의 의견에 동의해야 합니다." 252쪽에 있는 긴 인용문은 *성장과 형태*의 11쪽에서 발췌한 것이다.

280–283쪽

아이작 뉴턴, *프린키피아*, 3판 (런던, 1726), 13–14쪽. 뉴턴의 인용문은 A. 베리의 *천문학의 짧은 역사* (런던: 존 머레이, 1898), 245쪽에서 발췌되었다. 또한 라이프니츠와 라그랑주의 구절도 A. 베리의 책 241-244쪽에서 인용되었다.

294쪽

뉴턴이 신학자 리처드 벤틀리에게 보낸 편지는 H. W. 턴불이 편집한 *아이작 뉴턴 서신집* 제3권 (1688-1694) (케임브리지 대학 출판부) 253-256쪽에 실려 있다.

301쪽

에딩턴의 인용문은 R. W. 클라크의 *아인슈타인: 삶과 시대* (에이본 북스, 1972)에서 발췌되었다.

301–303쪽

막스 플랑크, *아카데미 연설* (베를린: 아카데미 출판사, 1948), 41–48쪽 및 153쪽.

삽화 출처

xiv와 2쪽 (맨 위)

Institut fur wissenschaftliche Fotografie, Schloss Weissenstein, Manfred P. Kage.

2쪽 (맨 아래)

Jet Propulsion Laboratory, Pasadena, California.

3쪽 (맨 위)

Institut fur wissenschaftliche Fotografie, Schloss Weissenstein, Manfred p, Kage.

3쪽 (맨 아래 왼쪽)

Institut fur leichte Flachentragwerke, Stuttgart, Thomas Braun.

3쪽 (맨 아래 오른쪽)

Eric Pitts.

5와 6쪽

Institut fur leichte Flachentragwerke, Stuttgart, H. C. Heubeck, K. Bach.

8쪽

Institut fur leichte Flachentragwerke, Stuttgart.

8쪽 (맨 아래), 9, 10

Institut fur wissenschaftliche Fotografie, Schloss Weissenstein, Manfred P. Kage.

11쪽 (맨 위) and 12

Milton van Dyke, An Album of Fluid Motion. The Parabolic Press, Stanford1982. Photographs by Sadatoshi Taneda (11쪽) and Magarvay & Latchy (12쪽).

13쪽 (맨 위)

Photograph by Michael Meier, Bonn.

13 (맨 아래)

Lick Observatory, California.

14쪽

Institut fur leichte Flachentragwerke, Stuttgart.

15쪽

Institut fur wissenschaftliche Fotografie, Schloss Weissenstein, Manfred P. Kage.

22쪽

Herzog-Anton-Ulrich Museum, Braunschweig, Museumsfoto, B. P. Keiser.

24쪽

Candide, Voltaire, translated by Lowell Blair. Bantam Books.

27–29쪽

Universitatsbibliothek, Basel.

30쪽 (맨 아래) 그리고 56쪽

Niedersachsische Staats- und Universitatsbibliothek, Gottingen.

38쪽 (맨 야리)

Universitatsbibliothek, Leipzig.

39 쪽

Forschungs- und Landesbibliothek Gotha, Schloss Friedenstein.

40쪽

Museo Archeologico Nazionale di Napoli.

43쪽

Mademoiselle M. Houvet, Chartes.

47쪽

Lick Observatory.

58쪽

Munich Planetarium.

59쪽 (맨 아래), 60쪽 (맨 위), 그리고 63쪽

Universitatsbibliothek, Leipzig.

60쪽 (맨 아래) 그리고 61쪽 (맹 아래)

Universitatsbibliothek, Basel.

65쪽

Bayerische Staatsbibliothek, Munchen.

68쪽 Hamburger Kunsthalle. Photograph by Elke Walford.

70쪽

Biblioteca Apostolica Vaticana, Codex Vergilii Romanus, Nr. 3867.

71쪽

Universitutsbibliothek, Bonn.

82쪽

Stadtische Galerie, Liebieghaus, Frankfurt am Main.

84쪽

Offentliche Kunstsammlung, Basel. Photograph by Hans Hinz.

87쪽 (맨 아래)

Niedersachsische Staats-und Universitatsbibliothek, Gottingen.

89쪽 (맨 아래)

Konrad Jacobs, Erlangen.

104쪽 (맨 위), 그리고 106쪽

Klaus Vollmer, Das Steinerproblem auf del' Euklidischen Ebene. Diplomarbeit, Bonn 1991.

105쪽

Institut fur leichte Flachentragwerke, Stuttgart. Photographs by B, Winkel and J. Kron (Studienarbeit 2/1985 TU Stuttgart).

107과 108쪽

B. Korte, Mathematics, Reality, and Aesthetics: A Picture Set on VLSI Chip Design, Springer-Verlag Heidelberg. Forschungsinstitut furs Diskrete Mathematik der Universitat Bonn.

119쪽

Niedersachsische Staats- und Universitatsbibliothek, Göttingen.

124쪽

Bancroft Library, University of California, Berkeley. We thank Michael Nauemberg for printing out this illustration for us.

131쪽 (맨 위)

Universitatsbibliothek, lieidelberg.

133쪽

Institut fur leichte Flachentragwerke, Stuttgart.

141쪽 (맨 위), 그리고 142쪽

Institut fur leichte Flachentragwerke, Stuttgart, Frei Otto, Klaus Bach.

141쪽 (맨 아래)

Drawing by B.T. B. and Nicolas Bentley (from Hilaire Belloc, "The Waterbeetle,n in Cautionary Verses, New York: Knopf, 1959).

144쪽

The Metropolitan Museum of Art, New York.

146쪽

Universitatsbibliothek, Bonn.

147쪽

Institut fur leichte Flachentragwerke, Stuttgart, Klaus Bach.

148쪽

(Q 1942 LIFE Magazine.

157쪽 (맨 위)

Mobius Strip II 1963, by M. C, Escher. Escher Foundation, Haags Gemeeten- museum, The Hague.

159쪽

Konrad Jacobs, Erlangen.

160쪽

Department of Mathematics, Columbus, Ohio.

159, 162 그리고 170쪽

Ortwin Wohlrab, Bonn.

176 그리고 177쪽

Institut fur leichte Flachentragwerke, Stuttgart, Professor Frei Otto.

179, 180 그리고 186쪽 (맨 위 왼쪽)

Ortwin Wohlrab, Bonn.

183쪽 (맨 위 왼쪽), 185쪽 (맨 아래 왼쪽), 그리고 191쪽 (맨 위)

M. J. Bougart, Zur numerisehen Behandlung von Fadenproblemen. Diplcmarbeit, Bonn 1995.

184, 187쪽 (왼쪽), 그리고 189쪽

Institut fur leichte Flachentragwerke, Stuttgart, Klaus Bach.

188쪽

Eric Pitts, Kodak, London.

190쪽

Albracht Kuster, Bonn.

192 그리고 193쪽

Institut fur leichte Flachentragwerke, Stuttgart, Frei Otto.

194 그리고 195쪽 (photographs) Mathematisches Institut, Dusseldorf, Klaus Steffen.

196쪽

Eric Pitts, Kodak, London.

199쪽

Ortwin Wohlrab, Bonn.

200 그리고 201쪽

Alan Schoen.

202쪽 (맨 아래), 203쪽 (오른쪽), 204쪽 (맨 위), 205쪽 (맨 아래), 207, 208, 209, 210쪽 (맨 야리), 211, 222쪽

Institut fur leichte Flachentragwerke, Stuttgart, Frei Otto.

212쪽

Museen der Stadt Koln, Schnutgen Museum. Photo: Rheinisches Bildarchiv.

224와 229쪽 (왼쪽)

Tom Noddy (photographs by Bill Reynolds, Santa Cruz).

225,228, 229쪽 (오른쪽), 230–233쪽

Institut fur leichte Flachentragwerke, Stuttgart, H. C. Heubeck, K, Bach, Th. Braun.

234와 235쪽 (맨 위)

David Hoffman and James T. Hoffman, Amherst.

239쪽

Paul Concus and Robert Finn.

242쪽

Lick Observatory, California.

242와 246쪽

Hale Observatories, California.

249쪽 (맨 위)

After C. V. Boys.

249쪽 (여백)

After T. G. Wang.

252쪽

After D'Arcy Thompson.

256쪽 (맨 아래) 그리고 258쪽

Institut fur wissenschaftliche Fotografie, Schloss Weissenstein, Manfred P. Kage.

257쪽 (맨 아래, 그림. C)

W. Schuh, Bonn.

260쪽

After Derfoot, "Thermal Construction Cracks...," Artie 25 (1972): 142–150.

262와 264쪽 (맨 위)

Steven Smale.

263쪽

Egbert Brieskorn.

268쪽

National Portrait Gallery, London.

278쪽

Emil A. Fellman.

282쪽

After JPL, Pasadena.

283–285쪽

Lick Observatory, California.

300쪽

Hebrew University, Jerusalem.

찾아보기

이선홍

포항공과대학교 수학과 (이학사)
포항공과대학교 대학원 수학과 (이학석사, 이학박사)
현재 경상국립대학교 자연과학대학 수학과 교수

인색한 우주 자연 세계의 형식과 형태
THE PARSIMONIOUS UNIVERSE

초판 발행 2025년 4월 25일

저 자 스테판 힐데브란트 · 앤서니 토롬바
옮긴이 이선홍

펴낸이 오판근
펴낸곳 (주) 교우
주 소 서울시 동대문구 약령시로 8 교우빌딩 2층 (주)교우
전 화 02-925-2861 / **팩 스** 070-7966-8610, **편집부** 02-925-2825
홈페이지&북스토어 www.kyowoo.co.kr / **이메일** kyowoo@kyowoo.co.kr

등 록 1994년 3월 24일 제1994-000013호
ISBN 979-11-251-0414-8 (03400)

Published by Kyowoo Co., Ltd. Printed in Korea

가격 35,000원

교우미디어는 (주) 교우의 Imprint 사입니다.
수학정원·과학정원은 (주) 교우의 새로운 브랜드명입니다.

잘못된 책은 구입하신 서점에서 교환해 드립니다.